河南省“十四五”普通高等教育规划教材

高等教育融媒体创新教材/省级文化产业项目

大学物理实验

（第二版）

主编　欧海峰　樊志琴

郑州大学出版社

图书在版编目（CIP）数据

大学物理实验 / 欧海峰，樊志琴主编. — 2 版. — 郑州 ：郑州大学出版社，2022.12（2023.8 重印）
ISBN 978-7-5645-9200-4

Ⅰ. ①大… Ⅱ. ①欧…②樊… Ⅲ. ①物理学－实验－高等学校－教材 Ⅳ. ①O4-33

中国版本图书馆 CIP 数据核字（2022）第 204638 号

大学物理实验
DAXUE WULI SHIYAN

策划编辑	祁小冬	封面设计	苏永生
责任编辑	吴　波	版式设计	凌　青
责任校对	王莲霞	责任监制	李瑞卿
出版发行	郑州大学出版社	地　　址	郑州市大学路 40 号（450052）
出 版 人	孙保营	网　　址	http://www.zzup.cn
经　　销	全国新华书店	发行电话	0371-66966070
印　　刷	河南大美印刷有限公司	印　　张	23
开　　本	787 mm×1 092 mm　1 / 16	字　　数	533 千字
版　　次	2019 年 8 月第 1 版 2022 年 12 月第 2 版	印　　次	2023 年 8 月第 5 次印刷
书　　号	ISBN 978-7-5645-9200-4	定　　价	49.00 元

编者名单

BIANZHE MINGDAN

主　编　欧海峰　樊志琴

副主编　杨　武　刘龙江　魏永凯

　　　　　李凌超　罗艳伟

前言

QIANYAN

大学物理实验是高等理工科院校对学生进行科学实验基本训练的必修基础课程,是本科生接受系统的实验方法和实验技能训练的开端。课程要求学生在实验教材、电子资源和任课教师的指导下,通过独立思考和实验操作来学习物理实验知识、掌握实验技能,提升科学实验素养和科学实验能力,为今后更高层次的学习和创造性的工作奠定良好的实验基础。

大学物理实验教学需要一套合适的实验教材和电子资源作为理工科大学生学习物理实验的指南。本书是为理工科学生学习物理实验编写的,遵循以下编写原则:一是教材内容符合国家教育委员会公布的《高等工业学校物理实验课程教学基本要求》;二是实验项目难易程度适合工科学生的实验水平;三是实验叙述做到文字精练、表达准确、原理简明、操作要领突出,避免烦琐,便于学生预习;四是实验仪器选型尽可能选择有较大通用性的典型仪器,并适当兼顾本地区工科院校仪器设备的实际情况。

近年来,河南工业大学物理实验中心在实验项目和实验仪器的建设方面都有一定的提升,在物理实验教学改革和课程建设方面也取得一定的成绩,同时积极组织学生参加大学生物理实验竞赛并取得优异成绩。在 2019 年出版第一版教材的基础上,本书第二版把近年来物理实验中心教学团队取得的实验建设、教学改革、课程建设和实验竞赛等成果融入教材中,增加 3 个综合性实验、10 个设计与创新性实验和 2 个仿真实验,扩充 10 个基础实验、25 个综合性实验、3 个设计与创新性实验的视频电子资源,大大增强本书的可用性和先进性。

本书内容包括实验基础知识、10 个基础实验、27 个综合性实验、17 个设计与创新性实验和 12 个仿真实验。本书按照循序渐进的认知规律，内容编排由浅入深，从详细列出实验步骤、数据表格与误差估算公式，过渡到学生自列表格、自推公式进行误差分析，逐步培养学生独立从事科学实验和撰写实验报告的能力。在大多数实验项目中，介绍了实验的历史背景、实验方法、实验技术和应用前景等知识，使学生了解实验的来龙去脉，掌握科学思维方法和科学规律。本书的基础性实验、综合性实验和少部分设计与创新性实验新增加了实验原理和实验操作视频，学生可通过手机扫二维码进行视频学习。书中大部分实验都有一定量的思考题，这有助于加强学生对实验内容的理解和实验技能的掌握。

实验教学工作是一项群体性工作，从实验室建设、实验教学改革到课程建设、教材编写等等，都凝聚着众多同志的心血。在本书的编写过程中，我校、院领导给予了大力支持。物理实验中心的全体人员为本书的编写做了积极的工作，在此致以深深的谢意！

本书是在第一版的教学实践中不断补充、修订而成。由于我们的水平所限，书中难免有不妥之处，敬请指正。

编者

2022 年 10 月

目录

MULU

绪 论

一、物理实验课的地位和任务

物理学从本质上说是一门实验科学。物理规律的发现、物理理论的建立,都必须以严格的物理实验为基础并受到实验的检验。例如,杨氏干涉实验使光的波动学说得以确立,赫兹电磁波实验使麦克斯韦的电磁场理论获得普遍承认,等等。当然,一些实验问题的提出,以及实验的设计、分析和概括等也必须应用已有的理论作为依据。总之,历史表明,物理学的发展是在实验和理论两方面相互推动和密切结合下进行的。

我们在学习物理学时,要正确处理好理论课与实验课的关系。高等工科院校的物理实验课是一门独立设置的重要基础课,物理实验本身有它自己的一套实验理论、实验方法和实验技能。物理实验课内容丰富而广泛,不少实验在物理学发展史上起过非常重要的作用,是由实验总结出理论或由实验验证理论的典范;同时,物理实验本身的性质和特点决定了它对其他实验领域的基础作用。

物理实验课教学,按照循序渐进的原则,通过学习物理实验知识、方法和技能,使学生了解科学实验的基本过程和方法,为今后的学习和工作奠定良好的实验基础。

物理实验课教学的具体任务:

(1)通过对实验现象的观察、分析,以及对物理量的测量,学习物理实验知识,加深对物理学原理的理解。

(2)培养学生的科学实验能力,要求学生能够自行阅读实验教材或资料,做好实验前的准备工作;能够运用物理学的基本理论对实验现象进行初步分析和判断;能够正确记录和处理实验数据,绘制图线,说明实验结果,并撰写合格的实验报告;能够完成简单的设计性实验。

(3)培养学生的科学实验素养,要求学生具有理论联系实际和实事求是的科学作风、严肃认真的工作态度、主动研究探索的创新精神,并培养学生遵守纪律、团结协作和爱护公共财产的优良品德。

二、物理实验课的基本程序

本书所包括的物理实验,多数是测定某一物理量的数值,也有一些是研究某一物理量随另一物理量的变化规律。对于同一物理量,虽然可以用不同方法来测定,但是,无论实验的内容如何,也无论采用哪一种实验方法,物理实验课的基本程序大都相同,一般可以分为以下三个环节:

(1)实验前的预习。因实验课的时间有限,故熟悉仪器和测量数据的任务一般都比较重,不允许在实验课内才开始研究实验的原理。如不了解实验原理,实验时就不知道要研究什么问题,要测量哪些物理量,也不了解将会出现什么现象,只是机械地按照教材所定的步骤进行操作,离开了教材就不知道怎样动手。用这种方式去做实验,又有什么意义呢？虽然也得到了实验数据，却不了解它的物理意义，也不会根据所测数据去推求实验的最后结果，这岂不是自欺欺人？因此，为了在规定的时间内高质量地完成实验课的教学任务，学生应当做好实验前的预习，并写出预习报告（即实验报告的前几部分）。

预习的要求，应以理解本书所叙述的原理为主，对于实验的具体过程只要求粗略地了解，以便能抓住实验的关键，在实验中较好地控制实验的物理过程或物理现象，及时、迅速、准确地获得待测物理量的数据。

（2）进行实验。动手实验前要熟悉仪器，了解仪器的工作原理和使用方法，然后将仪器安装调整好。例如，调节气垫导轨达到水平，调整自由落体仪跟地平面垂直，调节光具座上各光学元件处于同轴等高，等等。

每次测量后，应立即将数据记录在实验笔记本上。要根据仪表的最小刻度单位或准确度等级决定实验数据的有效数字位数。各个数据之间及数据与图表之间不要太挤，应留有间隙，以供必要时补充或更正。若觉得测量的数据有错误，则可在错误的数字上画一条整齐的直线；若整段数据都测错了，则画一个与此段大小相适应的“×”号。在情况允许时，可以简单地说明为什么是错误的。记录的“错误”数据不要用黑圆圈或黑方块涂掉。我们要保留“错误”数据，不毁掉它，是因为“错误”数据有时经过比较后竟是对的。当实验结果与温度、湿度和气压有关系时，要记下实验进行时的室温、空气湿度和大气压。

总之，测量实验数据时要特别仔细，以保证读数准确。因为实验数据的优劣，往往决定了实验工作结果的成败，未经重复测量时，不允许修改原始实验数据。

（3）撰写实验报告。实验报告是实验工作的全面总结，要用简明的形式将实验结果完整而又真实地表达出来。写报告时，要求文字通顺、字迹端正、图表规矩、结果正确、讨论认真。应养成实验完成后尽早将实验报告写出来的习惯，因为这样做可以收到事半功倍的效果。

完整的实验报告通常包括实验名称、实验目的、实验原理、仪器设备、测量数据、数据处理（包括计算、作图、误差分析、实验结果表达等）、思考题讨论和实验体会等部分，前面几部分的写法并不困难，这里毋庸赘述。现仅就数据处理中的一些问题略加说明。

误差分析包括两方面的内容：一是确定实验结果的误差范围（不确定度），因为在精确测量中判定实验结果的不确定范围跟获得实验结果同等重要；二是找出影响实验结果的主要因素，从而采取相应的措施（例如，合理选择仪器以实现最有利的测量条件等）以减小误差。显然，对于不同的实验，因所用的实验方法或所测量的物理量不同，误差分析的方式亦不尽相同。误差过大时，应分析原因，对误差做出实事求是的解释。

在表达实验结果时，一般包括不可分割的三部分，即结果的测量值 $\overline{A}$、绝对误差 ΔA 和相对误差 E_r，综合起来可写为

$$A=(\overline{A}\pm\Delta A),\quad E_r=\frac{\Delta A}{\overline{A}}\times100\%$$

如果实验是观察某一物理现象或验证某一物理定律，则需要扼要地写出实验的结论。

最后的讨论通常包括回答实验的思考题、实验过程中观察到的异常现象及其可能的解释、对于实验仪器装置和实验方法的选择等,还可以谈实验的心得体会。

三、如何学好物理实验课

实验课与理论课不同,在实验课堂上,除了教师必要的讲解,大部分时间是学生自己在工作(调整仪器、使用仪器进行观察测量等)。但对于低年级的学生,其独立工作能力比较差,这也正是需要大力培养的。当然,教师对学生给予启发式的辅导或引导是非常必要的,但对于学生来说,也必须做到以下几点:

(1)思想重视。要充分认识物理实验课的重要性,克服重理论轻实验的思想。

(2)目的明确。必须充分明确实验的目的和要求,并紧紧把握住目的与要求,以指导整个实验过程。

(3)手脑并用。动手操作是实验课的主要特点,但一定要反对盲目动手和试试看的做法。比如要对某个仪器进行调整,先要根据实验需要,考虑:如何对该仪器进行调整? 可能出现什么问题? 总之,要学会动脑子考虑实验中的问题,并以此指导操作,以增强独立思考、独立工作的能力。

(4)严肃认真。要认真对待实验中的每一个环节、每一个数据的测量;要一丝不苟地、实事求是地对待测量和数据记录;要做到在做第一百次重复测量时仍像第一次测量时那样认真负责。

(5)互相协作。两人或两人以上共同做一个实验时,一定要彼此配合,轮流操作,人人动手动脑,共同得到锻炼。要克服一人做、其他人看的消极作风。

通过实验课不仅要学到书本上所要求的各种实验的知识和技能,更重要的是培养学生勤于动脑,善于分析、善于解决实验中的问题的独立工作能力,要把所学和掌握的知识转化为能力,从而在祖国的建设事业中进行创造性的工作。

四、实验报告内容

实验报告内容包括:

(1)实验名称、实验者姓名和学号、实验日期等。

(2)实验目的。

(3)实验仪器。

(4)实验原理。用自己的语言对实验所依据的理论作简要叙述,不要照抄书本,并附有必要的公式和原理图(包括电路图或光路图)。

以上4项内容要求在课前写在实验报告上。

(5)实验内容。概括地、条理分明地说明实验所进行的主要程序,观察了哪些物理现象,测量了哪些物理量,并说明这些观测中所采用的方法。

(6)数据记录与处理。将原始数据记录在原始数据记录纸上,教师还要检查并签字,再整理后才能填入报告表格中,该列表的要列表,该作图的要作图。计算按照有效数字的运算法则进行,推导误差公式并计算误差,并按要求的格式写出结果表达式。

(7)结果及讨论。该部分要明确给出实验结果,并对结果进行讨论(如实验中观察到的现象分析、误差来源分析、实验中存在的问题讨论、回答实验思考题等)。也可对实验本身的设计思想、实验仪器的改进等提出建设性意见。

五、学生实验制度

为了培养学生良好的实验素质和严谨的科学态度,保证实验顺利进行和进一步提高教学质量,特制定以下实验制度:

(1)凡参加物理实验的学生,实验前必须认真预习,写出预习报告,经教师检查同意后方可进行实验。

(2)上课时不准迟到,不准无故缺课。无正当理由迟到15分钟者,实验要扣分;超过30分钟者,教师有权取消其本次实验资格;无故缺课者本次实验记零分。

(3)必须严格按照实验要求和仪器操作规程,积极认真地进行实验,并做好相关实验记录。

(4)爱护仪器设备,不得随意从他组乱拿仪器,不准擅自拆卸仪器;仪器发生故障时应立即报告,不得自行处理;仪器如有损坏,照章赔偿。

(5)室内严禁吸烟、吐痰、大声喧哗和乱扔纸屑。

(6)做完实验后,学生应将仪器整理还原,将桌面和凳子收拾整齐,经教师审查测量记录并签字后,方可离开实验室。每个班都要分组轮流值日打扫卫生,保持实验室整洁。

(7)实验报告应在实验后一周内交给老师。

第一章 实验基础知识

第一节 数据处理基础知识

测量与误差

一、测 量

(一)测量的概念

在物理实验中,一切物理量都是通过测量得到的。所谓测量,就是用一定的仪器(或工具),通过一定的方法,直接或间接地与被测对象进行比较,以确定被测量的量的数值大小。物理测量的内容很多,大到日、月、星辰以至茫茫宇宙,小到分子、原子以至诸多基本粒子。现代人类能够观察和测量的范围:在空间方面,大到百亿光年,小至 $10^{-14}\sim10^{-15}$ cm,二者相差 10^{40} 倍以上;在时间方面,长到百亿年,短至 $10^{-23}\sim10^{-24}$ s,二者相差也在 10^{40} 倍以上;在质量、电流、电压、光度等许多方面的测量精度也已达到很高的水平。在促进理论发展、验证理论等方面,需要进行大量的测量工作。只有进行认真的测量,才便于对物理规律进行定量研究,所以,测量工作是科学实验极为重要的内容。正如著名物理学家伽利略所说:凡是可能测量的,都要进行测量,并且要把目前无法度量的东西变成可以测量的。

(二)测量的分类

进行物理量测量的形式和方法各有不同。

凡是用仪器可以直接测量出结果的测量,叫作直接测量。如用米尺测长度、用天平称质量、用秒表记时间、用温度计测温度、用电流表测电流等,都是直接测量。凡是不能从所使用的仪器上直接读出大小而需要测出一些与待测量有关的量,再由它们之间的函数关系而求出待测量的,叫作间接测量。如用单摆法测量重力加速度、用伏安法测量电阻、用光栅法测量光波波长等,都是间接测量。

凡是在测量过程中保持相同条件(如仪器精度、环境条件等)的所有测量,叫作等精度测量;反之,在不同条件下对某物理量进行的测量,叫作非等精度测量。两种测量方法在计算测量值的平均值时所用的方法是不同的。前者可直接计算其算术平均值,而后者则要用加权平均的方法计算其平均值。

测量结果的好坏,不仅与仪器有关,而且还与实验环境条件以及实验者的技能素质有关。

本课程的实验中所进行的测量一般都是基础性的测量,所用仪器多是各种基本仪器,实验方法和技能也都是很基本的,但必须引起足够的重视。事实上,正因为是基本的,所以是非常重要的,它是同学们今后学习和掌握高、精、尖技术的基础,如果没有这个牢固的基础就不可能有将来高水平的发展。

二、误　　差

(一)误差的概念

当我们对某一物理量进行测量时,由于受到仪器、测量方法、人的感觉器官及其周围环境的限制,测量是不能无限精确的,测量值与客观存在的真值之间总有一定的差异,测量值只能是真值的近似值,所以一般的测量都存在误差,我们把真值与测量值之差叫作测量误差。

如一物理量的真值为 N_0,测量值为 N,则测量误差 ΔN 为

$$\Delta N = N - N_0 \tag{1}$$

由于真值 N_0 是未知的,所以误差 ΔN 也求不出来,必须引入一个新的名词——偏差,即

偏差=测量值-平均值

这是因为每次测量的偏差很容易测量出来,理论可以证明测量次数越多,平均值越接近真值。当测量次数为无穷多次时,仪器没有系统误差,平均值趋近于真值,所以通常人们把平均值叫作最近真值,习惯把偏差叫作误差。

要特别注意的是,误差存在于一切测量之中,而且贯穿测量过程的始终,测量误差的大小反映我们的测量接近于客观真实值的程度。我们的任务是在给定的条件下,尽量减小测量误差,提高测量精度。

(二)误差的分类

误差的产生有多方面的原因,从其性质和来源上可分为系统误差与偶然误差两大类。

1. 系统误差

系统误差的特点:在相同的实验条件下对同一物理量进行多次测量时,误差的大小和正负总保持不变,或按一定规律变化。例如,千分尺零点的正负、电表的接入误差等就是系统误差的典型例子。它的来源主要有以下几方面。

(1)仪器误差:在正确使用仪器的前提下,测量值与真值可能出现的最大误差。仪器设备由于制造不够精良或装置调节不妥而使数据不可能读得很准确。例如,米尺的刻度不均匀、天平的两臂不等、刻度盘的中心不正、砝码的质量不准、螺旋测微计的螺距不均匀、电表的零点没调准或磁铁失磁,等等。

(2)理论或实验方法的误差:由于测量原理本身不够严密或测量方法与理论的要求有出入等产生。例如,在用天平称质量时,没考虑空气浮力的影响,利用周期公式 $T=2\pi\sqrt{\frac{L}{g}}$ 测量重力加速度 g 时,要求摆线 L 的摆角 θ 很小($\theta<5°$),实验过程中不一定

总能得到满足,等等。

(3)外界条件引起的误差:指外界环境固定的、单方面的影响或干扰。例如,精密天平受阳光单方面的照射而引起不等臂,液体压强计和气体压强计由于外界温度的影响,都会使测量值产生误差。

(4)个人误差:由于观察者的视觉、听觉等感觉器官的限制,以及观察者本身的不良习惯和缺乏实验训练等原因而产生的误差。例如,在按停表时,有的人习惯于早按,有的人习惯于迟按。在读取仪表的示数时,眼睛没有正对指针刻度,总是从上、下或左、右一方来读数等。

在实验中,系统误差的发现和消除是一个复杂的问题,原则上可以通过改善仪器、改进测量方法、纠正个人的偏差或通过计算等加以改正或修正。

2. 偶然误差

在测量时,即使采用了没有系统误差的测量过程,或排除了产生系统误差的因素(实际上不可能绝对排除),进行了多次精心的观测,每次测量值也还是有差异的。例如用平行光法测凸透镜的焦距,每次判断像的清晰程度,以及在光具座上对准透镜架及光屏所处位置,并读出毫米以下的一位估读值,都有一定的偶然性,都会带来误差,产生这种误差的原因有:

(1)受观察者的感觉器官以及手脚灵活性的限制等,使得观察结果有时比较大,有时比较小。

(2)受实验条件无规则的起伏和周围环境无规则变化的影响。例如,温度和气压的起伏、地基的振动、光线的闪动、电磁场的干扰等,使观察结果时大时小。

这些由于偶然的或不确定的因素所造成的每一次测量值的无规则的涨落,称为偶然误差,也称为随机误差。

偶然误差的特点:在相同的实验条件下进行多次测量时,各测量值有的比真值偏大,有的比真值偏小。换句话说,偶然误差无论在数值的大小或符号上都是不固定的,似乎纯属偶然,但若测量次数很多,测量结果中也显示出一定的规律性,即服从一定的统计规律,符号相反、大小相等的误差出现的概率是相同的;绝对值小的误差较绝对值大的误差出现的概率大;偶然误差的算术平均值随着测量次数的增加而越来越趋向于零等。也就是说,在数学上偶然误差符合正态分布,其分布曲线如图1所示。

图1中,$f(\Delta x)$表示偶然误差出现的概率,Δx表示误差,σ表示标准误差,η表示平均误差。

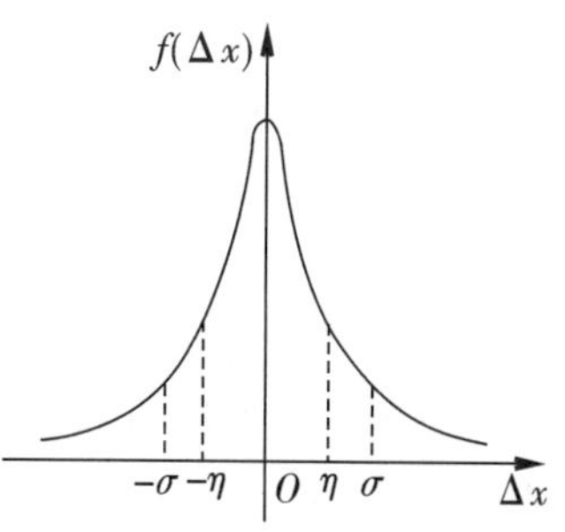

图1　偶然误差分布

由于某些偶然误差是人所不能完全控制的偶然因素所引起的,所以不可能通过改善仪器、改进实验方法或修正测量原理等办法来消除,但是可以适当增加测量次数取其平均值来减少偶然误差。根据偶然误差的性质,有多种处理偶然误差的理论和方法。

总之,系统误差与偶然误差性质不同,来源不同,处理方法也不同。我们所说的测量精密度高是指偶然误差小,测量准确度高是指系统误差小,精确度是把两者都包括进去了。影响测量结果精确度的，有时主要因素是偶然误差，有时主要因素是系统误差，对于某个具体实验，需要进行具体分析。测量结果的总误差是系统误差和偶然误差的总和。

有时候，系统误差和偶然误差要加以区别、分别处理，在精密测量时尤其如此；有时候，只是为了说明总误差的限度，就不需要加以区别。许多不太精密的仪器的最大允许误差（如电表的精度级别）就是既包括系统误差又包括偶然误差。有时候，也难以划分和区别它们。

最后必须指出，错误与误差不同，错误完全是人为的。例如，记录数据时将“3. 51”记为“35. 1”，读数时将“43”看成“48”，演算时将数值算错以及操作方法不正确等，错误是可以完全避免的，而误差只能设法尽量降低，没办法全部消除。

三、偶然误差的估算

实验后，为了正确评价和表示实验结果，必须对实验中的误差进行估算，而实验前可以根据对实验精确度的要求，通过误差估算选择恰当的实验方法和仪器。在本课程所涉及的多数实验中，由于选择了恰当的实验方法与相应精度的仪器，实际上使得系统误差大大降低了或者基本消除了，所以我们今后误差的估算主要是指偶然误差的估算。

（一）单次直接测量的误差估算

在物理实验中，常常由于条件不许可，或对测量精确度要求不高等原因，对一个物理量的直接测量只进行了一次。这时，可根据实际情况，对测量值的误差进行合理的具体估计，不能一概而论。在一般情况下，对于偶然误差很小的测定值，可按仪器出厂鉴定书或仪器上直接注明的误差作为单次测量的误差。如果没有注明，可以从书末附录二《常用仪器的仪器误差》中查找分析确定。在某些特殊情况下，一次测量的有效数字位数应根据具体条件加以确定。如在测一较长距离或实验情况不允许正确放置米尺时，测量误差显然会超过仪器的最小分度值，因此，其结果的有效数字位数应按实际测量的情况合理确定。

（二）多次测量的误差估算

1. 算术平均值

前面说过，由于测量误差的存在，在计算测量中，真值总是不能确切知道，对于某一物理量 N 进行多次测量的结果不会完全一样，那么怎样才能使测量结果最合理地代表真值呢？常用的办法是，在测量条件相同的情况下，对某物理量 N 进行 n 次测量，其测量值分别为 $N_1, N_2, N_3, \cdots, N_n$，则其算术平均值为

$$\overline{N} = \frac{N_1 + N_2 + N_3 + \cdots + N_n}{n} = \sum_{i=1}^{n} \frac{N_i}{n} \tag{2}$$

根据误差的统计理论，在一组 n 次测量的数据中，算术平均值 $\overline{N}$ 最接近于真值，称为测量的最佳值或最近真值。当测量次数无限增加时，算术平均值就将无限接近于真值。

我们在实际测量中，由于测量次数并不能无限增加，真值也就不能确定，误差也就只能估算，所以测量值的误差就可用算术平均偏差或均方根偏差（标准偏差）来表示。

2. 算术平均偏差

设各测量值 N_i 与平均值 $\overline{N}$ 的偏差为 $\Delta N_i(i=1,2,\cdots,n)$，即

$$\Delta N_1=N_1-\overline{N},\Delta N_2=N_2-\overline{N},\cdots,\Delta N_n=N_n-\overline{N}$$

若考虑到最不利的情况，各次偏差取绝对值，则算术平均偏差为

$$\Delta\overline{N}=\frac{1}{n}(\mid\Delta N_1\mid+\mid\Delta N_2\mid+\cdots+\mid\Delta N_n\mid)=\frac{1}{n}\sum_{i=1}^{n}\mid\Delta N_i\mid \tag{3}$$

3. 均方根偏差（标准偏差）

把各次测量值 N_i 与平均值 $\overline{N}$ 的偏差仍记为 $\Delta N_i(i=1,2,\cdots,n)$，再取其平方的平均值然后开方，即称为均方根偏差或标准偏差，即

$$\sigma=\sqrt{\frac{\sum_{i=1}^{n}(\Delta N_i)^2}{n}}=\sqrt{\frac{\sum_{i=1}^{n}(N_i-\overline{N})^2}{n}} \tag{4}$$

在有限次测量时，标准偏差常用下式表示和计算：

$$\sigma=\sqrt{\frac{\sum_{i=1}^{n}(\Delta N_i)^2}{n-1}}=\sqrt{\frac{\sum_{i=1}^{n}(N_i-\overline{N})^2}{n-1}} \tag{5}$$

这里算术平均偏差与标准偏差都用于表示偶然误差，它们都表示在一组多次测量的数据中，各个数据之间分散的程度。如果各个数据之间差别较大，那么算术平均偏差和标准偏差也都较大，这说明测量不精密，偶然误差较大。

在上述两种估算偶然误差的方法中，标准误差与偶然误差理论中的高斯误差正态分布函数的关系更为直接，因此，在正式的误差分析和估算中都采用标准偏差来表示偶然误差。但对于初学者来说，主要是树立误差的概念和对实验进行粗略的分析，所以可采用算术平均偏差来进行误差分析和估算，这样要简单得多。

严格来讲，误差和偏差是有区别的，但测量次数很多时，多次测量的平均值最近似于真值，因此，偏差也就很接近于误差。这样，我们以后就不区分偏差和误差的细微差别，而用偏差代替误差。

由于偶然误差本身是一个估计值，所以其结果一般只取一位或两位有效数字，为简单起见，我们规定只取一位有效数字。

（三）测量结果的评价与表达

测量数据经相应处理，通常把测量结果表示为 $N=\overline{N}\pm\Delta N$ 或 $N=\overline{N}\pm\sigma$。这里的 $\overline{N}$ 是多次测量的算术平均值，也可以是单次测量值；ΔN 是其误差的绝对值，亦称绝对误差；σ 为标准误差。

对误差的不同估算方法，得到的误差范围不同，其含义是什么？又如何理解呢？

由概率统计知识可知，可以希望在 $(\overline{N}\pm\Delta N)$ 区域内包含真值的概率为 57.5%，在 $(\overline{N}\pm\sigma)$ 区域内包含真值的概率为 68.3%，在 $(\overline{N}\pm3\sigma)$ 区域内包含真值的概率为 99.7%，我们称 $\pm3\sigma$ 为极限误差，并由此看出，在测量次数不多的情况下，若测量误差超过 $\pm3\sigma$，则是粗大误差，应予以剔除。

因为标准差随测量次数 n 的变化小,且具有一定的稳定性,所以许多科学论文和报告都用标准差去评价数据;因为算术平均误差估算简便,所以在基础物理实验中,常用算术平均误差来评价数据。

上述表示方法并不能全面评价测量结果的好坏,还需要看测量值本身的大小。例如:测得两个物体的长度分别为 $l_1=(100.02\pm0.02)\text{cm}$,$l_2=(10.03\pm0.02)\text{cm}$,这两个测量值的绝对误差是相同的,都是 0.02 cm,但不能明确地表示出测量结果的好坏。为了全面地表示测量结果的精确度,我们还需要引进相对误差的概念,它是绝对误差 ΔN 与平均值 $\overline{N}$ 的比值,即 $E=\dfrac{\Delta N}{\overline{N}}$。相对误差通常用百分数表示,故也称百分误差,即 $E=\dfrac{\Delta N}{\overline{N}}\times100\%$。如上例中

$$E_1=\frac{0.02}{100.02}\times100\%\approx0.0002\times100\%=0.02\%$$

$$E_2=\frac{0.02}{10.03}\times100\%\approx0.002\times100\%=0.2\%$$

从相对误差来看,前一个测量值比后一个测量值的精确度高 10 倍。

最终的测量结果表示如下:

$$N=\overline{N}\pm\Delta N,\qquad E=\frac{\Delta N}{\overline{N}}\times100\% \tag{6}$$

或

$$N=\overline{N}\pm\sigma,\qquad E=\frac{\sigma}{\overline{N}}\times100\% \tag{7}$$

例 1　用一般的毫米尺测量某圆柱体的直径 5 次,其测得值分别为 3.42 cm、3.43 cm、3.44 cm、3.46 cm 和 3.45 cm,求其测量结果。

解　显然,其算术平均值为

$$\overline{D}=\frac{1}{n}\sum_{i=1}^{n}D_i=\frac{1}{5}\times(3.42+3.43+3.44+3.46+3.45)=3.44(\text{cm})$$

其算术平均误差为

$$\Delta\overline{D}=\frac{1}{n}\sum_{i=1}^{n}|D_i-\overline{D}|=\frac{1}{5}\times(0.02+0.01+0.00+0.02+0.01)=0.012(\text{cm})$$

$\Delta\overline{D}$ 取 0.02 cm。

其标准误差为

$$\sigma_D=\sqrt{\frac{\sum_{i=1}^{n}(D_i-\overline{D})^2}{n-1}}=\sqrt{\frac{1}{4}\times[(-0.02)^2+(-0.01)^2+(0.00)^2+(0.02)^2+(0.01)^2]}$$

$$=0.0158113(\text{cm})$$

σ_D 取 0.02 cm。

测量结果为

$D=\overline{D}\pm\sigma_D=(3.44\pm0.02)\text{ cm}$,

相对误差为

$$E=\frac{\sigma_D}{\overline{D}}\times100\%=\frac{0.02}{3.44}\times100\%=0.6\%$$

测量结果的表示应遵从以下三点要求或规定：

(1)绝对误差一般只取一位有效数字,而且用进位法,即见数要进位(隔0不进位)；

(2)测量结果的末位可四舍五入,与绝对误差 ΔN 的位数对齐；

(3)相对误差 E 要写成百分数的形式,可取一位或两位有效数字。

(四)间接测量结果误差的传递和合成

在生产和科学实验中,绝大多数物理量只能用间接的方法测量,这时必须先对另一些物理量进行直接测量,然后通过一定的函数关系来计算出所要求的物理量。直接测量都会有误差,因此间接测量也会有误差,这就是误差的传递,当然直接测量用什么误差估算,间接测量也要用什么误差估算。

1. 误差传递的基本公式

设间接测得量 N 是独立的直接测得量 $x_1,x_2,\cdots,x_n$ 的函数,即 $N=f(x_1,x_2,\cdots,x_n)$,这时对 N 求全微分,有

$$\mathrm{d}N=\left|\frac{\partial f}{\partial x_1}\mathrm{d}x_1\right|+\left|\frac{\partial f}{\partial x_2}\mathrm{d}x_2\right|+\cdots+\left|\frac{\partial f}{\partial x_n}\mathrm{d}x_n\right| \tag{8}$$

式(8)表示：当 $x_1,x_2,\cdots,x_n$ 有微小改变 $\mathrm{d}x_1,\mathrm{d}x_2,\cdots,\mathrm{d}x_n$ 时,N 改变 $\mathrm{d}N$。通常误差远小于测量值,为了保证可信度,避免夸张测量精度,式(8)中每项都加绝对值符号,即可能出现的最大误差。因此,把 $\mathrm{d}x_1,\mathrm{d}x_2,\cdots,\mathrm{d}x_n,\mathrm{d}N$ 看作误差,式(8)就可看成是误差的传递公式了。

如果把 N 取对数后再求全微分,就得到了 N 的相对误差公式,即

$$\ln N=\ln f(x_1,x_2,\cdots,x_n),\ \frac{\mathrm{d}N}{N}=\left|\frac{\partial \ln f}{\partial x_1}\mathrm{d}x_1\right|+\left|\frac{\partial \ln f}{\partial x_2}\mathrm{d}x_2\right|+\cdots+\left|\frac{\partial \ln f}{\partial x_n}\mathrm{d}x_n\right| \tag{9}$$

式(8)和式(9)就是误差传递的基本公式,其中式(8)中的 $\frac{\partial f}{\partial x_1}\mathrm{d}x_1,\frac{\partial f}{\partial x_2}\mathrm{d}x_2,\cdots,\frac{\partial f}{\partial x_n}\mathrm{d}x_n$ 与式(9)中的 $\frac{\partial \ln f}{\partial x_1}\mathrm{d}x_1,\frac{\partial \ln f}{\partial x_2}\mathrm{d}x_2,\cdots,\frac{\partial \ln f}{\partial x_n}\mathrm{d}x_n$ 各项叫作分误差,$\frac{\partial f}{\partial x_1},\frac{\partial f}{\partial x_2},\cdots,\frac{\partial f}{\partial x_n}$ 或 $\frac{\partial \ln f}{\partial x_1},\frac{\partial \ln f}{\partial x_2},\cdots,\frac{\partial \ln f}{\partial x_n}$ 叫作误差的传递系数。

由前述可知,我们是用偏差代替误差进行估算和表示的,只要把传递公式中的符号“d”改为“Δ”就可以了,即

$$\Delta N=\left|\frac{\partial f}{\partial x_1}\right|\Delta x_1+\left|\frac{\partial f}{\partial x_2}\right|\Delta x_2+\cdots+\left|\frac{\partial f}{\partial x_n}\right|\Delta x_n \tag{10}$$

$$\frac{\Delta N}{N}=\left|\frac{\partial \ln f}{\partial x_1}\right|\Delta x_1+\left|\frac{\partial \ln f}{\partial x_2}\right|\Delta x_2+\cdots+\left|\frac{\partial \ln f}{\partial x_n}\right|\Delta x_n \tag{11}$$

由式(10)与式(11)可知：一个量的测量误差对于总误差的贡献,不仅取决于误差

本身的大小，还取决于误差的传递系数。对于和、差的函数，用式(10)方便；对于积、商的函数，用式(11)方便。

2. 偶然误差的传递和合成

由各分误差组合成总误差，就是误差的合成。误差传递公式(10)、(11)中就包括了误差的合成。

各独立量测量结果的偶然误差，是以一定方式合成的。如果用算术平均误差来估算偶然误差的话，其传递规律可归纳为：

(1)当间接测得量是直接测得量的和或差时，间接测得量的绝对误差等于各直接测得量的绝对误差之和，即当 $N=x_1 \pm x_2$ 时，$\Delta N=\Delta x_1+\Delta x_2$，$E=\dfrac{\Delta N}{N}=\dfrac{\Delta x_1+\Delta x_2}{x_1 \pm x_2}$。

(2)当间接测得量是直接测得量的积或商时，间接测得量的相对误差等于各直接测得量的相对误差之和，即当 $N=x_1 \cdot x_2$ 或 $N=\dfrac{x_1}{x_2}$时，$E=\dfrac{\Delta N}{N}=\dfrac{\Delta x_1}{x_1}+\dfrac{\Delta x_2}{x_2}$，$\Delta N=N \cdot E$。这里总误差都取各误差值的和，是考虑到实验中可能出现最不利的情况，即各直接测得量的误差不会互相抵消的情况。

(3)当 $N=\dfrac{(x_1+x_2) \cdot x_3}{x_4}$时，为简便起见，也可看作 $N=\dfrac{Ax_3}{x_4}$，其中 $A=x_1+x_2$。

如用标准差来估算偶然误差，函数 $N=f(x_1, x_2, \cdots, x_n)$，由误差传递的基本公式可以推出函数 N 的合成标准误差

$$\sigma_N=\sqrt{\left(\frac{\partial f}{\partial x_1}\right)^2 \sigma_{x_1}^2+\left(\frac{\partial f}{\partial x_2}\right)^2 \sigma_{x_2}^2+\cdots+\left(\frac{\partial f}{\partial x_n}\right)^2 \sigma_{x_n}^2} \tag{12}$$

及函数 N 的相对标准误差

$$\frac{\sigma_N}{N}=\sqrt{\left(\frac{\partial f}{\partial x_1}\right)^2 \frac{\sigma_{x_1}^2}{N^2}+\left(\frac{\partial f}{\partial x_2}\right)^2 \frac{\sigma_{x_2}^2}{N^2}+\cdots+\left(\frac{\partial f}{\partial x_n}\right)^2 \frac{\sigma_{x_n}^2}{N^2}} \tag{13}$$

例2 有间接测得量 $N=\dfrac{A \cdot B}{2C}-D^3$，$A$、$B$、$C$ 及 D 均为直接测得量，它们的绝对误差分别为 ΔA、ΔB、ΔC 及 ΔD，求 ΔN。

解 这里用算术平均误差来估算其误差，则

$$\begin{aligned}
\Delta N &= \left|\Delta\left(\frac{A \cdot B}{2C}\right)\right|+|\Delta D^3| \\
&=\frac{A \cdot B}{2C}\left(\left|\frac{\Delta A}{A}\right|+\left|\frac{\Delta B}{B}\right|+\left|\frac{\Delta C}{C}\right|\right)+3\left|\frac{\Delta D}{D}\right|D^3 \\
&=\left|\frac{B}{2C}\right|\Delta A+\left|\frac{A}{2C}\right|\Delta B+\left|\frac{A \cdot B}{2C^2}\right|\Delta C+3D^2\Delta D
\end{aligned}$$

为误差估算的方便，常用函数的误差传递公式总结如表1所示。

表1　常用函数的误差传递公式

函数形式	算术平均误差	标准误差
$N=A\pm B$	$\Delta N=\Delta A+\Delta B$	$\sigma_N=\sqrt{\sigma_A^2+\sigma_B^2}$
$N=A\cdot B$　$N=\dfrac{A}{B}$	$\dfrac{\Delta N}{N}=\dfrac{\Delta A}{A}+\dfrac{\Delta B}{B}$	$\dfrac{\sigma_N}{N}=\sqrt{\left(\dfrac{\sigma_A}{A}\right)^2+\left(\dfrac{\sigma_B}{B}\right)^2}$
$N=KA$（K为常数）	$\Delta N=K\Delta A$　$\dfrac{\Delta N}{N}=\dfrac{\Delta A}{A}$	$\sigma_N=K\sigma_A$　$\dfrac{\sigma_N}{N}=\dfrac{\sigma_A}{A}$
$N=\dfrac{A^r\cdot B^m}{C^n}$（$r$、$m$、$n$均为常数）	$\dfrac{\Delta N}{N}=r\cdot\dfrac{\Delta A}{A}+m\cdot\dfrac{\Delta B}{B}+n\cdot\dfrac{\Delta C}{C}$	$\dfrac{\sigma_N}{N}=\sqrt{r^2\left(\dfrac{\sigma_A}{A}\right)^2+m^2\left(\dfrac{\sigma_B}{B}\right)^2+n^2\left(\dfrac{\sigma_C}{C}\right)^2}$
$N=\sin A$	$\Delta N=\lvert\cos A\rvert\Delta A$	$\sigma_A=\lvert\cos A\rvert\sigma_A$
$N=\tan A$	$\Delta N=\dfrac{\Delta A}{\cos^2 A}$　$\dfrac{\Delta N}{N}=\dfrac{2\Delta A}{\lvert\sin 2A\rvert}$	$\sigma_N=\dfrac{\sigma_A}{\cos^2 A}$　$\dfrac{\sigma_A}{N}=\dfrac{2\sigma_A}{\lvert\sin 2A\rvert}$
$N=\ln A$	$\Delta N=\dfrac{\Delta A}{A}$　$\dfrac{\Delta N}{N}=\dfrac{\Delta A}{A\ln A}$	$\sigma_N=\dfrac{\sigma_A}{A}$　$\dfrac{\sigma_N}{N}=\dfrac{\sigma_A}{A\ln A}$

有效数字及其运算规则

一、有效数字的概念

我们在实验测量中测得的数据总是或大或小地存在着误差，所以正确表示该测量值的位数是很重要的。在进行数据计算时也都不可避免地有一定的近似性，但是不能因此而使测定的准确性受到损失，同时计算的准确性也不应该超过测量时应有的准确性。总之，计算的准确性与测量的准确性应一致。

如用毫米尺测量一个物体的长度，如图2所示，其读数为14.45 cm，这里的前三位14.4是从直尺上直接读出的，称为可靠数字，而末位数字“5”则是从最小刻度之间估读出来的，称为可疑数字（虽可疑，但还是有意义的）。这里的可靠数字与一位可疑数字合起来，称为有效数字。这里共是四位有效数字，如我们再用高精度的仪器（如大型的千分尺）来对同一量进行测量，若测得的数据为14.452 8 cm，这时就有六位有效数字，如用精度较差的厘米尺来测量，其数值为14.5 cm，有效数字只有三位。由此可见，测量结果有效数字的多少，不仅与该物理量本身的大小有关，也与所选测量工具的精度有关。有效数字位数的多少表示了测量所能达到的准确程度。

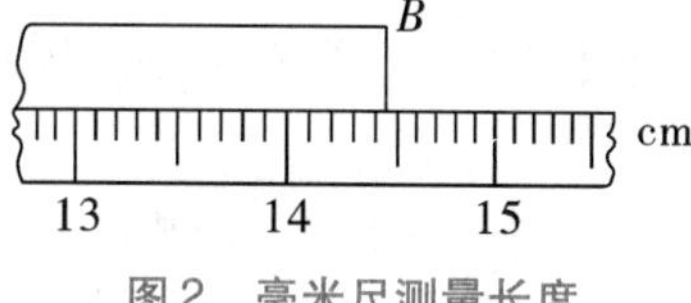

图2　毫米尺测量长度

例如上述长度的测量,若物体的 B 端刚好与直尺上的某一刻度(如 14. 5 cm)对齐,即 0. 5 是能够准确读出的,这时读数应记为 14. 50 cm,最后这个“0”就是有意义的,共有四位有效数字。其实在数据中间出现“0”,也属于有效数字,如 205. 08 cm 就是五位有效数字。但是测量的数字如是 0. 64,或 0. 064,或 0. 006 4,则这里的“0”只表示数量级的大小,并不计入有效数字的位数,这三个数据都是两位有效数字。

对于测量数据或计算结果的表示,常采用标准形式,即用 10 的方幂来表示其数量级,前面的数字是测得的有效数字,并在小数点前取一位有效数字,例如 0. 086 4 m,写成标准形式是 8.64×10^{-2} m。在进行单位换算时,应采用标准形式,这样可避免由于疏忽而使有效数字有所增减,如 45. 2 km $=4.52\times10^{4}$ m,不能写成 45 200 m,同样 6. 9 kg $=6.9\times10^{3}$ g,不能写成 6 900 g,这样是四位有效数字,是错误的,因为它超过了实际测量精确度。

二、有效数字的运算规则

为了说明问题,下面我们先引入有效数字的运算法则。

第一条:可靠数字与可靠数字相运算,得到的都是可靠数字。这是因为每个参加运算的数字都没有误差。

第二条:任何数字与可疑数字相运算,得到的都是可疑数字,最后四舍五入只保留一位可疑数字。

有效数字运算规则是在有效数字运算法则的基础上总结出的几条规律,个别情况法则和规则计算的位数是不一样的。法则是权威的,规则是为了简便易于操作,而不再列竖式。

在有效数字的运算过程中,为了不因运算而引进“误差”或损失有效位数以致影响测量结果的精度,特规定如下近似运算的规则,其中的加、减、乘、除四个竖式实际是用法则进行运算的。

(一)加减法

各量相加(或减)时,其和(或差)数在小数点后应保留的位数与各量中小数点后位数最少的一个相同。

例如:

$$
\begin{array}{r}
54.\overline{1} \\
+12.28\overline{8} \\
\hline
66.\overline{3}8\overline{8}
\end{array}
\qquad\qquad
\begin{array}{r}
98.6\overline{5} \\
-45.76\overline{8} \\
\hline
52.8\overline{8}\overline{2}
\end{array}
$$

(加横线的数字代表可疑数字)

在第一个式子的结果中,66 以后的 0. 388 都是可疑数字,但在小数点后第一位已为可疑数字,所以 0. 088 就没有保留的必要了,因而可按数据取舍规则来处理,即将 66. 388 写成 66. 4。

在第二个式子两数相减的结果中,由于与上面相同的理由,结果可写为 52. 88。

实际上为了简化运算,可以小数点后位数最少的数为标准,用四舍五入的方法删去多出的位数,然后再进行运算。

(二)乘除法

两量相乘(或相除)的积(或商)所保留的有效数字的位数与小数点位置无关,一般与各因子中位数最少的相同,即与相对误差最大的位数相同。有时误差太小,也可多取一位。多个量的相乘除也服从同样规律。

例如:

$$
\begin{array}{r}
43.25\overline{4} \\
\times \quad 2\overline{1} \\
\hline
\overline{4}\overline{3}\,\overline{2}\overline{5}\overline{4} \\
865\,0\overline{8} \\
\hline
9\overline{0}\overline{8}.\overline{3}\,\overline{3}\overline{4}
\end{array}
\qquad\qquad
\begin{array}{r}
17\overline{3}.\overline{4} \\
21\overline{7}\,\big)\,\overline{3764\overline{3}} \\
21\overline{7} \\
\hline
15\overline{9}\overline{4} \\
151\overline{9} \\
\hline
\overline{7}\overline{5}\overline{3} \\
\overline{6}\overline{5}\overline{1} \\
\hline
\overline{1}\overline{0}\overline{2}\overline{0} \\
\overline{8}\overline{6}\overline{8} \\
\hline
\overline{1}\overline{5}\overline{2}
\end{array}
$$

在第一个式子中,两数相乘时因为有效数字中只保留一位可疑数字,所以结果应该写为 9.1×10^{2}。

在第二个式子中,两数相除时结果应写为 173,即 1.73×10^{2}。

(三)乘方与开方

不难证明,乘方与开方的有效数字的位数与其底的有效数字的位数相同。

(四)函数运算

一般说来,对函数运算后的有效数字的位数应由误差分析来确定。为了统一起见,对经常用的对数函数、指数函数和三角函数做如下规定。

(1)对数函数。对数函数运算后的尾数(小数点后的位数)取到和真数的位数相同。例如:lg 1.983=0.297 322 714 取成 0.297 3,lg 198 3=3.297 322 714 取成 3.297 3。自然对数也按上述规定处理。

(2)指数函数。指数函数运算后的有效数字的位数可和指数的小数点后的位数相同(包括紧接小数点后的 0)。例如:$10^{6.25}=1\ 778\ 279.41$ 取成 1.8×10^{6},$10^{0.0035}=1.008\ 091\ 61$ 取成 1.008。对 e^{x} 也可参照此规定处理。

(3)三角函数。当 $0<\theta<90°$ 时,$\sin\theta$ 与 $\cos\theta$ 都介于 0 和 1 之间,三角函数的取位随角度的有效数字而定。如用分光计测读角度时,若能读到 1′,则此时应取四位有效数字。

例如:sin 30°00′=0.5 取成 0.500 0,cos 20°16′=0.938 733 857 取成 0.938 7。

另外,在数据处理过程中,我们还可能遇到另一类数字,这类数字叫作正确数,它没有可疑部分。例如:测金属圆柱体的密度时,公式 $\rho=\dfrac{4m}{\pi D^{2}h}$ 中的数字“4”;实验次数 n;一个齿轮的齿数“80”;公式 $D=2R$ 中的“2”。它们总是正整数,有效数字的运算规则不适用于这些正确数,只需由其他测量值的有效数字的多少来确定运算结果的有效数字位数。这些常数的位数可看成无穷多位,不影响运算结果的位数。

在运算中还常常遇到一些常数,如 π、e、$\sqrt{5}$等,对此,我们常取它的位数比测量的有效数字的位数最多的量再多一位,使得它的相对误差对总误差的影响可忽略不计,不影响测量精度。例如圆周长 $l=2\pi R$,当 $R=2.356$ mm 时,π 取 3.141 6,这样 π 与 R 的误差相比较,才可忽略不计。

还要特别指出,有效数字位数的多少取决于被测量的大小和测量仪器的精度,而不取决于运算过程。所以,在选择计算工具时,应使其所算出的位数不少于应有的有效位数,否则将造成测量结果精确度的降低,这是不可以的;反之,通过计算工具随意扩大测量结果有效数字的位数,也是错误的,特别是在普遍使用电子计算器的情况下,更要注意。

上述运算规则是一种简便的运算方法,因为它只提到可疑数字的位置,而没有考虑到在这个位置上误差的大小。由于各直接测得量的误差不同,将会对间接测得量的误差产生不同的影响,所以应计算出间接测得量(函数)的绝对误差值,然后根据误差的大小来确定实验结果的可疑数字位置,从而确定最后实验结果的有效数字,即实验结果应截取的有效数字的位数应由绝对误差来确定。

数据处理基本方法

进行实验时测得大量的数据后,对这些数据要进行处理,即进行整理分析和归纳计算,从而得出实验的结论。在本课程中用于处理数据的常用方法有以下几种。

一、直接计算法

由测量数据,求出各直接测量值的平均值及其误差,然后代入有关函数关系式,求出间接测量值及其误差。

例3 求圆柱体的密度。今用精度为 0.02 mm 的游标卡尺测其高 h 值 6 次:50.26 mm、50.24 mm、50.22 mm、50.24 mm、50.22 mm、50.22mm;用千分尺测其直径 D 值 6 次:17.450 mm、17.451 mm、17.452 mm、17.453 mm、17.450 mm、17.450 mm;用精度为 0.02 g 的天平测得其质量 m 值:100.10 g。

解 质量 m 为单次测量,故用 0.01 g 为其误差;高 h 和直径 D 都为多次测量。计算结果如下:

$h=(50.23\pm0.02)\,\text{mm}, D=(17.451\pm0.001)\,\text{mm}, m=(100.10\pm0.01)\,\text{g}$

于是

$$\rho=\frac{4m}{\pi D^2 h}=\frac{4\times100.10}{\pi(17.451)^2\times50.23}\approx8.332(\text{g/cm}^3)$$

$$E_\rho=\frac{\Delta\rho}{\rho}=\frac{\Delta m}{m}+2\frac{\Delta D}{D}+\frac{\Delta h}{h}=\frac{0.01}{100.10}+2\times\frac{0.001}{17.451}+\frac{0.02}{50.23}\approx0.000\,61$$

$$\Delta\rho=8.332\times0.000\,61\approx0.005\,1(\text{g/cm}^3)$$

所以

$$\rho=(8.332\pm0.006)\,\text{g/cm}^3,\quad E_\rho=\frac{0.006}{8.332}\times100\%=0.000\,72=0.08\%$$

注意:这里进行误差计算时,一律采用误差的进位办法。π 取的位数应比位数最多的量再多取一位,使 π 的误差影响可忽略不计。

二、列 表 法

列表法是将一组直接测量的数据和有关的计算结果分类、分行、分列地列成表格来表示,数据列表可以简单而明确地表示出有关物理量之间的对应关系,便于检查对比和分析,也有助于找出有关量之间规律性的联系,以便求出经验公式等。这是一种常用的数据表示法,它要求:

(1)列表要简单明了,要便于看出有关量之间的关系,便于进行数据处理。

(2)要注明各量的名称和单位。注意,单位要写在标题栏中。

(3)数据要正确反映测量的有效数字,并且不得涂改(如有个别数据确实记错时,只许将错的数据轻轻划上一道,然后在其旁边再记上正确的数据)。

(4)文字要整齐清楚。

(5)写明标题,必要时加以说明。

三、作 图 法

作图法是将一系列数据之间的关系用图线表示出来,它可以最简单、最直观地表示物理量之间的变化关系,便于进一步研究实验结果,求出某些物理量,建立关系式等。最常用的是用直角坐标作图,特殊情况也用对数坐标、半对数坐标和极坐标等。本节以直角坐标为例介绍作图法,其他坐标作图法参考直角坐标作图的基本原则进行。

(一)作图法的目的

(1)可由图一目了然地了解两物理量的相互关系和变化趋势。

(2)由图可求出某些物理量,其中直线的截距和斜率最重要,许多量可由此求得。

(3)由图线可以读出没有进行实测的数值(用内插法),在一定条件下,可以把图线延伸到测量范围以外(用外推法),但用此法要审慎。

(二)作图要求

(1)作图必须用坐标纸。当决定了参量之后,可根据具体情况选用毫米方格的直角坐标纸、对数坐标纸、半对数坐标纸、极坐标纸等。坐标纸的大小及坐标分度的比例,可根据测量数据的有效位数和结果的需要来确定。其原则是:测量数据中的可靠数字在图中也应该为可靠的,测量数据中的可疑数字在图中应为估计的,即坐标中的最小格对应测量有效数字中可靠数字的最后一位。

(2)坐标轴的坐标与比例。通常以横轴代表自变量,纵轴代表因变量,并在坐标轴上标明所代表物理量的字母符号和单位。作图时:其一,根据需要,横轴和纵轴的标度可以不同,使得斜线约为45°左右;其二,其轴的交点处也不一定从零开始,应根据实际情况确定。对于特别大的或特别小的数据,可用数量级表示,如 10^m 和 10^{-n} 等,并放在坐标轴最大值的右边。

(3)图线的标号与连线。根据测量数据,用削尖的铅笔在坐标图纸上,以小“+”“×”或“⊙”标出各测量数据点的坐标,使各测量数据准确地落在“+”“×”的正交点上或“⊙”的中心上；同一图上的不同曲线，应当用不同的标号，如用“+”“×”或“⊙”等表示。当把测量数据标好后，用作图工具（如直尺或曲线板）把测量数据点连成直线或光滑曲线，除特殊情况外，绝不允许连成折线；也不允许连成“蛇线”；图线不一定通过每一个测量数据点，但要求分布在图线两旁的数据点比较均匀，使图线起“平均”的作用。

（4）图名和实验条件。一般要求在图纸上部空旷位置写出简要完整的图名，中部标明实验条件，所标明的文字应用仿宋体。

（5）鼓励同学们使用电脑软件作图，并打印输出结果。

（三）求直线的斜率和截距

在斜线上取两点 $P_1(x_1,y_1)$ 和 $P_2(x_2,y_2)$，间距要远，使得 x_2-x_1 和 y_2-y_1 有较多的有效数字位数。

设直线方程为

$$y=a+bx \tag{14}$$

其斜率为

$$b=\frac{y_2-y_1}{x_2-x_1} \tag{15}$$

选取在直角坐标纸上所作图线上的两点 $P_1(x_1,y_1)$ 和 $P_2(x_2,y_2)$ 代入式（15）即可求得。

P_1 和 P_2 不能相距太近，以期减小误差。其截距 a 为 $x=0$ 时的 y 值，或选图上任一点$P_3(x_3,y_3)$的坐标值代入式（14），并利用下式求得 a 值：

$$a=y_3-\frac{y_2-y_1}{x_2-x_1}x_3 \tag{16}$$

应当指出，P_1、P_2 和 P_3 只能在图线上取点，不允许使用原标数据点。

事实上，这是一种粗略地求 a 和 b 的方法，较准确的方法是运用最小二乘法。

（四）曲线改直

实验中，许多函数形式可以经过适当的变换得到线性关系，即可把曲线改成直线。

如 $PV=C$ 是个双曲线，图不容易作好，若以 P 为纵坐标，$\frac{1}{V}$ 为横坐标作图，则为直线，也就很容易求出其斜率 C。

又如放射性衰减公式 $E=E_0\cdot e^{-at}$，由实验数据求衰减系数 a 十分困难，若对该式取对数，即 $\ln E=\ln E_0-at$，以 $\ln E$ 为纵坐标、t 为横坐标作图，就是直线，斜率 a 就比较容易求得。

（五）直角坐标作图举例

通常用的直角坐标纸的最小分格是 1 mm，所以又称之为毫米分格坐标纸。现以铜的电阻与温度关系的实验测量数据为例加以说明。实验数据如表 2 所示。

表 2　铜的电阻与温度的关系

项目	数据									
	第 1 次	第 2 次	第 3 次	第 4 次	第 5 次	第 6 次	第 7 次	第 8 次	第 9 次	第 10 次
温度 t/℃	0.0	5.0	10.0	15.0	20.0	25.0	30.0	40.0	50.0	60.0
电阻 R/Ω	10.20	10.35	10.50	10.64	10.76	10.94	11.08	11.33	11.66	11.92

将实验数据中的电阻 R 用纵轴表示，每小格为 0.05 Ω（注意：R 的坐标原点不是零），温度 t 用横轴表示，每小格为 0.5 ℃，将数据标在图上，得到一条 $R\text{-}t$ 直线图，如图 3 所示（由于篇幅限制，图中未显示毫米分格，只显示总体示意图，同学们可自行在毫米分格坐标纸中绘图）。

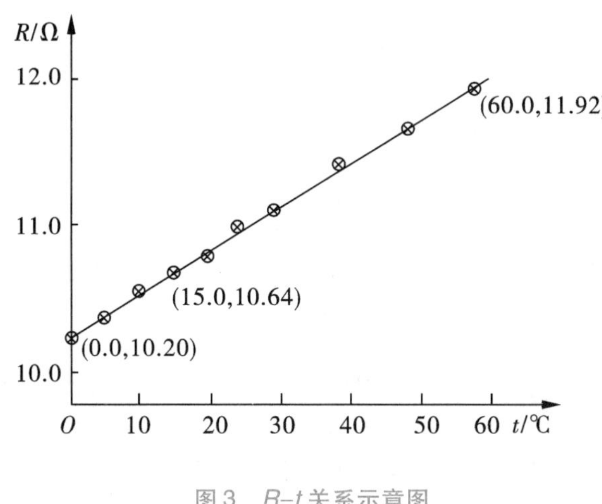

图 3　$R\text{-}t$ 关系示意图

四、运用最小二乘法进行一元线性回归

运用前述作图法虽然可以求得函数关系，但它具有较大的任意性（即准确性差），如果我们从实验数据中直接求出反映物理量间变化规律的方程式，那就更为明确了。这种从实验数据直接求得经验公式的方法，就叫作曲线的拟合或方程的回归。最小二乘法广泛应用于拟合曲线，而且效果很好。应用最小二乘法可从一组等精度的测量数据中确定最佳值，最佳值就是各测量值误差的平方和为最小的那个值，即

$$\sum_{i=1}^{n}(x_i-\bar{x})^2=\text{最小值} \tag{17}$$

最小二乘法的原理与计算是比较繁复的，这里仅就运用最小二乘法进行一元函数线性回归作一简单介绍。

假设 y 与 x 的关系是线性的，其测量值为一组等精度测量值，即 $x=x_1,x_2,\cdots,x_n$，$y=y_1,y_2,\cdots,y_n$，并且 x 和 y 的数据一一对应，则其回归方程的形式显然为 $y=ax+b$，这是一直线方程，问题是：我们怎样由测得的这组数据$(x_i,y_i)(i=1,2,\cdots,n)$确定线性方程中的系数 a 与 b 呢？

x_i、y_i 当然都是有误差的，而线性拟合首先要确定拟合的方向。比如，x_i 的误差都很小，而误差主要来自 y_i 的测量，这时，可以 y 为纵轴、x 为横轴来确定一条直线，如图 4 所示。假定图 4 中直线 MN 即为所求，则这条直线中对应于测量值 x_i 就有一值 $y_i'=ax_i+b$ 与之对应。而在测量中与 x_i 对应的数据 y_i 一般说来与 y_i' 存在着偏差，把此偏差设为 ε_i，即

$$\varepsilon_i = y_i - y_i' = y_i - (ax_i + b) \tag{18}$$

对应于任意点，ε_i 的大小和符号不尽相同，但是如果我们选取的点 y_i' 值与 y_i 值都尽量接近，则这条直线即为所求。也就是说，通过这一组点的最佳直线必定能够使

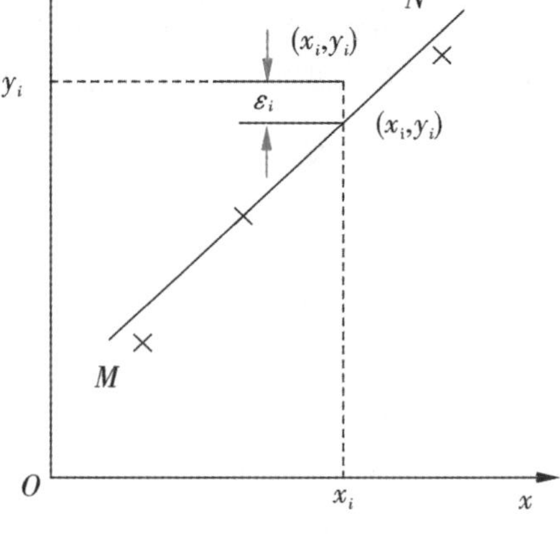

图 4　运用坐标图求经验公式

$$\sum_{i=1}^{n} \varepsilon_i^2 = [y_1 - (ax_1 + b)]^2 + [y_2 - (ax_2 + b)]^2 + \cdots + [y_n - (ax_n + b)]^2 = \sum_{i=1}^{n} [y_i - (ax_i + b)]^2 = \text{最小值}$$

要使 $\sum_{i=1}^{n} \varepsilon_i^2$ 为最小值，即令

$$\frac{\partial \sum_{i=1}^{n} \varepsilon_i^2}{\partial a} = \frac{\partial \sum_{i=1}^{n} [y_i - (ax_i + b)]^2}{\partial a} = 0,$$

$$\frac{\partial \sum_{i=1}^{n} \varepsilon_i^2}{\partial b} = \frac{\partial \sum_{i=1}^{n} [y_i - (ax_i + b)]^2}{\partial b} = 0$$

由上述二式，解得

$$a = \frac{n\sum (x_i \cdot y_i) - \sum x_i \sum y_i}{n\sum x_i^2 - (\sum x_i)^2} \tag{19}$$

$$b = \frac{\sum x_i^2 \sum y_i - \sum x_i \sum (x_i \cdot y_i)}{n\sum x_i^2 - (\sum x_i)^2} \tag{20}$$

由式(19)和式(20)，即可求出系数 a 与 b，则方程 $y=ax+b$ 即可求出。

例 4　某次实验中有如下一组测量数据(见表 3)，请用最小二乘法求出 y 的结果表达式。

表 3　测量数据

项目	第 1 次	第 2 次	第 3 次	第 4 次	第 5 次	第 6 次	第 7 次	第 8 次
x	5.0	10.2	15.3	20.1	25.3	30.4	35.6	40.4
y	20.2	23.1	25.7	27.8	30.2	32.9	35.1	37.8

解　由表中数据可算出：

$$\sum x_i = 182.3,\ \sum y_i = 232.8,\ \sum x_i^2 = 5\ 230,\ \sum (x_i \cdot y_i) = 5\ 830$$

把这些数据代入式(19)与式(20)，可求得系数 $a=0.488$，$b=17.98$，所以此一元线性方程可写为 $y=0.488x+17.98$，此即所求的经验公式。

[思考题]

1. 指出下列各量有几位有效数字,再将各量改取成三位有效数字,并写成标准形式:

(1)1. 080 5 cm;　(2)2 575. 0 g;　(3)3. 141 592 654 s;

(4)0. 862 49 m;　(5)0. 030 1 kg;　(6)626. 324 cm · s^{-2}。

2. 根据数据处理的基本要求,改正以下错误。

(1)0. 4 m=40 cm=400 mm。

(2)有人说0. 254 0 g是五位有效数字,有人说是三位有效数字,请改正并说明理由。

(3)有一组测量数据,其结果表示为:

d_1=(15. 400±0. 02)cm;　d_3=(15. 4±0. 21)cm;

d_2=(15. 400±0. 231)cm;　d_4=(15. 4±0. 002)cm。

请正确表示每个数据的测量结果,并计算出每个测量数据的相对误差。

3. 按有效数字运算规则计算下列各式:

(1)89. 456+2. 3;

(2)208. 475−3. 5;

(3)213×0. 010;

(4)526. 8÷0. 15;

(5)$\frac{76.000}{40.00-2.0}$;

(6)$\frac{50.00\times(18.30-14.3)}{(105-5.0)(2.00+0.002)}$;

(7)$\frac{100.0\times(5.6+3.423)}{(79.00-78.0)\times 34.000}+324.0$。

4. 指出下列情况下各属于什么性质的误差:

(1)米尺刻度不均匀;

(2)米尺的实际长度小于其刻度值;

(3)游标卡尺的零点不准;

(4)天平没调水平;

(5)测量时对最小分度后一位的估读;

(6)用单摆测量重力加速度时,摆角较大;

(7)电表的接入误差;

(8)光具座上的光学元件的同轴等高调整不准。

5. 用精密天平称一物体的质量 m,共称 5 次,结果分别为:3. 612 7 g、3. 612 2 g、3. 612 1 g、3. 612 0 g、3. 612 5 g,试求这些数据的算术平均值、绝对误差及相对误差,并写出测量结果的表示式。

6. 一个金属圆柱体,测得其直径 d=(2. 04±0. 01)cm,高度 h=(4. 12±0. 01)cm,质量 m=(149. 18±0. 05)g。(思考:计算 ρ 时,π 应取几位?)

（1）试计算该金属的密度 ρ；

（2）计算密度 ρ 的相对误差与绝对误差，并写出 ρ 的结果表达式。

7. 一金属圆环，测得其外直径 $D=(45.28\pm0.02)$ mm，内直径 $d=(22.24\pm0.02)$ mm，厚度 $h=(17.561\pm0.005)$ mm，质量 $m=(294.68\pm0.05)$ g。

（1）试计算金属圆环的密度 ρ；

（2）计算密度 ρ 的相对误差与绝对误差，并写出 ρ 的结果表达式。

8. 用单摆测定重力加速度的公式为 $g=\dfrac{4\pi^2 L}{T^2}$。今测量得 $T=(2.000\pm0.002)$ s，$L=(100.0\pm0.1)$ cm，试求重力加速度 g 及其标准误差 σ_g 与相对误差 E_g。

9. 今测量一金属杆的线胀系数所得数据见表 4。用最小二乘法原理求出其线胀系数 α 及在 0 ℃时的长度 L。

表 4　金属杆线胀系数数据表

项目	第 1 次	第 2 次	第 3 次	第 4 次	第 5 次	第 6 次	第 7 次	第 8 次
t/℃	30.0	40.0	50.0	60.0	70.0	80.0	90.0	100.0
L/cm	60.124	60.162	60.206	60.242	60.284	60.320	60.366	60.402

第二节　常用测量仪器介绍

在本节中，我们着重介绍几种基本力学测量仪器——游标卡尺、螺旋测微计和物理天平的使用方法。

一、游标卡尺

游标卡尺又称游标尺或卡尺，其形状如图 1 所示，它主要由主尺和游标两部分组成。主尺按毫米刻度，连有量爪 A 和 A′。游标紧贴主尺，其上也有刻线，连有量爪 B、B′和探尺 C。AB 构成外量卡，可以测量直径、长度、高度等；A′B′构成内量卡，可以测量内径；探尺 C 可以测量深度。

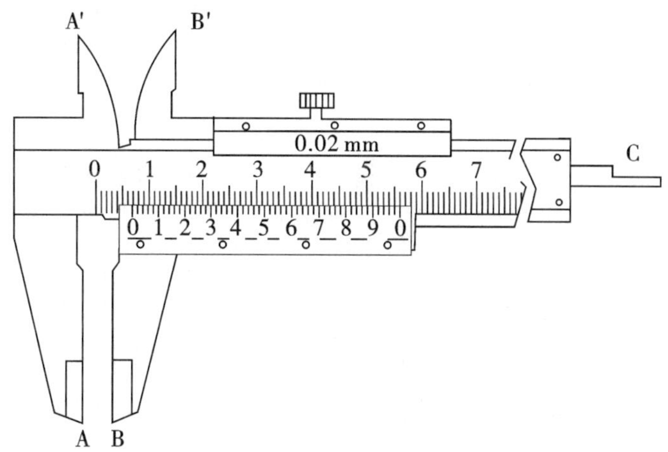

图 1　游标卡尺形状示意图

游标卡尺在刻度上有这样的特点，即游标上总共有 n 个分格，其长度与主尺上 $(n-1)$ 个分格的长度相等。分别用 a、b 表示主尺上一分格和游标上一分格的长度，则有 $nb=(n-1)a$ 的关系，那么，主尺上一分格与游标上一分格的长度之差为

$$a-b=\frac{a}{n} \tag{1}$$

把 $\frac{a}{n}$（而不是 $a-b$）称为精度，即游标尺的最小读数值。

现以实验室常用的 $n=50$ 分格的游标卡尺为例，说明游标卡尺的使用方法。这种游标卡尺的精度 $\frac{a}{n}=\frac{1}{50}=0.02\ \text{mm}$。

测量时，被测物体用量卡钳卡紧，其长度就是主尺与游标上两条“0”刻线之间的距离 L，具体数值则由游标上“0”刻线的位置读出。这一数值可分成两部分，以毫米为单位的整数部分 L' 可以从游标“0”刻线左边主尺上的刻线读出，如图 2 所示，$L'=14$ mm；至于小数部分 ΔL，则从游标上读出，即看游标上哪一条刻线与主尺上的刻线对齐。图 2 中是游标上第 19 条刻线与主尺上某刻线对齐，长度 ΔL 就是主尺上 19 分格的长度与游标上 19 分格的长度之差，即

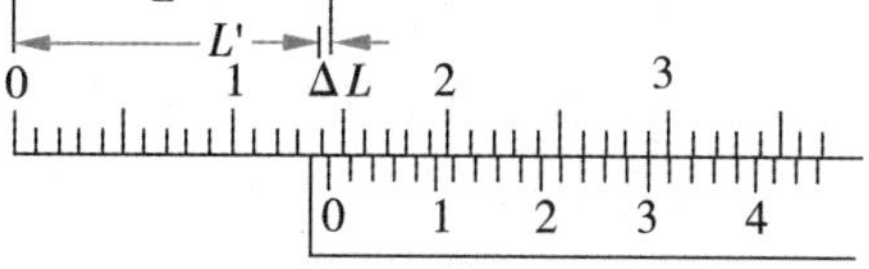

图 2　游标卡尺测量及读数方法示意图

$$\Delta L=19(a-b)=19\frac{a}{n}=19\times 0.02\ \text{mm}=0.38\ \text{mm}$$

然后把二者相加就是测量结果。在这里，$L=14.38$ mm。

实际上，不论哪种刻度的游标卡尺，都可用以下普遍表达式很快地读出长度的测量值：

$$L=L'+k\frac{a}{n} \tag{2}$$

式中，L 为被测物体的长度，L'为从游标“0”刻线左边主尺上读出的毫米整数，k 为游标上第 k 条刻线与主尺上的某刻线对齐，$\frac{a}{n}$为游标尺的精度。

使用游标卡尺时要注意：

(1)修正零点。测量前，应使内、外量卡(A′B′和 AB)合拢，这时的读数叫作零点值，用 L_0 表示，测量物体长度时读数为 L_1，则修正零点后的测量值为：$L=L_1-L_0$。

零点值有正有负，游标零刻线在主尺零刻线右侧的零点是正零点，读数为$+k\frac{a}{n}$；游标零刻线在主尺零刻线左侧的零点是负零点，读数为$-\left(1-k\frac{a}{n}\right)$。

(2)游标卡尺是常用的精密量具，要注意维护，在使用中不要磕碰、撞击，以免损坏量爪和探尺，用完后要放回盒内。

二、螺旋测微计

螺旋测微计又称千分尺，其外形如图 3 所示，它由两大部分组成，其中固定部分有弓形架 A、测砧 B 和标尺套管 C，在 C 上有一长横线，横线的上下都均匀分布着刻线，上下相邻两刻线的间距是 0.5 mm；另一组成部分是可以活动的，有测微螺杆 D、微分筒 E 和尾部的棘轮 F。微分筒 E 的边沿被分成 50 等份，当微分筒 E 旋转一周时，测微螺杆 D 就沿轴线运动0.5 mm，若微分筒 E 转动一小格，则测微螺杆 D 运动$\frac{0.5}{50}=0.01$ mm，这就是螺旋测微计的最小分度值。在测量读数时，还可以估读一位，即能读到毫米的千分之一。

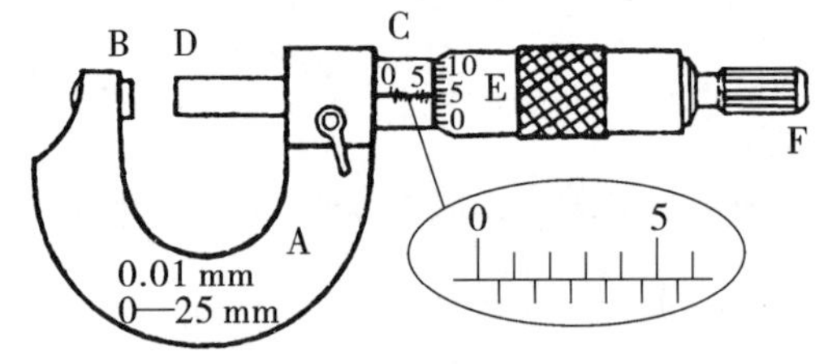

图 3　螺旋测微计外形示意图

测量时，把被测物体放在测微螺杆 D 和测砧 B 之间，转动微分筒 E，当 B、D 快要夹住物体时，应该转动棘轮 F，当发出“嗒”“嗒”声时，即表示已经夹好，应停止转动，防止微分筒 E 将物体夹得过紧，以致损坏螺旋测微计内的螺纹和被测物体。螺旋测微计的读数方法如下：先以微分筒的边线为准读出标尺套管上的整格数值(每格0.5 mm)，再以固定套管上的刻度中的横分线为准读出微分筒上的数值，二者相加就是测量值。

使用螺旋测微计时要注意：

(1)修正零点。测量前，应旋转棘轮 F 使 B、D 合拢，这时的读数叫作零点值，用 L_0 表示，测量物体长度时读数为 L_1，则修正零点后的测量值为：$L=L_1-L_0$。

零点值有正有负，如图 4(a)中零点是+0.024 mm，在图 4(b)中零点是-0.035 mm。

(2)防止读错整格数。由于螺旋测微计标尺套管刻度中分线的上下都有刻线，读数时应注意微分筒边沿所对的刻线是上面还是下面，否则读数相差0.5 mm，如图 5(a)中，微分筒边沿所对刻线是 2.5 mm，读数是 2.743 mm；在图 5(b)中，微分筒边沿所对刻线是 3.5 mm，读数是 3.745 mm；在图 5(c)中，3 mm 的刻线实际上没有出来(不到 3 mm)，因而读数是 2.965 mm。

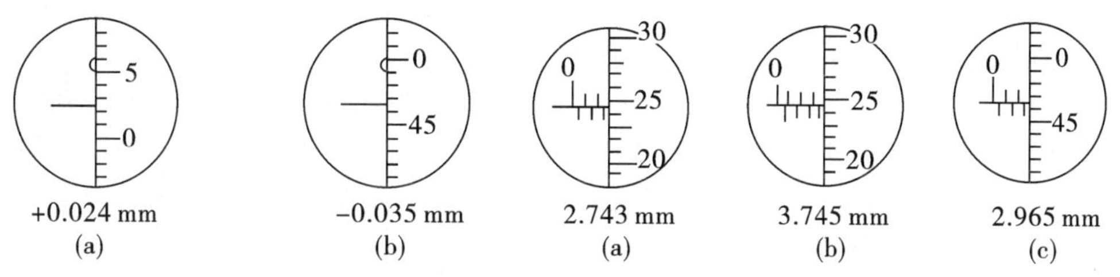

图 4　零点值的正负读数示意图　　　　图 5　螺旋测微计的读数示意图

螺旋测微计也是常用精密量具,要爱护使用,用完后,要使测砧 B 和测微螺杆 D 间留有空隙再放回盒内,防止因热膨胀而受损害。

三、物 理 天 平

物理天平的构造如图 6 所示。横梁 A 上有三个刀口,中间刀口 B_0 放在支柱 C 的玛瑙平台上,两边的刀口 B_1、B_2 下面挂有托盘 D_1、D_2,转动支柱 C 下面的制动旋钮 E,可将横梁升起,由横梁中间的长指针 F 观察天平的摆动。不用时,旋转旋钮 E,将横梁放下,即制动。

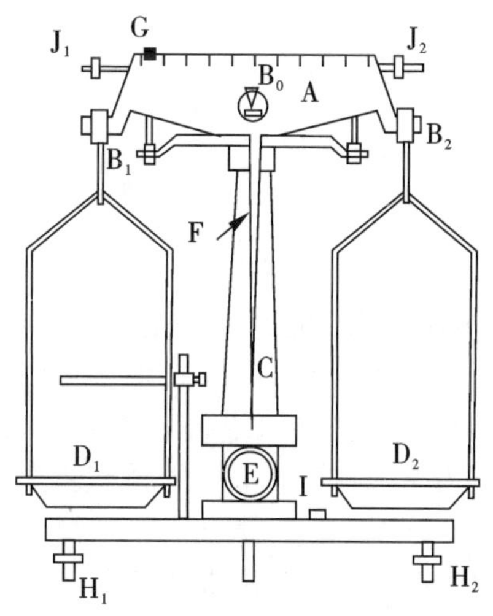

图 6　物理天平构造示意图

在横梁上有标度尺,其上置一游码 G,平时放在“0”刻度上;称量时,将它向右移动,就相当于在右边托盘中加上一定量的砝码。在增减小于 1 g 的质量时,常用游码。此外,天平配有砝码盒。

表示天平性能的有两个主要指标,即感量和称量。感量是指天平指针偏移一小格刻度时需增减的砝码量,一般感量的大小与天平上游码读数的最小分格相对应。感量的倒数称为天平的灵敏度。称量是指天平允许称量的最大质量。

在使用天平称量前要进行以下两项调节:

（1）水平调节。方法是调节底脚螺丝 H_1、H_2，使底座上水准仪中的气泡处于中间位置（有的天平是使重锤下的锥尖与下面的锥尖对齐）。

（2）零点调节。方法是将横梁上的游码 G 移到左端"0"刻度处，再把两盘分别挂在 B_1 和 B_2 两刀口上，转动旋钮 E，使横梁升起，这时指针 F 就会左右摆动，若摆动的平衡位置不在刻度的中间，可在天平制动后，调节横梁两端的平衡螺丝 J_1、J_2，再升起横梁观察，直到摆动的平衡位置在刻度的中间为止。

称量时，被测物体放在左边托盘中，砝码放在右边托盘中，加减砝码时要用镊子，不要用手拿。拿放被测物体、加减砝码时，天平都要制动。做完实验，天平也要制动，把砝码放回砝码盒中，两盘分别移到 B_1、B_2 两刀口内侧横梁上。

[思考题]

1. 在使用游标卡尺和螺旋测微计时，可能出现哪些错误？

2. 一个角游标，主尺每分格为 0.5°，即 30′，而主尺上 29 分格对应于游标上 30 分格。问：这个角游标的精度是多少？读数应读到哪一位？

3. 在使用天平的操作中，哪些是为了保护刀口的？哪些是为了保证测量精度的？

第三节　电磁学实验基础知识

电磁测量是研究电流、电压、电阻、电容、电感、频率等电路参量和电场、磁场的测试原理、方法和技术的一门科学，是物理实验课的主要内容之一。由于电磁测量具有仪器灵敏度高、测试范围宽、滞后小、响应快等优点，特别适用于迅变和动态过程的测试与记录。许多非电量都可以转化为电磁测量，因而它在现代生产、科学研究及国民经济各部门均得到广泛的应用。

本教材安排了具有典范性的实验课题。通过这些实验，可学习和掌握测试电路基本参量和电场、磁场场量（如电流、电压、电阻、静电场、磁场强度等）的原理和基本方法（如直读法、比较法、模拟法、非电量电测法等），熟悉直读式仪表、校量仪器、电子示波器等常用电磁测量仪器的性能和操作使用技术。

由于电磁测量系统较为复杂，特别是用各种电源的带电操作，若测试过程稍有不慎，极易酿成危害人身和设备安全的事故。为此，做电学实验时，必须严格遵守有关安全操作规程和制度，绝不可掉以轻心。如"先接线路，后接电源；先断电源，后拆线路……""滑线电阻在限流、分压使用时，活动端先放在安全位置"等。所以开头特意安排这一章节，让大家熟悉相关基础知识，为以后顺利进行电磁学实验打下良好的基础。

一、电　　源

任何电学实验总离不开电源,电源是线路能量的供给者。实验室中常用的电源有交流电源和直流电源两种。

(一)交流电源

交流电源就是电压(或电流)随时间周期性变化的电源。通常我们使用的交流电源频率为 50 Hz,单相电源电压为 220 V,三相电源的相间电压为 380 V。

音频信号发生器也是常用的交流信号电源,它的频率在几赫到数兆赫范围内连续可调。这种电源能提供的电流不大,主要是作标准频率使用。使用时要注意它的输出功率,切不可超过它的额定值,否则会损坏电源。

(二)直流电源

(1)经交流电整流的直流电源,就是实验室常用的各种晶体管稳压电源、低压电源、多用电源。它们的优点是使用方便,便于搬运,寿命也远比化学电池长。

(2)化学电池。化学电池是将化学能转变成电能的电源,分为原电池和蓄电池两种。干电池、标准电池就属于原电池。

干电池的标准电压为 1.5 V,内阻为 0.01 ~0.5 Ω。随着使用时间的增加和电流大小的变化,它的内阻将会增大到 1 Ω 以上,当电压降到 1.3 V 以下就不能再使用了。

标准电池是一种电动势极为稳定的原电池,它只能作为标准电压,而不能作为电能的供应者,使用时要特别小心。

蓄电池在充电时将电能转变为化学能,放电时又将化学能转变为电能。使用时,当电动势低于一定数值后,可以再行充电,电动势会恢复正常。蓄电池有酸蓄电池和碱蓄电池之分。酸蓄电池(又称铅蓄电池)电动势为 2.1 V,内阻为 0.02 ~0.10 Ω。碱蓄电池(又称铁镍蓄电池)电动势为 1.45 V,内阻为 0.10 Ω 以下。当酸蓄电池电动势降到 1.8 V、碱蓄电池电动势降到 1.2 V 时,必须重新充电,否则电池会“累死”。

(三)使用电源的注意事项

(1)使用电源时,首先要分清是直流电源还是交流电源,其次要考虑电源的输出电压、额定功率。如果实际输出功率超过额定功率,就会损坏电源。

(2)在接入直流电源前,一定要分清正负极性。

(3)任何电源,都绝对不允许短路。

(4)电学实验中在合上电源以前,一定要反复审查线路,确实判明接线无误后,经教师复查后方可合上电源。当操作过程发生故障时,必须立即断开电源,查出原因后方可合上电源。实验完毕,应先断电源,后拆线路。

(5)交流电源电压较高,要注意人身安全,各种仪器在接入交流电源前,要弄清仪器规定的输入电压是否符合要求。

(6)蓄电池内装有酸性或碱性溶液,在使用和搬动时,切忌电液流出伤害人体和仪器。

二、电　　表

电表是测量电学参量的主要仪器之一。电表按工作原理可以分为磁电式、电磁式、电动式、感应式、格流式、静电式、热电式等;按待测量名称可分为电流表、电压表、功率表、欧姆表等。这里我们仅介绍磁电式电表。

(一)磁电式电表的原理

磁电式电表是根据通电线圈在磁场中受力矩作用而发生转动的原理制成的,将待测电流的大小转换成线圈的机械转角而加以测定。任何一个磁电式电表总是由驱动装置、平衡装置、阻尼装置等基本部分组成,图1(a)是磁电式电表结构示意图。

蹄形永久磁铁的前端安有两弧形极掌,可动线圈和软铁芯置于弧形极掌中,利用极掌和软铁芯使空隙间的磁场形成均匀辐射状,如图1(b)所示。可动线圈的转轴前后装有两盘游丝,用以平衡线圈的转矩,可动线圈(即动圈)的转轴上安有指针,以指示线圈转角。为了调节动圈的零点,还设有调零机构。

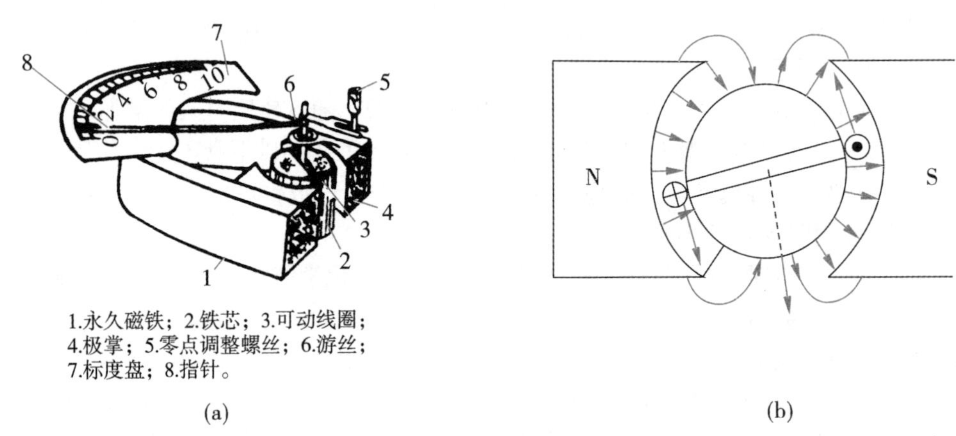

图1　磁电式电表结构示意图

当动圈通过待测电流 I 时,线圈在磁感应强度为 B 的均匀磁场中受到的力矩为

$$M=BILCN \tag{1}$$

式中,L 为线圈长,C 为线圈宽,N 为线圈的匝数。

当线圈转动了 θ 角而停止转动时,它所受的磁力矩与游丝的反作用力矩相等,游丝的力矩 M_θ 为

$$M_\theta=D\theta \tag{2}$$

式中,D 为游丝的反作用力矩系数,它在数值上等于游丝转动单位角度所需的力矩。

由式(1)、(2)可得

$$BILCN=D\theta$$

$$I=\frac{D\theta}{BLCN}$$

令

$$\frac{1}{S}=\frac{D}{BLCN}$$

则得

$$\theta=SI \tag{3}$$

式(3)表明线圈的转角和流入线圈中的待测电流的大小成正比,因而就可以用线圈的偏转角来标度待测电流的大小。

系数 S 的值与电表的结构有关,它在数值上等于在线圈中通以单位电流所引起的偏转角度值。对于通过同样的电流,S 越大,线圈转角越大,电表越灵敏,故 S 称为电表的灵敏度。

当线圈通电发生转动时,线圈具有转动动能,所以在线圈达到平衡位置时,它还不会马上静止下来,而是在平衡位置附近摆动。灵敏度越高的电表,摆动时间越长,就越给读数带来困难。为此,专门设计了一个阻尼装置。磁电式电表的阻尼装置多采用将动圈的框架做成一闭合铝制框架来代替。当线框摆动时,框架切割磁力线,产生感应电流。此电流与磁场相互作用将阻止线框摆动,使线框较快地停下来。

一个磁电式电表除了上述三个主要部分外,还有其他一些附件,如表壳、指针、刻度盘、接线柱、平衡锤、固定支架和调零装置等。

磁电式电表的优点在于灵敏度高,偏转角与电流成正比,标尺分度均匀,消耗功率小。它的缺点是磁场方向固定,因而只能测直流。

(二)电表的仪器误差

仪器误差是指电表在正常条件下使用时,测量值与被测量真值之间可能产生的最大误差。例如,用电表测量3.00 A 的电流,电表读数为2.95 A,则该电表的仪器误差为0.05 A。电表的仪器误差与电表的级别和量程有关,即

$$\text{电表误差}=\text{量程}\times\text{级别}\%$$

例如:准确度级别为0.5 级的电表,量程为 15 mA,该电表的仪器误差为

$$\Delta_{\text{仪}}=\frac{0.5}{100}\times 15\ \text{mA}=0.075\ \text{mA}\approx 0.08\ \text{mA}$$

使用电表时,当电表选定后,该量程的仪器误差已知,就可以进一步计算出测量结果对应的不确定度。

如上例中,测量结果的不确定度为

$$\delta_B=\Delta_{\text{仪}}=0.08\ \text{mA}$$

可见电表测量结果的不确定度与测量示值无关,要使测量结果的误差小,要选择较小的量程,通常应使示值为量程的$\frac{2}{3}$左右。

电表的准确度等级为最大基本误差与量程之比的百分数,即

$$\alpha(\%)=\frac{\Delta}{A_{\text{m}}}\times 100\%$$

式中,α 为准确度级别(也称精度,通常省略百分符号),Δ 为仪器正常条件下使用可能发生的最大误差(仪器误差),A_m 为仪器的量程。

电表的准确度一般分为七级:0.1、0.2、0.5、1.0、1.5、2.5、5.0 级。目前已有 0.05 级的电表出现,其中 0.1、0.2 级电表多作为标准来校正其他电表,0.5 级和 1.0 级电表用于准确度较高的测量中。

电表的准确度以及其他一些性质均用一定的符号标在电表的标度盘上。为便于使用,现将其常用符号的意义总结于表 1。

表 1　常用电气仪表面板上的符号

名　称	符　号	名　称	符　号
指示测量仪表的一般符号	○	公共端钮	*
检流计	Ⓖ或 ⏀	直流	–
磁电系仪表	[磁电系符号]	交流(单相)	~
静电系仪表	[静电系符号]	直流和交流	≃
安培表	A	以标度尺量限百分数表示的准确度等级,例如 1.5 级	1.5
毫安表	mA		
微安表	μA	以指示值的百分数表示的准确度等级,例如 1.5 级	(1.5)[圆圈内]
伏特表	V		
毫伏表	mV	标度尺位置为垂直的	⊥
千伏表	kV	标度尺位置为水平的	⊓
欧姆表	Ω	绝缘强度试验电压为 2 kV	[五角星内 2]
兆欧表	MΩ	接地用的端钮	⏚
负端钮	–	调零器	[弧形箭头]
正端钮	+	Ⅱ级防外磁场及电场	[Ⅱ 实线框] [Ⅱ 虚线框]

(三)电表的使用

使用电表必须注意以下问题:

(1)要根据测量的要求选择量程合适的电表。电表级别的选用应根据测量结果准确度的要求而定。

(2)电表接入线路时,对直流电表一定要注意它的正负极性,而交流电表一定要分清电表的适用频率,电流表应串联在被测的电路中。

(3)要注意电表接入给测量结果带来的影响。每只电表有一定的内阻,电表接入线路后,将使原电路的参数发生变化,因而给测量结果带来误差。这种因电表接入引起的测量误差称为接入误差,属于系统误差。例如,在伏安法测量电阻的实验中,用电表测量电流和电压,显然可以采用两种不同的接线方法,如图 2 所示。

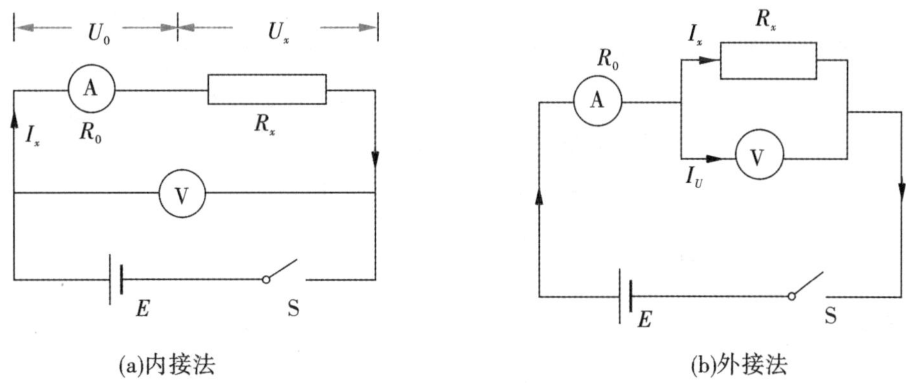

图2　电流表内接法与外接法

现在估计电表接入引起的误差。设电流表的内阻为 R_0,待测电阻为 R_x。图 2(a)所示的线路是电流表内接法,电压表量出的电压值是待测电阻 R_x 上的电压降与电流表内阻上的电压降之和,即

$$U=U_0+U_x$$

若此时电流的读数为 I_x,则得

$$\frac{U}{I_x}=\frac{U_0+U_x}{I_x}=R_0+R_x=R_x\left(1+\frac{R_0}{R_x}\right) \tag{4}$$

可见,这时测得的并非待测电阻值,而是待测电阻与电流表内阻之和。显然,$\frac{R_0}{R_x}$就是电表接入误差。如果 $R_x \gg R_0$,则$\frac{R_0}{R_x}$可以略去不计,也就是说电流表内接法适合测量较大的电阻。只要知道电流表的内阻,就可对测量结果进行修正。

图 2(b)所示的线路是电流表外接法,电流表量出的电流值并非 R_x 上的电流 I_x,而是 I_x 与流经电压表的电流值 I_U 之和。若此时电压表的读数为 U_x,则得

$$\frac{U_x}{I}=\frac{U_x}{I_x+I_U}=\frac{U_x}{I_x\left(1+\frac{I_U}{I_x}\right)}\approx\frac{U_x}{I_x}\left(1-\frac{I_U}{I_x}\right)=R_x\left(1-\frac{R_x}{R_U}\right) \tag{5}$$

式中,R_U 为电压表的内阻。

显然,$\frac{R_x}{R_U}$为电表接入误差。如果 $R_x \ll R_U$,接入误差就可以略去不计,也就是说,电流表外接的方法适合测量较小的电阻。若已知电压表的内阻,就可对测量结果进行

修正。

在其他线路中也应考虑电表接入对原电路的影响。

(4)电表的零点调节。在未接电路前应先调零点,要使指针、零刻线和镜中指针的像"三线对齐",调电表上方凹槽即可。

(5)正确读数。读数时,若电表标尺上带镜子,应以指针与镜中的像重合时指针所指读数为准;若没有镜子,应以刀形指针上方看去成一线时指针所指读数为准(即消除视差)。

有效数字一般记录到最小刻度的下一位。多量程电表,测量前应首先搞清楚所用量程每格代表的格值数,即每格的大小,读数时,从标尺上读出格数(应估读一位),再乘以格值数。为简便起见,可用刻度量程读数,然后再乘上倍数:

$$读数=刻度量程读数\times倍数$$

对于数字显示的电表,直接记录,不估读。

(四)电表的参数

了解电表的参数对了解电表的性能及正确地使用电表是很重要的。

(1)表头内阻:是指偏转线圈的直流电阻、引线电阻、接触电阻的总和,一般以 R_g 表示。表头内阻是将表头改装成电流表、电压表和电阻表等所必须依据的重要参数之一,没有它,改装工作将无法进行。

(2)表头灵敏度(量程):表针偏转指在满刻度时,表芯线圈所通过的电流值,以 I_g 表示。显然,表头灵敏度就是表头的满量程,那么为什么一般都称为表头灵敏度呢?这是因为,使表头的指针偏转到满刻度所需通入的电流越小,说明表头的测量机构越灵敏(即 I_g 的大小反映了测量机构的灵敏程度),因此称为表头灵敏度。表头灵敏度是电表改装所依据的另一重要参数。

我国目前生产的常用的磁电式表头,其表头灵敏度一般为几微安、几十微安,最高也在几毫安左右。

(五)几种常用的电表简介

1. 直流电流表

一只表头作为电流表进行电流的测量时,往往因其量程太小难以满足实际测量的需要,一般都需将其量程加以扩大。在表头的两端并联一个合适的电阻(进行分流)就改装成了一定量程的电流表了。如果并联多个不同的分流电阻就改装成了多量程的电流表。

直流电流表根据其量程的不同,一般分为直流微安表、直流毫安表和直流安培表三个系列。

2. 直流电压表

同样,一只表头原则上也可以作为电压表来测量电压,但量程也太小。实际上都是给表头串联一个阻值适当的电阻,将电压量程扩大。用电压表对某两点间的电势差进行测量时,应将电表与这两点并联。为了不因电压表的接入而改变电路原来的状态(将分流作用减到最小),总希望电压表的内阻越大越好。电压表的内阻是由它的电压灵敏度与其量程的乘积来决定的。

所谓电压灵敏度，是指表头灵敏度的倒数，即$\frac{1}{I_g}$。例如两电压表的表头灵敏度分别为 1 mA 和 100 μA，则它们的电压灵敏度分别为

$$\frac{1}{1\ \mathrm{mA}}=1\ \mathrm{k\Omega/V}\quad 和\quad \frac{1}{100\ \mu\mathrm{A}}=10\ \mathrm{k\Omega/V}$$

电压灵敏度高的电压表对被测电压的反应灵敏。所有的电压表均在表盘上标出电压灵敏度的数值，即每伏欧姆数。

3. 灵敏检流计（即磁电式指针检流计）

在直流单臂电桥及电位差计的实验中，都要用到这种检流计，例如用它去检查平衡的电路是否达到平衡状态。它在结构与工作原理方面和直流电流表是完全相似的，只不过在指针检流计中，以悬丝（或吊线）代替了磁电式电流表中的转轴、游丝系统。悬丝的扭转系数比游丝的扭转系数小得多，因此指针检流计具有高灵敏度这一显著特点，可用于检测微小电流，数量级一般可达$10^{-6}\sim10^{-12}$ A/格。

使用指针检流计要注意以下几点：

（1）检流计要避免剧烈振动，以免损坏悬丝。

（2）检流计不用时，应将指针制动，即让线圈短路，用时再将指针启动，并调节到平衡零点位置。本实验室的检流计，调上方小旋钮指向“红点”为短路制动，指向“白点”可用于测量。

（3）在电路未达到平衡前，必须接入一个保护电阻，以免过载而损坏检流计，当接近平衡时，再将保护电阻减小到零，以提高灵敏度，减小测量误差。

4. 万用电表

万用电表简称万用表，是一种多用途的电表，可以测量电流、电压、电阻等，也可用于检查电路和电器元件。其使用十分方便，但准确性较低，只要使多量程电流表、电压表、欧姆表共用一个表头，装上转换开关及补偿保护电路，就成为一个万用表。若再接上整流电路，就能够测量交流量。

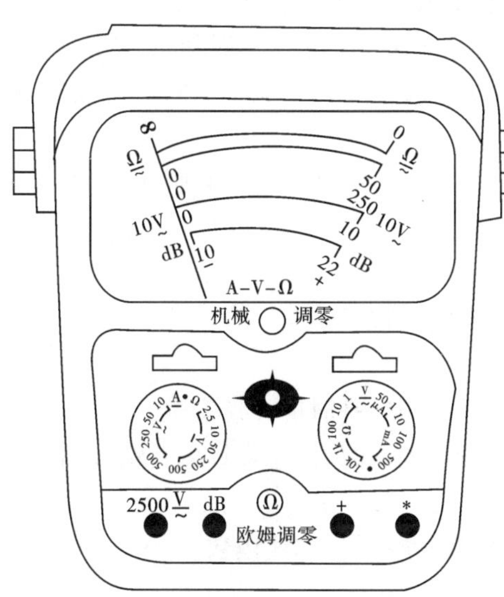

图 3　MF 500 型万用表面板图

万用表有很多型号，但使用方法基本相同。现以 MF 500 型万用表为例，介绍万用表的使用方法和注意事项。

MF 500 型万用表面板如图 3 所示，其上有刻度盘、调零器、欧姆调零旋钮、转换开关和表笔插口等。测量电阻、电压、电流时，红表笔插入“+”端，黑表笔插入“ * ”端，测量比较大的电压和电流时，红表笔插在“2500”端，测音频电平红表笔插在“dB”端。

（1）直流电压测量：当右侧转换开关转

到“V”,左侧转换开关转至合适的直流电压量程时,就可以测量直流电压,它共有2.5 V、10 V、50 V、250 V和500 V五挡,即五个不同的量程,要根据被测电压大小选择合适的挡位。测量时,应该把万用表与被测电路并联,而且表笔的正负极不能接反。读数时应读第二排刻线,具体数值由所选量程而定。

(2)交流电压测量:当左侧转换开关转到合适的交流量程时,就可以测量交流电压,它共有10 V、50 V、250 V和500 V四挡。确定挡位后进行测量时,要将万用表与被测电路并联,读数时,10 V挡用第三排刻线,其他挡用第二排刻线。

(3)直流电流测量:当左侧转换开关转到“A”,右侧转换开关转到适当量程时,就可以测量直流电流,它有50 μA、1 mA、10 mA、100 mA、500 mA五挡。确定挡位后进行测量时,万用表要串联在被测电路中,而且表笔的正负不能接错,读数用第二排刻线。禁止用电流挡测电压!

(4)电阻测量:当左侧转换开关转到“Ω”,右侧转换开关转到适当倍率时,就可测量电阻,它有×1 Ω、×10 Ω、×100 Ω、×1 kΩ、×10 kΩ五挡,即五个不同的倍率。选好挡位后,将两表笔短路,调节“欧姆调零”旋钮,使指针指向“0 Ω”处,而且每次换挡、测量都要调零。测量时,被测元件不能与其他元件构成闭合回路,不能测量有电流通过的电阻,也不能测量额定电流极小的电阻(如检流计的内阻)。在测量电解电容器和晶体管时,要注意欧姆表的极性,即接到万用表“+”端的红表笔为低电位,读数时,用第一排刻线,指针指示的读数乘以倍率就是测量值。

注意:指针偏转一半时(即中间时)测量误差最小,这个中间示值即为中值电阻值,要选择合适的倍率,使测量精度更高。

(5)检查电路:万用表也常用于检查电路故障,检查的方法有以下两种。

①测电阻法。发现电路有故障,可断开电源,拆开电路,逐个逐段检查,观察导线、电表、电器元件等是否导通,开关、接头是否接触良好等。

②测电压法。不断开电源,在电路接通的情况下检查,从电源两端开始,依次检查各处电压,一般是将一支表笔固定接触于某点,用另一支表笔测量其他点对上述点的电压,如发现电压反常即是故障所在处。

(6)注意事项:用万用表测量时,对不同测量项目的具体要求已如前所述,此外,还要注意以下几点。

①测量前,用调零器将指针调零。

②根据被测量的种类及大小将转换开关转到合适的位置。

③测量时,不要转动转换开关。

④测量时,手不要接触表笔的金属部分,尤其是电压较高时应注意安全。

⑤测量时,应采用跃接法,即在用表笔接触测量点的同时,注意表针偏转情况,若不正常,立即将表笔离开测试点,以免损坏万用表。

⑥因万用表各测量项目共用一个表头,要注意各量在哪排刻线读数。

⑦不准用电流量程测电压,否则易烧坏元件。

⑧测量完后,应将转换开关转到直流电压最高挡。

三、电　　阻

电阻是电路中最基本的元件之一,它的型号、规格、品种有很多,这里仅介绍与电学实验有关的电阻。

(一)电阻的分类

1. 固定电阻

固定电阻包括碳膜电阻、碳制电阻、金属膜电阻、线绕电阻等,它们都大量用于电子仪器仪表中。另外,标准电阻也是一种固定电阻,它是用温度系数极小的金属丝双线并绕而成,通常用作测量与校准。

2. 可变电阻

可变电阻包括滑线变阻器、电阻箱、电位器等。

(1)滑线变阻器:滑线变阻器是将电阻丝绕在长直陶瓷管上,电阻丝的两端用接线柱 A、B 接出,如图 4(a)所示,在陶瓷管上端有一平行铜杆,铜杆安有可滑动接头 C,C 与陶瓷管上的电阻丝保持良好的电接触。显然,AC 与 BC 之间的电阻值随滑动接头 C 的位置不同而变化。滑线变阻器在电路图中的代表符号如图 4(b)所示。

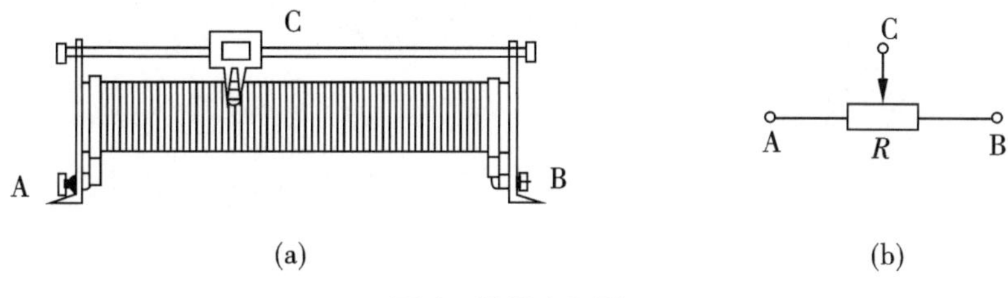

图 4　滑线变阻器

滑线变阻器的参数主要有总电阻阻值(即 AB 间的电阻)、额定电流(即允许通过的最大电流)。

滑线变阻器在电路中主要用于控制电路里的电流和电压。它在线路中有限流和分压两种最基本的接法。

若按图 5 接线就是限流接法。令 $R_{AB}=R_0$,$R_{AC}=R_x$,不计电源内阻,根据欧姆定律,可得回路电流为

$$I=\frac{E}{R_x+R_L} \tag{6}$$

由式(6)可见,在负载电阻 R_L 为定值时,回路里的电流随 R_x 而变化,即移动滑动接头 C 便可连续地改变线路电流。回路电流的可调值在 $I_{max}=\frac{E}{R_L}$ 和 $I_{min}=\frac{E}{R_0+R_L}$ 之间调节。

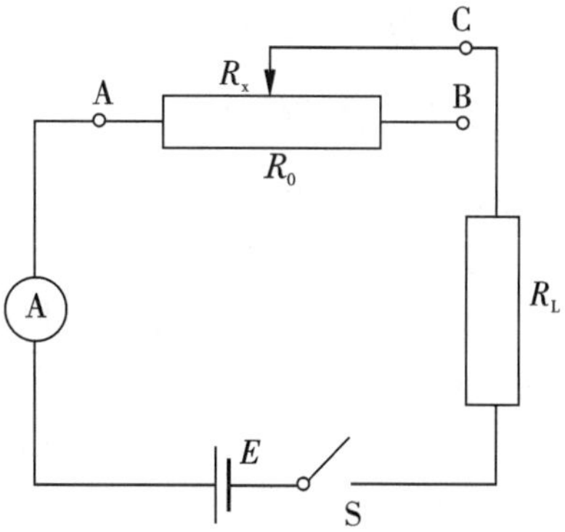

图 5　限流接法

有时不仅需要调节电流大小,而且希望在可调范围内细致地调节电流,这称为细调

精细度。求式(6)的微分,并改微分符号为 Δ,则有

$$|\Delta I| = \frac{E}{(R_x+R_L)^2}\Delta R_x = \frac{I^2}{E}\Delta R_x \tag{7}$$

式(7)说明:细调精细度与回路电流的平方成正比,电流越大,细调越困难;同时它又与 ΔR_x 有关,ΔR_x 为改变电阻丝一圈所对应的电阻值,所以在选择滑线电阻时要注意到每一圈电阻丝的阻值,看它能否达到细调精细度的要求。

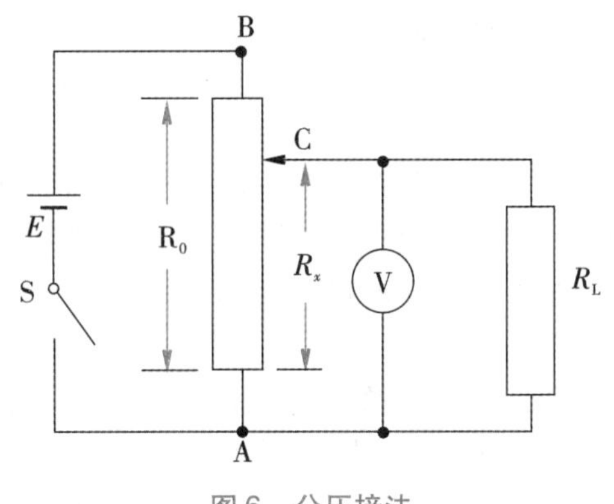

图6　分压接法

滑线变阻器按图 6 接线就是分压接法。当滑动接头 C 在 AB 之间滑动时,负载 R_L 两端的电压将会逐渐变化。如果电源的内阻很小,根据欧姆定律可得主回路 ACBE 的电流为

$$I = \frac{E}{(R_0-R_x)+\frac{R_xR_L}{R_x+R_L}}$$

负载 R_L 两端的电压 U_L 为

$$U_L = \frac{E}{(R_0-R_x)+\frac{R_xR_L}{R_x+R_L}} \cdot \frac{R_xR_L}{R_x+R_L} = \frac{ER_xR_L}{(R_0-R_x)(R_x+R_L)+R_xR_L}$$

$$= \frac{E}{\frac{R_0-R_x}{R_L}+\frac{R_0}{R_x}} \tag{8}$$

由式(8)可以看出:当 $R_L=\infty$ 时,$U_L=\frac{E}{R_0}\cdot R_x$,即负载的电压 U_L 随 R_x 线性地变化。滑动接头 C 从 A 向 B 滑动,电压表的示值均匀地增加,电压调节范围为 0 ~ U_{AB}。

当 R_L 为有限值时,U_L 和 R_x 将不呈线性关系,移动滑动接头 C,分压值并不均匀变化,R_L 越小,这种现象越严重。一般我们将 R_0 的阻值选在$\frac{R_L}{R_0}>2$ 时,U_L 和 R_x 基本上就接近线性关系了。

(2)电阻箱:电阻箱是实验室常用的具有较高精度的仪器,一般可用它来检定直流欧姆表、万用电表的欧姆挡和低准确度的直流单臂电桥,或用作调配分流电阻及附加电阻的替代元件。电阻箱是一个由若干已知电阻的线圈按一定形式连接在一起而组成的可变电阻器。其电阻值的变化是通过变换装置来实现的,使其阻值可在已知的范围内按一定的阶梯而改变。

图 7 就是阻值范围在 0 ~ 99999. 9 Ω 的六转柄电阻箱板面及电阻箱的电路组成线路。

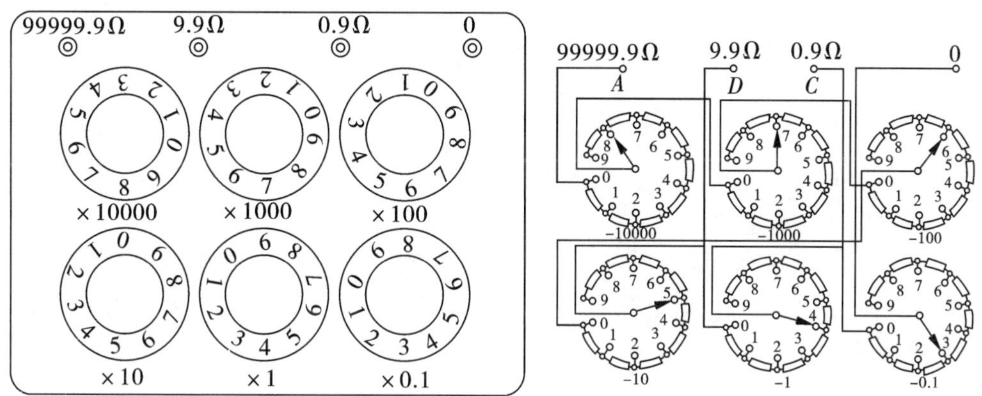

图 7　ZX21 型电阻箱板面与电路图

电阻箱的仪器误差：对不同型号的电阻箱，按误差大小，其准确度等级 α 可分为 0.02、0.05、0.1、0.2 和 0.5 五个级别，α 代表最大相对百分误差。例如，在电阻箱上读数 $R=6\ 442\ \Omega$，若此电阻箱 0.1 级，则仪器误差（示值误差）为

$$\Delta R=R\cdot\alpha\%=6\ 442\times0.1\%=7(\Omega)$$

使用 ZX21 型电阻箱时，根据所标电阻对应的级别用上式计算所示电阻的误差。

电阻箱的额定功率：凡未特殊标明的电阻箱，通常均以 0.25 W 来计算其最大允许通过电流。例如若使用×100 这一挡，则该挡电阻允许通过的最大电流为

$$I_{\max}=\sqrt{\frac{0.25}{100}}=0.05(\mathrm{A})$$

现将实验室常用的 ZX21 型旋转式电阻箱（0.1 级，额定功率 0.25 W）各挡允许通过的最大电流列于表 2。

表 2　ZX21 型旋转式电阻箱各挡允许通过的最大电流

电阻挡/Ω	×0.1	×1	×10	×100	×1000	×10000	负载情况
最大允许电流/A	1.6	0.5	0.16	0.05	0.016	0.005	短时间使用
额定电流/A	1.2	0.4	0.12	0.04	0.012	0.004	长时间使用

注：现在使用中的 ZX21 型电阻箱，对不同的电阻有 0.1、0.5、1、2、5 五个级别。

（3）电位器：电位器和滑线变阻器大体相同，可把它看成圆形的滑线变阻器，也有三个接头。其特点是体积小，常用在电子仪器中。

（二）电阻的使用

各种电阻都有两个重要的电参数：总电阻和额定电流。总电阻是指电阻的总阻值，电阻箱的总电阻是指其全部转柄所指示的电阻之和。额定电流（也有称为额定功率）表示电阻允许通过的最大电流，电阻在使用时，不允许超过这一数值，否则电阻将被烧坏。正确使用电阻就是要根据电路的要求计算出总电阻和额定电流，选用合适的电阻和电流值。

电学实验有其自身的特点，它的实验装置多用电路图表示，因此认识电路图是最起码的要求。电学实验中常用的符号列于本节表1中，望能熟记。

四、电学实验应遵守的规则

(1)任何电源不得短路或变相短路；不能直接用电流表量程测电压；接线时最后接电源，拆线时应先拆电源。

(2)测试前要根据电路估计各元件电参数的值，计算出电流(或电压)动态范围，防止烧坏仪表或元件。在接通电源前，应先将分压连接的滑线变阻器滑到输出电压最低位置，将限流连接的滑线变阻器的阻值置于最大位置。总之，要防止回路电流超过额定值。

(3)根据线路图合理布置仪器、仪表、元件。各式仪表要放在易于观察的位置，电表要放在容易读数的位置，各种元件之间要布局紧凑，接线尽量短，尽量避免导线相互交叉。对于相互有干扰的信号源，应互相远离。

(4)禁止使用其他组的仪器、仪表，若有特殊需要，经教师同意后，方能借用。

电学实验，要求我们手脑并用，胆大心细，认真思考，不断总结。一定要杜绝那种马虎从事、粗枝大叶、草率的不科学作风。

第四节　光学实验基础知识

光学是物理学中一门古老的经典学科，也是当前学科领域中最活跃的前沿阵地之一，具有强大的生命力和不可估量的发展前途。和其他学科一样，光学也是经过长期的实践，在大量的实验基础上逐步发展和完善的。

经典的光学理论和实验方法在促进科学技术进步方面发挥了重要作用，新的研究成果和新的实验技术又反过来不断促进光学学科自身的进展，也为其他许多科技领域的发展(如天文、化学、生物、医学等)提供了重要的实验手段。

虽然它的理论成果、新型光学实验技术的内容十分丰富，但是经典的实验方法仍是现代物理实验最基本的内容。

作为基础的光学实验课，学习的重点仍应该是学习和掌握光学实验的基本知识、基本方法以及培养基本的实验技能，通过研究一些基本的光学现象，加深对经典光学理论的理解，提高对实验方法和技术的认识。

光学实验有其自身的特点，通常实验中使用的仪器比较精密，仪器的调节也较为复杂，因此只有在了解了仪器结构性能的基础上建立清晰的物理图像，才能选择科学的调节方法，高效而准确地调节，使之处于正常的工作状态。另外，在光学实验中，理论联系实际的科学作风显得特别重要，如果没有很好地掌握光学理论，要做好光学实验几乎是不可能的。最后,实验中仪器的调节和检验,以及实验现象的观察、分析等,都离不开理论的指导。为了做好光学实验,要在实验前充分做好预习,实验时多动手、多思考,实验后认真总结,只有这样才能提高科学实验的素养,培养实验技能,养成理论联系实际的科学作风。

一、光学实验常用仪器

光学实验仪器可以扩展和改善观察的视角以弥补视角的局限性。构成光学仪器的主要元件有透镜、反射镜、棱镜、光栅和光阑等,这些元件按不同方式的组合构成了不同的光学系统。光学仪器可以粗分为助视仪器(放大镜、显微镜、望远镜)、投影仪器(放映机、投影仪、放大机、照相机)和分光仪器(棱镜分光系统、光栅分光系统)。上述各光学仪器将在具体的实验项目中结合调节方法详细讲解,此处不再赘述,下面只介绍实验室中的常用光源。

能够发光的物体统称为光源。实验室中常用的是将电能转换为光能的光源——电光源。常见的有热辐射光源、气体放电光源及激光光源三类。

(一)热辐射光源

常用的热辐射光源是白炽灯。白炽灯有下列几种。

1. 普通灯泡

用作白色光源,应按仪器要求和灯泡上指定的电压使用。

2. 汽车灯泡

因其灯丝线度小,亮度高,常用作点光源或扩束光源。亦应按电压值使用。

3. 标准灯泡

常用的碘钨灯和溴钨灯是在灯泡内加入碘或溴元素制成。碘或溴原子在灯泡内与经蒸发而沉积在灯泡壳上的钨化合,生成易挥发的碘化钨或溴化钨。这种卤化物扩散到灯丝附近时,因温度高而分解,分解出来的钨重新沉积在钨丝上,形成卤钨循环。因此碘钨灯或溴钨灯寿命比普通灯长得多,发光效率高,光色也较好。

(二)气体放电光源

1. 钠灯和汞灯

实验室常用钠灯或汞灯(又称水银灯)作为单色光源,它们的工作原理都是以金属钠或汞的蒸汽在强电场中发生的游离放电现象为基础的弧光放电灯。

在 220 V 额定电压下,当钠灯灯管壁温度升至 260 ℃时,管内钠蒸汽气压约为 3×10^{-3} Torr(托,1 Torr=133.322 4 Pa),发出波长为 589.0 nm 和 589.6 nm 的两种单色黄光最强,可达 85%,而其他几种波长(如 818.0 nm 和 819.1 nm 等)的光仅有 15%。所以,在一般应用时取 589.0 nm 和 589.6 nm 的平均值 589.3 nm 作为钠光灯的波长值。

汞灯可按其气压的高低分为低压汞灯、高压汞灯和超高压汞灯。低压汞灯最为常用,其电源电压与管端工作电压分别为 220 V 和 20 V,正常点燃时发出青紫色光,其中主要包括七种可见的单色光,它们的波长分别是 612.35 nm(红)、579.07 nm 和 576.96 nm(黄)、546.07 nm(绿)、491.60 nm(蓝绿)、435.84 nm(蓝紫)、404.66 nm(紫)。

使用钠灯和汞灯时,灯管必须与一定规格的镇流器(限流器)串联后才能接到电源上去,以稳定工作电流。钠灯和汞灯点燃后一般要预热 3 ~4 min 才能正常工作,熄灭后也需冷却 3 ~4 min 后方可重新开启。

2. 氢放电管(氢灯)

氢放电管是一种高压气体放电光源,它的两个玻璃管中间用弯曲的毛细管连通,管内充氢气。在管子两端加上高电压后,氢气放电发出粉红色的光。氢灯的工作电流约为 115 mA,起辉电压约为 8 000 V,当 200 V 交流电输入调压变压器后,调压变压器输出的可变电压接到氢灯变压器的输入端,再由氢灯变压器输出端向氢灯供电。

在可见光范围内,氢灯发射的原子光谱线主要有三条,其波长分别为 656. 28 nm(红)、486. 13 nm(青)、434. 05 nm(蓝紫)。

(三)激光光源

激光是 20 世纪 60 年代诞生的新光源。激光器的发光原理是受激发射。它具有发光强度大、方向性好、单色性强和相干性好等优点。激光器的种类很多,如氦氖激光器、氦镉激光器、氩离子激光器、二氧化碳激光器、红宝石激光器等。

实验室中常用的激光器是氦氖(He-Ne)激光器。它由氦氖混合气体、激励装置和光学谐振腔三部分组成。氦氖激光器发出的光波波长为 632. 8 nm,输出功率在几毫瓦到十几毫瓦之间,多数氦氖激光管的管长为 200 ~300 mm,两端所加高压是由倍压整流或开关电源产生,电压高达 1 500 ~8 000 V,操作时应严防触及,以免造成触电事故。由于激光束输出的能量集中,强度较高,使用时应注意切勿迎着激光束直接用眼睛观看。

目前,气体放电灯的供电电源广泛采用电子整流器,这种整流器内部由开关电源电路组成,具有耗电小、使用方便等优点。

二、光学仪器的正确使用与维护

一个实验工作者,不但要爱护自己的眼睛,还要十分爱惜实验室的各种仪器。实践经验证明,只有认真注意保养和正确地使用仪器,才能使测量得到符合实际的结果,同时这也是培养良好实验素质的重要方面。由于光学仪器一般比较精密,光学元件表面加工(磨平、抛光)也比较精细,有的还镀有膜层,且光学元件又大多是由透明、易碎的玻璃材料制成,所以使用时一定要十分小心,不能粗心大意。如果使用和维护不当,很容易造成不必要的损坏。

(一)光学仪器常见损坏现象

1. 破损

发生磕碰、跌落、震动或挤压等情况,均会造成光学元件的破损,以致光学元件的部分或全部无法使用。

2. 磨损

用手和其他粗糙的东西擦拭光学元件的表面,会致使光学表面(光线经过的表面)留下擦不掉的划痕,严重地影响光学仪器的透光能力和成像质量,甚至无法进行观察和测量。

3. 污损

当拿取光学元件不合规范，手上的油污、汗或其他不洁液体沉淀在元件的表面上时，会使光学仪器表面留下污迹斑痕，对于镀膜的表面，问题将会更加严重，若不及时进行清除，将降低光学仪器的透光性能和成像质量。

(1)发霉生锈：对仪器保管不善，光学元件长期在空气潮湿、温度变化较大的环境下使用，因粘污霉菌所致，光学仪器的金属机械部分也会产生锈斑，使光学仪器失去原来的光洁度，影响仪器的精度、寿命和美观。

(2)腐蚀、脱胶：光学元件表面受到酸、碱等化学物品的作用时，会发生腐蚀现象。如有苯、乙醚等试剂流到光学元件之间或光学元件与金属的胶合部分，就会发生脱胶现象。

(二)使用和维护光学仪器的注意事项

(1)在使用仪器前必须认真阅读仪器使用说明书，详细了解所使用的光学仪器的结构、工作原理、使用方法和注意事项，切忌盲目动手，抱着试试看的心理。

(2)使用和搬动光学仪器时，应轻拿轻放，谨慎小心，避免受震、碰撞，更要避免跌落地面。光学元件使用完毕，不应随便乱放，要做到物归原处。

(3)仪器应放在干燥、空气流通的实验室内，一般要求保持空气相对湿度为60% ~ 70%，室温变化不能太快和太大。也不应让含有酸性或碱性的气体侵入。

(4)保护好光学元件的光学表面，绝对禁止用手触摸，只能用手接触经过磨砂的"毛面"，如透镜的侧边、棱镜的上下底面等。若发现光学表面有灰尘，可用毛笔、镜头纸轻轻擦去，也可用清洁的空气球吹去；如果光学表面有脏污或油污，则应向教师说明，不要私自处理；对于没有镀膜的表面，可在教师的指导下，用干净的脱脂棉花蘸上清洁的溶剂(酒精、乙醚等)，仔细地将污渍擦去，不要让溶剂流到元件胶合处，以免脱胶；对于镀有膜层的光学元件，则应由指导教师做专门的技术处理。

(5)对于光学仪器中的机械部分应注意添加润滑剂，以保持各转动部分灵活自如、平稳连续，并注意防锈，以保持仪器外貌光洁美观。

(6)仪器长期不使用时，应将仪器放入带有干燥剂(硅胶)的木箱内，防止光学元件受潮、发生霉变，并做好定期检查，发现问题及时处理。

第二章　基础实验

实验 1　液体表面张力系数的测定

液体表面张力系数的测定

在两种不相溶的液体或者液体与气体之间会形成分界面，界面上存在着一种应力——表面张力。表面张力是液体表面的重要特性，是液体极薄的表面层内分子力作用的结果。作用于液面单位长度上的表面张力称为液体的表面张力系数。表面张力系数不仅与双方的液体（气体）种类有关，还与温度、纯度等有关。液体状态的许多性质都与液体的表面张力相关，如毛细现象、液体与固体接触时的浸润现象、液体泡沫的形成等。工业生产中使用的浮选技术，动植物体内液体的运动，土壤中水的运动等，都是液体表面张力的表现。因此，测量液体表面张力系数对于科学研究和实际应用都具有重要意义。

液体表面张力系数的测定方法较多，有拉脱法、毛细法、滴定称重法、平板法、最大气泡压力法、激光衍射法和激光散射法等，本实验采用拉脱法测量。

［实验目的］

1. 加深对表面张力现象的理解。

2. 用拉脱法测定室温下水（与空气）的表面张力系数。

［实验仪器］

FD-NST-B 型液体表面张力系数测定实验仪由传感装置、金属吊环、镊子、砝码等组成。其结构如图 1-1 所示，金属吊环挂在传感器挂钩上，力敏传感器将感知金属吊环对传感器的拉力，并以电压的形式在仪器面板上显示出来，电压值的大小与力敏传感器受到的拉力大小成正比。显示的电压读数与力敏传感器的受力线性相关，可表示为：

$$V=V_0+BF \tag{1-1}$$

式中，V 为传感器的电压读数，V_0 为初始电压值（常量），B 为传感器灵敏度（为待定常量），F 为传感器受到的拉力。

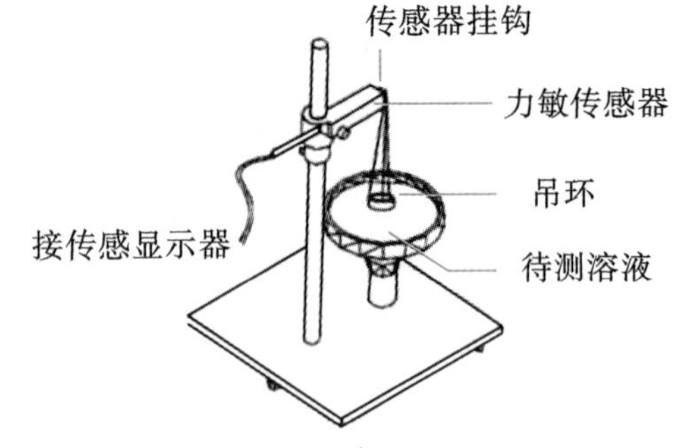

图 1-1　表面张力系数测定仪结构图

［实验原理］

分子间的引力和斥力总是同时存在，并且都随分子间距离的增大而减小，只不过减小的规律不同，斥力减小得快。当分子间距离等于平衡距离时，引力等于斥力，分子间作用力为零;当分子间距离小于平衡距离时,斥力、引力随分子间距离减小而增大,但斥力增大得快,所以表现出斥力;当分子间距离大于平衡距离时,斥力、引力随分子间距离增大而减小,但斥力减小得快,所以表现出引力。

通常认为,液体内部的分子和分子间通常是保持平衡距离,稍远一些就相吸,稍近一些就相斥,这就决定了液体分子不像气体分子那样可以无限扩散,只能在平衡位置附近振动和转动。而在液体与气体的分界面存在厚度为 $10^{-10} \sim 10^{-9}$m(几个分子层厚度)的表面层。这个表面层中的液体分子显著受到液体一侧分子的作用,这种两侧受力不均的结果使表面层的液体分子分布比内部稀疏,因此表面层内分子间的引力占优势。这样,液体表面在宏观上就好像一张绷紧的橡皮膜,存在沿着表面并使表面趋于收缩的应力,这种力称为表面张力。

如果想象在液面上有一条长度为 L 的分界线,则分界线两侧的拉力 f(表面张力)方向垂直于界线,大小正比于 L,即

$$f=\alpha L \tag{1-2}$$

式中,α 称为液体的表面张力系数,单位为 $N \cdot m^{-1}$。

如图 1-2 所示,一个金属吊环浸没于液体中,一个拉力 F 将其渐渐拉起(其拉力的大小由传感器记录)。

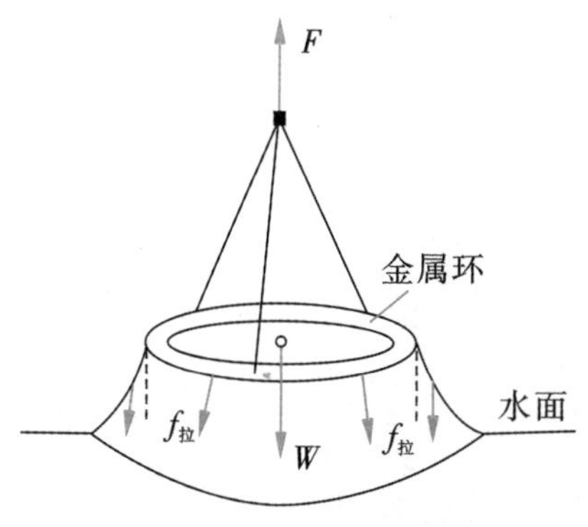

图 1-2　吊环受力示意图

当金属吊环慢慢离开液面时(还未与液面分离),由于表面张力的作用,吊环将拉起一层水膜,并受到向下的拉力 $f_{拉}$。忽略水膜的重力和浮力,吊环一共受三个力,即重力 W、液面向下的拉力 $f_{拉}$、向上的拉力 F(如图 1-2 所示)

$$F=f_{拉}+W \tag{1-3}$$

实验中吊环重力近似为常量。吊环拉起水膜具有一定的厚度,与空气接触有两个表面层,水膜的形状在拉伸过程中会发生变化,拉力 $f_{拉}$ 是表面张力在竖直方向的分力,随着水膜的拉伸和水膜形状的变化而增大。在水膜断裂前的瞬间,表面张力沿竖直方向,此时吊环所受拉力 $f_{拉}$ 就是表面张力 f。

若吊环的内、外径分别为 D_1、D_2,则分界线长度 $L=\pi D_1+\pi D_2$,根据定义式(1-2)得表面张力 f 为

$$f=\alpha\pi(D_1+D_2) \tag{1-4}$$

水膜被拉断前瞬间力敏传感器受力 F_1 为

$$F_1 = \alpha\pi(D_1 + D_2) + W \tag{1-5}$$

在水膜拉断后力敏传感器受力 F_2 为

$$F_2 = W \tag{1-6}$$

式(1-5)与式(1-6)相减,可得

$$\alpha = \frac{F_1 - F_2}{\pi(D_1 + D_2)} \tag{1-7}$$

假设,水膜被拉断前瞬间(见图 1-3)力敏传感器的读数为 V_1(对应于 F_1),水膜被拉断后(见图 1-4)力敏传感器的读数为 V_2(对应于 F_2),由式(1-1)可得

$$V_1 = V_0 + BF_1 \tag{1-8}$$

$$V_2 = V_0 + BF_2 \tag{1-9}$$

代入式(1-7)中,可得

$$\alpha = \frac{V_1 - V_2}{\pi B(D_1 + D_2)} \tag{1-10}$$

在实验中,需要先标定出力敏传感器灵敏度 B,再记录 V_1 和 V_2 的读数,就可以测出表面张力系数 α。

图 1-3　水膜被拉断前瞬间

图 1-4　水膜被拉断后

[实验内容]

1. 给力敏传感器定标,以确定本实验所用力敏传感器所受外力和显示电压(mV)之间的关系。

2. 测量待测液体在室温下的表面张力系数。

[实验步骤]

1. 开机预热 15 min,检查力敏传感器水平是否固定,力敏传感器挂钩是否稳定,调节吊环水平。

2. 定标,将力敏传感器转到水容器外面,将吊环挂在力敏传感器的挂钩上。调零,然后将 1 片 0.500 g 的砝码轻轻放入吊环托盘,记录电压值;再依次放入第 2,3,…,

7 片砝码,每放入一片,记录电压值。再依次取出,每取出一片,记录电压值。增(减)砝码时可托住吊环,避免传感器受力过大。每次增(减)砝码后先使吊环稳定,再记录电压值。

3. 取下吊环,注水至相应刻度,将装有待测溶液的托盘放入水容器内。将吊环重新挂在力敏传感器的挂钩上,再次检查吊环水平。

4. 将力敏传感器转到待测溶液的正上方,缓慢上升液面,当吊环下沿部分浸入待测液体后,平稳下降液面。观察吊环浸入液体及从液体中拉起过程中的现象,记录吊环即将拉断水膜前最后一个稳态时仪器对应的电压表读数 V_1 和拉断水膜后仪器对应的电压表读数 V_2,重复 6 次。

5. 测量吊环的内外径 D_1、D_2。

[数据记录与处理]

1. 用线性拟合(最小二乘法)处理定标,求出斜率的值,即为力敏传感器灵敏度 B。数据记录于表 1-1。

表 1-1　力敏传感器定标

物体质量 m/g	0.500	1.000	1.500	2.000	2.500	3.000	3.500
增重读数 V							
减重读数 V							
平均值 $\bar{V}$							

力敏传感器灵敏度 B=

2. 水的表面张力系数的测定。记录吊环在即将拉断水柱时数字电压表读数 V_1、拉断时数字电压表读数 V_2 于表 1-2。

表 1-2　纯水的表面张力系数测定(水的温度________℃)

测量次数	V_1/mV	V_2/mV	ΔV/mV	$f/\times10^{-3}$N	$\alpha/(\times10^{-3}$ N/m)
1					
2					
3					
4					
5					
6					

［附录］

表 1–3　不同温度下纯水的表面张力系数对照表

温度 T /℃	张力系数 α /($\times10^{-3}$ N/m)	温度 T /℃	张力系数 α /($\times10^{-3}$ N/m)	温度 T /℃	张力系数 α /($\times10^{-3}$ N/m)
5	74.92	17	73.19	25	71.97
10	74.22	18	73.05	26	71.82
11	74.07	19	72.90	27	71.66
12	73.93	20	72.75	28	71.50
13	73.78	21	72.59	29	71.35
14	73.64	22	72.44	30	71.18
15	73.49	23	72.28	35	70.38
16	73.34	24	72.13	40	69.56

实验 2　落球法变温液体黏滞系数测量

落球法变温液体黏滞系数测量

液体黏滞系数又叫内摩擦系数或黏度，是描述流体内摩擦力性质的一个重要物理量。当液体内各部分之间有相对运动时，接触面之间存在内摩擦力，阻碍液体的相对运动，这种性质称为液体的黏滞性，液体的内摩擦力称为黏滞力。黏滞力的大小与接触面面积以及接触面处的速度梯度成正比，比例系数 η 称为黏度（或黏滞系数）。它表征流体反抗形变的能力，只有在流体内存在相对运动时才表现出来。液体在管道中的传输、机械润滑油的选择、物体在液体中的运动等都与液体的黏滞系数有关。

对液体黏滞性的研究在流体力学、化学化工、医疗、水利等领域都有广泛的应用，例如在用管道输送液体时要根据输送液体的流量、压力差、输送距离及液体黏度，设计输送管道的口径。

液体黏滞系数可用落球法、毛细管法、转筒法等测量方法，其中落球法适用于测量黏滞系数（以下简称 η）较高的液体。η 的大小取决于液体的性质与温度，温度升高 η 值将迅速减小。如蓖麻油在室温附近温度改变 1 ℃时 η 值改变约 10%。因此，测定液体在不同温度的 η 值才有意义，欲准确测量液体的黏滞系数，必须精确控制液体温度。

本实验中采用落球法，PID（proportion integral derivative，比例、积分、微分）控温及用秒表计时测量小球在不同温度的液体中下落的时间来测出液体的黏滞系数。

［实验目的］

1. 了解测量液体的变温黏滞系数的意义。

2. 学习和掌握一些基本物理量的测量。

3. 了解 PID 温度控制的原理，掌握温度控制器的设置使用方法。

4. 用落球法测量蓖麻油的黏滞系数。

［实验仪器］

仪器由 DH4606B 落球法变温液体黏滞系数测定仪（图 2-1）、恒温水循环控制系统（图 2-2）、螺旋测微计、游标卡尺、秒表、镊子、钢球若干、蓖麻油、硅胶水管、连接线以及取球杆等组成。

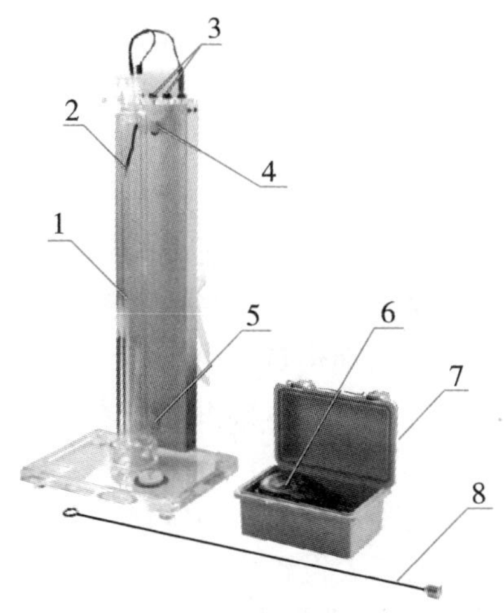

1. 玻璃管容器：双层结构，内层装待测液体，外层可以通入水循环系统；2. PT100 温度传感器：放置在待测液体中（如蓖麻油）；3. PT100 输出接口：与温度计传感器输入接口相连，用于指示待测液体的温度；4. 上出水口：与恒温水循环系统的回水口相连；5. 下入水口：与恒温水循环系统的出水口相连；6. 秒表（计时用）；7. 配件盒（含钢珠若干）；8. 取球杆：用于取出玻璃容器内的钢球。

图 2-1　落球法变温液体黏滞系数测定仪

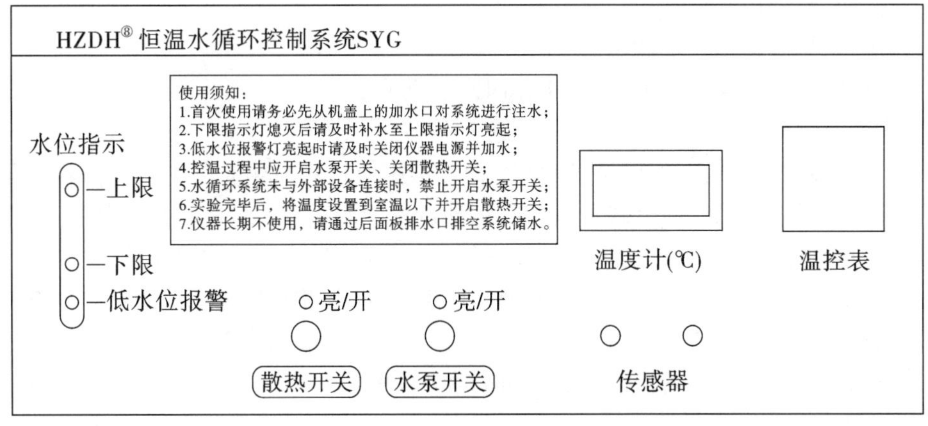

（a）前面板图

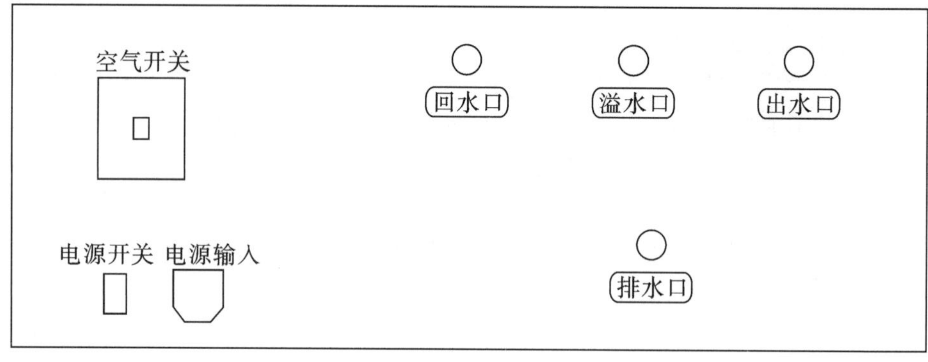

(b)后面板图

图 2-2　恒温水循环控制系统

图 2-2 中各部位功能如下:

水位指示:指示水循环系统内水位,首次使用,需从加水口对系统加水,直到水位指示上限灯亮起即可。加水前确保出水口和回水口与测试仪已对应相连,且排水口处于关闭状态,溢水口有接水容器(防止加水过多溢出)。若开机低水位报警灯亮起并发出警报,请立即关闭电源,向系统注入足量水后再开启系统电源。正常工作时,推荐的水位在下限与上限之间,水位不能低于下限。

水泵开关:开启水循环(开启前确保出水口和回水口与外部测试仪已连接)。

散热开关:实验完毕后,将温控表设置到室温以下,开启散热开关散热。

传感器:传感器接口与外部 PT100 温度传感器相连,温度计窗口将显示温度值。

温度计:指示外部接入的 PT100 温度,显示分辨率 0.1 ℃,测量范围 0～200 ℃。

温控表:设置水循环系统内水温,并对水温进行控制,稳定度±0.2 ℃;注意设置温度不能超过 85 ℃;具体操作说明见附录。

回水口:循环水经过出水口流经被测对象后返回系统的接口。

溢水口:系统储水容器水位过多后的溢出口。

出水口:系统出水口。

排水口:用于排空系统储水。

空气开关:安全保护开关,正常工作时需手动开启。

[实验原理]

有关液体中物体运动的问题,19 世纪物理学家斯托克斯建立了著名的流体力学方程组,该方程组较为系统地反映了流体在运动过程中质量、动量、能量之间的关系:一个在液体中运动的物体所受力的大小与物体的几何形状、速度以及内摩擦力有关。

在稳定流动的液体中,由于各层的液体流速不同,互相接触的两层液体之间存在相互作用,快的一层给慢的一层以阻力,这一对力称为流体的内摩擦力或黏滞力。实验证明:若以与液层垂直的方向作为 X 轴方向,则相邻两个流层之间的黏滞力 f 与所取流层的面积 S 及流层间速度的空间变化率 $\frac{dv}{dx}$ 的乘积成正比:

$$f = \eta \cdot \frac{\mathrm{d}v}{\mathrm{d}x} \cdot S \tag{2-1}$$

其中 η 称为液体的黏滞系数,它决定于液体的性质和温度。

黏滞力随着温度的升高而减小。如果液体是无限广延的,液体的黏滞力较大,小球的半径很小,且在运动时不产生旋涡,那么根据斯托克斯定律,小球受到的黏滞力 f 为:

$$f = 6\pi \cdot \eta \cdot r \cdot v \tag{2-2}$$

式中 η 为液体的黏滞系数,r 为小球半径,v 为小球运动速度。若小球在无限广延的液体中下落,受到的黏滞力为 f,重力为 $\rho \cdot V \cdot g$,浮力为 $\rho_0 \cdot V \cdot g$ 。这里 V 是小球的体积,ρ 和 ρ_0 分别为小球和液体的密度,g 为重力加速度。小球开始下降时速度较小,相应的黏滞力也较小,小球做加速运动。随着速度的增加,黏滞力也增加,最后小球的重力、浮力及黏滞力三力达到平衡,小球做匀速运动,此时的速度称为收尾速度,即

$$\rho \cdot V \cdot g - \rho_0 \cdot V \cdot g - 6\pi \cdot \eta \cdot r \cdot v = 0 \tag{2-3}$$

小球的体积为

$$V = \frac{4}{3}\pi \cdot r^3 = \frac{1}{6}\pi \cdot d^3 \tag{2-4}$$

把式(2-3)代入式(2-2),得

$$\eta = \frac{(\rho - \rho_0) \cdot g \cdot d^2}{18v} \tag{2-5}$$

式中,v 为小球的收尾速度,d 为小球的直径。

由于式(2-1)只适合无限广延的液体,在本实验中,小球是在直径为 D 的装有液体的圆柱形玻璃圆筒内运动,不是无限广延的液体,考虑到管壁对小球的影响,式(2-5)应修正为

$$\eta = \frac{(\rho - \rho_0) \cdot g \cdot d^2}{18v_0 \cdot \left(1 + K \cdot \frac{d}{D}\right)} \tag{2-6}$$

式中, v_0 为实验条件下的收尾速度,D 为量筒的内直径,K 为修正系数,这里取 $K=2.4$。收尾速度 v_0 可以通过测量玻璃量筒外事先选定的两个标号线 A 和 B 的距离 s 和小球经过距离 s 的时间 t 得到,即 $v_0 = \frac{s}{t}$ 。

[实验内容与步骤]

1. 将恒温水循环控制系统机箱后面的“出水口”和“回水口”用硅胶管分别与测试仪“下入水口”和“上出水口”对应相连,连接好后循环水将从测试仪玻璃管下端进,上端出。

2. 在玻璃管中注入蓖麻油;将 PT100 温度传感器探头插入蓖麻油中,温度传感器的输出插座连接到测试架上的传感器输入,测试架上的传感器输出连接到恒温水循环控制系统前面板上的传感器接口,这样温度计将指示实际的油温。

3. 先将恒温水循环控制系统的水箱加满水,注意溢水口需放置接水容器,防止水满溢出;当水位上限指示灯亮起时停止加水;加水过程中确保“排水口”处于关闭状态。

4. 打开电源开关和空气开关,开启水泵开关,启动水循环。

5. 通过温控表将循环水温度设定在某一温度，蓖麻油将被水循环系统加热，循环水的温度设定值可自行更改，温控表使用说明参见附录。蓖麻油的实际温度由恒温水循环控制系统上的温度计指示（非温控表示值），当循环水的温度达到稳定（波动±0.2 ℃）后，观察蓖麻油温度显示值，直到该温度显示稳定后记录此值，即可开展如下实验。

6. 测量并记录数据：

（1）测量圆筒的内径 D，记录开始实验时的室温 T_0，测定或查表并记录液体的密度值。

（2）记录下螺旋测微计的初读数 d_0，然后用螺旋测微计测量小钢球的直径 d，共测量 6 个钢球，将数据记录在表 2-1 中，求出钢球直径平均值 $\bar{d}$。

（3）用镊子夹起小钢球，为了使其表面完全被所测的油浸润，可以先将小钢球在油中浸一下，然后放在玻璃圆筒中央，使小球沿圆筒轴线下落，观察小球在什么位置开始做匀速运动。

（4）在小球开始进入匀速运动略低的位置选定上标记线 A，在下端合适位置选定下标记线 B，确定后记录 A、B 之间的距离 s，这样就可以进行正常测量。

（5）当小钢球下落经过标记线 A 时，立即启动秒表，使秒表开始计时，当小钢球到达标记线 B 时，再按一下秒表，停止计时，这样秒表就记录了小钢球从 A 下落到 B（即经过距离 s）所需的时间 t，把该数值记录到表 2-2 中。

（6）重复步骤（5），连续测量 3 个相同质量小球下落的时间，并记录数据。

（7）改变温度设置值，在不同的温度下重复以上步骤，将数据记录在表 2-2 中。

（8）实验结束后用顶端有磁性的取球杆取出小刚球，妥善存放。

［注意事项］

1. 本实验温度设置不应高于 50 ℃，否则液体黏滞力太小，小球下落速度过快（甚至不出现匀速运动），导致实验不能正常进行。

2. 若实验仪器长时间不用，应把水循环系统和玻璃管里的水排空。

3. 若循环水太脏，应及时更换干净的水，建议使用纯净水。

4. 当水循环系统未与测试仪连接时，禁止开启水泵开关。

5. 实验完成后，请将温控表设置在室温以下，并开启风扇开关使水温降到室温附近。

6. 水位下限指示灯熄灭后及时补水；低水位报警后立即关闭电源进行补水或检查仪器工作是否异常。

［数据记录与处理］

量筒内直径 D=________　　　A、B 间距离 s=________

蓖麻油的密度 ρ_0 = 0.957 0 g/cm^3；钢球的密度约为 7.8 g/cm^3（如需精确测量，则可用天平取一定数量的钢球称总重，求出单颗钢球的质量，用螺旋测微计测量这些钢球直径并取平均值，最后根据密度公式计算钢球密度）。

室温 T_0=________　　　螺旋测微计初始读数 d_0=________

表 2-1　小钢球直径测量数据记录

项　目	实验次数					
	1	2	3	4	5	6
螺旋测微计读值 d/mm						
实际直径 $d_i=d-d_o$/mm						
直径平均值 $\bar{d}$/mm						

表 2-2　在不同温度下，小钢球从标记 A 到标记 B 匀速下落的时间记录

	液体温度/℃					
	室温	25	30	35	40	45
钢球 1 下落时间/s						
钢球 2 下落时间/s						
钢球 3 下落时间/s						
对应温度时钢球下落时间平均值 $\bar{t_i}$ /s						
收尾速度 v_{0i} /(m/s)						

将 $v_0=\dfrac{s}{t}$ 代入式(2-6)，得

$$\eta=\frac{(\rho-\rho_0)\cdot g\cdot \bar{d}^2\,\bar{t}}{18s\cdot\left(1+K\cdot\dfrac{d}{D}\right)}\quad (K=2.4) \tag{2-7}$$

重复以上步骤，根据不同温度 T 的 ρ_0 和 v_0，计算 η 值。作 $\eta-T$ 关系曲线。

[思考题]

1. 试分析选用不同的半径的小球做此实验时,对实验结果有何影响?

2. 在特定的液体中,当小钢球的半径减小时,它的收尾速度如何变化?当小钢球的速度增加时,又将如何变化?

[附录]

温度控制表操作说明

1. 改变设定温度

在基本显示状态下,如果参数锁没有锁上,可通过按◀、▲、▼键来修改下显示窗口显示的设定温度控制值。按▲键减小数据,按▼键增加数据,可修改数值位的小数点同时闪动(如同光标)。按▼键并保持不放,可以快速地增加/减少数值,并且速度会随小数点右移自动加快(2 级速度)。而按◀键则可直接移动修改数据的位置(光标),按▼或▲键可修改闪动位置的数值,操作快捷。

2. 自整定(At)操作

采用 AI(人工智能)PID 方式进行控制时,可进行自整定(At)操作来确定 PID 调节参数。在基本显示状态下按◀键并保持 2 s,将出现 At 参数,按▼键将下显示窗的"OFF"修改为"ON",再按⟲键确认即可开始执行自整定功能。在基本显示状态下仪表下显示窗将闪动显示"At"字样,此时仪表执行位式调节,经 2 个振荡周期后,仪表内部微处理器可自动计算出 PID 参数并结束自整定。如果要提前放弃自整定,可再按◀键并保持约 2 s 调出 At 参数,并将"ON"设置为"OFF"再按⟲键确认即可。

注:系统在不同给定值下整定得出的参数值不完全相同,执行自整定功能前,应先将给定值 SV 设置在最常用值或是中间值上,如果系统是保温性能好的电炉,给定值应设置在系统使用的最大值上,自整定过程中禁止修改 SV 值。视不同系统,自整定需要的时间可从数秒至数小时不等。自整定刚结束时控制效果可能还不是最佳,因为有学习功能,使用一段时间后方可获得最佳效果。

实验 3　简谐振动与弹簧劲度系数实验

简谐振动与弹簧劲度系数实验

[实验目的]

1. 用伸长法测定弹簧劲度系数,验证胡克定律。

2. 测定弹簧做简谐振动的周期,求得弹簧的劲度系数。

3. 研究弹簧振子做简谐振动时的周期与振子的质量、弹簧劲度系数的关系。

4. 了解并掌握集成霍尔开关传感器在测量周期或转速中的应用,掌握其使用方法。

5. 测定液体表面张力系数(选做,需额外配置部分仪器)。

6. 测定本地区的重力加速度(选做)。

[实验仪器]

如图 3-1 所示,实验仪器包括新型焦利秤、多功能计时器、弹簧、霍尔开关传感器、磁钢、砝码和砝码盘等。

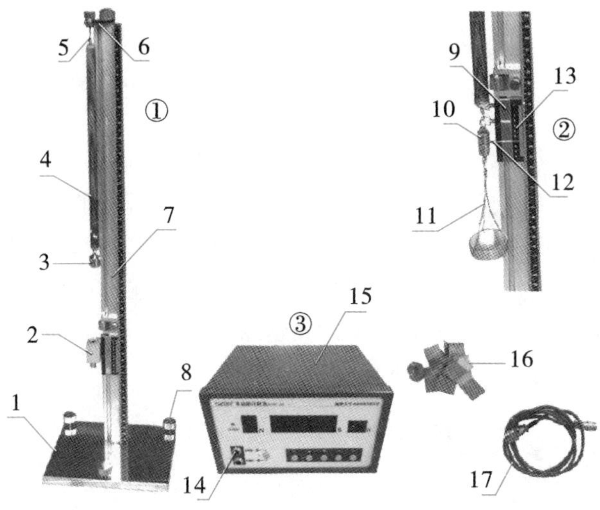

1. 底板;2. 霍尔开关组件(上端面为霍尔开关,下端面为接口);3. 砝码(简谐振动实验用,开展实验时,在砝码的底面放置直径为 12 mm 的小磁钢);4. 弹簧;5. 挂钩;6. 横梁;7. 立柱;8. 水平调节螺钉;9. 反射镜;10. 配重砝码组件;11. 砝码盘;12. 指针;13. 游标尺;14. 传感器接口(霍尔开关);15. 计时器;16. 砝码;17. 霍尔开关组件与计时器专用连接线。

图 3-1 简谐振动与弹簧劲度系数实验仪

1. DHTC-3B 多功能计时器:计时范围 0.000 ~ 999.99 s,自动量程切换;计时次数 1 ~ 99 次可设定;数据存储组数 10 组;计时时间窗口、次数窗口以及数据组窗口独立显示;传感器模式有单传感器模式和双传感器模式可选择。

2. 焦利秤:标尺 0 ~ 655 mm,精度≥0.01 mm。

3. 霍尔开关传感器:使用临界距离 12 mm。

4. 磁钢:直径为 12 mm,厚度 2 mm。

5. 砝码组:500 mg/1 片,20 g/1 片(用于简谐振动),50 g/1 片(配重砝码组件)。

6. 弹簧:线径 0.5 mm,弹簧外径 12 mm。

[实验原理]

1. 弹簧在外力作用下会产生形变。由胡克定律可知,在弹性变形范围内,外力 F 和弹簧的形变量 Δy 成正比,即

$$F = K\Delta y \tag{3-1}$$

式中, K 为弹簧的劲度系数,它与弹簧的形状、材料有关。

通过测量 F 和相应的 Δy ,就可推算出弹簧的劲度系数 K 。

2. 将弹簧的一端固定在支架上,把质量为 M 的物体垂直悬挂于弹簧的自由端,构

成一个弹簧振子。若物体在外力作用下离开平衡位置少许,然后释放,则物体就在平衡点附近做简谐振动,其周期为

$$T = 2\pi\sqrt{\frac{M + pM_0}{K}} \tag{3-2}$$

式中 p 是待定系数,它的值近似为 1/3; M_0 是弹簧自身的质量, pM_0 称为弹簧的有效质量。通过测量弹簧振子的振动周期 T ,就可由式(3-2)计算出弹簧的劲度系数 K 。

3. 霍尔开关(磁敏开关)。

集成霍尔开关传感器简称霍尔开关,是一种高灵敏度磁敏开关。其脚位分布如图 3-2 所示,实际应用参考电路如图 3-3 所示。在图 3-3 所示的电路中,当垂直于该传感器的磁感应强度大于某值时,该传感器处于"导通"状态,这时在 OUT 脚和 GND 脚之间输出电压极小,近似为零;当磁感应强度小于某值时,输出电压等于 VCC 脚与 GND 脚之间所加的电源电压。利用集成霍尔开关这个特性,可以将传感器输出信号接入周期测定仪,测量物体转动周期或物体移动所需时间。

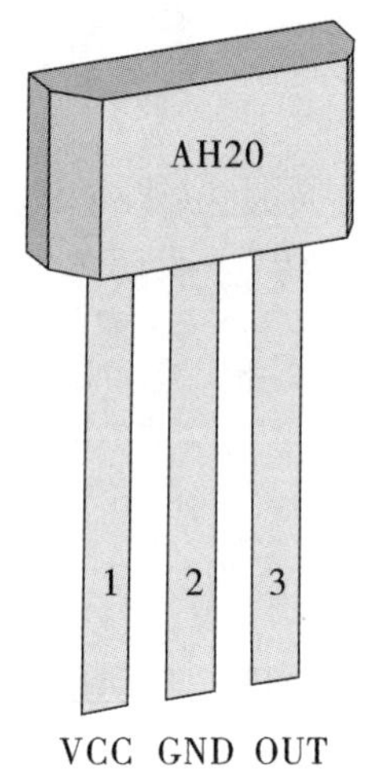

图 3-2　霍尔开关脚位分布图

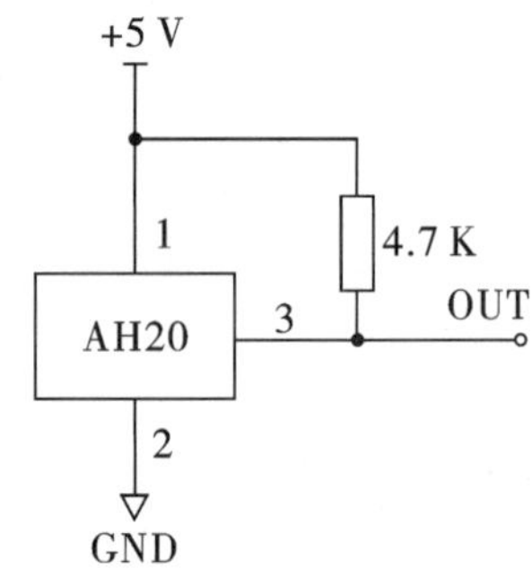

图 3-3　AH20 参考应用电路

[实验内容与步骤]

1. 用焦利秤测定弹簧的劲度系数 K

(1)将水泡放置在底板上,调节底板上的三个水平调节螺丝,使焦利秤立柱垂直。

(2)在立柱顶部横梁挂上挂钩,再依次安装弹簧、配重砝码组件以及砝码盘;配重砝码组件由两只砝码构成,中间夹有指针,砝码上下两端均有挂钩;配重砝码组件的上端挂弹簧,下端挂砝码盘。实验结构如图 3-1 中②所示。

(3)调整游标尺的位置,使指针对准游标尺左侧的基准刻线,然后锁紧固定游标的锁紧螺钉;滚动锁紧螺钉左边的微调螺丝使指针、基准刻线以及指针像重合,此时可以通过主尺和游标尺读出初始读数。

(4)先在砝码托盘中放入 500 mg 砝码,然后再重复实验步骤(3),读出此时指针所在的位置值。先后把 9 个 500 mg 砝码一个个放入托盘中,通过主尺和游标尺读出每个

砝码被放入后小指针的位置值；再依次从托盘中把这 9 个砝码一个个取下，记下对应的位置值。（读数时要正视并且确保弹簧稳定后再读数）

（5）根据每次放入或取下砝码时弹簧受力和对应的伸长值，用作图法或逐差法，求得弹簧的劲度系数 K。

2. 测定弹簧做简谐振动时的周期并计算弹簧的劲度系数

（1）取下弹簧下的砝码托盘、配重砝码组件，在弹簧上挂 20 g 铁砝码（砝码上有小孔）。将小磁钢吸在砝码的下端面（注意磁极，否则霍尔开关将无法正常工作）。

（2）将霍尔开关组件装在镜尺的左侧面，霍尔元件朝上，接口插座朝下，如图 3-1 中①所示；把霍尔开关组件通过专用连接线与多功能计时器的传感器接口相连。

（3）开启计时器电源，仪器预热 5 ~ 10 min。

（4）上下调节游标尺位置，使霍尔开关与小磁钢间距约 4 cm；确保小磁钢位于砝码端面中心位置并与霍尔开关敏感中心正面对准，以使小磁钢在振动过程中有效触发霍尔开关，当霍尔开关被触发时，计时器上的信号指示灯将由亮变暗。

（5）向下垂直拉动砝码，使小磁钢贴近霍尔传感器的正面，这时可观察到计时器信号指示灯变暗；然后松开手，让砝码上下振动，此时信号指示灯将闪烁。

（6）设定计时器计数次数为 50 次，按执行开始计时，通过测量的时间计算振动周期以及弹簧的劲度系数。

（7）将伸长法和振动法测得的弹簧劲度系数进行比较。

3. 用焦利秤测定液体的表面张力系数（设计性实验，选做）

在焦利秤下挂一个内径为 33 mm 的薄型铝合金圆环。在其下面另配一个升降台，升降台上放置一个玻璃器皿，器皿中放置纯水，使金属环下端部分浸入水中；然后缓慢调节升降台，在此过程中将产生液柱，记录液柱变薄直至拉断前瞬间的力和拉断后的力，此二力之差便是液体水的表面张力。已知液面分界线的长度，可以求得表面张力系数。关于液体表面张力系数测定原理可以参见 DH4607 液体表面张力系数测定仪使用说明书。

4. 用焦利秤测定本地区的重力加速度（选做）

弹簧劲度系数用振动法求得，通过测出力与伸长量关系，用胡克定律求出重力加速度。

［数据记录与处理］

1. 用焦利秤测定弹簧劲度系数 K

每次增加 0.5 g(500 mg) 或者减少 0.5 g 砝码，记录 y-m 关系，实验数据如表 3-1 所示。（郑州地区重力加速度取 $g=9.797\ \mathrm{m/s^2}$）

表 3-1　$y-m$ 关系数据记录

次数	砝码质量 m/g	标尺读数 y/mm			逐差值/mm
		增砝码	减砝码	平均	
1	0.5				$\Delta y_1 = \lvert y_6 - y_1 \rvert =$ $\Delta y_2 = \lvert y_7 - y_2 \rvert =$ $\Delta y_3 = \lvert y_8 - y_3 \rvert =$ $\Delta y_4 = \lvert y_9 - y_4 \rvert =$ $\Delta y_5 = \lvert y_{10} - y_5 \rvert =$ $\Delta \bar{y} =$
2	1.0				
3	1.5				
4	2.0				
5	2.5				
6	3.0				
7	3.5				
8	4.0				
9	4.5				
10	5.0				

从表 3-1 中的数据可知，砝码盘中每增加 2.5 g 砝码，弹簧平均伸长 $\Delta\bar{y}$，根据公式(3-1)可知

$$K = \frac{F}{\Delta y} = \frac{mg}{\Delta \bar{y}} = \_\_\_\_\_\_\_\_ \text{ N/m}$$

2. 测定弹簧做简谐振动时的周期并计算弹簧的劲度系数

测定弹簧振动 50 次的时间为________s，得弹簧振动周期为 $T=$________s，取 $p \approx \frac{1}{3}$，用天平称得 $M_0 =$________g，$M =$________g（包括小磁钢质量）；由公式 $T = 2\pi\sqrt{\frac{M + pM_0}{K}}$ 得

$$K = (2\pi)^2 \cdot \frac{M + pM_0}{T^2} = \_\_\_\_\_\_\_\_ \text{ N/m}$$

由上述测量可知，两种方法测量弹簧劲度系数的百分比误差约为________%。

［注意事项］

1. 实验时弹簧每圈之间要有一定距离，确保有一定的伸长，以克服弹簧自身静摩擦力，否则会带来较大误差。
2. 在弹簧弹性限度内使用弹簧，不可随意玩弄拉伸弹簧。
3. 实验完成后，需取下弹簧，防止弹簧长时间处于伸长状态。
4. 砝码要妥善保管，放置在干燥环境中。
5. 小磁钢有磁性，需远离易被磁化的物品。

实验 4　热传导实验

导热系数（热导率）是反映材料热性能的物理量。导热是热交换的三种基本形式（导热、对流和辐射）之一，是工程热物理、材料科学、固体物理及能源、环保等各个研究领域的课题之一，要认识导热的本质和特征，需了解粒子物理，而目前对导热机制的理解大多数来自固体物理的实验。材料的导热机制在很大程度上取决于它的微观结构，热量的传递依靠原子、分子围绕平衡位置的振动以及自由电子的迁移。在金属中电子流起支配作用，在绝缘体和大部分半导体中则以晶格振动为主导。因此，材料的导热系数不仅与构成材料的物质种类密切相关，而且与它的微观结构、温度、压力及杂质含量相联系。在科学实验及工程设计中所用材料的导热系数都需要用实验的方法来确定（粗略的估计，可从热学参数手册或教科书的数据和图表中查找）。

热传导实验

1882 年，法国科学家 J. 傅立叶奠定了热传导理论，目前各种测量导热系数的方法都是建立在傅立叶热传导定律基础上的。从测量方法来说，可分为两大类：稳态法和动态法。本实验采用的是稳态平板法。

［实验目的］

1. 了解热传导现象的物理过程。
2. 学习用稳态平板法测量材料的导热系数。
3. 学习用作图法求冷却速率。
4. 掌握一种用热电转换方式进行温度测量的方法。

［实验仪器］

YBF-2 导热系数测试仪、保温杯、游标卡尺、物理天平。

［实验原理］

为了测定材料的导热系数，首先从热导率的定义和物理意义入手。热传导定律指出：如果热量沿 z 轴方向传导，那么在 z 轴上任一位置 z_0 处取一垂直于 z 轴的截面积 $\mathrm{d}s$（如图 4-1 所示），以 $\frac{\mathrm{d}T}{\mathrm{d}z}$ 表示在 z 处的温度梯度，以 $\frac{\mathrm{d}Q}{\mathrm{d}t}$ 表示该处的传热速度（单位时间内通过截面积 $\mathrm{d}S$ 的热量），那么热传导定律可表示为

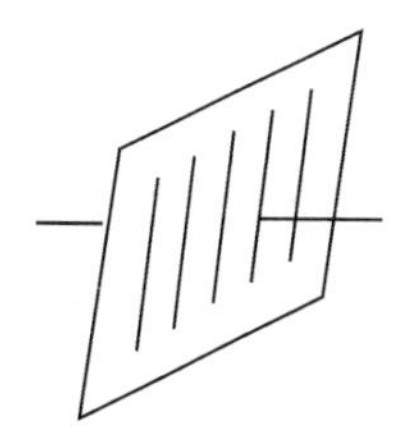

图 4-1　热传递示意图

$$\mathrm{d}Q = -\lambda\left(\frac{\mathrm{d}T}{\mathrm{d}z}\right)_{z_0}\cdot \mathrm{d}S\cdot \mathrm{d}t \qquad (4-1)$$

式中的负号表示热量从高温区向低温区传导，式中的比例系数 λ 即为热传导系数，可见其物理意义：在温度梯度为一个单位的情况下，单位时间内垂直通过单位面积的热量。

利用式(4-1)测量材料的导热系数,需解决的关键问题有:①在材料内造成一个温度梯度 $\frac{\mathrm{d}T}{\mathrm{d}z}$,并确定其数值;②测量材料内由高温区向低温区的传热速率 $\frac{\mathrm{d}Q}{\mathrm{d}t}$。

1. 关于温度梯度

为了在样品内造成一个温度梯度,同时保证样品中温度分布具有良好的对称性,把样品及两铜板都加工成等大的圆盘。把样品夹在两个良导体——铜板之间(图4-2),使两铜板分别保持在恒定的温度 T_1 和 T_2,这样就可能在垂直于样品表面的方向上形成温度的梯度分布。样品的厚度 h 远远小于其直径 D($h \ll D$),由于样品侧面积远远小于平板面积,因此侧面散热可忽略不计,可以认为热量只在垂直于样品表面的方向上传导,即只在此方向上有温度梯度。由于铜是热的良导体,在达到平衡时,可以认为同一铜板各处的温度相同,样品内同一平行于板面的平面上各处的温度也相同。这样只要测出样品的厚度 h 和两块铜板的温度 T_1 和 T_2,就可以确定样品内的温度梯度 $\frac{\mathrm{d}T}{\mathrm{d}z}=\frac{T_1-T_2}{h}$,当然这需要铜板与样品的表面紧密接触、无缝隙,否则中间的空气层将产生热阻,使得温度梯度的测量不准确。

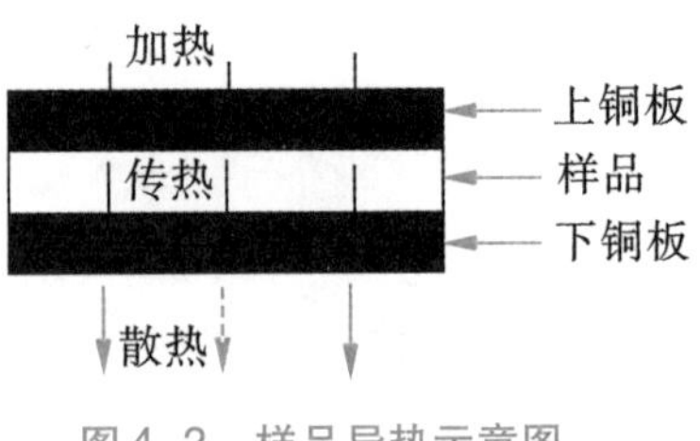

图 4-2　样品导热示意图

2. 关于传热速率

单位时间内通过一截面的热量是一个无法直接测定的量,需设法将其转换成其他能测定的量。为了维持一个恒定的温度梯度分布,必须不断地给高温侧铜板加热,热量通过样品传递到低温侧铜板,低温侧铜板则要将热量不断地向周围环境散出。当加热速率、传热速率及散热速率相等时,系统就达到了动态平衡状态,称为稳态。此时低温侧铜板的散热速率就是样品内的传热速率。这样,只要测出低温侧铜板在稳态温度 T_2 下的散热速率,也就间接测量出了样品内的传热速率。但是,铜板的散热速率也不易测量,还需进一步做参量转换。我们已经知道,铜板的散热速率与其冷却速率(温度变化率 $\frac{\mathrm{d}T}{\mathrm{d}t}$)有关,其表达式为

$$\left.\frac{\mathrm{d}Q}{\mathrm{d}t}\right|_{T_2}=-mc\left.\frac{\mathrm{d}T}{\mathrm{d}t}\right|_{T_2} \tag{4-2}$$

式中的 m 为铜板的质量,c 为铜板的比热容,负号表示热量向低温方向传递。因为质量易直接测量,比热容为常量,这样对铜板散热速率的测量就转换为对低温侧铜板冷却速率的测量。冷却速率可以这样测量:在达到稳态后,移去样品,用加热铜板直接对下铜板加热,使其温度高于稳态温度 T_2(大约高出 10 ℃左右),再让其在环境中自然冷却,直到温度低于 T_2,测出温度在大于 T_2 和小于 T_2 区间中随时间的变化关系,描绘出 T-t 曲线,曲线在 T_2 处的斜率就是铜板在稳态温度时的冷却速率$\frac{\mathrm{d}T}{\mathrm{d}t}$。

应该注意的是,这样得出的 $\frac{\mathrm{d}T}{\mathrm{d}t}$ 是在铜板全部表面暴露于空气中的冷却速率,其散

热面积为 $2\pi R_p{}^2+2\pi R_p h_p$（其中 R_p 和 h_p 分别是下铜板的半径和厚度）。然而在实验中稳态传热时，铜板的上表面（面积为 πR_p^2）是样品覆盖着的，由于物体的散热速率与它们的散热面积成正比，所以稳态时，铜板散热速率的表达式应修正为

$$\frac{\mathrm{d}Q}{\mathrm{d}t}=-mc\frac{\mathrm{d}T}{\mathrm{d}t}\cdot\frac{\pi R_p^2+2\pi R_p h_p}{2\pi R_p^2+2\pi R_p h_p} \tag{4-3}$$

根据前面的分析，这个量就是样品的传热速率。

将上式代入热传导定律表达式，并考虑到 $\mathrm{d}S=\pi R^2$，可以得到导热系数：

$$\lambda=-mc\frac{2h_p+R_p}{2h_p+2R_p}\cdot\frac{1}{\pi R^2}\cdot\frac{h}{T_1-T_2}\cdot\left.\frac{\mathrm{d}T}{\mathrm{d}t}\right|_{T=T_2} \tag{4-4}$$

式中的 R 为样品的半径，h 为样品的高度，m 为下铜板的质量，c 为铜块的比热容，R_p 和 h_p 分别是下铜板的半径和厚度。右式中的各项均为常量或直接易测量。式中（T_1-T_2）可由温差电动势（U_1-U_2）代替。

［实验内容与步骤］

用稳态法测量各种材料的导热系数。

1. 手动测量

（1）分别用游标卡尺、物理天平测出样品及铜板的几何尺寸和质量。要求多次测量，其中铜板的比热容 $c=0.385$ kJ/（kg·K）。

（2）安置圆筒、圆盘时，须使放置热电偶的洞孔与杜瓦瓶在同一侧。热电偶插入铜盘上的小孔时，要抹上一些硅脂，并插到洞孔底部，使热电偶测温端与铜盘接触良好，热电偶冷端插在冰水混合物中。然后升温，在开始阶段，可使用高挡加热，约 20 min 后改用低挡加热一段时间，直至样品上下表面温度在一定时间内不再变化，即为热平衡态，记录此时的 T_1、T_2 值。

（3）移去样品，继续对下铜板加热，使温度比 T_2 高出 10 ℃左右时，移去圆筒，让下铜板所有表面均暴露在空气中，使下铜板自然冷却，并每隔 10 s（或 5 s）读一次下铜板的温度示值并记录，直至温度降到 T_2 以下一定值。作铜板的 $U(T)-t$ 冷却速率曲线，并求出 T_2 处的斜率 $\left.\frac{\mathrm{d}T}{\mathrm{d}t}\right|_{T_2}$。

（4）根据式（4-4）计算出样品的导热系数 λ。

（5）本实验选用铜-康铜热电偶测温度，当温差为 100 ℃时，其温差电动势约为 4.0 mV，故应配用量程为 0～20 mV 并能读到 0.01 mV 的数字电压表（数字电压表前端采用自稳零放大器，故无须调零）。由于热电偶冷端温度为 0 ℃，对一定材料的热电偶而言，当温度变化范围不大时，其温差电动势 U（mV）与待测温度 t（℃）的比值是一个常数，温度变量 $\mathrm{d}T$ 用温差电动势变量 $\mathrm{d}U$ 代替，由此，在用式（4-4）计算时，可以直接以电动势值代表温度值。

2. 自动测量

（1）先放置好待测样品及下铜板（散热盘），调节下圆盘托架上的三个微调螺丝，使待测样品与上下铜板接触良好。安装圆筒、圆盘时，须使放置热电偶的洞孔与杜瓦瓶同一侧。热电偶插入铜盘上的小孔时，要抹上些硅脂，并插到洞孔底部，使热电偶测温端

与铜盘接触良好,热电偶冷端插在冰水混合物中。

(2)将电压选择开关打在“0”位置,设定好上铜板的加热温度,对上铜板进行加热。

(3)上铜板加热到设定温度时,同时通过信号选通开关,将信号选通开关打在(Ⅰ),测量上铜板的温度。当上铜板的温度保持不变时(可通过温控仪的温度显示来观测),记录下此时上铜板的温度(T_1),再不断地给高温侧铜板(上铜板)加热,热量通过样品不断地传到低温侧铜板(下铜板),经过一定的时间后,当下铜板的温度基本不变时,将信号选通开关打在(Ⅱ)测量下铜板的温度。记录下此时下铜板的温度值(T_2)。此时则可认为已达到了稳态(大约在 2 min 内下铜板的温度保持不变)。

(4)移动样品,继续对下铜板加热,当下铜板温度比 T_2 高出 10 ℃左右时,移去圆筒,让下铜板所有表面均暴露于空气中,使下铜板自然冷却。每隔 10 s(或 5 s)读一次下铜板的温度示值并记录,直至温度下降到 T_2 以下一定值。作铜板的 $T-t$ 冷却速率曲线,选取邻近的 T_2 测量数据来求出冷却速率。

(5)根据式(4-4)计算样品的导热系数 λ。

(6)设定上铜板不同的加热温度,在设定加热温度时,须高出室温 30 ℃。设定不同的加热温度,测量出不同温度下样品的导热系数 λ。

[注意事项]

1. 稳态法测量时,要使温度稳定约需 40 min 的时间,因此加热时可先用高压挡,几分钟后 T_1=4.00 mV(这里以电压值表示温度)即可改用低压挡加热。并通过调节电热板电压高挡、低挡及断电挡,使 T_1 读数在±0.03 mV 范围内,同时每隔 10 s(或5 s)记下样品上、下圆盘 A 和 P 的温度 T_1 和 T_2 的数值,待 T_2 的数值在 2 min 内不变即可认为已达到稳定状态,记下此时的 T_1 和 T_2 值。

2. 测金属(或陶瓷)的导热系数时,T_1、T_2 值为稳态时金属样品上两个面的温度。此时散热盘 P 的温度为 T_3,因此测量 P 盘的冷却速率应为 $\left.\frac{\Delta T}{\Delta t}\right|_{T=T_3}$,所以

$$\lambda = mc\left.\frac{\Delta T}{\Delta t}\right|_{T=T_3}\cdot\frac{h}{T_1 - T_2}\cdot\frac{1}{\pi R^2} \qquad (4-5)$$

测 T_3 值时要在 T_1、T_2 达到稳定时,将上面测 T_1 和 T_2 的热电偶移下来进行测量。

3. 圆筒发热体盘侧面和散热盘 P 侧面,都有供安插热电偶的小孔,安放散热盘时此二小孔都应与杜瓦瓶在同一侧,以免线路错乱。热电偶插入小孔时,要抹上些硅脂,并插到洞孔底部,保证接触良好,热电偶冷端应浸于冰水混合物中。

[附录]

铜-康铜热电偶分度表及部分材料的密度和导热系数如下(表 4-1、表 4-2)。

表 4-1 铜-康铜热电偶分度表

温度/℃	热电动势/mV									
	0	1	2	3	4	5	6	7	8	9
-10	-0.383	-0.421	-0.458	-0.496	-0.534	-0.571	-0.608	-0.646	-0.683	-0.720
-0	0.000	-0.039	-0.077	-0.116	-0.154	-0.193	-0.231	-0.269	-0.307	-0.345
10	0.000	0.039	0.078	0.117	0.156	0.195	0.234	0.273	0.312	0.351
20	0.789	0.830	0.870	0.911	0.951	0.992	1.032	1.073	1.114	1.155
30	1.196	1.237	1.279	1.320	1.361	1.403	1.444	1.486	1.528	1.569
40	1.611	1.653	1.695	1.738	1.780	1.882	1.865	1.907	1.950	1.992
50	2.035	2.078	2.121	2.164	2.207	2.250	2.294	2.337	2.380	2.424
60	2.467	2.511	2.555	2.599	2.643	2.687	2.731	2.775	2.819	2.864
70	2.908	2.953	2.997	3.042	3.087	3.131	3.176	3.221	3.266	2.312
80	3.357	3.402	3.447	3.493	3.538	3.584	3.630	3.676	3.721	3.767
90	3.813	3.859	3.906	3.952	3.998	4.044	4.091	4.137	4.184	4.231
100	4.277	4.324	4.371	4.418	4.465	4.512	4.559	4.607	4.654	4.701
110	4.749	4.796	4.844	4.891	4.939	4.987	5.035	5.083	5.131	5.179

表 4-2 部分材料的密度和导热系数

材料名称	20 ℃时		导热系数/[W/(m·K)]			
	导热系数/[W/(m·K)]	密度/(kg/m^3)	-100 ℃	0 ℃	100 ℃	200 ℃
纯铝	236	2 700	243	236	240	238
铝合金	107	2 610	86	102	123	148
纯铜	398	8 930	421	401	393	389
金	315	19 300	331	318	313	310
硬铝	146	2 800				
橡皮	0.13~0.35	1 100				
电木	0.23	1 270				
木丝纤维板	0.048	245				
软木板	0.044~0.079	400~500				

实验 5　电表的改装与校准

电流计表头一般只能测量很小的电流和电压，若要用它来测量较大的电流和电压，就必须对其进行改装来扩大其量程。改装成的电阻表或者交流电表等，都是由表头加一些元件组合而成的。各种多量程表（包括多用途的万用表）就是用这种办法制作的。

电表的改装与校准

［实验目的］

1. 掌握扩大电表量程的原理和方法。
2. 学会用实验方法测定电流计表头的内阻。
3. 学会对改装表进行校准和测绘校准曲线，并能理解电表准确度等级的含义。

［实验仪器］

微安表头、电阻箱、滑线变阻器、稳压电源（或电池）、标准电压表、标准电流表等。

［实验原理］

电流计表头，又称微安表，它的工作原理在前面已讲过，请参看前面的讲述。它有两个重要的参数，一个是量程 I_g，一般为几十微安到几百微安，是指针偏满度的最大测量电流值；另一个是内阻 R_g，它是蹄形磁铁极掌的圆洞形磁场中可转动线圈的电阻阻值，该阻值大小一般为几百欧到几千欧，该线圈的转轴上装有表针，可指示转角大小。所以微安表只能测很小的电流和电压，要想测较大的电流、电压、电阻或者其他量，就必须加一些元件进行改装、校准和刻度，从而变成一个新量程和新功能的电表。为了说明它的精确度，还要进行测量和计算，按国家颁布的七个等级标准确定新改装表的等级。

1. 电流表的扩大量程

如欲用微安表测量超过其量程的电流，就必须扩大其量程。扩大量程的方法是在电表两端并联一个分流电阻 R_s，如图 5-1 所示，图中虚线框内的微安表和 R_s 组成了一个新的电流表，设新电表的量程为 I，则当流入电流为 I 时，由于流入原微安表的最大电流只能为 I_g，所以 $I-I_g$ 的电流必须从分流电阻 R_s 上流过。由欧姆定律知

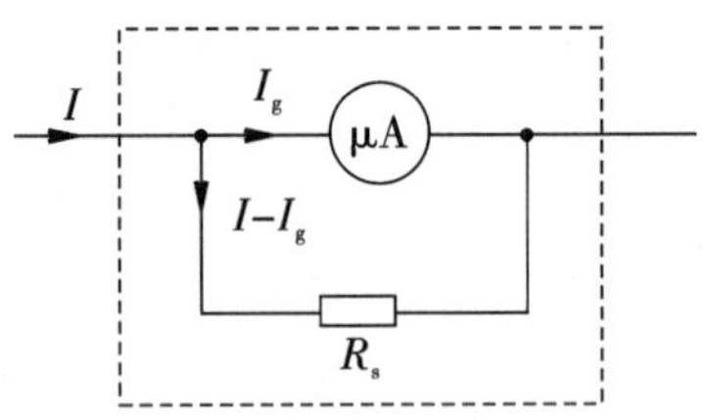

图 5-1　扩大电流表量程示意图

$$I_gR_g=(I-I_g)R_s$$

式中，R_g 是微安表的内阻；分流电阻 $R_s=\frac{I_g}{I-I_g}R_g$，令 $\frac{I}{I_g}=n$，称 n 为量程的扩大倍数，则分流电阻为

$$R_s=\frac{1}{n-1}R_g \tag{5-1}$$

当确定微安表的参量 I_g 和 R_g 后，根据所要扩大量程的倍数 n，就可算出需要并联的分流电阻 R_s，实现电表的扩程。同一电表，并联不同的分流电阻 R_s，就可得到不同量程的电流表。

2. 微安表改装成电压表

如欲用量程为 I_g、内阻为 R_g 的微安表测量电压，其电压量程仅为 $U_g=I_gR_g$，一般在 0.01～0.1 V 量级，显然是很小的。若要用它测量较大的电压，则可采用如图 5-2 所示串联分压电阻 R_m 的方法来实现。虚线框中的微安表和 R_m 组成一只量程为 U_m 的电压表，该电压表的总内阻为$R_m+R_g=\frac{U_m}{I_g}$，分压电阻为

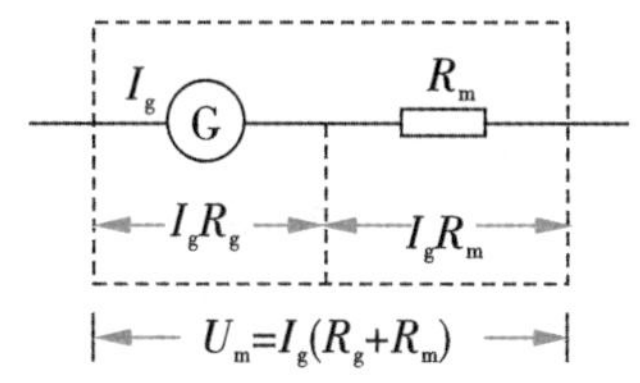

图 5-2　微安表改装成电压表示意图

$$R_m=\frac{U_m}{I_g}-R_g \tag{5-2}$$

在计算 R_m 时，通常先计算将量程为 I_g 的微安表改装成量程为 1 V 的电压表所需要的总内阻，它等于$\frac{1}{I_g}$，称之为每伏欧姆数，这是一个很重要的参量；当需要将电表改装成量程为 U_m 的电压表时，只要将 U_m 乘以每伏欧姆数，然后减去电表内阻 R_g，就可确定分压电阻 R_m 的大小。同一微安表串联不同的分压电阻 R_m，就可得到不同量程的电压表。

3. 改装表的校准

电表在扩大量程或改装后，还需要进行校准。校准的目的：①评定该表在扩大量程或改装后准确度的等级；②绘制校准曲线，以便于对扩大量程或改装后的电表能准确读数。

所谓准确度等级，是国家对电表规定的质量指标，它以数字形式标明在电表的表盘上，如标明为 S 级（S 为 0.1、0.2、0.5、1、1.5、2.5、5 七个中的一个），则各点的最大示值误差 $\Delta_{仪}$ = 量程×$S\%$。

常用的简便的校准方法就是比较法，将待校表与级别较高的标准表进行比较。

对扩大量程后的电流表可用标准电流表进行校准，其线路如图 5-3 所示。校准点应选在扩大量程后的电表的全偏转范围内各个标度值的位置上，确定各校准点的 $\Delta I=I_x-I_s$ 值。这样不仅可与等级度误差 $\Delta_{仪}$ 做比较，以判定各校准点的 ΔI 是否超过 $\Delta_{仪}$；而且可作$\Delta I-I_x$曲线。

对改装后的电压表则用标准电压表进行校准，其线路如图5-4所示。校准点同样应选择在改装表的所有标度值的位置上，确定各校准点的 $\Delta U=U_x-U_s$ 值，与等级度误差 $\Delta_{仪}$ 作比较，并作 $\Delta U-U_x$ 曲线。

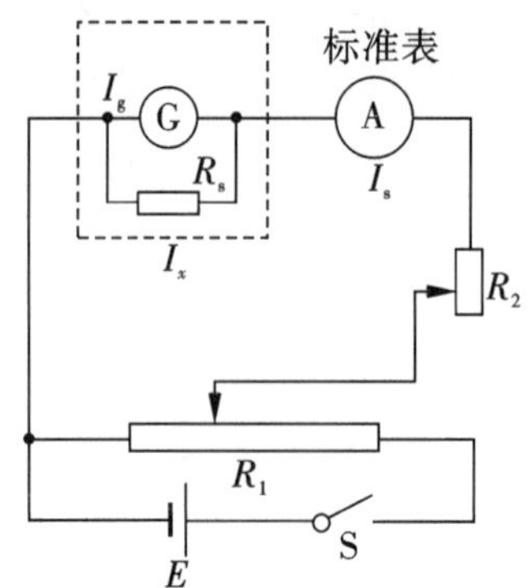

图 5–3　扩大量程后的电流表用标准电流表校准线路图

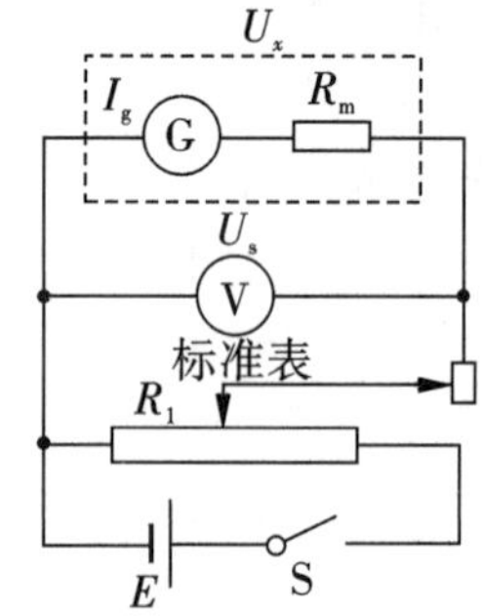

图 5–4　改装后的电压表用标准电压表校准线路图

4. 欧姆表的改装与校定刻度

(1)由给定表头的 I_g、R_g 及电源电压变化范围(设为 1.3～1.6 V),计算限流电阻($R=R_g+R'$)数值的变化范围。

(2)选一固定电阻 R,使其阻值 R_s 等于 R' 的下限值;再选一个电位器 R_0(或电阻箱),使其阻值 R' 等于或略大于 R 的上下限值之差。将它们与电源(一般为 1.5 V)、表头连接成电路,就成为一个欧姆表。其电路可自己设计。

(3)将欧姆表两极短路($R_x=0$),调节 R_0,使表头指针指向满刻度(即电流为最大值)。

(4)用电阻箱作 R_x 接到欧姆表两极间,在电阻箱上取几个特定的整数值 R_i(即把电阻箱取值作为标准值,从 0 开始改变阻值),记下表头指针相应的刻度 d_i,利用这一组数据给欧姆表进行读数标度。自己列表记录。

(5)改变电阻箱的阻值,使 $I=0.5I_g$,此时阻值为中值电阻,记录中值电阻,并用此电阻表测一个电阻,记录微安表的示值与电阻的测量值。

(6)若设计更小量程的欧姆表,微安表是否要并联一合适电阻呢? R 和 R_0 如何选?

[实验内容和步骤]

1. 表头内阻的测定

在电表扩大量程或改装时,均需知道表头的两个参数 I_g 和 R_g,I_g 可在表头的表盘上获知,而 R_g 需实测。R_g 的测定有多种方法,本实验介绍一种半偏法供参考,半偏法测量电路如图5–5所示。

(1)开关 S_2 接通 1 适当调节 R_1,使微安表偏到满刻度 I_g。电压表应选比较小的量程。

(2)开关 S_2 接通 2 保持 R_1 不变,即电压表示值不变,调节电阻箱 R_2,使微安表指在 $0.5I_g$ 上,则 $R_g=R_2$。

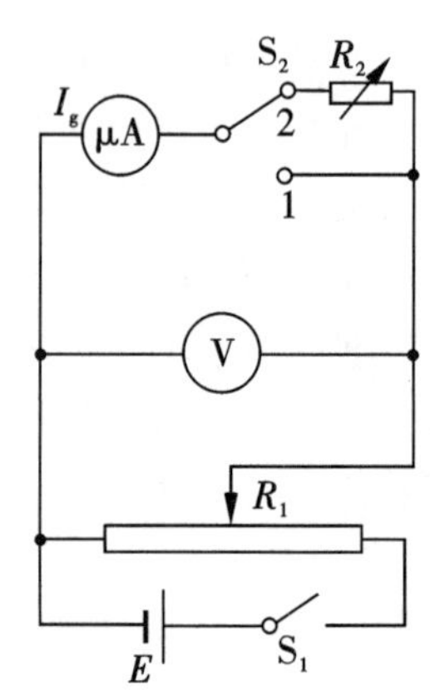

图 5–5　半偏法测量电路示意图

2. 将表头电流量程扩大 n 倍

(1)计算 R_s,用电阻箱作 R_s 并按图 5-3 接线。调节 R_1 和 R_s使标准表指示新电流表量程。

(2)校正扩大量程表上有标度值的点,应对电流单调上升和下降各校一次,将标准表两次读数的平均值作为 I_s,计算各校准点的 $\Delta I=I_x-I_s$,作校准曲线,并对是否符合等级度做出评价。

3. 将表头改装成量程为 U_m 的电压表

(1)计算 R_m,用电阻箱作 R_m,并按图 5-4 接线。调节 R_1 和 R_m使标准表指示新电压表量程。

(2)校准电压表上有标度值的点,应对电压单调上升和下降各校一次,将标准表两次读数的平均值作为 $U_{标}$,计算各标准点的 ΔU($\Delta U=U_{改}-U_{标}$,其中 $U_{改}$ 为改装表刻度),作校准曲线,并对是否符合等级度做出评价。

[数据记录与处理]

将改装电压表测量数据填入表 5-1 中。

微安表级别________ 标准表级别________ 改装表量程________

微安表量程________ 标准表所用量程________ R_m 计算值________

微安表内阻________ 标准表误差________ R_m 实际值________

表 5-1 测量结果记录表

微安表刻度 $I/\mu A$	改装表刻度 $U_{改}/V$	标准表读数 $U_{标}/V$			$\Delta U=U_{改}-U_{标}$
		由 0 到大	由大到 0	平均值	

定级:$\Delta U_{标}=$______ V　　$\Delta U_{max}=$______ V　　$U_{改}=$______ V

$$\frac{\Delta U_{标}+\Delta U_{max}}{改装表量程}=\_\_\_\_\_\_\%$$

由此百分数确定国家规定的七个等级中的一个合适等级。

由 $I_g=$_____ μA,$R_g=$_____ Ω 的微安表串联电阻 $R_m=$_____ Ω,改装成为_____级量程

值为______的电压表。

要求:画校准曲线图(ΔU–U 折线图)。改装电流表和电阻表表格自己设计。

4. 表格设计说明

以电压表为例,表头与标准参数记录在表格上方,表格第一行为表头电流 I 及所对应的 $U_{改}$、$U_{标}$(由小变大)、$U_{标}$(由大变小)、$\overline{U_{标}}$、ΔU 等。行数的多少由表头刻度或测量点的多少确定。

5. 画校准曲线图(ΔI–I 线,ΔU–U 线)

[注意事项]

严格遵守电学实验操作规程。

[思考题]

1. 电表扩大量程的方法和条件是什么?

2. 电表的每伏欧姆数有什么意义?它有何用处?现有某电表,其 $I_g = 100\ \mu A$,$R_g = 1\ k\Omega$,欲将它改装成量程为 100 V 的电压表,计算 R_m。能否设计两个量程?

3. 为何要校准电表?其方法、特点是什么?

4. 各电路中滑线变阻器 R_1 起什么作用?开始时滑动接头应放在什么位置?R_2 起什么作用?应如何正确调节?

5. 能否用微安表再加一些元件设计一个电阻表,注意设计倍率(×1、×10、×100、×1 k),并用标准电阻即电阻箱从 0 到∞对电阻表进行刻度。能否设计两个量程?

[分析讨论题]

1. 能否缩小电表的量程?

2. 扩展多量程电流表时,有几种电路方式?比较其优劣。

3. 设想测量电表内阻的各种方法。

实验 6　电　桥

电桥线路在电磁测量中有极其广泛的应用。利用桥式电路制成的电桥是一种用比较法进行测量的仪器,可以测电阻、电容、电感、频率、温度、压力等许多物理量,也广泛应用于近代工业生产的自动控制中。根据用途不同,电桥有多种类型,其性能和结构也各有特点。

电桥

实验中的惠斯通电桥是直流电桥,是测量电阻的重要仪器,它测量的电阻范围为 $10 \sim 10^6\ \Omega$。

本实验安排了自组惠斯通电桥和箱式惠斯通电桥的内容。

［实验目的］

1. 掌握惠斯通电桥测电阻的原理和自组电桥、箱式电桥测电阻的方法。

2. 学习测电桥灵敏度的方法。

3. 了解箱式电桥的结构。

［实验仪器］

检流计、滑线变阻器、电阻箱、箱式电桥。

［实验原理］

1. 惠斯通电桥的基本原理

用伏安法测电阻时，除了使用的电流表和电压表精度不高带来误差外，还存在线路本身的缺点，不可避免地带来误差，而电桥线路在一定程度上克服了这些缺点，它是将被测电阻和标准电阻相比较以确定被测电阻是标准电阻的多少倍。由于标准电阻的误差很小，所以比较法测电阻可以达到很高的精度。

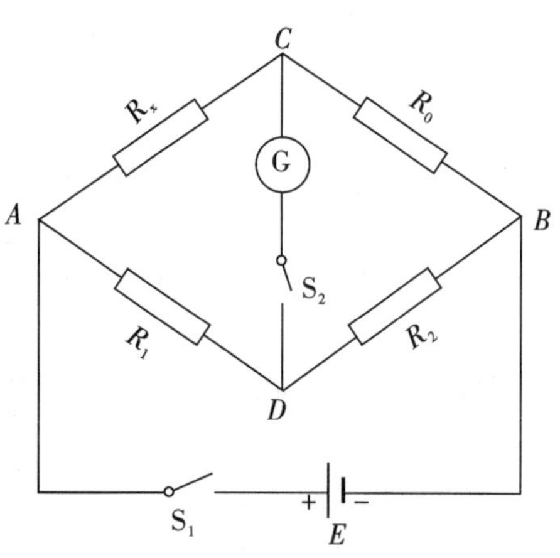

图 6-1 惠斯通电桥原理图

图 6-1 为惠斯通电桥原理图，把四个电阻 R_1、R_2、R_0、R_x 连成一个四边形，每一条边称为电桥的一个臂。在一对角 AB 之间接入开关 S_1 和电源，在另一对角 CD 之间接入开关 S_2 和检流计（CGD 即所谓“桥路”）。在一般情况下，接通开关，“桥路”中将有电流通过，$I_g \neq 0$（检流计指针将偏转）；如果适当调整 R_1、R_2、R_0 的阻值，正好使“桥路”中无电流通过 $I_g = 0$（检流计不偏转），这时 C、D 两点电位相等，此时称为电桥平衡。由欧姆定律可知，当电桥平衡时，有

$$\frac{R_x}{R_0}=\frac{R_1}{R_2}$$

即

$$R_x=\frac{R_1}{R_2}\cdot R_0 \tag{6-1}$$

这样，只要能调整 R_1、R_2、R_0 的阻值，使检流计无偏转，$I_g = 0$（此时电桥达到平衡），R_x 即可由式（6-1）算出。

测量电阻 R_x 时，通常是靠调节 R_1 与 R_2 的比值 $N\left(N=\frac{R_1}{R_2}\right)$ 和 R_0 达到电桥平衡的，故称 R_1、R_2 为比率臂，N 为比率，而称 R_0 为比较臂。这样式（6-1）可写为

$$R_x = N\cdot R_0 \tag{6-2}$$

箱式电桥一般用式（6-2）计算电阻 R_x 数值。

2. 直流电桥的灵敏度

在实际测量时，需要知道当电桥有微小不平衡时，检流计会如何反应。设各电阻值为 R_1、R_2、R_0、R_x 时电桥达到平衡，则当改变 R_0 使它有一个微小变化量 ΔR_0 时，检流计

的偏转格数为 Δn。定义检流计与电桥的组合灵敏度(简称电桥灵敏度)为

$$S=\frac{\Delta n}{\Delta R_0/R_0} \tag{6-3}$$

式中,ΔR_0 为在电桥平衡后 R_0 的微小改变量;Δn 为由于电桥偏离平衡而引起的检流计的偏转格数,它越大,说明电桥越灵敏,带来的误差也就越小。

例如 $S=100$ 格$=1$ 格/1%,也就是当 R_0 改变 1% 时,检流计有 1 格的偏转。通常我们可以察觉出 1/10 格的偏转,也就是说,该电桥平衡后,R_0 只要改变 0.1% 我们就可以察觉出来,这样由于电桥灵敏度的限制所带来的误差肯定小于 0.1%。

3. 电桥测电阻的主要优缺点

用电桥测电阻容易达到较高的准确度,这是因为:

(1)电桥的实质是把未知电阻和标准电阻相比较,而制造较高精度的标准电阻并不困难。用电桥测电阻时,只要检流计足够灵敏,且选用标准电阻作为桥臂,待测值可达到其他三臂的标准电阻所具有的准确度。

(2)电桥电路中的检流计只用于判断有无电流,并不需要提供读数,所以选用的检流计只要求有高的灵敏度,其他方面并无苛求。

电桥的缺点主要是操作较烦琐,并且不能测量非线性电阻。

[实验内容与步骤]

1. 用自组惠斯通电桥测电阻

(1)按图 6-1 接通电路。R_1、R_2 和 R_0 为电阻箱,G 为检流计(机械调零后接入电路),E 为工作电源(直流稳压电源,电压在 2~5 V 为宜),S 为开关。电路连接好后要经老师检查后才能通电调试。

(2)根据待测电阻 R_x 的数值选择合适的 R_1、R_2 和 R_0 数值接入电路,使得 R_x 的测量误差最小。例如,$R_x\approx 51\ \Omega$,实验中可以先用万用表测出 R_x 的大致值再进行以上的数值选取。

(3)合上 S_1 接通电源,按下检流计的开关 S_2,观察检流计指针偏转情况,并调节 R_0 的数值使检流计指针指零($I_g=0$),读出 R_0 的数值填入表 6-1,计算 R_x 的数值,写出测量结果。

(4)测电桥灵敏度 S,改变电桥平衡时 R_0 的数值,使检流计指针偏转整数格(例如偏转 2.0 格),记录此时的 $R'_{数}$值,求出 $\Delta R_0=|R'-R_0|$,代入式(6-3)计算 S 的数值。

(5)按以上步骤再测其他电阻。注意记录各电阻箱级别或者误差计算公式于表 6-1上方。

表 6-1　自组惠斯通电桥测电阻

R_1、R_2 和 R_0 电阻箱级别：______、______和______

R_1/Ω	R_2/Ω	R_0/Ω	n/格	$\Delta R_0/\Omega$	S/格	$R_x=\frac{R_1}{R_2}\cdot R_0/\Omega$	$\Delta R_x/\Omega$

推导误差公式 $E_{R_x}=$______%　　　$\Delta R_x=R_x\cdot E_{R_x}=$______ Ω

①$R_x=$(______±______)Ω，$E_{R_x}=$______%；

②$R_x=$(______±______)Ω，$E_{R_x}=$______%；

③$R_x=$(______±______)Ω，$E_{R_x}=$______%。

2. 用 QJ23 型箱式电桥测电阻

箱式电桥是把一整套仪器，包括 R_1、R_2、R_0、检流计、开关、电池以及线路，全部都装在一个“箱子”里面，构成便携式电桥。

图 6-2(a)是 QJ23 型箱式电桥面板图，图 6-2(b)是其内部线路图。图 6-2(a)的右边四个旋钮用于调节 R_0[对照图 6-2(b)中的 R_0]，左上角的旋钮调节比率 $N=\frac{R_1}{R_2}$[对照图 6-2(a)]。B 处的“+”“-”两接线柱接外电源(本实验不用外电源，用箱内电源)。左边 G 处的 3 个接线柱上附有 1 个金属片，当该片置于“外接”时，看到“内接”两字，箱内检流计起作用；当需外接检流计时，金属片应置于“内接”，看到“外接”两字，使内检流计短路，外检流计接在“外接”两个接线柱上[对照图 6-2(b)检流计接线]。图 6-2(a)中 B、G 两个按键相当于图 6-2(b)中 B、G 两个开关，使用时应先按通 B，再按通 G。使用完后，先断开 G，后断开 B。实验时将 G 处的金属片置于“外接”，露出“内接”两字。

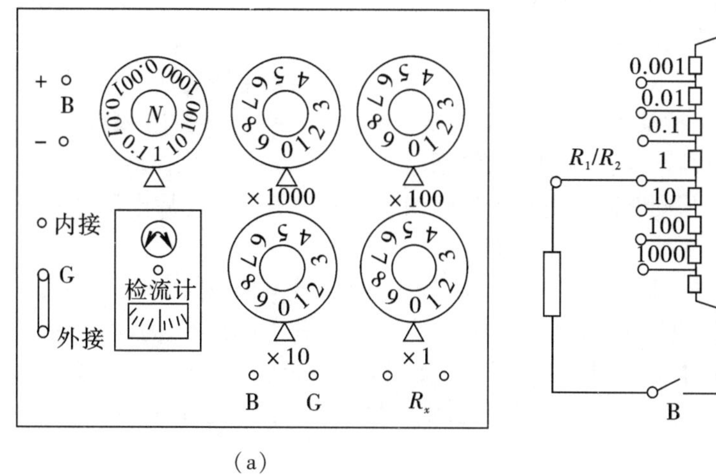

(a)　　　　(b)

图 6-2　QJ23 型箱式电桥面板及内部线路图

测量电阻的步骤：

(1)将待测电阻 R_x 接在箱式电桥的“R_x 接线端”接线柱之间，选择 N 值，调节检流计“调零”旋钮使检流计指针指零。外接电源接线柱“B”的外接电源，检流计“内接”，即“内接”露出。

(2)根据待测电阻 R_x 的数值选择合适的“N”比率旋钮示值$\left(N=\dfrac{R_1}{R_2}\right)$和 R_0 数值(调节四个电阻旋钮盘)。(要求“×1000”钮不能指零，为什么？)

(3)按下“B”键接通电源，同时再按下“G”键观察检流计偏转情况，电流大时要“点按”不要使针卡“死”，调节 R_0 数值使检流计指针指零。读取 R_0 数值填入表 6-2，测量结束后立即松开“B”和“G”键。

(4)根据公式 $R_x=N\cdot R_0$ 计算 R_x 的测量数值，其测量误差 $\Delta R_x=R_x\cdot f\%$，f 为电桥的准确度等级，实验中用的 QJ23 型电桥 $f=0.2$(f 值在箱式电桥铭牌上已标出)。

(5)重新接入新的待测电阻 R_x 进行测量，实验结束后，应写出各个 R_x 的测量结果。

表 6-2　QJ23 型箱式电桥测电阻

N	测量值 R_0/Ω	$R_x=N\cdot R_0/\Omega$	$f/\%$	$\Delta R_x/\Omega$	测量结果
					$R_x=($__±__$)\Omega$　$E_{R_x}=$____%
					$R_x=($__±__$)\Omega$　$E_{R_x}=$____%
					$R_x=($__±__$)\Omega$　$E_{R_x}=$____%

3. QJ31 型单双臂电桥测电阻

(1)检流计是加一个 9 V 电池通过集成电路对检流计电流进行放大，接通电源时，用“调零”旋钮让指针指零。

(2)R_x 用单臂单桥测电阻接单桥电阻接线柱，R_x 用双臂电桥测电阻接双桥电阻接线柱。

(3)“倍率”为量程或倍数开关，根据被测电阻大小对准相应的位置，例如“10^2”测几百欧电阻，“10^3”测几千欧电阻等。

(4)电源。“外接”用于外接电压；“1.5 V(10 kΩ)”说明内接电源电压为1.5 V，检流计串接 10 kΩ 电阻限流保护检流计。测量时应从低电压 1.5 V 并串联 10 kΩ 限流电阻开始，使电桥达到平衡，然后再逐渐减少限流电阻，提高电压，最后达到仪器箱盖内要求(见表 6-3)达到的电压值，同时限流电阻最后指向零电阻位置。用完后电源开关一定要指向“断开”，否则电桥一直处于通电状态。

(5)R 代表 R_0，$R_x=10^nR_0$，R_0 由“×1”“×0.1”“×0.01”“×0.001 Ω”四个旋钮组成，同时按下“B”“G”开关，调节四个旋钮，使 $I_g=0$。(注意“×1”钮不能指零，为什么？)

(6)有关数据见上盖内表格(见表 6-3)。测量数据表格参照表 6-2，误差见表 6-3。用完后旋转开关，一定转到“断开”处，否则电桥一直在通电，内附干电池很快就会耗完。

表 6-3　QJ31 型单、双臂电桥测量参数附表

	倍率	测量上限	分辨率	准确度	使用电压
单桥	10^5	1.111 MΩ	100 Ω	±(0.5%R_x+500)	13.5 V
	10^4	111.1 kΩ	10 Ω	±(0.5%R_x+20)	
	10^3	11.11 kΩ	1 Ω	±(0.1%R_x+1)	4.5 V
	10^2	1.111 kΩ	0.1 Ω	±(0.1%R_x+0.1)	3 V
	10	111.1 Ω	0.01 Ω	±(0.5%R_x+0.05)	1.5 V
双桥	10	111.1 Ω	0.01 Ω	±(0.1%R_x+0.01)	1.5 V
	1	11.11 Ω	0.001 Ω	±(0.1%R_x+0.001)	
	10^{-1}	1.111 Ω	0.0001 Ω	±(0.1%R_x+0.0001)	
	10^{-2}	0.1111 Ω	0.00001 Ω	±(0.1%R_x+0.00002)	

4. 面板排列图

图 6-3 为面板排列图。

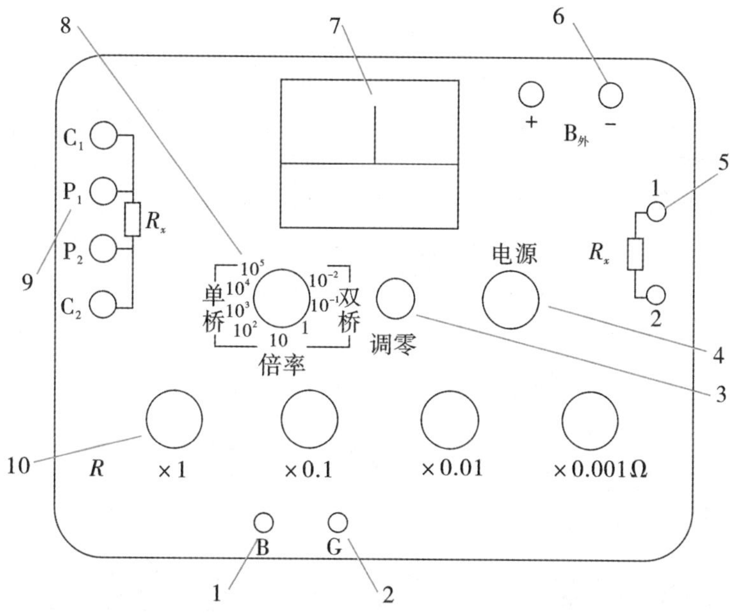

1. 电源按钮；2. 指零仪按钮；3. 内附指零仪调零旋钮；4. 电源开关 S_2；5. 单桥被测电阻接线柱；6. 外接电源接线柱；7. 内附指零仪；8. 倍率开关 S_1；9. 双桥被测电阻接线柱；10. 读数盘。

图 6-3　面板排列图

[思考题]

1. 当电桥达到平衡后，若电源与检流计互换位置，电桥是否仍保持平衡？试证明之。

2. 用箱式电桥测电流表内阻时,电流表必须与一个高阻值电阻串联,为什么?

3. 如果取电桥电阻 $R_1=R_2$,调节 R_0 从 0 到最大,检流计指针始终偏在零点一侧,这说明什么问题?应做怎样的调整,才能使电桥达到平衡?

4. 在自组装电桥和箱式电桥实验中分别是怎样减少误差的?

实验 7　静电场的描绘

[实验目的]

静电场的描绘

1. 学习用模拟法测绘静电场的原理和方法。

2. 加深对电场强度和电位概念的理解。

[实验仪器]

DC-A 型静电场测试仪(包括导电玻璃、双层固定支架、同步探针等)、直流稳压电源、导线等。

DC-A 型静电场测试仪(包括导电玻璃、双层固定支架、同步探针等)如图 7-1 所示,支架采用双层式结构,上层放记录纸,下层放导电玻璃。电极已直接制作在导电玻璃上,并将电极引线接出到外接线柱上,电极间制作有电导率远小于电极且各向均匀的导电介质。接通直流电源就可进行实验。在导电玻璃和记录纸上方各有一探针,通过金属探针臂把两探针固定在同一手柄座上,两探针始终保持在同一铅垂线上。移动手柄座时,可保证两探针的运动轨迹是一样的。由导电玻璃上方的穿梭针找到待测点后,按一下记录纸上方的探针,在记录纸上留下一个对应的标记。移动同步探针在导电玻璃上找出若干电位相同的点,由此即可描绘出等位线。

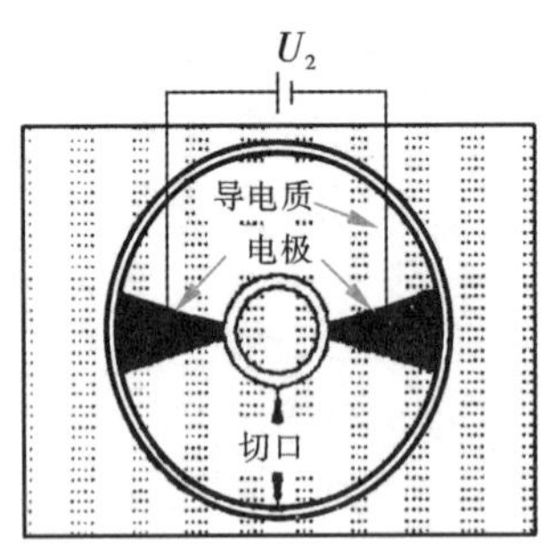

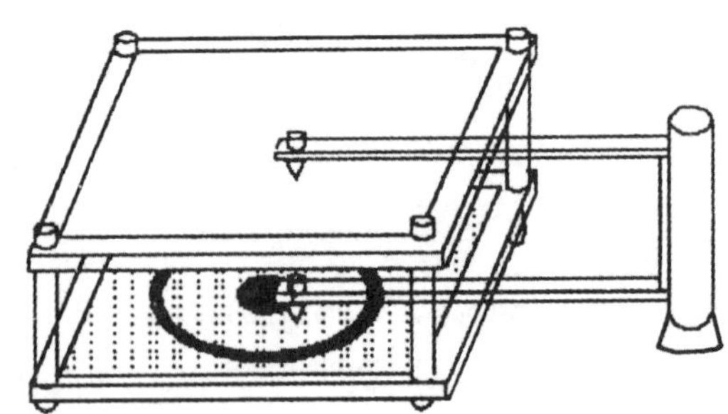

图 7-1　静电场测试仪

它的使用方法如下:

1. 接线

DC-A 型静电场测试仪左侧电压示值为输出给两电极间的电压,可以根据需要调节,电源的输出两接线柱与导电玻璃描绘仪(四组中的待测一组)接线柱相连,将测试仪电源的输入、输出中黑色两接线柱与右侧电压表相连,输入的红色接线柱和探针架上的红色接线柱相连接,将探针架放好,并使探针下探头置于导电玻璃电极上,开启开关,指示灯亮,有数字显示。右侧电压表示值为电场中某点对负极的电压值。

2. 测量

调节 DC–A 型静电场测试仪电源前面板上的调节旋钮,使左边数显表显示所需的电压值,单位为伏特(V),一般调到 10 V,便于运算。然后移动探针架,则右边的数显表示值随着探针的运动而变化,从而测出每条等位线上的几个电压相等的点。

3. 记录

在描绘架上铺平白纸,用橡胶磁条吸住,当认为电压表显示读数需要记录时,轻轻按下记录纸上的探针并在白纸上旋转一下即能清楚记下黑色小点,记录电压。为使实验清楚快捷,每条等位线测量 8 ~ 10 个点,然后连接即可。

[实验原理]

在一些科学研究和生产实践中,往往需要了解带电体周围静电场的分布情况。一般来说,带电体的形状比较复杂,很难用理论方法进行计算。用实验手段直接研究或测绘静电场通常也很困难。因为仪表(或其探测头)放入静电场,总要使被测场原有分布状态发生畸变;除静电式仪表之外,一般磁电式仪表不能用于静电场的直接测量,因为静电场中不会有电流流过,对这些磁电式仪表不起作用。所以,人们常用“模拟法”间接测绘静电场分布。

1. 模拟的理论依据

模拟法在科学实验中有极广泛的应用,其本质上是用一种易于实现、便于测量的物理状态或过程的研究,代替不易实现、不便测量的状态或过程的研究。

为了克服直接测量静电场的困难,我们可以仿造一个与静电场分布完全一样的电流场,用容易直接测量的电流场模拟静电场。

静电场与稳恒的电流场是两种不同的场,但是它们两者之间在一定条件下具有相似的空间分布,即两种场遵守的规律在形式上相似。它们都可以引入电位 U,而且电场强度 $E=-\Delta U/\Delta l$。它们都遵守高斯定理:对静电场,电场强度在无源区域内满足以下积分关系

$$\oint \boldsymbol{E} \cdot \mathrm{d}\boldsymbol{s} = 0 \qquad \oint \boldsymbol{E} \cdot \mathrm{d}\boldsymbol{l} = 0$$

对于稳恒的电流场,电流密度矢量 $\boldsymbol{J}$ 在无源区域内也满足类似的积分关系

$$\oint \boldsymbol{J} \cdot \mathrm{d}\boldsymbol{s} = 0 \qquad \oint \boldsymbol{J} \cdot \mathrm{d}\boldsymbol{l} = 0$$

由此可见,$\boldsymbol{E}$ 和 $\boldsymbol{J}$ 在各自区域中满足同样的数学规律。若稳恒的电流均匀充满了电导率为 $\boldsymbol{\sigma}$ 的不良导体,不良导体内的电场强度 $\boldsymbol{E}'$ 与电流密度矢量 $\boldsymbol{J}$ 之间遵循欧姆定律

$$\boldsymbol{J}=\sigma\boldsymbol{E}'$$

因而,$\boldsymbol{E}$ 和 $\boldsymbol{E}'$ 在各自的区域中也满足同样的数学规律。在相同边界条件下,由电动力学的理论可以严格证明:这样具有相同边界条件的相同方程,其解也相同。因此,我们可以用稳恒电流场来模拟静电场。也就是说静电场的电力线和等势线与稳恒电流场的

电流密度矢量和等位线具有相似的分布，所以测出稳恒电流场的电位分布也就求得了与它相似的静电场的电场分布。

2. 模拟同轴长圆柱形电缆的静电场

利用稳恒电流的电场和相应的静电场其空间形式的一致性，只要保证电极形状一定，电极电位不变，空间介质均匀，在任何一个考察点，均应有 $U_{稳恒}=U_{静电}$，或 $E_{稳恒}=E_{静电}$。下面以同轴圆柱形电缆的"静电场"和相应的模拟场——"稳恒电流场"来讨论这种等效性。如图 7-2(a)所示，在真空中有一半径为 r_a 的长圆柱导体 A 和一个内径为 r_b 的长圆筒导体 B，它们同轴放置，分别带等量异种电荷。由高斯定理可知，在垂直于轴线上的任何一个截面 S 内，有均匀分布辐射状电力线，这是一个与坐标 Z 无关的二维场。在二维场中电场强度 E 正平行于 xy 平面，其等位面为一簇同轴圆柱面。因此，只需研究任一垂直横截面上的电场分布即可。

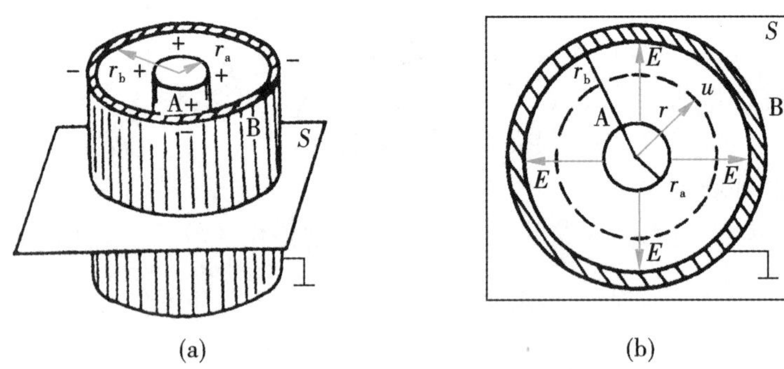

图 7-2 长同轴圆柱形电缆及其静电场

距轴心 O 半径为 r 处[图 7-2(b)]的各点电场强度为

$$E=\frac{\lambda}{2\pi\varepsilon_0 r}$$

式中，λ 为 A(或 B)的电荷线密度。其电位为

$$U_r=U_a-\int_{r_a}^{r}E\mathrm{d}r=U_a-\frac{\lambda}{2\pi\varepsilon_0}\ln\frac{r}{r_a} \tag{7-1}$$

若 $r=r_b$ 时，$U_b=0$，则有

$$\frac{\lambda}{2\pi\varepsilon_0}=\frac{U_a}{\ln\frac{r_b}{r_a}}$$

代入式(7-1)得

$$U_r=U_a\frac{\ln\frac{r_b}{r}}{\ln\frac{r_b}{r_a}} \tag{7-2}$$

距中心 r 处场强为

$$E_r = \frac{dU_r}{dr} = \frac{U_a}{\ln\frac{r_b}{r_a}} \cdot \frac{1}{r} \tag{7-3}$$

其中 A、B 间不是真空，而是充满一种均匀的不良导体，且 A 和 B 分别与电流的正、负极相连，见图 7-3，同轴电缆模拟电极间形成径向电流，建立一个稳恒电流场 E'_r。可以证明，不良导体中的电场强度 E'_r与原真空中的静电场 E_r是相同的。取厚为 t 的圆柱形同轴不良导体片来研究，材料的电阻率为 ρ，则半径为 r 的圆周到半径为$(r+dr)$的圆周之间的不良导体薄块的电阻为

$$dR = \frac{\rho}{2\pi t} \cdot \frac{dr}{r} \tag{7-4}$$

半径 r 到 r_b 之间的圆柱片电阻为

$$R_{rr_b} = \frac{\rho}{2\pi t}\int_r^{r_b} \frac{dr}{r} = \frac{\rho}{2\pi t}\ln\frac{r_b}{r} \tag{7-5}$$

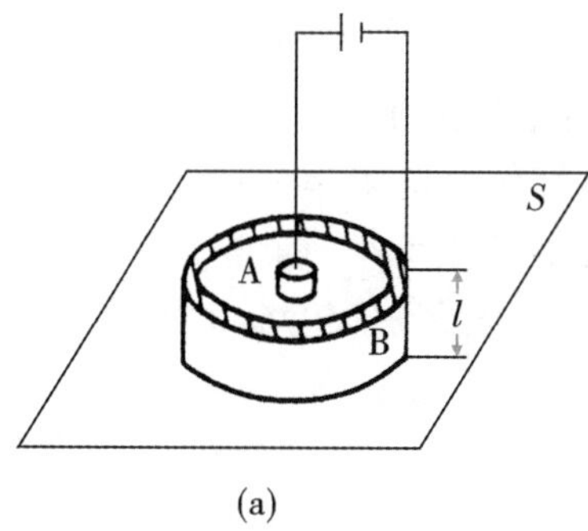

(a)

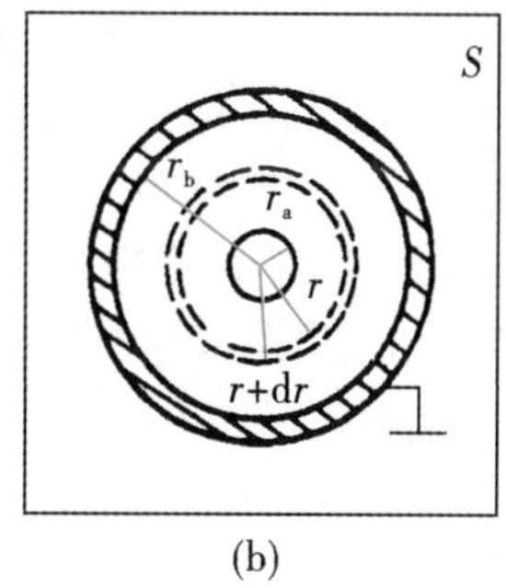

(b)

图 7-3　同轴电缆模拟电极

由此可知，半径 r_a到 r_b之间圆柱片的电阻为

$$R_{r_ar_b} = \frac{\rho}{2\pi t}\ln\frac{r_b}{r_a} \tag{7-6}$$

若设 $U_0=0$，则径向电流为

$$I = \frac{U_a}{R_{r_ar_b}} = \frac{2\pi t U_a}{\rho\ln\frac{r_b}{r_a}} \tag{7-7}$$

距中心 r 处的电位为

$$U_r = IR_{rr_b} = U_a\frac{\ln\frac{r_b}{r}}{\ln\frac{r_b}{r_a}} \tag{7-8}$$

则稳恒电流场 E'_r 为

$$E'_{\mathrm{r}} = -\frac{\mathrm{d}U'_{\mathrm{r}}}{\mathrm{d}r} = \frac{U_{\mathrm{a}}}{\ln\frac{r_{\mathrm{b}}}{r_{\mathrm{a}}}} \cdot \frac{1}{r} \tag{7-9}$$

可见式(7-2)与式(7-8)具有相同形式,说明稳恒电流场与静电场的电位分布函数完全相同。即柱面之间的电位 U_r 与 $\ln r$ 均为直线关系。并且相对电位($U_{\mathrm{r}}/U_{\mathrm{a}}$)仅是坐标的函数,与电场电位的绝对值无关。显而易见,稳恒电流场的电场 E' 与静电场 E 的分布也是相同的。因为

$$E' = -\frac{\mathrm{d}U'_{\mathrm{r}}}{\mathrm{d}r} = -\frac{\mathrm{d}U_{\mathrm{r}}}{\mathrm{d}r} = E \tag{7-10}$$

实际上,并不是每种带电体的静电场及模拟场的电位分布函数都能计算出来,只有在 σ 分布均匀、几种形状对称规则的特殊带电体的场分布中才能用理论严格计算。上面只是通过一个特例,证明了用稳恒电流场模拟静电场的可行性。

3. 模拟条件

模拟方法的使用有一定条件和范围,不能随意推广,否则将会得到荒谬的结论。用稳恒电流场模拟静电场的条件可归纳为以下几点:

(1)稳恒电流场中电极形状应与被模拟的静电场的带电体几何形状相同。

(2)稳恒电流场中的导电介质应是不良导体且电阻率分布均匀,并满足 $\sigma_{电极} \geqslant \sigma_{导电质}$ 才能保证电流场中的电极(良导体)的表面也近似是一个等位面。

(3)模拟所用电极系统与被模拟电极系统的边界条件相同。

4. 静电场的测绘方法

由式(7-10)可知,场强 E 在数值上等于电位梯度,方向指向电位降落的方向。考虑到 E 是矢量,U 是标量,从实验测量来讲,测量电位比测定场强容易实现,所以可先测绘等位线,然后根据电力线与等位线正交原理,画出电力线。这样就可由等位线的间距、电力线的疏密和指向,将抽象的电场形象地反映出来。

[实验内容与要求]

1. 描绘同轴电缆的静电场分布

将导电玻璃上内外两极分别与直流稳压电源的正负极相连接,电压表正负极分别与同步探针及电源负极相连接,移动同步探针测绘同轴电缆的等位线簇,画出等位线(两个电极形状按 1∶1 比例画出)。要求相邻两等位线间的电位差为 1 V,共测出 8 条等位线,每条等位线测定出 8 个均匀分布的点。以每条等位线上各点到原点的平均半径 r 用圆规画出等位线的同心圆簇。然后根据电力线与等位线正交原理,再画出电力线,并指出电场强度方向,得到一张完整的电场分布图。在坐标纸上作相对电位 $U_{\mathrm{r}}/U_{\mathrm{a}}$ 关系曲线,并与理论结果比较,再根据曲线的性质说明等位线是以内电极中心为圆心的同心圆。离圆心越近越难测,测 2 ~3 个点也可。

2. 描绘聚集电极的电场分布

利用模拟模型,测绘阴极射线示波管内聚集电极间的电场分布,画出等位线(四个电极形状按 1∶1 比例画出)。要求测出 5 ~9 条等位线,相邻等位线间的电位差为

1 V,该场为非均匀电场,等位线是一簇互不相交的曲线,每条等位线的测量点应取得密一些。先画出奇数个等位线,再画出电力线,可了解静电透镜聚集场的分布特点和作用,加深对阴极射线示波管电聚集原理的理解。

画电力线需注意:在画等位线的基础上,同轴电缆画 8 条对称的电力线,聚集电场画 5 条以上电力线。

实验 8　示波器的认识及应用

示波器的认识及应用

用示波器可以直接观测电压信号波形,并能测量电压信号的电压大小。对于非电压信号的一些物理量,如电流、电功率、阻抗等电学量,以及温度、位移、压力、速度、光强、磁场和频率等非电学量,若要在示波器上观测其随时间的变化过程,则必须先通过适当的电路将其转化为电压信号,然后将该电压信号加到示波管内的 Y 偏转电极板上,在 Y 极板间即形成相应变化的电场,使进入电场的电子束在 Y 方向上产生相应的偏转。若同时在 X 方向加一偏转电压(锯齿形电压信号),使得电子束在 X 方向匀速偏转,这样,电子束打到荧光屏上所形成的亮点的运动轨迹即为该电压信号波形。由于电子射线的惯性小,又能在荧光屏显示出可见的图形,所以示波器特别适用于观测瞬时变化过程,是一种用途很广泛的现代测量工具。

[实验目的]

1. 了解示波器的基本结构,熟悉示波器的调节和使用。
2. 学会用示波器观测电压波形。
3. 通过观测李萨如图形,学会用示波器测量频率的方法。

[实验仪器]

双踪示波器、函数信号发生器等。

本实验所用绿扬 YB43030 示波器的面板见图 8-1。

(1)屏上 Y 坐标为电压坐标,X 或 Y 衰减微调关上,接 X 或 Y 轴的测量电压 = 衰减指向值×厘米数,衰减指向值分为 5 V,2 V,1 V,…,5 mV,即 1 cm 的电压值,屏上 X 坐标为时间坐标,用于测周期。当扫描微调关上时,周期 = 扫描调节指向值×厘米数。周期的倒数为频率。衰减和衰减微调可调节 X 轴和 Y 轴方向波形幅度大小,扫描与其微调可调节波形的周期个数,就是调节扫描的频率。

(2)“辉度”调节图形亮度,“聚焦”调节图形清晰度,信号输入 X 轴,应按下“CH1”,对应上方的“位移”可使 X 轴输入的图形上下移动,信号输入 Y 轴,应按下“CH2”,对应上方的“位移”可使 Y 轴输入的图形上下移动,“CH1”和“CH2”同时按下可观测 X 轴和 Y 轴的两个电压信号,水平“位移”可调节图形左右移动,X 或 Y 输入时

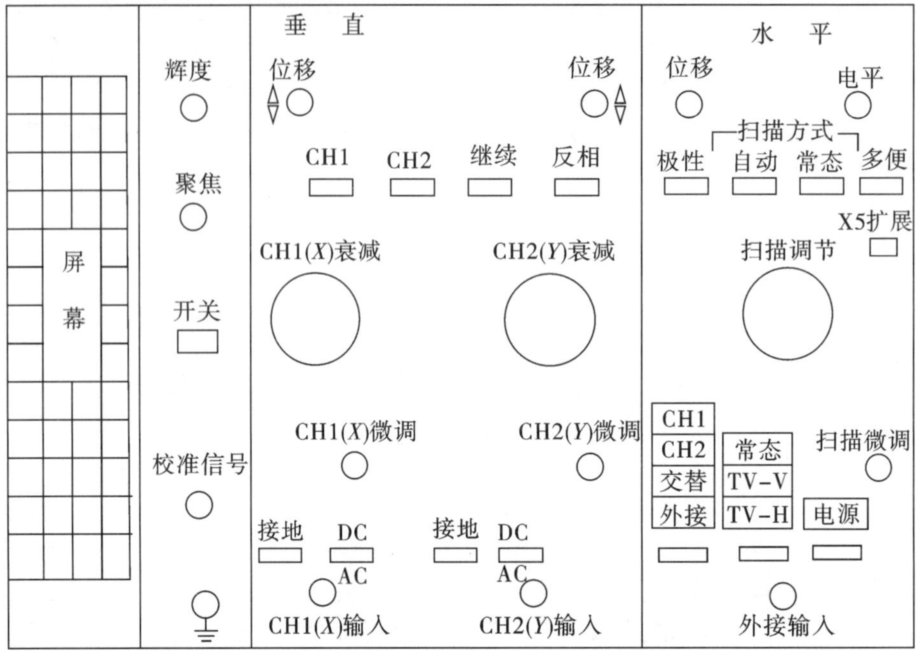

图 8-1　YB43030 示波器面板示意图

都不能按下“接地”，否则输入电压为零。

(3)“扫描方式”应按下“自动”和“常态”，这样才能达到同步，屏上才能出现稳定的被观测波形，右下方的三个按键对应于我们的测量内容，应调节使“CH1”（或“CH2”）和“常态”亮即可。

［实验原理］

1. 示波器的基本结构

示波器的规格和型号较多，但所有示波器的基本结构都相同，大致可分为示波管（又称阴极射线管）、X 轴放大器和 Y 轴放大器（含各自的衰减器）、锯齿波信号发生器等，其结构如图 8-2 所示。

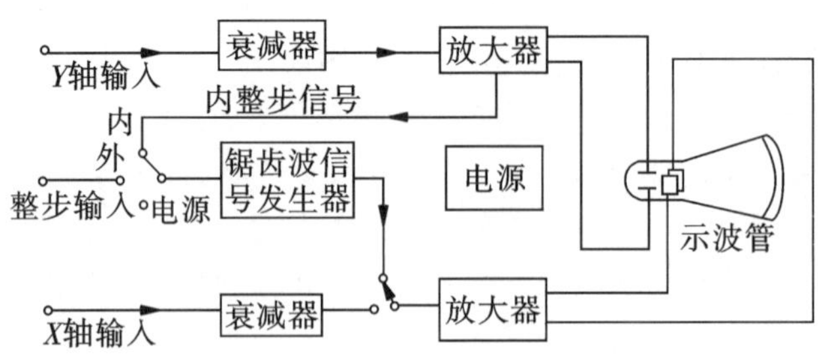

图 8-2　示波器的基本结构图

(1)示波管。示波管是示波器的核心部件，主要包括电子枪、偏转系统和荧光屏三部分，这三部分全部被密封在高真空的玻璃外壳内，如图 8-3 所示。电子枪由灯丝、阴

系。为了得到稳定的波形，示波器采用同步触发的方法，即把 Y 轴输入的信号电压接至锯齿波信号发生器电路中，每次加在 X 轴的锯齿波只有在设定的电平时才触发，强迫 f_X 随 Y 轴信号频率变化而变化，以保证每次扫描都从同一状态开始。

4. 李萨如图形

若同时分别在 X、Y 偏转极板上加载两个正弦电压信号，结果又怎样呢？其实，此时荧光屏上运动的光点同时参与两个相互垂直方向的运动，荧光屏上的“光迹”就是两个相互垂直方向上的简谐振动合成的结果。可以证明，当这两个垂直方向上信号频率的比值为简单整数比时，光点的轨迹为一稳定的封闭图形，称为李萨如图形。表 8-1 是几个常见的李萨如图形。

表 8-1　几种常见的李萨如图形

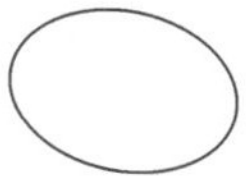	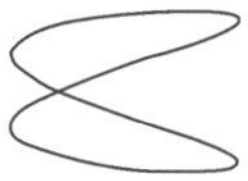	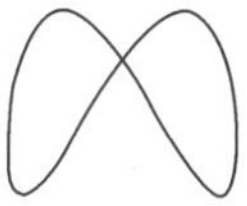	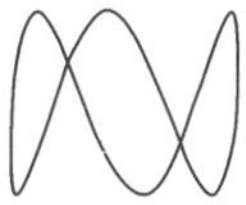	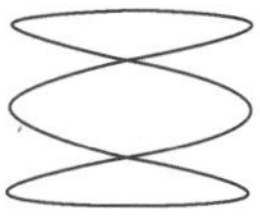	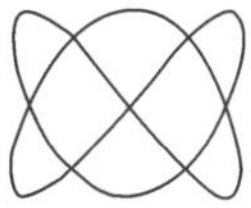
$f_X:f_Y=1:1$	$f_X:f_Y=2:1$	$f_X:f_Y=1:2$	$f_X:f_Y=1:3$	$f_X:f_Y=3:1$	$f_X:f_Y=2:3$
$N_X:N_Y=1:1$	$N_X:N_Y=1:2$	$N_X:N_Y=2:1$	$N_X:N_Y=3:1$	$N_X:N_Y=1:3$	$N_X:N_Y=3:2$

利用李萨如图形可以测量待测信号的频率。令 N_X、N_Y 分别代表沿 X 轴方向的切线与李萨如图形的切点数、Y 轴方向切线和李萨如图形的切点数，则

$$\frac{f_Y}{f_X}=\frac{X\text{ 轴方向的切点数 }N_X}{Y\text{ 轴方向的切点数 }N_Y} \tag{8-1}$$

实验中，若加载在 X 偏转板信号的频率 f_X 已知，则待测信号频率 f_Y 可由式(8-1)求出。

［实验内容与步骤］

1. 观察波形

(1) 调节信号发生器频率为数千赫兹或任意值，调节频率由两部分组成，横排的 7 个按键，由 2 Hz, 20 Hz, …, 2 MHz 组成，例如 20 kHz 即为频率在 2 kHz ~ 20 kHz 范围内可调，然后通过粗调和微调旋钮具体调节这个范围内某个频率，频率显示值单位都为 kHz。信号从信号源面板的右下接口输出，输出电压的大小可由电压调节(min↔max)旋钮连续调节，也可由衰减调节$\left(\frac{1}{10}\text{和}\frac{1}{100}\right)$旋钮调节，右上方显示为输出电压的峰值，即两倍电压振幅。注意：“占空比”和“扫描”开关不要开。

(2) 把信号接入示波器的 CH1(X) 轴或 CH2(Y) 轴，按下 CH1 或 CH2、自动、常态 3 个键，由衰减旋钮调节屏上 Y 轴方向的波形幅度大小，调节扫描频率，就可调节波形的周期个数，将波形记入表 8-2。

(3) 分别从信号发生器输出“正(余)弦波”“三角波”和“方波”，在示波器面板上显示大小合适的稳定波形。

2. 测量电压信号的大小和频率

从信号源输入任意正(余)弦信号,接入示波器 Y 轴,关掉衰减微调旋钮,调节 Y 衰减和“扫描调节”使屏上电压波形幅度大小合适,记录屏上 Y 轴方向正弦波形幅度和 X 轴方向一个周期分别为多少厘米(可估读 1 位),并记录衰减旋钮对应的每厘米电压值和扫描调节旋钮所对应的每厘米时间值(可看成常数),最后记录信号源上的频率和电压显示值。

3. 观察李萨如图形并测频率

将“扫描调节”置于“X-Y”挡位。信号源后面输出(OUTPUT)信号输入 Y 轴,信号源前面输出信号输入 X 轴,信号源频率范围按下“200 Hz”键,调节频率粗调与微调两旋钮,调出 5 种不同形状的李萨如图形,要使图形稳定且变化慢,应慢慢调节信号源的频率,调微调旋钮即可,把切点数比值 $N_X:N_Y$、信号源显示频率值等记入表 8-3 中。根据 X 轴方向和 Y 轴方向的切点数 N_X、N_Y 值与频率 f_X、f_Y 成反比的关系,计算待测值 f_Y。

[数据记录与处理]

1. 观察波形

表 8-2 波形结果记录表

信号	三角波	方波	正(余)弦波
波形			

2. 测量电压信号的大小和频率

y=__________ cm　　每格电压值=__________ V

电压峰-峰值 U_{AA}=__________ V　　$U_{有效}$=__________ V

x=__________ cm　　每格时间值=__________ s

信号周期 T=__________ s　　信号频率 f=__________ Hz

比较所测得的信号大小和频率与信号发生器显示的电压和频率值。

3. 观察李萨如图形并测频率

表 8-3 李萨如图形测量未知频率结果记录表

$N_X:N_Y$	2∶1	1∶1	1∶2	1∶3	2∶3
李萨如图形					
信号源频率 f_X/Hz					
被测信号频率 f_Y/Hz					
$\overline{f}_Y$/Hz		$\Delta\overline{f}_Y$		$\Delta\overline{f}_Y/\overline{f}_Y$	
结果表达: $f_Y=(\overline{f}_Y\pm\Delta\overline{f}_Y)=$ Hz; $E=$					

实验 9　光路调整和透镜焦距测量

光学仪器由各种光学元器件组成，其中透镜是最基本的成像元件。所以了解透镜的重要参量——焦距，并熟悉透镜成像规律，是分析一切光学成像系统的基础。

光路调整和透镜焦距测量

本实验用自准法、共轭法、物距-像距法测定透镜焦距。

［实验目的］

1. 掌握光路调整的基本方法。
2. 用自准法和共轭法测量凸透镜焦距，用自准法、物距-像距法测量凹透镜焦距。
3. 加深对透镜成像规律的认识。

［实验仪器］

光具座（包括导轨与可滑动的底座）、凸透镜、凹透镜、平面反射镜、光源、物屏（有一定形状透光孔）、像屏、读数用的照明小灯。

［实验原理］

1. 共轭法测凸透镜焦距

薄透镜的近轴光线成像焦距关系为

$$\frac{1}{u}+\frac{1}{v}=\frac{1}{f}\ ,f=\frac{uv}{u+v} \tag{9-1}$$

式中，u 为物距，v 为像距，f 为透镜的焦距。

对薄透镜来说，u、v、f 均从光心算起，如图 9-1 所示。测出 u 及 v 就可由式(9-1)计算出 f。

实验是在光具座上进行的。光具座包括一根长直导轨（上附标尺）和几个可在导轨上滑动的底座。底座上可装插各种光学元器件，如照明光源、物屏、透镜、像屏、平面反射镜等，底座下端刻有读数标线，以读出底座在导轨上的位置。

如果光心位置不能准确确定，光心与底座标线不共面（如图 9-2 所示），则测得的 u、v 读数就会有误差。消除这一系统误差的方法之一就是共轭法，也叫两次成像法。

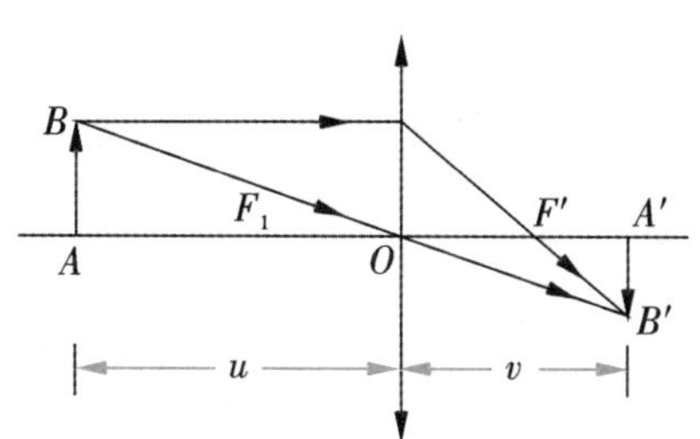

图 9-1　凸透镜成像光路

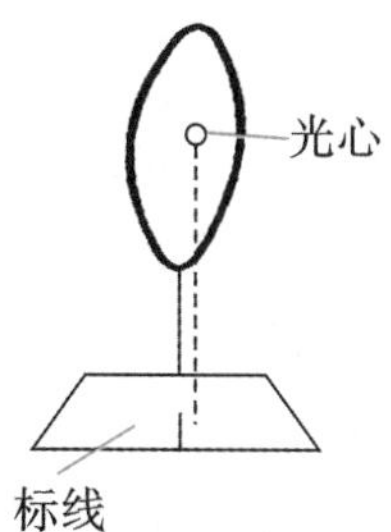

图 9-2　光具座上的凸透镜

由凸透镜成像规律可知，如果物屏与像屏的相对位置 D 保持不变，而且 $D>4f$，则在物屏与像屏间移动透镜，可成两次像。当透镜移至 x_1 位置时，屏上得到一个倒立、放大的实像 A_1B_1；透镜移至 x_2 处，屏上得到一个倒立、缩小的实像 A_2B_2，光路如图 9–3 所示。

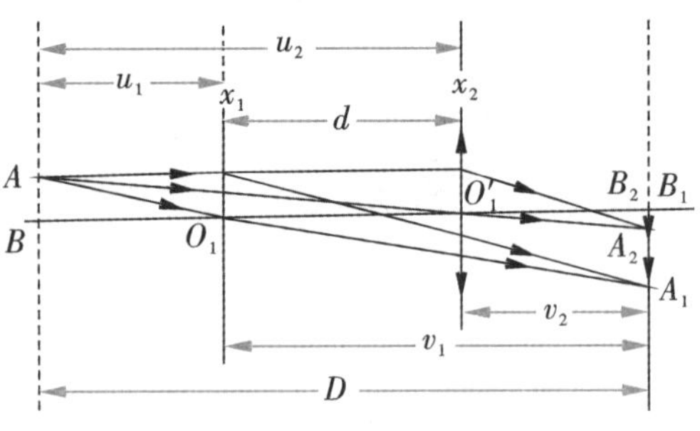

图 9–3　共轭法测凸透镜焦距的原理图

由图 9–3 可知，透镜在 x_1 位置时，有

$$\frac{1}{u_1}+\frac{1}{v_1}=\frac{1}{f}, \frac{1}{u_1}+\frac{1}{D-u_1}=\frac{1}{f} \tag{9-2}$$

透镜在 x_2 位置时，有

$$\frac{1}{u_2}+\frac{1}{v_2}=\frac{1}{f}, \quad \frac{1}{u_1+d}+\frac{1}{D-u_1-d}=\frac{1}{f} \tag{9-3}$$

由式(9–2)和式(9–3)得

$$u_1=\frac{D-d}{2} \tag{9-4}$$

把式(9–4)代入式(9–2)，化简后得

$$f=\frac{D^2-d^2}{4D} \tag{9-5}$$

所以测得 D 和 d，就可以算出凸透镜焦距 f。但必须满足 $D>4f$ 的条件，否则像屏上不可能有两次成像。这种方法不需要确切知道透镜光心在什么位置，只需要保证在两次成像过程中，透镜位置的标线和透镜光心之间的偏差保持恒定。

2. 自准法测凸、凹透镜焦距

如图 9–4 所示，光源置于透镜焦点 S_0 处，发出的光经过透镜后成为平行光，若在透镜后面放一块与透镜主光轴垂直的平面镜 M，平行光射向 M 并沿原路反射回来，仍会聚于 S_0，即光源和光源的像都在透镜的焦点 F 处，透镜的光心与光源 S_0 之间的距离即为此凸透镜之焦距 f，如果光源不是点光源，而是一个发光的、有一定形状的物屏，则当该物屏位于透镜的焦平面时，其像必然也在该焦平面上，而且是倒像（为什么？）。此时物屏至透镜光心的距离便是焦距 f。

这种使物、像在同一平面上且成倒像的测量透镜焦距的方法称为自准法。由于它可以用来鉴别物屏是否已位于透镜焦平面上，所以在光学调整中称为自准法调焦，在光学仪器中有广泛的应用。

对于凹透镜，因为它是发散透镜，所以要由它获得一束平行光，必须借助一凸透镜才能实现，如图 9–5 所示，先由凸透镜 L_1 将一个置于 S_0 处的光点成像于 S_0'处，然后将待测凹透镜 L_2 和平面镜 M 置于凸透镜 L_1 和 S_0'之间，如果 L_1 的光心 O 到 S_0'之间距离

$OS_0'>|f_{凹}|$，则当移动 L_2，使 L_2 的光心 O' 到 S_0' 间距为 $O'S_0'=|f_{凹}|$ 时，由 S_0 处光点发出的光束经过 L_1 和 L_2 后变成平行光，通过平面镜 M 的反射，又在 S_0 处呈一清晰的实像。确定了像点和凹透镜光心的位置就能测出 $f_{凹}$。

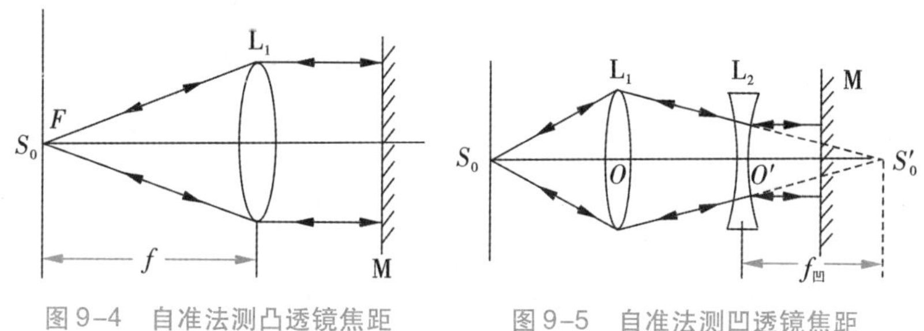

图 9-4　自准法测凸透镜焦距　　图 9-5　自准法测凹透镜焦距

3. 物距-像距法测凹透镜焦距

如图 9-6 所示，先用凸透镜 L_1 使物 AB 成缩小、倒立的实像 $A'B'$，然后将待测凹透镜 L_2 置于凸透镜 L_1 与像 $A'B'$ 之间，如果 $O'A'<|f_{凹}|$，则通过 L_1 的光束经过 L_2 折射后，仍能成一实像 $A''B''$。但应注意，对凹透镜 L_2 来讲，$A'B'$ 为虚物，物距 $u=-|O'A'|$，像距 $v=|O'A''|$，代入成像公式(9-1)即可计算出凹透镜焦距 $f_{凹}$。

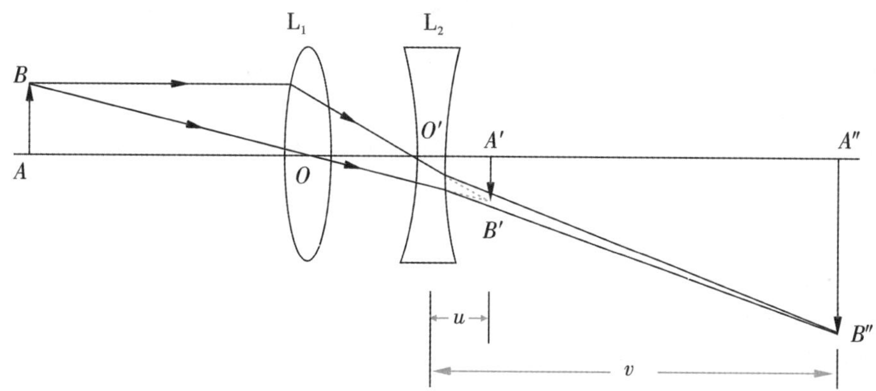

图 9-6　物距-像距法测凹透镜焦距

［实验内容与步骤］

1. 光具座上各元件“共轴”调节的练习

由于应用薄透镜成像公式时，需要满足近轴光线条件，因此必须将各光学元器件调节到具有同一光轴，而且使该光轴与光具座的导轨平行。这一调节称为“共轴”调节。调节方法如下：

(1) 粗调：把光源、物屏、透镜和像屏装到底座上，先将它们靠拢，调节高低、左右，使光源、物屏上的透光孔中心、透镜光心、像屏的中央大致在一条和光具座导轨平行的直线上，并使物屏、透镜、像屏的平面互相平行，而且与导轨垂直。这是靠目视观察判断，比较粗糙，所以称为粗调阶段。

(2)细调:应用成像规律来调整。

1)利用自准法调整:见到像后,细心调整透镜的上下或左右位置,使其达到物、像中心重合。

2)利用共轭法调整:使物屏与像屏间距离大于 $4f$,逐步将凸透镜从物屏移向像屏,在移动过程中,像屏上将先后出现一次大的和一次小的清晰的像。若两次成像的中心重合,即表示调节"共轴"的要求已经达到。若大像中心在小像中心的下方,说明透镜位置偏低(为什么?请思考),应将透镜调高;反之,则将透镜调低。调节要领可总结为"大像追小像,中心相重合"。

3)当有两个透镜需要调整时(如测 $f_{凹}$ 时),必须逐个进行上述调整,即先将一个透镜(凸)调节好,记下像中心在屏上的位置,然后加上另一透镜(凹),再次观察成像情况,对后一透镜的位置做上下、左右的调整,直至像的中心仍旧保持在第一次成像时记下的中心位置上。

2. 测凸透镜焦距

(1)用共轭法测量凸透镜焦距。

1)请先用一个简易的方法估算一下待测透镜的焦距值 f。

2)按图 9-3 所示放上物屏和像屏,并使两者间距 D 固定在大于 $4f$ 的某一整数值上。放上凸透镜,调整成"共轴"。

3)分别测出成大像和小像时透镜在光具座上的位置 x_1 和 x_2,算出 $d=|x_2-x_1|$ 值。保持物屏和像屏位置不变,再重复测量 5 次,列表记录各次测量的数据。

(2)用自准法测量凸透镜焦距。

将像屏换成平面镜,并使平面镜紧靠透镜。仔细地移动和调节透镜(连同平面镜)离物屏的距离和高低,直至物屏上看到与物大小相等的清晰倒像为止。分别记下物屏和透镜在光具座上的位置 S_0 和 O,则 $|OS_0|=f_{凸}$。保持物屏位置不变,再重复测量 5 次。列表记录所测数据。

3. 测凹透镜焦距

(1)用自准法测量凹透镜焦距。

1)将物屏置于某 S_0 位置,凸透镜 L_1 置于某一位置 O,使 $|OS_0|<2|f_{凸}|$,粗调成"共轴"后,放上像屏,移动像屏得一清晰放大的实像。记下像屏位置 S'_0。

2)在凸透镜 L_1 和像屏之间按图 9-5 加入凹透镜 L_2 和平面镜 M,并使它们紧靠一起在导轨上移动,直至在物屏上出现清晰的像(注意:像较暗),调整凹透镜上下、左右位置,使物、像中心"共轴"。读出凹透镜在光具座上位置读数 O'。

3)保持物屏和透镜 L_1 的位置不变,再重复测 5 次。列表记录所测数据。

(2)用物距-像距法测量凹透镜焦距。

1)记下物屏位置 A,把凸透镜 L_1 放在光具座上某个位置 O 处,使 $|OA|>2f_{凸}$,再把像屏放在光具座上,移动像屏,使一个清晰缩小的像出现在像屏上。记下像屏位置 A'。

2)在凸透镜与像屏之间按图 9-6 加入待测凹透镜 L_2,记下 L_2 的位置 O',移动像屏直至屏上出现清晰的像,调整 L_2 的上下、左右位置,使像中心与第一次原凸透镜所成像

的中心重合，然后仔细慢慢地前后移动像屏直至最清晰，记下此时像屏位置 A''，由此得 $u=-|O'A'|$，$v=|O'A''|$，代入式(9-1)可计算出 $f_{凹}$ 值。

3）保持物屏、凸透镜 L_1 位置不变，再重复上述步骤测量 5 次。列表记录所测数据。

4. 观察凸透镜成像规律

知道凸透镜的焦距 f 之后，就可以分成几种情况定性地观察凸透镜成像规律。分别在 $u>f$，$f<u<2f$，$u<f$ 三种典型条件下，观察像的虚实、大小、正倒情况。

［数据处理与分析］

1. 分别计算出由共轭法和自准法所测得凸透镜焦距 $\overline{f_{凸}}$，并估算其误差，写出测量结果。若两种方法测的是同一块凸透镜，则请对结果做出分析讨论。

2. 分别计算出由自准法和物距-像距法所测得的凹透镜的焦距 $\overline{f_{凹}}$，并估算其误差，写出测量结果。若两种方法测量的是同一块凹透镜，则请对结果做出分析讨论。

3. 数据记录表格（表 9-1 ~ 表 9-4）如下：

表 9-1　共轭法测凸透镜焦距

物屏位置 S_0/cm	像屏位置 S_0'/cm	$D=\|S_0S_0'\|$ cm	x_1/cm	x_2/cm	$d=\|x_2-x_1\|$/cm

计算 $\bar{f}$，估算误差，写出测量结果。

表 9-2　自准法测凸透镜焦距

物屏位置 S_0/cm							
凸透镜位置 O/cm							
$f=\|OS_0\|$/cm							

计算 $\bar{f}$，估算误差，写出测量结果。

表 9-3　自准法测凹透镜焦距

物屏位置 S_0/cm	凸透镜 L_1 位置 O/cm	像屏位置 S'/cm	凹透镜 L_2 位置 O'/cm	$f_{凹}=-\mid O'S'_0 \mid$ /cm

计算 $\bar{f}$，估算误差，写出测量结果。

表 9-4　物距–像距法测凹透镜焦距

物屏位置 S_0/cm	凸透镜 L_1 位置 O/cm	像屏位置 A'/cm	凹透镜 L_2 位置 O'/cm	像屏位置 A''/cm	$u=-\mid O'A' \mid$ /cm	$v=-\mid O'A'' \mid$ /cm	$f=\frac{uv}{u+v}$/cm

计算 $\bar{f}$，估算误差，写出测量结果。

［注意事项］

1. 透镜、平面镜是易碎光学元件，应轻拿轻放。不能用手触摸镜面，若欲清洁表面，应该用擦镜纸轻轻擦拭。

2. 随机误差主要来自观察判别像的清晰程度上，应仔细观察、判断。

实验 10　分光计的调整与使用

分光计的调整与使用

光线在传播过程中，遇到不同媒质的分界面（如平面镜、三棱镜和光栅的光学表面）时，就要发生反射和折射，光线将改变传播的方向，结果在入射光与反射光或折射光之间就有一定的夹角。反射定律、折射定律等正是这些角度之间的关系的定量表述。一些光学量，如折射率、光波波长等，也可通过测量有关角度来确定。因而，精确地测量角度在光学实验中显得尤为重要。

分光计（光学测角仪）是用于精确地测量入射光和出射光之间偏转角度的一种仪器，用它可以测量折射率、色散本领、光波波长、光栅常数等物理量。分光计的结构复杂、装置精密，调节要求也比较高，对初学者来说会有一定的难度。但是只要了解其基本结构和测量光路，严格按调节要求和步骤仔细地调节，也不难调好。分光计的结构又是其他许多光学仪器（如色谱仪、单色仪、分光光度计等）的基础。学习分光计的调节原理，可为使用更复杂的光学仪器的调节打下基础。

［实验目的］

1. 了解分光计的结构和各部分的作用，学会分光计的调整和使用方法。

2. 学会用不同的方法测三棱镜的顶角。

［实验仪器］

JJY-1 型分光计、光源（钠光灯或汞灯）、双面平面镜、三棱镜。

［实验原理］

1. 分光计的结构和调整原理

分光计是用于测量角度的光学仪器，要测量入射光和出射光传播方向之间的角度，根据反射定律和折射定律，分光计必须满足下述两个要求：

（1）入射光和出射光应当是平行光。

（2）入射光线、出射光线与反射面（或折射面）的法线所构成的平面应当与分光计的刻度圆盘平行。

为此，任何一台分光计必须备有以下四个主要部件：平行光管、望远镜、载物台、读数装置。

分光计有多种型号，但结构大同小异。图 10-1 所示是 JJY-1 型分光计的结构图。分光计的下部是一个三脚底座，其中心有竖轴，称为分光计的中心轴，轴上装有可绕轴转动的望远镜和载物台，在一个底脚的立柱上装有平行光管。

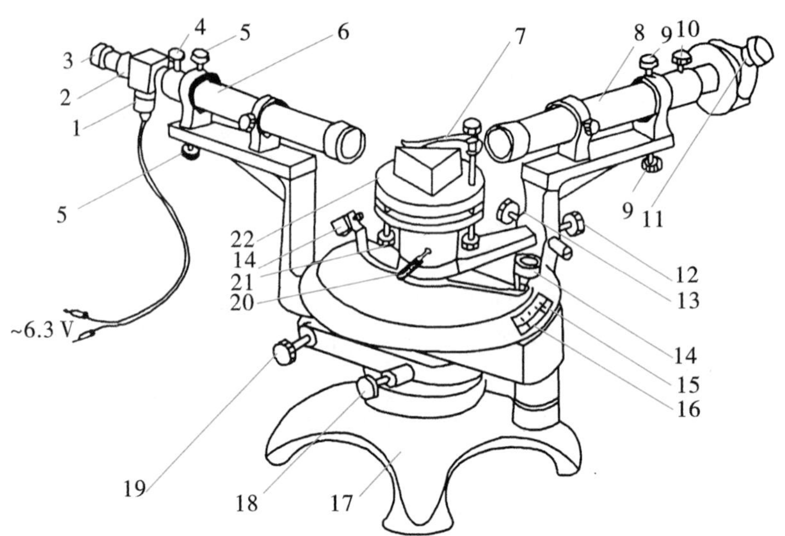

1. 小灯；2. 分划板套筒；3. 目镜；4. 目镜筒制动螺丝；5. 望远镜倾斜度调节螺丝；6. 望远镜镜筒；7. 夹持待测件弹簧片；8. 平行光管；9. 平行光管倾斜度调节螺丝；10. 狭缝套筒制动螺丝；11. 狭缝宽度调节螺丝；12. 游标圆盘制动螺丝；13. 游标圆盘微调螺丝；14. 放大镜；15. 游标圆盘；16. 刻度圆盘；17. 底座；18. 望远镜制动螺丝；19. 望远镜微调螺丝；20. 载物台紧固螺丝；21. 载物台水平调节螺丝；22. 载物小平台。

图 10-1　JJY-1 型分光计的结构图

2. 分光计主要部件的结构及原理

(1)平行光管。平行光管是提供平行入射光的部件。它是装在柱形圆管一端的一个可伸缩的套筒，套筒末端有一狭缝，筒的另一端装有消色差的会聚透镜。当狭缝恰位于透镜的焦平面上时，平行光管就射出平行光束，如图 10-2 所示。狭缝的宽度由狭缝宽度调节螺丝 11 调节。平行光管的水平度可用平行光管倾斜度调节螺丝 9 调节，以使平行光管的光轴和分光计的中心轴垂直。

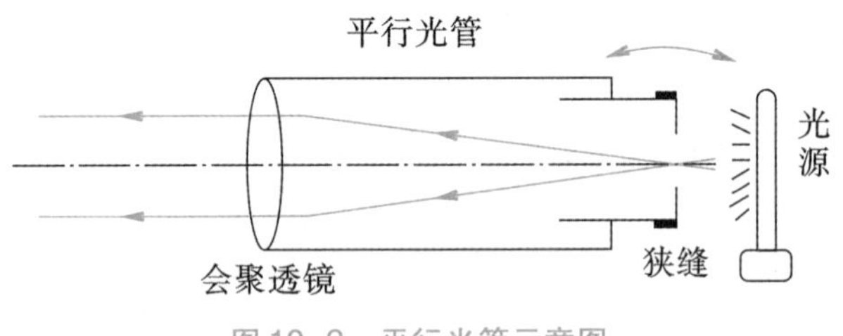

图 10-2　平行光管示意图

(2)阿贝式自准直望远镜。望远镜是用于观察和确定光束的行进方向，它是由物镜、目镜及分划板组成的一个圆管。常用的目镜有高斯目镜和阿贝目镜两种，都属于自准目镜。

JJY-1 型分光计使用的是阿贝式自准目镜，所以这种望远镜称为阿贝式自准直望远镜,其结构如图 10-3 所示。由图 10-3(a)可见,目镜装在 A 筒左侧,分划板装在 B 筒右侧,物镜装在 C 筒中,并处在 C 筒的端部。其中分划板上刻划的是"丰"形的准线(不同型号准线不相同),边上粘有一块 45°全反射小棱镜,其表面上涂了不透明薄膜,薄膜上刻了一个空心十字窗口,小电珠发出的光从管侧射入后,调节目镜前后位置,可在望远镜外侧面和目镜视场中看到图 10-3(a)中所示的图像。若在物镜前放一平面镜,前后调节目镜(连同分划板)与物镜的间距,使分划板位于物镜焦平面上时,小电珠发出的光透过空心十字窗口经物镜后成平行光射于平面镜,反射光经物镜后在分划板上形成十字窗口的像。若平面镜镜面与望远镜光轴垂直,此像将落在"丰"准线上部的交叉点上,如图 10-3(b)所示。

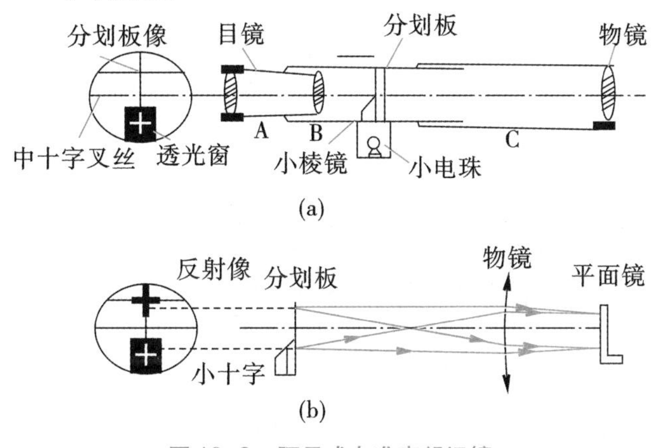

图 10-3　阿贝式自准直望远镜

(3)载物小平台。如图 10-1 所示,载物小平台(简称载物台)是用于放置待测物件的。台上附有夹持待测件弹簧片 7,台面下方装有三个水平调节螺丝,用于调整台面的倾斜度。这三个螺丝的中心形成一个正三角形。松开载物台紧固螺丝 20,载物台可以单独绕分光计中心轴转动或升降。拧紧载物台紧固螺丝 20,它将与游标盘固定在一起。游标盘可用游标圆盘制动螺丝 12 固定。

(4)读数装置。读数装置是由刻度圆盘 16 和游标圆盘 15 组成。如图 10-4(a)所示,刻度圆盘为 360°(720 个刻度)。所以,最小刻度为半度(30′),小于半度则利用游标读数。游标上刻有 30 个小格,游标每一小格对应角度为 1′。角度游标读数的方法与游标卡尺的读数方法相似,例如图 10-4(b)所示的位置,其读数为

$$\theta=A+B=334°46'$$

望远镜、载物台和刻度圆盘的旋转轴线应该与分光计中心轴线相重合,平行光管和望远镜的光轴线必须在分光计中心轴线上相交,平行光管的狭缝和望远镜中的叉丝应该被它们的光轴线平分。但在分光计的制造过程中总存在一定的误差,为了消除刻度盘与分光计中心轴线之间的偏心差,在刻度圆盘同一直径的两端各装有一个游标。测量时,两个游标都应读数,然后算出每个游标两次读数的差,再取其平均值。这个平均值就可以作为望远镜(或载物台)转过的角度,以消除偏心差。

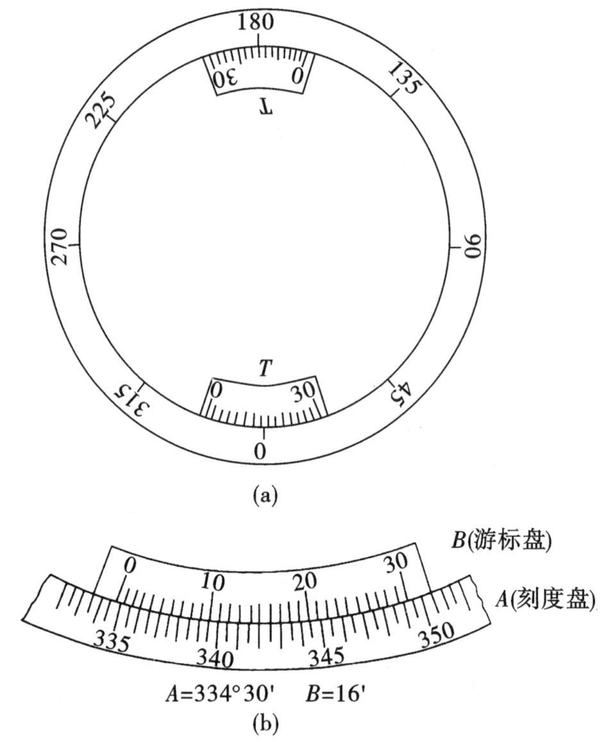

图 10-4 读数装置示意图

［实验内容与步骤］

1. 调整分光计

精密光学测量都是使用平行光，分光计也是按此设计的。分光计的调整目标为：

①使望远镜、平行光管和载物台平面等三者大致垂直于分光计中心转轴（三垂直）。

②平行光通过物镜入射进望远镜，能够在分划板上清晰聚焦成像，观察者通过目镜能够清晰地看到分划板上的像。

③平行光管能够发射平行光，即狭缝刚好在平行光管准直透镜的焦平面上。

为此，可以按下列步骤进行调整：

（1）熟悉分光计结构。对照分光计的结构图（见图 10-1）和仪器实物，熟悉分光计的具体结构，各部分螺钉、旋钮的作用及其调整和使用方法。

（2）粗调（“三垂直”）。为了便于调节望远镜光轴和平行光管光轴与分光计中心轴严格垂直，可先用目视法进行粗调，使望远镜、平行光管和载物台面三者大致垂直于分光计中心转轴。具体方法为：凭眼睛观察，调节望远镜倾斜度调节螺丝 5 与平行光管倾斜度调节螺丝 9，使望远镜与平行光管的主光轴大致同轴，再调节载物台水平调节螺丝 21，使载物台的法线方向大致与望远镜和平行光管的光轴垂直。目测是细调的前提，也是分光计能否被顺利调到可测量状态的保证。

（3）调整望远镜目镜。点亮望远镜上的照明小灯，调节望远镜的目镜，使视场中能清晰地看到“$\pm$”形叉丝。

（4）调节望远镜分划板（即光屏）和物镜之间的距离合适。

1）将双面平面镜（简称平面镜或双面镜）放在载物台上，参照图 10-5 放置，图中 a、b 和 c 是载物台下面的三个水平调节螺丝。松开游标圆盘制动螺丝 12，轻缓地转动卜面的黑盘和载物台一起转动，从望远镜中能看到双面镜反射回来的“十”字光斑。如果找不到“十”字光斑，说明粗调没有达到要求，应重新进行粗调。

2）在找到“十”字光斑反射回来的像后，调节望远镜中的叉丝套筒，即改变叉丝与物镜间的距离，使在望远镜中能十分清晰地看到“十”字光斑的像，并使“十”字光斑的像与“$\pm$”叉丝无视差。这样，望远镜就可以接收平行光了。

（5）细调望远镜主光轴与仪器中心转轴垂直。调节望远镜主光轴垂直于分光计的中心轴：当平面镜的法线与望远镜的主光轴平行时，亮“十”字光斑的反射像与“$\pm$”叉丝的上“十”字叉丝重合，如图 10-6 所示。旋转黑盘带动载物台旋转 180°之后也能完全重合（载物台旋转 180°的目的是使平面镜旋转 180°，但注意只能旋转载物台，不能去直接旋转平面镜，为什么？请思考），这说明望远镜的主光轴已垂直于分光计的主轴了。但在一般情况下，“十”字光斑与“$\pm$”叉丝的上“十”字叉丝不重合，或在“$\pm$”上“十”字叉丝上面，或在“$\pm$”叉丝的下面，载物台旋转 180°后，“十”字光斑的像会上下翻动，这说明小平台的法线方向与望远镜和平行光管的主光轴不严格垂直，必须细调才能实现。在调节时先要在望远镜上看到“十”字光斑，旋转载物台 180°也能看到“十”字光斑（如果发现一面有光斑，另一面没有光斑，说明粗调没有达到要求，需要重新粗调），然后采用渐近法（或称各自半调节法）调节较为方便。如图 10-7 所示，图 10-7（a）光斑在上“十”字叉丝下方，并有一个垂直距离 h，调节载物台水平调节螺丝 21 将光斑上抬$\frac{h}{2}$距离，再用望远镜倾斜度调节螺丝 5 把光斑上抬$\frac{h}{2}$距离。旋转载物台 180°后，光斑处于图 10-7（b）所示的位置。同样使用载物台水平调节螺丝 21 往下调$\frac{h'}{2}$距离，再用望远镜倾斜度调节螺丝 5 往下调$\frac{h'}{2}$距离。反复旋转载物台 180°几次，采用各自半调节法，使光斑始终处于图 10-7（c）所示的位置。

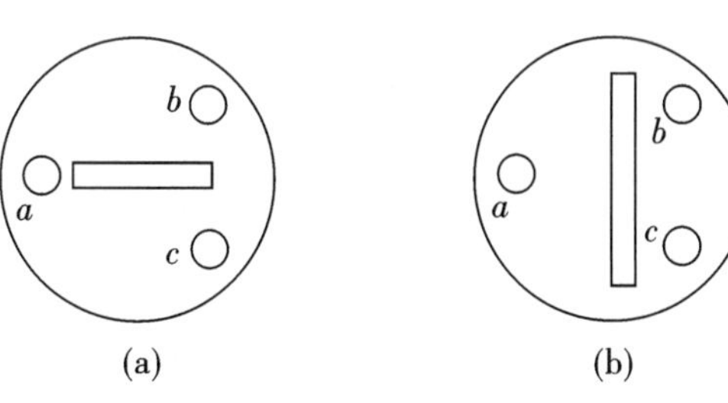

图 10-5　平面镜放置

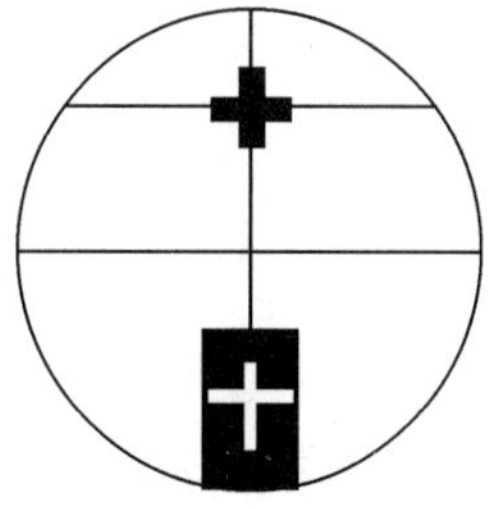
图 10-6　自准直像

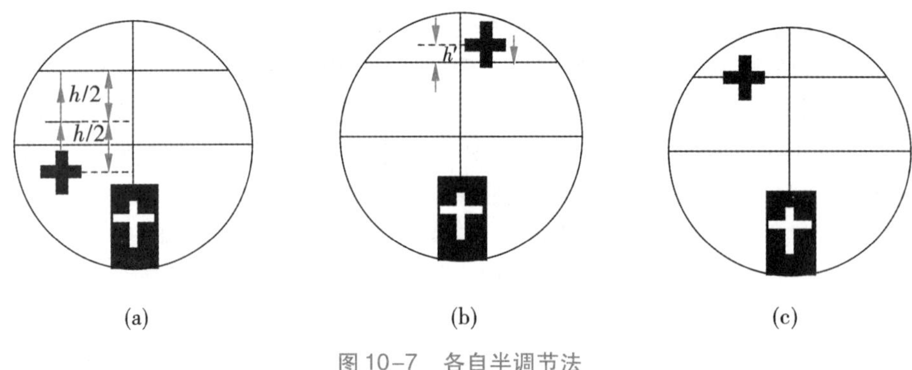

图 10-7　各自半调节法

(6)调节平行光管产生平行光,并调节平行光管的主光轴垂直于分光计主轴。

用前面已调整好的望远镜来调节平行光管。如果平行光管出射平行光,那么狭缝成像在望远镜物镜的焦平面上,望远镜中就能清楚地看到狭缝的像,并与叉丝无视差。然后再进一步调节平行光管,使其主光轴垂直于分光计主轴。调整方法如下:

1)目测。用眼睛目测,调节平行光管倾斜度调节螺丝 9,使平行光管主光轴大致与望远镜主光轴同轴。

2)拧松狭缝套筒制动螺丝 10,调节狭缝和透镜间的距离,使狭缝位于透镜的焦平面上,这时从望远镜中看到狭缝像的边缘十分清晰而不模糊,并要求狭缝的像与"╪"叉丝无视差。这时平行光管发出的是平行光,再调狭缝宽度调节螺丝 11 使狭缝宽度适当。这样,平行光管就射出平行光。

3)调节平行光管主光轴与分光计主轴垂直。仍然用已垂直于分光计主轴的望远镜去观察,转动狭缝所在的套筒,使狭缝水平放置,调节平行光管倾斜度调节螺丝 9,使狭缝的像与"╪"叉丝的中间横线重合;转动狭缝所在套筒 90°,使狭缝垂直放置。严格来说,狭缝水平放置,转动 180°反复调节几次,使狭缝始终与"╪"叉丝的中心线重合,这样才能调好。

2. 自准法测三棱镜的顶角

(1)调三棱镜的主截面与仪器转轴垂直(不可再调望远镜的倾斜度螺钉)。

主要是调节两个光学面 AB、AC 面反射回来的"十"字光斑与"╪"叉丝的上"十"字叉丝重合。

如图 10-8 所示放置三棱镜(三棱镜的 3 个表面分别平行于平台下的三个螺钉与中心的连线)。首先分析对应 AB、AC 面应调哪个螺钉。对 AB 面:Z_3 对 AB 面影响很小,因为 Z_3 与中心的连线和 AB 线是平行的;Z_1、Z_2 对 AB 面影响很大。同样,对 AC 面:Z_2 对 AC 面影响很小,Z_1、Z_3 对 AC 面影响很大。而调 Z_1 对两个面都有影响,所以,避开 Z_1。因此,对 AB 面应调 Z_2,对 AC 面应调 Z_3。在调节时,均使两个光学面反射回来的"十"字光斑与"╪"叉丝的上"十"字叉丝重合。用渐近法调节多遍,才能使两面都重合。简单些,也可以对住哪个面,调哪个面下面的螺钉即可。

(2)测顶角 A。固定游标圆盘制动螺丝 12,使载物台不转动,转动望远镜使一面的反射像与上“十”字叉丝严格重合。读出两游标 θ_1、θ_2，再转到另一面，同样读出 $\theta_1{}'$、$\theta_2{}'$，如图 10-9 所示。测三次，填入表 10-1，算出 ϕ。

$$\phi=\frac{1}{2}(\ |\theta_1-\theta_1{}'|+|\theta_2-\theta_2{}'|\ )$$

$$A=180°-\phi$$

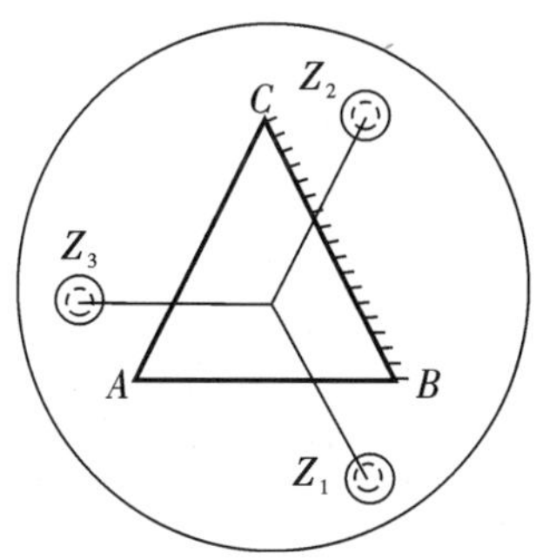

图 10-8　三棱镜放置示意图

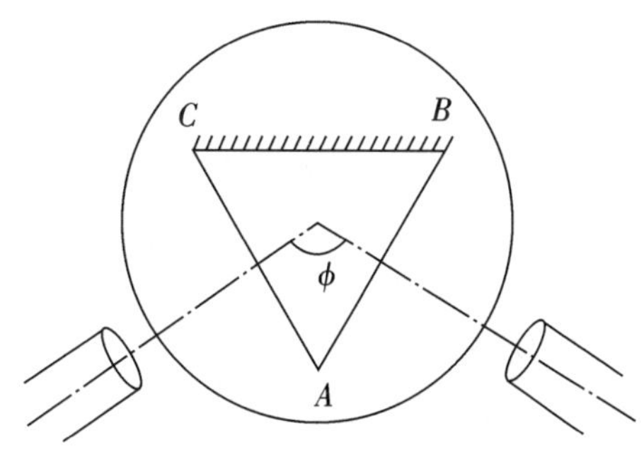

图 10-9　顶角 A 的测量

表 10-1　测三棱镜顶角记录表

仪器精度：__________

次数	AB 面		AC 面		$\phi=\frac{1}{2}(\ \|\theta_1-\theta_1{}'\|+\|\theta_2-\theta_2{}'\|\ )$	$\Delta\phi$	$\overline{\phi}$	$\Delta\overline{\phi}$
	θ_1	θ_2	$\theta_1{}'$	$\theta_2{}'$				
1								
2								
3								

注意：θ_1、θ_2 与 $\theta_1{}'$、$\theta_2{}'$不要混淆。分别写出 ϕ 和 A 的测量结果。

$\phi=($____$\pm$____$)$，$E_\phi=$____%，$\Delta A=$____，$A=($____$\pm$____$)$，$E_A=$____%

3. 反射法测三棱镜顶角

如果实验室比较亮，又由于大部分光通过三棱镜折射出去，使得三棱镜两个光学表面反射的“十”字光斑亮度很弱，由自准法测量可能看不到反射的“十”字光斑，所以下面介绍反射法测三棱镜顶角。

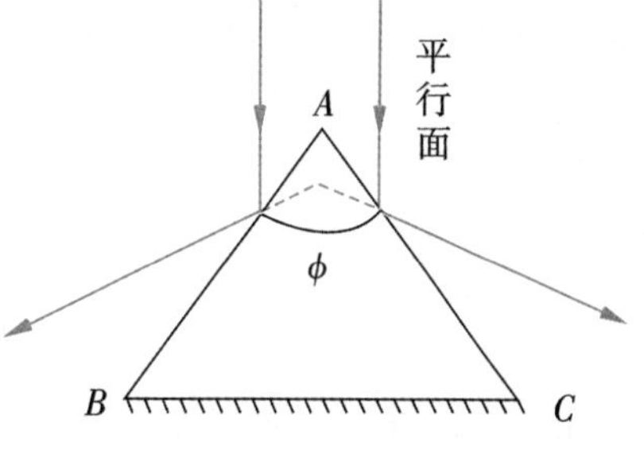

图 10-10　反射法测三棱镜顶角示意图

放上平面镜的两个面的反射“十”字亮斑，都和上“十”字叉丝重合后再做如下调节（如图 10-10）：

（1）分别让镜面对着载物台的三个螺钉，分别调节各对应螺钉,让镜面反射的“十”字光斑与上“十”字叉丝重合。

(2)放上三棱镜,尽量向后拉,使 A 顶角对准平行光管,固定黑盘和载物台,用望远镜观察三棱镜的两个光学面对反射的狭缝光是否等高,若不等高可调整载物台下面相应的螺钉,使两个面的反射光等高。

(3)转动望远镜,测量 θ_1、θ_2、θ_1'、θ_2',公式与表格都与上面相同。

[思考题]

1. 分光计由哪些部分组成?各部分的作用如何?

2. 调整分光计的主要步骤是什么?

3. 用自准法调节望远镜适合观察平行光的主要步骤是什么?当你观察到什么现象时,就能判定望远镜已适合观察平行光?为什么?

4. 借助于平面镜调节望远镜与分光计主轴垂直时,为什么要使载物台旋转 180°?

5. 用分光计测量角度时,为什么要读左右两游标的示数?这样做的好处是什么?

6. 试根据光路图分析,为什么望远镜主光轴与平面镜法线平行时,在目镜内应看到“十”字形反射像将与“丰”形叉丝的上方交点相重合?

7. 各自半调节法的基本作用是什么?

8. 设游标读数装置中,主盘的最小分度是 20′,游标刻度线共 40 条,问该游标的最小分度值为多少?

9. 在用分光计做光学测量时,为什么平行光管的狭缝要调至适当宽度?太宽或太窄可能会产生什么后果?

[附录]

圆(刻)度盘的偏心差

用圆刻度盘测量角度时,为了消除圆刻度盘的偏心差,必须从相差为 180°的两个游标上分别读数。大家知道,圆刻度盘是绕仪器主轴转动的,由于仪器制造时不容易做到圆刻度盘中心准确无误地与主轴重合,这就不可避免地会产生偏心差。圆刻度盘上的刻度均匀地刻在圆周上,当圆刻度盘中心与仪器主轴重合时,由相差 180°的两个游标读出的转角刻度数值相等。而当圆刻度盘偏心时,由两个游标读出的转角刻度数值就不相等了,所以如果只用一个游标读数就会出现系统误差。如图 10-11 所示,用 AB 的刻度读数偏大,用 $A'B'$的刻度读数又偏小。由平面几何很容易证明:

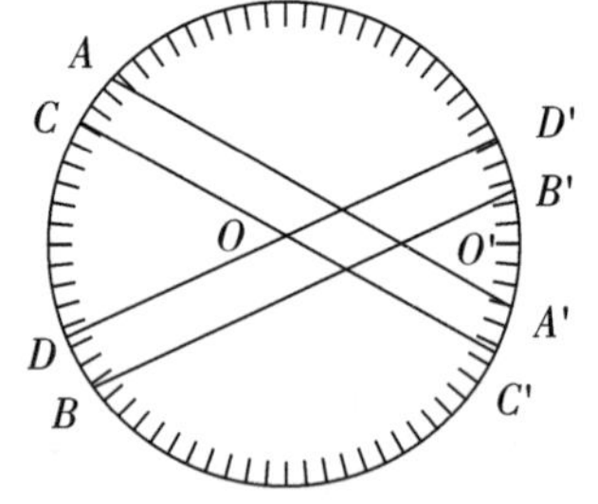

图 10-11　因圆刻度盘中心 O 与主轴 O'不重合而产生的偏心差

$$\frac{1}{2}(\widehat{AB}+\widehat{A'B'})=\widehat{CD}=\widehat{C'D'}$$

亦即由两个相差 180°的游标上读出的转角刻度数值的平均值就是圆刻盘度真正的转角值,从而消除了偏心差。

第三章　综合性实验

实验 11　用拉伸法测定金属材料的杨氏弹性模量

用拉伸法测定金属材料的杨氏弹性模量

杨氏弹性模量是表征固体性质的重要物理量，尤其在工程技术中有重要意义，常用于固体材料抗形变能力的描述，也可作为选定机械构件的依据。

测量杨氏弹性模量的方法很多，本实验采用拉伸法。

［实验目的］

1. 学习测量杨氏弹性模量的一种方法。
2. 掌握用光杠杆法测量微小伸长量的原理和方法。
3. 熟练掌握运用逐差法处理实验数据。

［实验仪器］

YMC-1 杨氏弹性模量仪、光杠杆镜尺组、千分尺、钢卷尺、等质量(m)砝码若干。

［实验原理］

在外力作用下，固体发生的形状变化叫形变，形变分弹性形变和范性形变。本实验测量钢丝杨氏弹性模量是在钢丝的弹性范围内进行的，属弹性形变的问题。最简单的弹性形变是棒状物在弹性限度内受径向外力后的伸长和缩短。

设一根长度为 L、横截面积为 S 的钢丝，沿长度方向施加外力 F 后，钢丝伸长 ΔL。根据胡克定律：胁变($\Delta L/L$)与胁强(F/S)成正比，写成等式后，胁变前的比例系数就是杨氏弹性模量，即

$$\frac{F}{S}=Y\frac{\Delta L}{L},\quad Y=\frac{FL}{S\Delta L} \tag{11-1}$$

式中 Y 即该钢丝的杨氏弹性模量，单位为 $\mathrm{N\cdot m^{-2}}$。

由式(11-1)可知，只要测量出等号右端的 F、L、S、ΔL 等量，即可测定杨氏弹性模量 Y。显然，F、L、S 可用一般量具测出，而钢丝的微小伸长量 ΔL 很小，既不能用直尺测量，也不便于用大型卡尺和千分尺测量，故精确测量是困难的(如当 L 为 1 m，S 为 1 $\mathrm{mm^2}$时，每牛顿力作用于钢丝的伸长量 ΔL 约为 5×10^{-3} mm)。通常我们采用光杠杆法。

杠杆的放大原理是大家熟知的，若利用光的性质，采用适当的装置，可使之起到同样的放大作用，这种装置就称为光杠杆(图 11-1)。光杠杆由 T 形足架和小镜组成，测量时，还必须加上读数系统的镜尺组(望远镜和标尺，参阅图 11-2)。在本实验中，光杠

杆足架上的前双足应安放在杨氏模量仪固定平台上的沟槽内,后单足则置于钢丝下端的圆柱形夹头上。

图 11-1　光杠杆外形示意图

当钢丝伸长 ΔL 时,光杠杆后单足随钢丝夹头下降 ΔL,此时,光杠杆小镜后仰 α 角(实验前镜面法向水平),如图 11-2 所示,则

$$\tan\alpha = \frac{\Delta L}{b}$$

其中,b 为光杠杆后单足到前双足的垂直距离(即旋转半径)。这时,望远镜中标尺的示值由 n_1 变为 n_2,故 $N=n_2-n_1$。此时,镜面的法线也随之后仰 α 角,所以入射线和反射线的夹角成为 2α,设镜面到标尺的水平距离为 D,则 $\tan 2\alpha = \dfrac{N}{D}$。

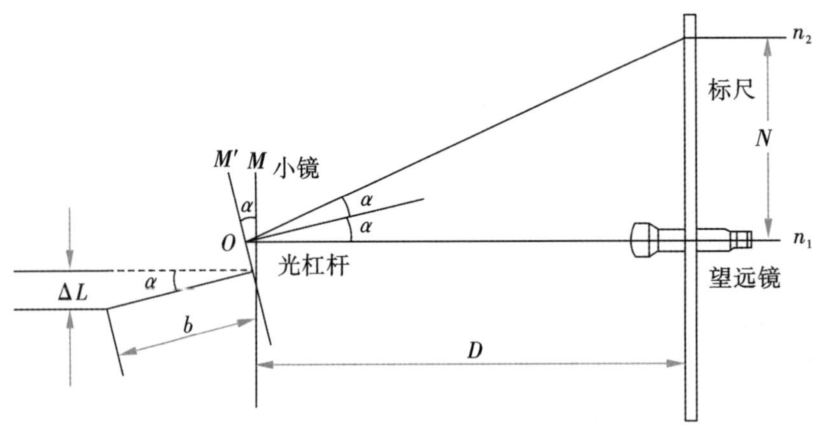

图 11-2　光杠杆放大法镜尺组示意图

因为 ΔL 很小,故 α 也很小, $\tan\alpha \approx \alpha$, $\tan 2\alpha \approx 2\alpha$,即 $\alpha = \dfrac{N}{2D}$,这样有

$$\frac{\Delta L}{b} \approx \frac{N}{2D},\ \Delta L \approx \frac{Nb}{2D} \tag{11-2}$$

可见,只要用直尺测量出 N、b、D,即可很好地测定出原来不易准确测量的微小伸长量 ΔL ,上述是光杠杆的放大原理,而 $\dfrac{N}{\Delta L}\left(\text{即}\dfrac{2D}{b}\right)$ 则是光杠杆的放大倍数。

将式(11-2)和钢丝的横截面积公式 $S = \pi\left(\dfrac{d}{2}\right)^2$ 代入式(11-1),即可得到在实验中测量杨氏弹性模量的关系式:

$$Y = \frac{8FLD}{\pi d^2 bN} \tag{11-3}$$

[实验内容与步骤]

1. YMC-1 型杨氏弹性模量仪(图 11-3)工作状态的调整

(1)调节底座螺钉,使测量架铅直。检验方法:在砝码托上逐一加上实验用砝码,使钢丝下端的圆柱形夹头在未加砝码和加砝码、减砝码的任何情况下，都能在平台上的小孔中无摩擦地自由伸缩，则此时测量架铅直（有些杨氏弹性模量仪的平台上附有水准仪，只要将气泡调到中间位置即可）。

（2）调节平台至合适位置，当光杠杆的前双足位于平台前端的沟槽内，后单足搁在钢丝下端的圆柱形夹头上时，光杠杆的三足尖处在同一水平面上。同时，按上述要求放置的光杠杆，在未加砝码和加、减砝码的任何情况下，既不能与钢丝相碰，也不得与平台相触。如出现碰触现象，应调节杠杆的长短。

2. 光杠杆工作状态的调整

（1）粗调。将镜尺组（图 11-4）置于杨氏弹性模量仪光杠杆正前方约 2 m 处，升降镜尺组至合适位置使其与光杠杆大致等高，调节望远镜取向使其正对平面镜，此时沿望远镜观察平面镜，能看到平面镜中标尺的像，若不能看到，应调小镜镜面俯仰并左右移动镜尺组，直到看到标尺的像为止。

（2）细调。调节望远镜目镜对十字叉丝聚焦，使十字叉丝的像最清晰，再调物镜对标尺的像聚焦，使光杠杆小镜中标尺刻度最清晰，最后再次微调光杠杆小镜的俯仰，使所看到的标尺刻度基本上与小镜面中心等高，即为望远镜中心高度的尺子读数。

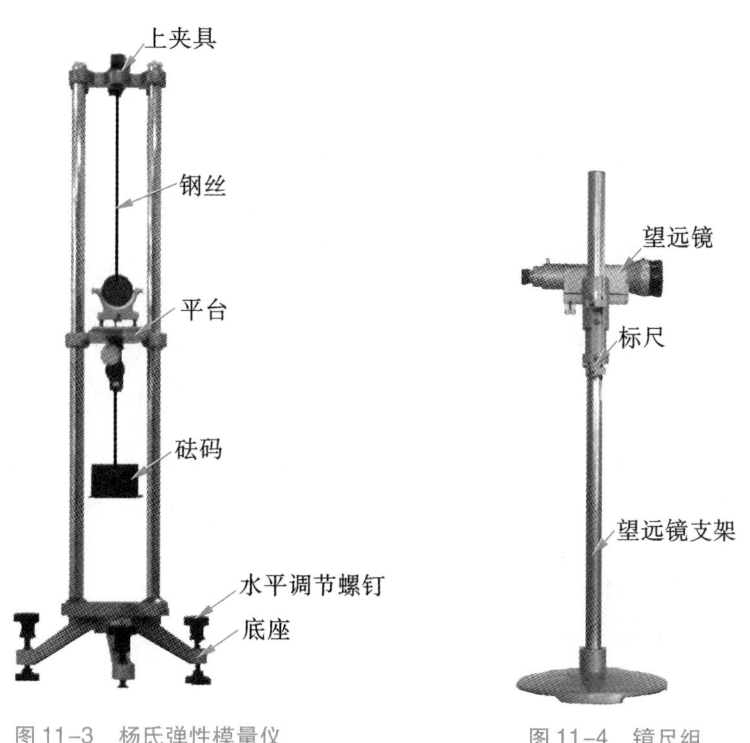

图 11-3　杨氏弹性模量仪　　　图 11-4　镜尺组

3. 测量

（1）将 5 个质量为 m（kg）的砝码依次轻轻地加在砝码托上，观察并记录每加一个砝码后,标尺像的示值 $n_i(i=0,1,\cdots,5)$。注意是否呈线性变化。

(2)再将所加砝码依次轻轻地取下,观察并记录每取一个砝码后标尺像的示值 n_i($i=5,4,\cdots,0$),注意读数读到 0.1 mm。

注意:加、减砝码时,应使砝码托既不前后摆动,也不上下振动,并应在加、减砝码后稍停一段时间,待望远镜中的标尺示值稳定后,再记录数据。

(3)用钢卷尺测量从光杠杆镜面(平台上的沟槽处)到标尺的水平距离 D 和钢丝的有效长度 L。

(4)用印迹法测量光杠杆后单足到前双足所在直线的垂直距离 b。

(5)用千分尺在钢丝的不同部位测量其直径 d 五次,记录千分尺零点值。

(6)用逐差法处理标尺的示值数据。

下面介绍逐差法。逐差法是实验中常用的数据处理方法,根据误差理论,算术平均值最接近于真值,所以,为了减少实验中的偶然误差,应尽可能多次进行测量。但是,在被测量值等间距线性改变的情况下,例如单摆、扭摆的周期,干涉条纹的间距等,利用传统的、简单的多次测量取平均值的方法就不能收到预期的效果。作为一个例子,设在本实验中用传统的求平均值的方法来处理数据。如果将每次加一个砝码得到的一组 6 个数据 $n_0,n_1,\cdots,n_5$ 取相邻两项之差 $N_s=n_{i+1}-n_i(s=i+1,s=1,2,\cdots,5)$ 的平均值$\overline{N}$进行计算,则

$$\overline{N}=\frac{1}{5}\sum_{i=0}^{5}(n_{i+1}-n_i)=\frac{1}{5}[(n_1-n_0)+(n_2-n_1)+\cdots+(n_5-n_4)]=\frac{1}{5}(n_5-n_0)$$

由此可见:平均值$\overline{N}$测量质量的优劣,只取决于首、末两次测量值 n_0 和 n_5 的好坏,与中间过程中的 4 次测量毫无关系,这种方法显然失去了从大量测量值中求平均值以减少偶然误差的目的,是不符合误差理论的,如果采用逐差法,就不会出现这类问题。

将一组偶数个数据 $n_0,n_1,\cdots,n_s$ 按顺序分为两组:$n_0,n_1,\cdots,n_{i-1}$ 和 $n_i,n_{i+1},\cdots,n_s$($s=2i-1$),两组的对应项相减,然后再求平均值的数据处理方法,叫作逐差法,即 $\overline{N}=\frac{1}{i}\left(\frac{n_i-n_0}{i}+\frac{n_{i+1}-n_1}{i}+\cdots\right)$。不难看出:逐差法既保持了多次测量的优势,又充分地应用了数据,减少了相对误差,是一种科学的数据处理方法。

本实验用逐差法处理标尺示值数据的表格见表 11-1。(注意:表中 N_0、N_1、N_2 是否基本相等?)

[数据记录及处理]

数据记录及处理如表 11-1 ~ 表 11-3。

表 11-1　望远镜标尺读数记录与处理

单个砝码质量 m=__________ kg,郑州地区重力加速度 $g=9.797\ \mathrm{m\cdot s^{-2}}$,则 F=__________ N

砝码个数 i	标尺读数 n_i/mm			$N_i = \dfrac{n_{i+3}-n_i}{3}$	$\Delta N_i = N_i - \overline{N}$
	增砝码	减砝码	平均		
0				N_0 = ______ mm	ΔN_0 = ______ mm
1				N_1 = ______ mm	ΔN_1 = ______ mm
2				N_2 = ______ mm	ΔN_2 = ______ mm
3				$\overline{N}$ = ______ mm	$\Delta\overline{N}$ = ______ mm
4				结果表述	
5				N = (____ ± ____) mm, $E_N = \dfrac{\Delta N}{\overline{N}}$ = ____ %	

表 11-2　各单次测量数据记录与仪器误差

被测量	仪器误差	结果表述
D=__________ mm	ΔL= 0.5 mm	$D = \overline{D} \pm \Delta D$ = (________ ± ________) mm
L=__________ mm	ΔL= 0.5 mm	$L = \overline{L} \pm \Delta L$ = (________ ± ________) mm
b=__________ mm	Δb= 0.5 mm	$b = \overline{b} \pm \Delta b$ = (________ ± ________) mm

表 11-3　钢丝直径数据记录与处理

千分尺零点读数:__________ mm

项目	次数					$\overline{d}$/mm	$\Delta\overline{d}$/mm	修正后结果表达
	1	2	3	4	5			
直接读数/mm								d = (__ ± __) mm

结果计算:

$$Y = \frac{8FLD}{\pi d^2 bN} = \underline{\qquad\qquad} \times 10^{11}\ \mathrm{N\cdot m^{-2}}$$

$$E_Y = \frac{\Delta L}{L} + \frac{\Delta D}{D} + \frac{2\Delta d}{d} + \frac{\Delta b}{b} + \frac{\Delta N}{N} = \underline{\qquad\qquad}\ \%$$

$$\Delta Y = E_Y \cdot Y = \underline{\qquad\qquad} \times 10^{11}\ \mathrm{N\cdot m^{-2}}$$

$$Y = (\underline{\qquad\qquad} \pm \underline{\qquad\qquad}) \times 10^{11}\ \mathrm{N\cdot m^{-2}}$$

$$E_Y = \underline{\qquad\qquad}\ \%$$

[思考题]

1. 用光杠杆法测量微小长度有什么优点?怎样提高光杠杆法的测量精度?
2. 什么是逐差法?用逐差法处理数据有什么优点?

3. 在本实验中哪些量对测量结果误差影响最大？为什么？

4. 试以胁强为纵轴、胁变为横轴作图，用作图法得出杨氏弹性模量的测量结果。

实验 12　弦线上驻波实验

弦线上驻波实验

弦线上驻波实验是研究弦线上波的传播规律的实验，重点观测在弦线上形成的驻波，并用实验确定弦振动时驻波波长与张力的关系、驻波波长与振动频率的关系以及驻波波长与弦线密度的关系。本实验要求掌握用驻波原理测量横波波长的方法。这种方法不仅在力学中有重要应用，在声学、无线电学和光学等学科的实验中都有许多应用。

[实验目的]

1. 观察在弦上形成的驻波，并用实验确定弦线振动时驻波波长与张力的关系。

2. 在弦线张力不变时，用实验确定弦线振动时驻波波长与振动频率的关系以及驻波波长与弦线密度的关系。

3. 学习对数作图和用最小二乘法进行数据处理。

[实验仪器]

FD-SWE-Ⅱ型弦线上驻波实验仪。

实验装置如图 12-1 所示，金属弦线的一端系在能做水平方向振动的可调频率数显机械振动源的振动簧片上，频率 0～200 Hz 连续可调，频率最小变化量为 0.01 Hz，弦线另一端通过固定滑轮悬挂一砝码盘；在振动装置（振动簧片）的附近有可动刀口，在实验装置上还有一个可沿弦线方向左右移动并撑住弦线的可动滑轮。这两个滑轮固定在实验平台上，其产生的摩擦力很小，可以忽略不计。若弦线下端所悬挂的砝码（包含砝码盘）的质量为 m，张力 $T = mg$。当波源振动时，即在弦线上形成向右传播的横波；当波传播到可动滑轮与弦线相切点时，由于弦线在该点受到滑轮两壁阻挡而不能振动，波在切点被反射形成了向左传播的反射波。这种传播方向相反的两列波叠加即形成驻波。当振动簧片与弦线固定点至可动滑轮与弦线切点的长度 L 等于半波长的整数倍时，即可得到振幅较大而稳定的驻波，振动簧片与弦线固定点为近似波节，弦线与动滑轮相切点为波节。它们的间距为 L，则

$$L = n\frac{\lambda}{2} \tag{12-1}$$

其中 n 为任意正整数。利用式(12-1)，即可测量弦上横波波长。由于簧片与弦线固定点在振动不易测准，实验中也可将最靠近振动端的波节作为 L 的起始点，并用可动刀口指示读数，求出该点离弦线与可动滑轮相切点的距离 L。

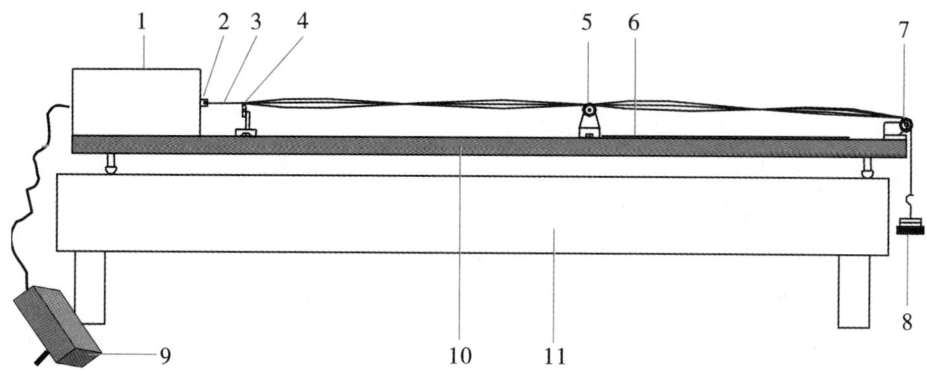

1. 可调频率数显机械振动源;2. 振动簧片;3. 弦线;4. 可动刀口支架;5. 可动滑轮支架;6. 标尺;7. 固定滑轮;8. 砝码与砝码盘;9. 变压器;10. 实验平台;11. 实验桌。

图 12–1 弦线上驻波实验仪结构图

[实验原理]

在一根拉紧的弦线上,其中张力为 T ,线密度为 μ ,则沿弦线传播的横波应满足下述运动方程:

$$\frac{\partial^2 y}{\partial t^2}=\frac{T\partial^2 y}{\mu\partial x^2} \tag{12-2}$$

式中,x 为波在传播方向(与弦线平行)的位置坐标, y 为振动位移。将式(12–2)与典型的波动方程

$$\frac{\partial^2 y}{\partial t^2}=v^2\frac{\partial^2 y}{\partial x^2}$$

相比较,即可得到波的传播速度

$$v=\sqrt{\frac{T}{\mu}}$$

若波源的振动频率为f,横波波长为 λ ,由于波速 $v=f\lambda$,故波长与张力及线密度之间的关系为

$$\lambda=\frac{1}{f}\sqrt{\frac{T}{\mu}} \tag{12-3}$$

为了用实验证明公式(12–3)成立,将该式两边取对数,得

$$\lg\lambda=\frac{1}{2}\lg T-\frac{1}{2}\lg\mu-\lg f$$

固定频率f及线密度μ ,而改变张力 T ,并测出各相应波长 λ ,作 $\lg\lambda$ –$\lg T$ 图,若得一直线,计算其斜率值(如为 $\frac{1}{2}$),则证明了 $\lambda\propto T^{\frac{1}{2}}$ 的关系成立。同理,固定线密度 μ 及张力 T ,改变振动频率 f ,测出各相应波长 λ ,作 $\lg\lambda$ –$\lg f$ 图,如得一斜率为–1 的直线就验证了 $\lambda\propto f^{-1}$。

弦线上的波长可利用驻波原理测量。当两个振幅和频率相同的相干波在同一直线

上相向传播时,会发生干涉而产生驻波。在弦线上出现许多静止点,称为驻波的波节。相邻两波节间的距离为半个波长。

[实验内容]

1. 确定横波的波长与弦线中的张力的关系

(1)实验时,将变压器(黑色壳)输入插头与220 V交流电源接通,输出端(五芯航空线)与主机上的航空座相连接。打开数显振动源面板上的电源开关1(振动源面板如图12-2所示),面板上数码管5显示振动源振动频率×××.×× Hz。根据需要按频率调节2中▲(增加频率)或▼(减小频率)键,改变振动源的振动频率,调节面板上幅度调节旋钮4,使振动源有振动输出;当不需要振动源振动时,可按面板上复位键3复位,数码管显示全部清零。

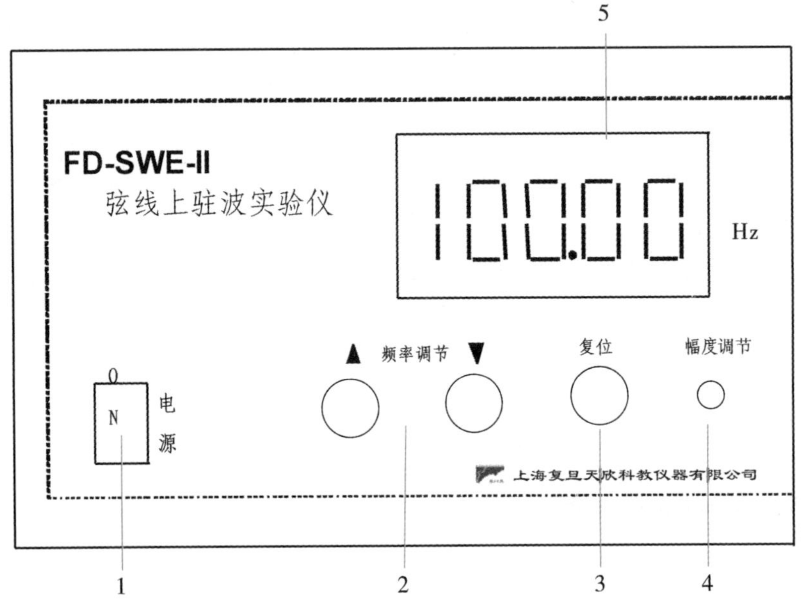

1. 电源开关;2. 频率调节;3. 复位键;4. 幅度调节;5. 频率指示(数码管)。

图12-2 振动源面板图

(2)在某些频率(60 Hz附近),由于振动簧片共振使振幅过大,此时应逆时针旋转面板上的旋钮以减小振幅,便于实验进行。不在共振频率点工作时,可调节面板上幅度旋钮4到输出最大。

(3)固定一个波源振动的频率(一般取为100 Hz,若振动振幅太小,可将频率取小些,比如90 Hz),在砝码盘上添加不同质量的砝码,以改变同一弦上的张力T。每改变一次张力(即增加一次砝码),均要左右移动可动刀口支架4(保持在第一波节点)和可动滑轮5的位置,使弦线出现振幅较大而稳定的驻波。用实验平台上的标尺测量L值,记录振动频率、砝码质量、产生整数倍半波长的弦线长度及半波长个数,根据式(12-1)算出波长λ,作$\lg\lambda-\lg T$图,求其斜率。

2. 确定横波的波长与波源振动频率的关系

在砝码盘上放上 5 块质量均为 25 g 的砝码，以固定弦线上所受的张力 T，改变波源振动的频率 f，用驻波法测量各相应的波长，作 $\lg\lambda-\lg f$ 图，求其斜率。最后得出弦线上波传播的规律结论。

3. 确定横波的波长与弦线密度的关系

在砝码盘上放固定质量的砝码，以固定弦线上所受的张力，固定波源振动频率，通过改变弦丝的粗细来改变弦线的线密度，用驻波法测量相应的波长，作 $\lg\lambda-\lg\mu$ 图，求其斜率。得出弦线上波传播规律与线密度的关系。

［数据记录与处理］

1. 确定横波的波长 λ 与弦线中的张力 T 的关系

波源振动频率为 f(Hz)，挂钩的质量为 m_0(g)，L 为产生驻波的弦线长度，n 为在 L 长度内半波长个数，实验结果如表 12-1 记录。

表 12-1　实验数据记录

m/g	$(m+m_0)$/g	L/cm	n	m/g	$(m+m_0)$/g	L/cm	n

实验计算结果如表 12-2 记录。

表 12-2　实验计算结果

λ/cm	T/N	$\lg\lambda$	$\lg T$	λ/cm	T/N	$\lg\lambda$	$\lg T$

经最小二乘法拟合得 $\lg\lambda-\lg T$ 的斜率、相关系数。

2. 确定横波的波长 λ 与波源振动频率 f 的关系

砝码加上挂钩的总质量为 m；重力加速度为 g；张力为 T。实验结果如表 12-3 记录。

表 12-3 给定张力的实验数据表

f/Hz	L/cm	n	λ/cm	$\lg\lambda$	$\lg f$

经最小二乘法拟合得 $\lg\lambda-\lg f$ 的斜率、相关系数。

实验结果得到 $\lg\lambda-\lg T$ 的斜率应非常接近 0.5；$\lg\lambda-\lg f$ 的斜率应接近-1。验证了弦线上横波的传播规律，即横波的波长 λ 与弦线张力 T 的平方根成正比，与波源的振动频率 f 成反比。

[注意事项]

1. 须在弦线上出现振幅较大而稳定的驻波时，再测量驻波波长。

2. 张力包括砝码与砝码盘的质量，砝码盘的质量用分析天平称量。

3. 当实验时，发现波源发生机械共振时，应减小振幅或改变波源频率，便于调节出振幅大且稳定的驻波。

[思考题]

1. 求 λ 时为何要测几个半波长的总长？

2. 为了使 $\lg\lambda-\lg T$ 直线图上的数据点分布比较均匀，砝码盘中的砝码质量应如何改变？

3. 为何波源簧片的振动频率尽可能避开振动源的机械共振频率？

4. 弦线的粗细和弹性对实验各有什么影响？应如何选择？

实验 13　刚体转动惯量的测定

刚体转动惯量的测定

刚体定轴转动时，具有以下特征：首先是轴线上各点始终静止不动；其次是轴外刚体上的各个质点，尽管到轴的距离（即转动半径）不同，相同的时间内转过的线位移也不同，但转过的角位移却相同。因此，可在刚体上任意选定一点，研究该点绕定轴的转动，并以此来描述刚体的定轴转动。

转动惯量是刚体转动时惯性大小的度量，是表征刚体固有特性的一个物理量。刚体的转动惯量除了与物体的质量有关外，还与转轴的位置和质量分布（即形状、大小和密度分布）有关。如果刚体形状简单且质量分布均匀，可以直接计算出它绕固定转轴的转动惯量。对于形状复杂、质量分布不均匀的刚体，计算将极为复杂，其转动惯量通常采用实验方法来测定。

［实验目的］

1. 用扭摆测定弹簧的扭转常数、几种不同形状物体的转动惯量和弹簧劲度系数，并与理论值进行比较。

2. 验证转动惯量平行轴定理。

［实验仪器］

扭摆、几种规则刚体（实心圆柱体、空心圆筒、实心球、细金属杆）、滑块 2 个、数字式计时器。

［实验原理］

扭摆的构造如图 13-1 所示，在其垂直轴 1 上装有一根薄片状的蜗形弹簧 2，用以产生回复力矩。在轴的上方可以装上各种待测物体。垂直轴与支座间装有轴承，使摩擦力矩尽可能减小。

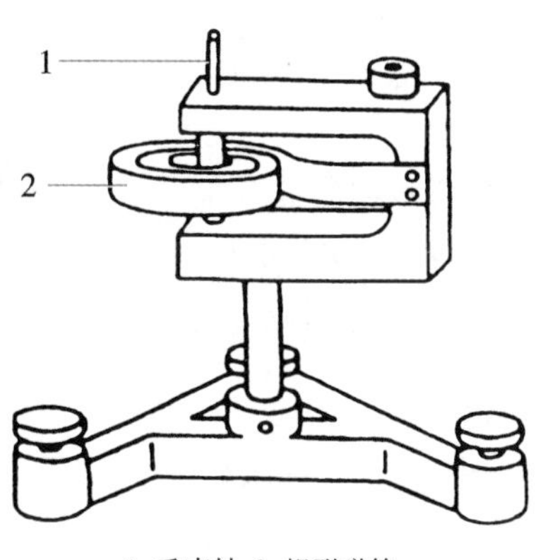

1. 垂直轴；2. 蜗形弹簧。

图 13-1　扭摆构造图

将物体在水平面内转过一角度 θ 后，在弹簧的回复力矩作用下，物体就开始绕垂直轴做往返扭转运动。根据胡克定律，弹簧受扭转而产生的回复力矩 M 与所转过的角度 θ 成正比，即

$$M=-K\theta \qquad (13-1)$$

式中，K 为弹簧的扭转常数。

刚体定轴转动时，根据转动定理，则有

$$M=I\beta=I\frac{\mathrm{d}^2\theta}{\mathrm{d}t^2} \qquad (13-2)$$

式中，I 为刚体定轴转动的转动惯量，β 为角加速度。

忽略轴承的摩擦阻力矩，整理式(13-1)、式(13-2)得

$$\frac{d^2\theta}{dt^2}=-\frac{K}{I}\theta$$

令 $\omega^2=\frac{K}{I}$，则上式为

$$\frac{d^2\theta}{dt^2}+\omega^2\theta=0$$

上述方程表示扭摆运动具有角简谐振动的特性，即角加速度与角位移成正比，且反向。此方程的通解为 $\theta(t)=\theta_0\cos(\omega t+\varphi)$，式中 θ_0 为简谐振动的角振幅，ω 为角速度，φ 为初相位角。此简谐振动的周期为

$$T=\frac{2\pi}{\omega}=2\pi\sqrt{\frac{I}{K}} \tag{13-3}$$

通过实验测得扭摆的摆动周期后，利用式(13-3)，在 I 和 K 中任意一个量已知时，即可计算出另一个量。

理论分析证明，若质量为 m 的物体绕通过质心轴 Oe 的转动惯量为 I_O，当转轴平行移动距离 x 至 $O'e'$ 轴时，此物体对新转轴的转动惯量变为 $I'_{O'}=I_O+mx^2$，此规律为转动惯量的平行轴定理。

[实验内容]

1. 熟悉扭摆的构造和使用方法，掌握计时器的正确使用方法。

2. 测定弹簧的扭转常数 K。

3. 测定实心圆柱体、空心圆筒、实心球和金属细杆的转动惯量，并与理论值比较，计算百分误差。

4. 验证转动惯量平行轴定理。

[实验步骤]

1. 用电子秤、游标卡尺测量待测物体的质量和必要的几何尺寸，完成表 13-1 的相关内容。

2. 将转动惯量为 I_0 的金属载物圆盘固定在转轴上，测量摆动 10 个周期所需要的时间三次，取平均值得 T_0。再在载物圆盘上放置转动惯量为 I'_1 的圆柱体（其理论值为 $I'_1=\frac{1}{8}m_1D_1^2$），此时总的转动惯量为 I'_1+I_0，测量其摆动 10 个周期所需要的时间三次，取平均值得 T_1。

由式(13-3)可知

$$\frac{T_0}{T_1}=\frac{\sqrt{I_0}}{\sqrt{I_0+I'_1}} \quad 或 \quad \frac{I_0}{I'_1}=\frac{T_0^2}{T_1^2-T_0^2}$$

在式(13-3)中，设刚体为载物圆盘，可计算得弹簧的扭转常数：

$$K=4\pi^2\cdot\frac{I'_1}{T_1^2-T_0^2} \tag{13-4}$$

在 SI 制中,K 的单位为 $kg \cdot m^2 \cdot s^{-2}$(或 $N \cdot m$)。

3. 取下实心圆柱体,将空心圆筒平放在载物盘上并固定,测量其摆动 10 个周期所需要的时间三次,取平均值得 T_2。

4. 取下载物圆盘,将实心球通过夹具固定在转轴上,测量其摆动 10 个周期所需要的时间三次,取平均值得 T_3。

5. 取下实心球,将带有夹头的细杆固定在转轴上,细杆中心与转轴重合,测量摆动 10 个周期所需要的时间三次,取平均值得 T_4。

6. 验证转动惯量的平行轴定理。

如图 13–2 所示的水平金属细杆 3,将其质心处固定在竖直转轴上,两块金属滑块 4 可在金属细杆上滑动,并且可以固定在金属细杆上已刻好的槽口内,每两个槽口间的距离为 5.00 cm。

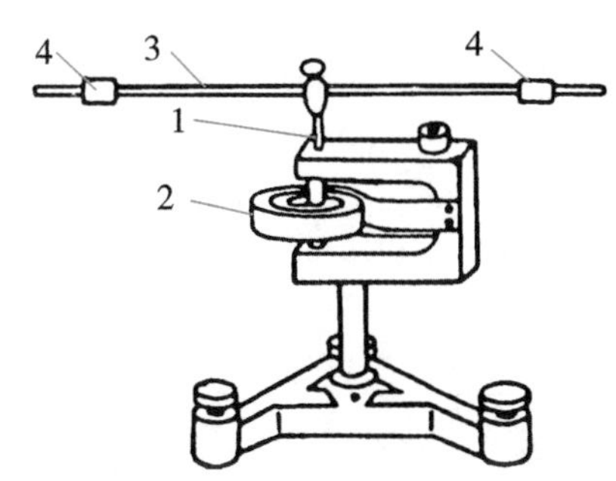

1. 垂直轴;2. 蜗形弹簧;3. 金属细杆;4. 滑块。

图 13–2　扭摆装置图

先将细杆通过夹具安装在转轴上(注意:细杆中心必须与转轴重合),然后,将两滑块对称地固定在细杆上,使滑块质心与转轴的距离 x 分别为 5.00 cm、10.00 cm、15.00 cm、20.00 cm,测出对应于不同距离时的摆动周期。根据式(13–3)算出其相应的转动惯量,并与理论值做比较,以验证转动惯量的平行轴定理。

由于夹具的转动惯量与金属细杆的转动惯量相比甚小,因此,在计算中可以忽略不计。

注意事项:

(1)挡光杆必须通过光电探头间隙内的两个小孔。光电探头应放置在挡光杆的平衡位置处。光探头的高低前后必须调节合适,不准杆与探头有撞击和摩擦。

(2)在称实心球和金属细杆的质量时,必须将木球和细杆的夹具取下再称质量。

(3)转轴必须插入载物圆盘,并将螺丝旋紧,使它与弹簧组成牢固的体系。如果发现转动数次之后便停下,原因即在于螺丝未旋紧。要求转轴与盘、盘与物体都不能有相对运动。

(4)弹簧有一定的使用寿命和强度,千万不可随意玩弄弹簧。实验时摆动角度大于 90°。

(5)圆柱体和空心圆筒放在载物圆盘上时,必须放正放平,不能倾斜。

(6)摆动时,摆角应保持一致,因 K 值会因摆角变化而变化,使实验值与理论值产生较大的误差。

[数据记录与处理]

1. 弹簧扭转常数的测定

根据表 13–1 记录的相关数据计算弹簧的扭转常数:

$$K = 4\pi^2 \cdot \frac{I'_1}{T_1^2 - T_0^2} = \underline{\qquad\qquad} \ kg \cdot m^2 \cdot s^{-2}$$

2. 刚体转动惯量的测定

根据表 13–1 记录数据计算各刚体的转动惯量,并与理论值比较。

表 13-1　转动惯量测试数据记录（运算时，注意 I 的有效数位）

<table>
<tr><th>刚体名称</th><th>质量 m/g</th><th colspan="2">几何尺寸 /mm</th><th colspan="2">周期/s</th><th>转动惯量理论值 /(kg · m^2)</th><th>转动惯量实验值 /(kg · m^2)</th><th>百分差 E_0/%</th></tr>
<tr><td rowspan="4">载物圆盘</td><td rowspan="4">—</td><td colspan="2" rowspan="4">—</td><td rowspan="3">T_0</td><td></td><td rowspan="4">—</td><td rowspan="2">$I_0 = I'_1\frac{T_0^2}{T_1^2 - T_0^2}$</td><td rowspan="4">—</td></tr>
<tr><td></td></tr>
<tr><td></td><td rowspan="2"></td></tr>
<tr><td>平均值</td><td></td></tr>
<tr><td rowspan="4">实心圆柱体</td><td rowspan="4"></td><td rowspan="3">D_1</td><td></td><td rowspan="3">T_1</td><td></td><td rowspan="2">$I'_1 = \frac{1}{8}m_1D_1^2$</td><td rowspan="2">$I_1 = \frac{K}{4\pi^2}T_1^2 - I_0$</td><td rowspan="4"></td></tr>
<tr><td></td><td></td></tr>
<tr><td></td><td></td><td rowspan="2"></td><td rowspan="2"></td></tr>
<tr><td>平均值</td><td></td><td>平均值</td><td></td></tr>
<tr><td rowspan="8">空心圆筒</td><td rowspan="8"></td><td rowspan="3">$D_{外}$</td><td></td><td rowspan="6">T_2</td><td rowspan="2"></td><td rowspan="4">$I'_2 = \frac{1}{8}m_2(D_{外}^2 + D_{内}^2)$</td><td rowspan="4">$I_2 = \frac{K}{4\pi^2}T_2^2 - I_0$</td><td rowspan="8"></td></tr>
<tr><td></td></tr>
<tr><td></td><td rowspan="2"></td></tr>
<tr><td>平均值</td><td></td></tr>
<tr><td rowspan="3">$D_{内}$</td><td></td><td rowspan="2"></td><td rowspan="4"></td><td rowspan="4"></td></tr>
<tr><td></td></tr>
<tr><td></td><td rowspan="2">平均值</td><td rowspan="2"></td></tr>
<tr><td>平均值</td><td></td></tr>
<tr><td rowspan="4">实心球</td><td rowspan="4"></td><td rowspan="3">D_3</td><td></td><td rowspan="3">T_3</td><td></td><td rowspan="2">$I_3' = \frac{1}{10}m_3D_{球}^2$</td><td rowspan="2">$I_3 = \frac{K}{4\pi^2}T_3^2$</td><td rowspan="4"></td></tr>
<tr><td></td><td></td></tr>
<tr><td></td><td></td><td rowspan="2"></td><td rowspan="2"></td></tr>
<tr><td>平均值</td><td></td><td>平均值</td><td></td></tr>
<tr><td rowspan="4">金属细杆</td><td rowspan="4"></td><td rowspan="4">l</td><td rowspan="4">61.00</td><td rowspan="3">T_4</td><td></td><td rowspan="2">$I'_4 = \frac{1}{12}m_4l^2$</td><td rowspan="2">$I_4 = \frac{K}{4\pi^2}T_4^2$</td><td rowspan="4"></td></tr>
<tr><td></td></tr>
<tr><td></td><td rowspan="2"></td><td rowspan="2"></td></tr>
<tr><td>平均值</td><td></td></tr>
</table>

3. 转动惯量平行轴定理的验证

两滑块质量 $2m_{滑}$ =__________ g。其数据记录见表 13-2。

表 13-2　平行轴定理验证数据记录

x/cm	5.00	10.00	15.00	20.00
T/s				
平均值 $\overline{T}$/s				
实验值/(kg·m²) $\left(I=\frac{K}{4\pi^2}\overline{T}^2\right)$				
理论值/(kg·m²) $(I'=I_4+2mx^2+I_5)$				
百分差 $E_0=\frac{\vert I'-I\vert}{I'}\times100\%$				

[说明]

1. 实心球支座的转动惯量很小,可忽略不计,也可通过测量质量和直径进行计算。

2. 金属细杆夹具的转动惯量很小,可忽略不计,也可通过测量质量和直径进行计算。

3. 两滑块绕通过滑块质心轴转动惯量理论值用公式 $I_5=\left(\frac{md^2}{8}+\frac{mh^2}{12}\right)\times2$ 进行计算,式中 d 为滑块的直径,h 为滑块的高。

[附录]

金属细杆夹具转动惯量实验值:

$$I_{夹具}=\frac{K}{4\pi^2}\overline{T}^2-I_0=\frac{3.567\times10^{-2}}{4\pi^2}\times0.741^2-4.929\times10^{-4}=3.21\times10^{-6}(\text{kg}\cdot\text{m}^2)$$

木球支座转动惯量实验值:

$$I_{支座}=\frac{K}{4\pi^2}\overline{T}^2-I_0=\frac{3.567\times10^{-2}}{4\pi^2}\times0.740^2-4.929\times10^{-4}=1.87\times10^{-6}(\text{kg}\cdot\text{m}^2)$$

两滑块绕通过滑块质心转轴的转动惯量理论值:

$$I_5'=2\times\left[\frac{1}{8}m(D_{外}^2+D_{内}^2)\right]=2\times\left[\frac{1}{8}\times239\times10^{-3}\times(3.50^2+0.60^2)\times10^{-4}\right]$$
$$=7.53\times10^{-5}(\text{kg}\cdot\text{m}^2)$$

测单个滑块与载物盘转动周期 $T=0.767$ s 可得:

$$I=\frac{K}{4\pi^2}\overline{T}^2-I_0=\frac{3.567\times10^{-2}}{4\pi^2}\times0.767^2-4.929\times10^{-4}=3.86\times10^{-5}(\text{kg}\cdot\text{m}^2)$$

$$I_5=2I=7.72\times10^{-5}(\text{kg}\cdot\text{m}^2)$$

实验 14　声速的测量

声速的测量

声波是一种在弹性媒质中传播的机械波，为弹性纵波。频率低于 20 Hz 的声波称为次声波；频率在 20 Hz 至 20 kHz 的声波可以被人听到，称为可闻声波；频率在 20 kHz 以上的声波称为超声波。

超声波在媒质中的传播速度与媒质的特性及状态因素有密切的关系。因而通过媒质中声速的测定，常常可以间接地完成诸如材料的弹性模量的测定、气体成分的分析、液体密度和溶液浓度的测定等。

[实验目的]

1. 了解压电换能器的功能，加深对驻波及振动合成等理论知识的理解。
2. 学习用共振干涉法、相位比较法和时差法测定超声波的传播速度。
3. 通过用时差法对液体介质的测量，了解声呐技术的原理及其重要的实用意义。
4. 学习示波器的使用，掌握用逐差法处理数据的方法。

[实验仪器]

ZKY-SS 型声速测定实验仪[实验仪由 ZKY-SSA 型超声实验装置(换能器及移动支架组合)和 ZKY-SS 型声速测定信号源组成，另有水槽可测量不同液体中的声速]、示波器、温度计。

超声实验装置[图 14-1(a)]中发射器固定，摇动丝杆摇柄可使接收器前后移动，以改变发射器与接收器的距离。丝杆上方安装有数字游标尺(带机械游标尺)，可准确显示位移量。整个装置可方便地装入或拿出水槽。

声速测定信号源面板上有一块 LCD 显示屏用于显示信号源的工作信息；还具有上下按键、左右按键、确认按键、复位按键、频率调节旋钮和电源开关。上下按键用作光标的上下移动选择，左右按键用作数字的改变选择，确认按键用作功能选择的确认以及工作模式选择界面与具体工作模式界面的交替切换。同时还有超声发射驱动信号输出端口(简称 TR，连接到超声波发射换能器)、超声发射监测信号输出端口(简称 MT，连接到示波器显示通道 1)、超声接收信号输入端口(简称 RE，连接到超声波接收换能器)、超声接收信号监测输出端口(简称 MR，连接到示波器显示通道 2)。

声速测定信号源具有选择、调节、输出超声发射器驱动信号；接收、处理超声接收器信号；显示相关参数；提供发射监测和接收监测端口连接到示波器等其他仪器等功能。开机显示欢迎界面后，自动进入按键说明界面。按确认键后进入工作模式选择界面，可选择驱动信号为连续正弦波工作模式(共振干涉法与相位比较法)或脉冲波工作模式(时差法)。选择连续正弦波工作模式，按确认键后进入频率与增益调节界面，在该界面下将显示输出频率值，发射增益挡位，接收增益挡位等信息，并可作相应的改动。选择脉冲波工作模式,按确认键后进入时差显示与增益调节界面,在该界面下将显示超声波通过目前超声波换能器之间的距离所需的时间值,发射增益挡位,接收增益挡位等信息,并可作相应的改动。用频率调节旋钮调节频率,在连续波工作模式下显示屏将显示当前输出驱动信号的频率值。增益可在 0 挡到 3 挡之间调节,初始值为 2 挡;发射增益调节驱动信号的振幅;接收增益将调节接收信号放大器的增益,放大后的接收信号由接收监测端口输出。以上调节完成后就可进行测量了。改变测量条件可按确认键,将交替显示模式选择界面或频率(时差显示)与增益调节界面。按复位键将返回欢迎界面。

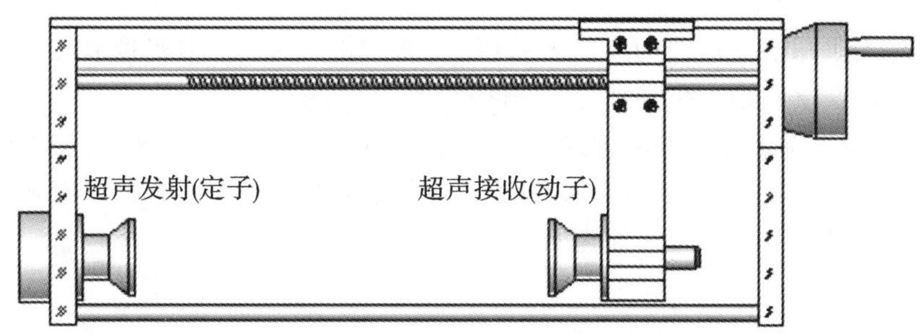

(a)超声实验装置(换能器及移动支架组合)

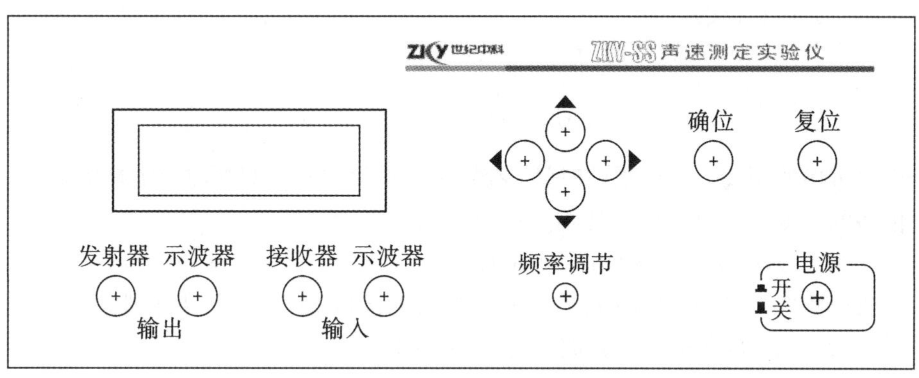

(b)声速测定实验仪

图 14-1 超声实验装置和声速测定实验仪

[实验原理]

声速测量组合仪由储液槽、传动机构、数显标尺、两压电换能器(压电陶瓷片构成的电声和声电转换元件,S_1为发射端,S_2为接收端)等组成。压电陶瓷换能器 S_1 作为声波发射器,它由信号源供给频率为数万兆赫兹的交流电信号,由逆压电效应发出一平面超声波;而换能器 S_2则作为声波的接收器,正压电效应将接收到的声压转换成电压信号,该信号输入示波器,我们在示波器上可看到一组由声压信号产生的正弦波。S_2可由传动机构带动,且其相对位置可由数显标尺读取。其工作原理如图 14-2 所示。

在波动过程中波速 v、波长 λ 和频率 f 之间存在着下列关系:

$$v = \lambda f \tag{14-1}$$

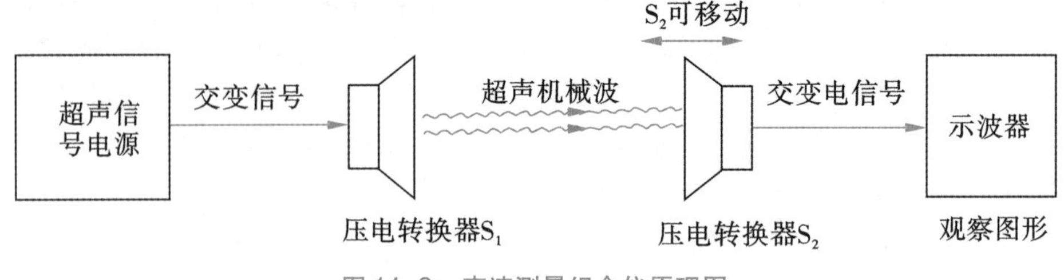

图 14-2　声速测量组合仪原理图

实验中可通过测定声波的波长 λ 和频率 f 来求得声速 v 。本实验用共振法和相位比较法测量波长 λ ,而频率 f 由信号源直接给出。

式(14-1)给出声速为频率与波长的乘积,应当指出,一旦媒质确定,任何频率的声波在其中传播的速度都相同。媒质及状态改变,速度将发生变化,即传播速度只决定于传播媒质的性质。在空气中声速为

$$v = \sqrt{\frac{\gamma kT}{m}}$$

式中, γ 为空气定压比热容与定容比热容之比, k 为玻耳兹曼常数, m 为气体分子的平均质量, T 为绝对温度。

在一个大气压、0 ℃时声速为 $v_0=331.4$ m/s,在 t ℃时声速为

$$v_t = 331.4\sqrt{1+\frac{t}{273.15}}\ (\mathrm{m/s}) \tag{14-2}$$

声波传播的距离 L 与传播的时间 t 存在下列关系: $L=vt$,只要测出 L 和 t ,就可测出声波传播的速度 v ,这就是时差法测量声速的原理。

1. 共振干涉法(驻波法)测量声速的原理

当两束频率相同、幅度相同、传播方向相反的声波相交时,产生干涉现象,出现驻波。对于沿 x 轴正向传播的正弦波,其振动方程为

$$y_1 = A\cos(\omega t - 2\pi x/\lambda)$$

当它遇到接收器的表面时,经反射后形成一沿 x 轴负向传播的正弦波,其振动方程为

$$y_2 = A\cos(\omega t + 2\pi x/\lambda)$$

它们相交叠加后的振动方程为

$$y_3 = 2A\cos(2\pi x/\lambda)\cos\omega t$$

这里 ω 为声波的角频率, t 为经过的时间, x 为经过的距离。

由此可见,叠加后形成驻波。两波相遇处各点都在做同频率的振动,而各点的振幅随距离 x 按 $2A\cos(2\pi x/\lambda)$ 变化。对应于 $\cos(2\pi x/\lambda)=\pm1$, $x=\pm k\lambda/2$($k=0,1,2,\cdots$)处,振幅最大为 $2A$,称为波腹;对应于 $\cos(2\pi x/\lambda)=0$,即 $x=\pm(2k+1)\lambda/4$($k=0,1,2,\cdots$)处,振幅最小为零,这些点永远静止不动,称为波节。其余各点的振幅在 0 和 $2A$ 之间。相邻的两个波节(或波腹)之间的距离为 $\lambda/2$ 。因此,在实验中只要能测得接收器位于驻波各波腹上时其相对于发射器的位置,则两相邻波腹位置之差 Δx 即为 $\lambda/2$,

再由信号源读出频率,通过式(14-1)即可求出声速:

$$v = 2f\Delta x = \lambda f$$

2. 相位法测量原理

声源 S_1 发出声波后,在其周围形成声场,声场在介质中任一点的振动相位是随时间而变化的。但它和声源的振动相位差 $\Delta\phi$ 不随时间变化。

设声源 S_1 处振动方程为

$$y = A\cos \omega t$$

距声源 x 处 S_2 接收到的振动为

$$y = B\cos \omega(t - x/v)$$

两处振动的相位差为

$$\Delta \phi = \frac{\omega x}{v} = \frac{\omega x}{\lambda f} = \frac{2\pi x}{\lambda}$$

当把 S_1 和 S_2 的信号分别输入到示波器的 X 轴和 Y 轴时,由于 X 轴、Y 轴频率相同,所以在示波器屏幕上将观察到 $N_X : N_Y = 1:1$ 的李萨如图形,但是图形随着两个信号的相位差(由 S_2 沿尺子移动来改变)而改变,当 $x = k\lambda$ 即 $\Delta\phi = 2k\pi$ 时,合振动为一斜率为正的直线,当 $x = (2k+1)\lambda/2$ 时,即 $\Delta\phi = (2k+1)\pi$ 时,合振动为一斜率为负的直线。当 x($\Delta\phi$)为其他值时,合振动为椭圆(见图 14-3)。

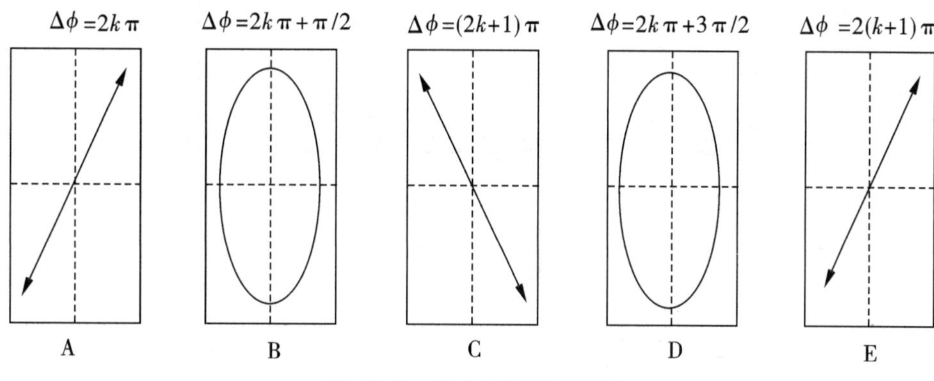

图 14-3　相位法测量原理图

若移动接收器使示波器上连续两次显示图形 A,并记录换能器 S_2 所在位置 x_1、x_2,则波长 $\lambda = |x_1 - x_2|$,由信号源读出频率 f,即可求出波速 $v = \lambda f$。

3. 时差法测量声速

时差法是将经脉冲调制的电压信号加到发射换能器 S_1 上,换能器发射一脉冲声波,它在介质中传播,经时间 t 后,到达与 S_1 相距 L 的接收器 S_2(图 14-4),则声速为

$$v = L/t$$

时差法是声呐技术应用的基本原理,它被广泛地用于水下警戒、武器射击、侦察、通信、海底矿藏勘探等。

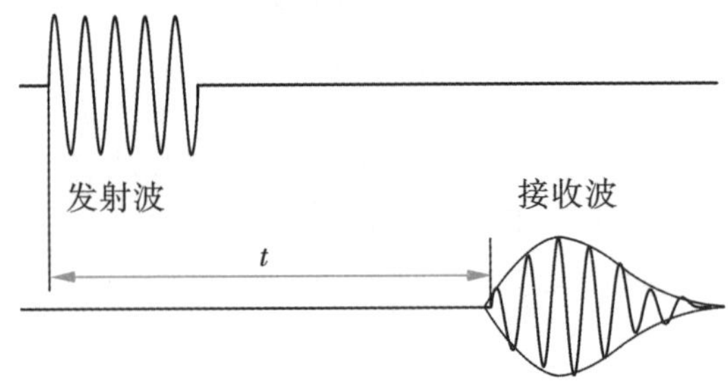

图 14-4 时差的测量

[实验内容与步骤]

1. 声速测定仪系统的连接与工作频率调节

(1)连接装置(如图 14-5 所示)。超声实验装置和声速测定仪信号源及双踪示波器之间的连接如下:

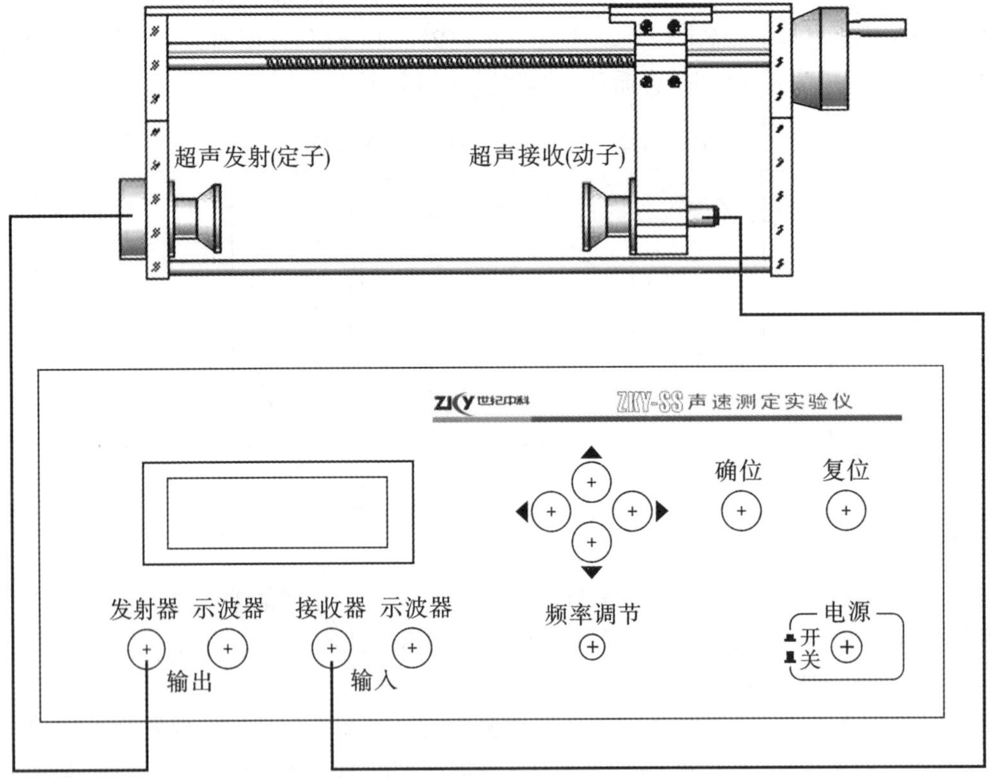

图 14-5 超声实验装置和声速测定信号源的连接

1)测试架上的换能器与声速测定信号源之间的连接:

信号源面板上的发射器端口(TR),用于输出一定频率的功率信号,请连接至测试架左边的发射换能器(定子);仪器面板上的接收器信号输入端口(RE),请连接到测试架右边的接收换能器(动子)。

2)示波器与声速测定信号源之间的连接:

信号源面板上的超声发射监测信号输出端口(MT)输出发射波形,请接至双踪示波器的 CH1(X 通道),用于观察发射波形;仪器面板上的超声接收监测信号输出端口输出接收的波形,请接至双踪示波器的 CH2(Y 通道),用于观察接收波形。

(2)在接通市电开机后,显示欢迎界面,并自动进入按键说明界面。按确认键后进入工作模式选择界面,可选择驱动信号为连续正弦波工作模式(共振干涉法与相位比较法)或脉冲波工作模式(时差法);在工作模式选择界面中选择驱动信号为连续正弦波工作模式,在连续正弦波工作模式中使信号源工作预热 15 min,同时将频率调节为 37 kHz。

2. 用共振干涉法测量空气中的声速

按第 1 条的要求完成系统连接与调谐,并保持在实验过程中不改变调谐频率。

将示波器设定在扫描工作状态,扫描速度约为 10 μs/格,信号输入通道输入调节旋钮约为 1 V/格(根据实际情况有所不同),并将发射监测输出信号输入端设为触发信号端。信号源选择连续波(Sine-Wave)模式,建议设定发射增益为 2 挡、接收增益为 2 挡,或增益按设定。

摇动超声实验装置丝杆摇柄,在发射器与接收器距离为 5 cm 附近处,找到共振位置(振幅最大),作为第 1 个测量点。按数字游标尺的归零(ZERO)键,使该点位置为零(对于机械游标尺而言,以此时的标尺示值作始点)。摇动摇柄使接收器远离发射器,每到共振位置均记录位置读数,共记录 10 组数据于表 14-1 中。

接收器移动过程中若接收信号振幅变动较大影响测量,可调节示波器的通道增益旋钮,使波形显示大小合理。

3. 用相位比较法测量空气中的声速

按第 1 条的要求完成系统连接与调谐,并保持在实验过程中不改变调谐频率。

信号源选择连续波(Sine-Wave)模式,建议设定发射增益为 2 挡、接收增益为 2 挡。将示波器“扫描调节”设定为“$X-Y$”工作状态。将信号源的发射监测输出信号接到示波器的 X 输入端,并设为触发信号,接收监测输出信号接到示波器的 Y 输入端,信号输入通道输入调节旋钮约为 1 V/格(根据实际情况有所不同)。

在发射器与接收器距离为 5 cm 附近处,找到 $\Delta\Phi=0$ 的点,作为第 1 个测量点。按数字游标尺的归零(ZERO)键,使该点位置为零(对于机械游标尺而言,以此时的标尺示值作始点)。摇动摇柄使接收器远离发射器,每到 $\Delta\Phi=0$ 时均记录位置读数,共记录 10 组数据于表 14-2 中。

接收器移动过程中若接收信号振幅变动较大影响测量,可调节示波器 Y 通道增益旋钮,使波形显示大小合理。

4. 用时差法测量空气中的声速

按第 1 条的要求完成系统连接与调谐,并保持在实验过程中不改变调谐频率。

信号源选择脉冲波工作模式,设定发射增益为 2 挡、接收增益调节为 2 挡。将发射器与接收器距离为 3 cm 附近处,作为第 1 个测量点。按数字游标尺的归零(ZERO)键,使该点位置为零(对于机械游标尺而言,以此时的标尺示值作始点),并记录时差。摇动摇柄使接收器远离发射器,每隔 20 mm 记录位置与时差读数,共记录 10 组数据于表 14-3 中。

也可以用示波器观察输出与输入波形的相对关系。将示波器在设定扫描工作状态,扫描速度约为 0.2 ms/格,发射信号输入通道调节为 1 V/格,并设为触发信号,接收信号输入通道调节为 0.1 V/格(根据实际情况有所不同)。

[数据记录与处理]

数据记录于表 14-1 ~ 表 14-3。

表 14-1 共振干涉法测量空气中的声速 (谐振频率 f_0 = kHz 温度 T= ℃)

测量次数 i	1	2	3	4	5	$\lambda_{平均}$
位置 L_i/mm						
测量次数 i	6	7	8	9	10	
位置 L_i/mm						
波长 λ_i/mm						

实验结论:$v_{实验}$ =____ $v_{理论}$ =____ 误差 E=____

表 14-2 相位比较法测量空气中的声速 (谐振频率 f_0 = kHz 温度 T= ℃)

测量次数 i	1	2	3	4	5	$\lambda_{平均}$
位置 L_i/mm						
测量次数 i	6	7	8	9	10	
位置 L_i/mm						
波长 λ_i/mm						

实验结论:$v_{实验}$ =____ $v_{理论}$ =____ 误差 E=____

表 14-3 时差法测量空气中的声速 (谐振频率 f_0 = kHz 温度 T= ℃)

测量次数 i	1	2	3	4	5	$v_{平均}$
位置 L_i/mm						
时刻 t_i/μs						
测量次数 i	6	7	8	9	10	
位置 L_i/mm						
时刻 t_i/μs						
速度 v_i/(m/s)						

实验结论:$v_{实验}$ =____ $v_{理论}$ =____ 误差 E=____

实验 15　用传感器测量气体绝热指数

用传感器测量气体绝热指数

气体的定压比热容 C_p 和定容比热容 C_V 之比称为气体的比热容比,它是一个重要的热力常数,在热力学方程中经常用到。实验中用绝热膨胀法测量空气的比热容比。仪器采用扩散硅气体压力传感器测量空气压强,用电流集成温度传感器测空气温度,测量气体压强和温度的精确度高,新型(C 型)空气比热容比测定仪在原仪器基础上增加了硅气体压力传感器的特性及灵敏度测量内容,使实验内容更丰富。

[实验目的]

1. 用绝热膨胀法测定空气的比热容比。
2. 观测热力学过程中状态变化及基本物理规律。
3. 学会使用标准指针式压力表对气体压力传感器进行定标。
4. 学习气体压力传感器和电流型集成温度传感器的原理及使用方法。

[实验仪器]

空气比热容比测定仪,如图 15-1 所示。它由机箱(含数字电压表 2 只、气体压力表 1 只)、贮气瓶 1 只、传感器 2 只(电流型集成温度传感器 AD590 和扩散硅压力传感器各 1 只)及引线等组成。

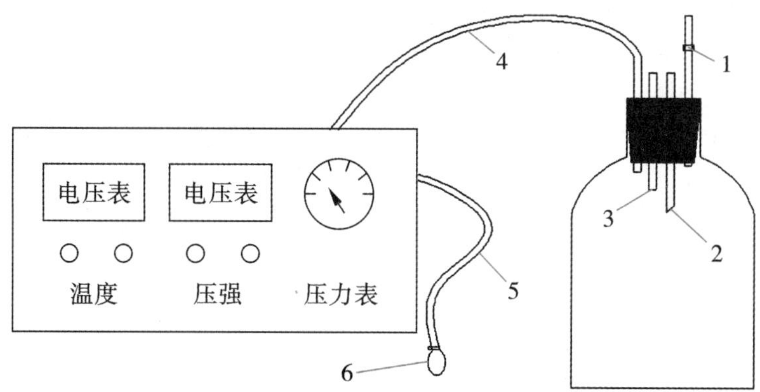

1. 放气活塞 C_1;2. 气体压力传感器;3. AD590 温度传感器;4. 与“接容器瓶”相连皮管;5. 与“打气球”相连皮管;6. 打气球及活塞。

图 15-1　空气比热容比测定实验装置图

扩散硅压力传感器连同内部电源及数字电压表用于测量容器内的气体压强,该装置的灵敏度约为 20 mV/kPa(实验时须定标确认),它显示的是容器内气体压强与容器外环境大气压强的差值。

［实验原理］

1 mol 理想气体的定压比热容 C_p 和定容比热容 C_V 之关系为

$$C_p - C_V = R \tag{15-1}$$

式(15-1)中,R 为气体普适常数。气体的比热容比 γ 值为

$$\gamma = \frac{C_p}{C_V} \tag{15-2}$$

气体的比热容比 γ 现称为气体的绝热指数,它是一个重要的物理量,γ 值经常出现在热力学方程中。测量装置如图 15-1 所示。

以贮气瓶中的空气作为研究对象,进行如下实验过程:(其中 p_0 为环境大气压强、T_0 为初温, V_2 表示贮气瓶体积)

(1)先打开活塞 C_1,贮气瓶与大气相通,再关闭 C_1,瓶内充满与周围空气等温等压的气体。

(2)用充气球向瓶内打气,充入一定量的气体。此时瓶内空气被压缩,压强增大,温度升高。等待内部气体压强稳定,且达到瓶内气体温度恒定为 T_1,此时的气体处于状态Ⅰ(p_1、V_1、T_1)。因瓶内气体压强增大,T_1 不完全等于 T_0。(注: V_1 小于 V_2,此时瓶中还有研究对象以外的气体)

(3)迅速打开活塞 C_1,使瓶内气体与大气相通,当瓶内气体压强降至 p_0 时,立刻关闭 C_1,由于放气过程较快,气体来不及与外界进行热交换,可以近似认为是一个绝热膨胀过程。此时,气体由状态Ⅰ(p_1、V_1、T_1)转变为状态Ⅱ(p_0、V_2、T_2)。

(4)由于瓶内气体温度 T_2 低于初温 T_1,所以瓶内气体慢慢从外界吸热,直至达到初温 T_1 为止,此时瓶内气体压强也随之增大为 p_2,如果将体积 V_2 气体全考虑在内,此时气体状态变为Ⅲ(p_2、V_2、T_1)。状态Ⅱ至状态Ⅲ的过程可以认为是一个等容吸热过程。

状态Ⅰ→状态Ⅱ→状态Ⅲ的过程如图 15-2 所示。

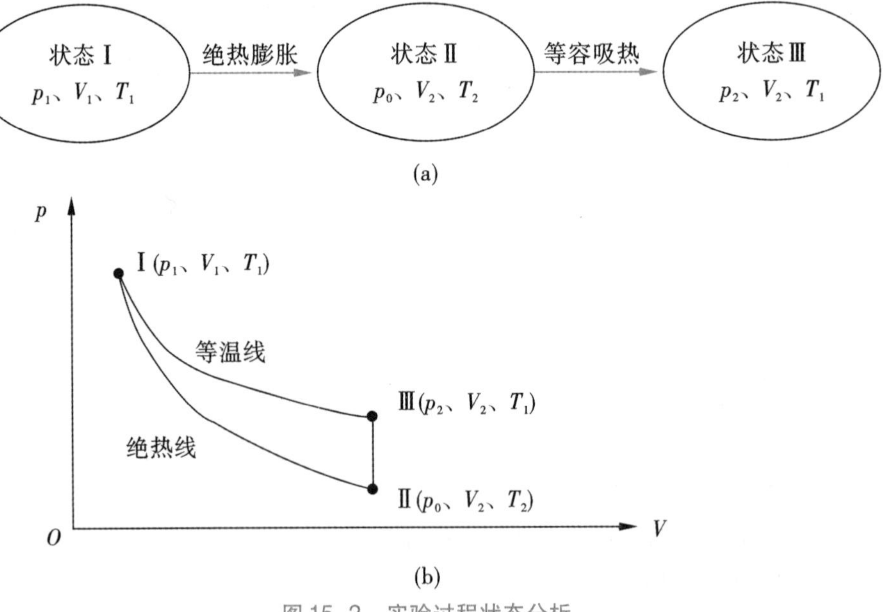

图 15-2　实验过程状态分析

状态Ⅰ→状态Ⅱ是绝热过程,由绝热过程方程得

$$p_1 V_1^{\gamma} = p_0 V_2^{\gamma} \tag{15-3}$$

状态Ⅰ和状态Ⅲ的温度均为 T_1,由等温过程气体状态方程得

$$p_1 V_1 = p_2 V_2 \tag{15-4}$$

合并式(15-3)、式(15-4),消去 V_1、V_2 得

$$\gamma = \frac{\ln p_1 - \ln p_0}{\ln p_1 - \ln p_2} = \frac{\ln(p_1/p_0)}{\ln(p_1/p_2)} \tag{15-5}$$

由式(15-5)可以看出,只要测得 p_0、p_1、p_2 就可求得空气的比热容比 γ 值。

AD590 测温原理:

AD590 接 6 V 直流电源后组成一个稳流源,见图 15-3,它的测温灵敏度为 1.00 μA/℃,若串接 5.000 kΩ 电阻后,可产生 5 mV/℃的信号电压,接 0~1999.9 mV 量程四位半数字电压表,精度即可达到 0.02 ℃。若电压表示值为 U,以 mV 为单位,则其测量所得的温度为 $t = \frac{U}{5} - 273$ ℃。

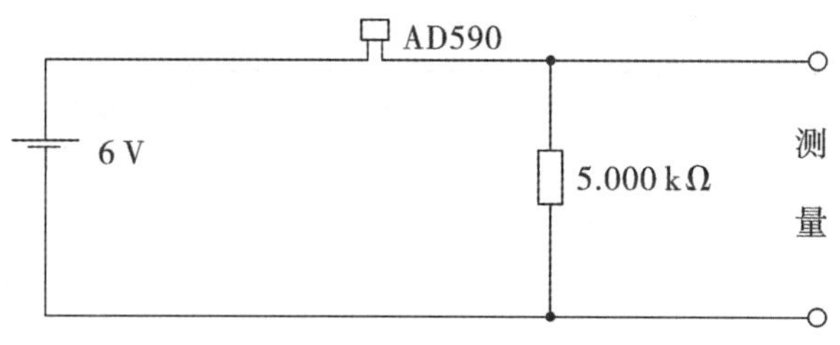

图 15-3　AD590 温度传感器测温原理图

[实验内容与步骤]

1. 按图 15-1 组装好仪器,开启电源,预热 20 min。打开活塞 C_1,使用调零电位器,将三位半数字电压表示值调零,用 Forton 式气压计测定大气压强 p_0。

2. 关闭活塞 C_1,向瓶内缓缓压入空气,仔细观测压力表指针,记录压力表指示分别为 2 kPa、3 kPa、4 kPa、5 kPa、6 kPa、7 kPa、8 kPa 时压力传感器输出的电压值,作传感器输出电压 U 与压力表示值 P' 之间关系图,由直线斜率求出气体压力传感器灵敏度。

3. 打开活塞 C_1,将贮气瓶中的气体排尽(此时如果压力传感器输出值偏离零点,再调节下调零电位器使其归零),在环境中静置一段时间,待温度稳定后,关闭活塞 C_1。用打气球将空气缓缓地压入贮气瓶内,用压力传感器和 AD590 温度传感器测量空气的压强和温度,当瓶内压强及温度稳定时,记录瓶内气体的初始压强 p_1' 和温度 T_1' 值。

4. 突然打开活塞 C_1,当贮气瓶内压强即将达到大气压强 p_0 时,迅速关闭 C_1,这时瓶内空气温度下降至 T_2。

5. 由于瓶内气体温度低于环境温度,所以要从外界吸收热量以达到热平衡。此时瓶内气体温度上升,压强增大,当瓶内压强稳定时,记录瓶内气体的压强 p_2' 和温度 T_1'' 值。

6. 将上述所得数据换算后代入公式(15-5)进行计算,求得空气比热容比值。

[数据记录及处理]

1. 气体压力传感器定标(表 15-1)

表 15-1 气体压力传感器定标数据

压强/kPa	2.00	3.00	4.00	5.00	6.00	7.00	8.00
电压/mV							

对上表数据进行线性拟合,斜率即此压力传感器灵敏度。

2. 空气比热容比测定(表 15-2)

$p_1=p_0+p_1'/20.73$;$p_2=p_0+p_2'/20.73$;其中 p_0 的单位为 kPa,p_1' 和 p_2' 的单位为 mV,$p_1'/20.73$ 和 $p_2'/20.73$ 的单位为 kPa。

$$\gamma=\frac{\ln(p_1/p_0)}{\ln(p_1/p_2)}\ (20.73\ \text{mV 读数相当于 1 kPa})$$

表 15-2 空气比热容比测定数据

p_0 /kPa	p_1' /mV	T_1' /mV	p_2' /mV	T_1'' /mV	p_1 /kPa	p_2 /kPa	γ	$\bar{\gamma}$

[注意事项]

1. 实验内容 4 打开活塞 C_1 放气时,当听到放气声结束应迅速关闭活塞,提早或推迟关闭活塞 C_1,都将影响实验,引入误差。由于数字电压表尚有滞后显示,用计算机实时测量可以发现此放气时间仅约零点几秒,并与放气声音的产生与消失很一致,所以关闭活塞 C_1 用听声的方法更可靠些。

2. 实验要求环境温度基本不变,如发生环境温度不断下降情况,可在远离实验处适当加温,以保证实验正常进行。

3. 请不要靠近窗口在太阳光照射较强处做实验,以免影响实验。

4. 密封装配后必须等胶水变干且不漏气,方可做实验。

5. 打气球橡胶管插入前可先沾水(或肥皂水),然后轻轻推入二通,以防止断裂。

6. 在充、放气后要让气体回到室温需要较长时间,且需要保证此过程中室温不发生变化。大量的实验数据显示,当温度变化趋于停止时,温度已经非常接近初温,此时可认为气体已处于平衡状态,由此引起的误差对实验结果的影响不大。

实验 16 物理演示实验

物理演示实验

物理演示实验是利用特定的仪器来演示某一物理学现象或原理，其特点是注重对实验现象的观察和实验原理的理解，而不要求对物理量的精密测量和实验数据的精确处理。它能在有限的教学课时内，给学生介绍比较多的物理知识，能给学生一个真实和直观的感觉，把抽象复杂的物理概念生动地显示在学生面前，引导学生观察思考和理解物理规律，使学生从理论和实践的结合上加深对物理学原理的理解。

物理演示实验的主要项目有超导磁悬浮、范式起电机、鱼洗、激光琴、柔和电击、人体导电、光栅衍射观察、太阳能发电站演示系统、海市蜃楼、神奇的普氏摆、旋光色散、飞机升力、弦驻波、立体三维幻映彩球、旋光色散、电磁阻尼摆、转动惯量演示、雅各布天梯、光压风车、温差发电、声波可视、圆锥爬坡、光岛、温柔电击、会跳舞的蛋、莫氏条纹、互感现象等。以下介绍部分演示项目。

1. 鱼洗

[实验原理]

通过本实验观察受迫振动，了解受迫振动产生的机制。其原理是在双手有规律地摩擦作为振源的环耳时，铜喷洗做受迫振动。一旦双手摩擦产生的振动频率与铜喷洗固有频率相同或相近时，便发生共振。铜喷洗内壁的入射波与反射波叠加，产生干涉，形成驻波。对圆盆状物体来说，最易产生的驻波形式为四个波节和四个波幅，它们沿周围等距离分布，而在波腹处巧妙地设计了四条鱼的口，由于波腹处的振幅最大，使晶莹的水珠溅起，犹如四个喷泉。

[操作方法]

铜喷洗是古代盥洗用的青铜器皿，形似浅盆（图 16-1）。在铜喷洗中盛满清水后，当手心用力摩擦两环耳时，从洗内发出悦耳的“嗡嗡”之声，同时洗的水面水波激荡，随着声音增大，会从鱼口向上喷出四簇晶莹透亮的水珠。

图 16-1 鱼洗

2. 转盘式科里奥利力演示仪

［实验原理］

科里奥利力的发现起始于在地球的北半球或南半球做直线运动的物体分别受到顺时针或逆时针方向的偏转力的影响。为何会有这种现象？人们在开始时无法解释这个现象，于是把这种偏转力称为“科里奥利力”。通过进一步的研究发现，这种使运动物体受到的顺时针或逆时针方向的偏转力是由于地球的自转造成的。为了帮助理解科里奥利力产生的原因，本演示装置设计了一个大型转盘，在转盘上还有一个沿半径方向、指向圆心的斜面，当转盘不转动时，从斜面上滚下的小球会径直通过圆心，并继续沿圆盘直径方向前进。当转盘旋转时，小球从斜面上滚下到达转盘面时会向与转盘转动方向相反的方向偏转，以转盘作为参照系观察，就无法解释沿直线方向运动的小球为何会受到一个侧向的“偏转力”，这个偏转力就是科里奥利力。

［操作方法］

先让旋转圆盘静止，将一个小球沿斜面滚下，观察其运行轨迹是否为直线。再让圆盘旋转，转速不必太快，把小球沿斜面滚下，观察小球运动方向与转盘上原来沿直径方向的轨迹有什么变化。

3. 电磁阻尼摆

［实验原理］

根据楞次定律，当一个闭合回路中磁通量发生变化时，会产生感应电动势，这个感应电动势在导体中形成的感应电流的磁场会阻止闭合回路中原磁通量的变化。在导体中产生的感应电流，因其为闭合的环状，所以又称为“涡流”。

本仪器分别用一片平面金属片和梳状金属片做成摆的形状，让它们以摆动的形式从一对磁铁的磁极中间穿过。平面金属片经过磁极附近时，因磁通量发生变化，在金属片内产生环状的涡流，该涡流的磁场与原磁场有抵触，对平面金属片的运动产生电磁阻尼作用，从而使平面金属片很快停顿下来。而梳状金属片经过磁极附近时，虽然磁通量也发生变化，但在梳状结构的金属片中不能形成环状的涡流，所以不会产生涡流磁场，也就不会受到电磁阻尼，它会像普通的摆那样正常地进行摆动。

［操作方法］

分别让平面金属片和梳状金属片的摆从磁铁的磁极间摆过，观察它们的运动阻尼情况。

4. 范氏起电机

［实验原理］

范氏起电机的原理见图 16-2。

在起电机的下部有一个摩擦生电器，它产生的电荷被输送皮带源源不断地带到上部的金属球壳内，由于电荷具有分布在导体表面的特性，并且在金属球壳表面不断地积累，因此经过一段时间后，金属球壳表面相对地会产生出数千伏到上万伏的高压。用与“地“相连的放电棒接近上部的金属球壳，可以与之产生电弧放电。金属球壳的电压越高，放出的电弧越大。

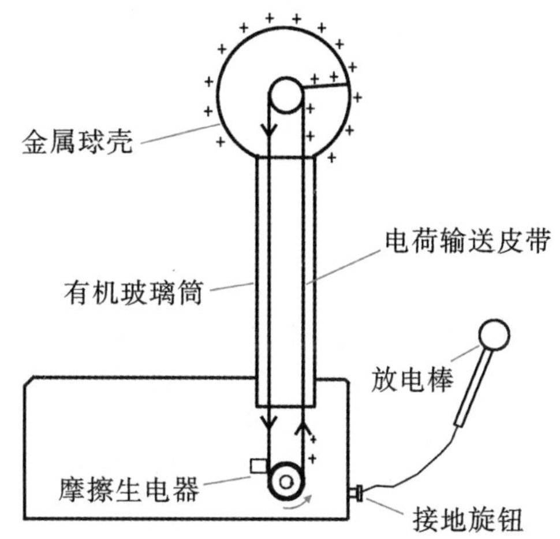

图 16-2　范氏起电机原理图

[操作方法]

实验前先要把接地旋钮与放电棒连接好，然后打开范氏起电机电源，一段时间过后，金属球壳外表积累了大量的电荷时就可进行放电实验了。

[注意事项]

范氏起电机工作时，上部的金属球带有高压电，切不可用手去摸，以防触电！仪器关机后必须用放电棒给球壳放电后才能离开。

5. 温差发电

[实验原理]

半导体温差发电技术的工作原理是在两块不同性质的半导体两端设置一个温差，于是在半导体上就产生了直流电压（这里的温差电原理与热电偶的原理相同）。温差半导体发电是有无噪声、寿命长、性能稳定等特点。可在零下 40 ℃的寒冷环境中迅速启动，因此在实际中得到越来越广泛的应用。

温差发电是一种新型的发电方式，利用塞贝尔效应将热能直接转换为电能。以半导体温差发电模块制造的半导体发电机，只要有温差存在即能发电。工作时无噪声、无污染，因而是一种应用广泛的便携电源。

[操作方法]

将温差发电加热电源和演示实验装置用导线连接好，在温差半导体上部放一杯热水，即可看到风扇转动，再将开关换向即可看到灯泡亮。

6. 温柔电击

[实验目的]

（1）引导学生体验电击的感受，从而建立起安全用电的重要概念。

（2）了解人体安全电流为交流 30 mA、直流 50 mA。这里手摇发电机产生的电压虽达到 1 000 V，但电流被严格限制在 15 mA 以下。所以，依靠自己发的电不会引起伤害。

(3)人体能够导电,可以把人看成是电热丝,电流通过会产生大量的热,灼伤人体,所以我们要注意安全用电,防止触电造成意外伤害。

[操作方法]

一只手摸住试擦电极,另一只手轻轻摇动起电机,体验电击的感觉,一有麻电的感觉可以立刻停手。

7. 雅各布天梯

[实验原理]

雅各布天梯展示了电弧产生和消失的过程。两根呈羊角形的管状电极,一极接高压电,另一个接地。在 2 万 ~5 万伏高压下,两电极最近处的空气首先被击穿,形成大量的正负等离子体,即产生电弧放电。

空气对流加上电动力的驱使,使电弧向上升,随着电弧被拉长,电弧通过的电阻加大,当电流送给电弧的能量小于由弧道向周围空气散出的热量时,电弧就会自行熄灭。

[操作方法]

打开电源开关,按动触发按钮,观察电弧上爬现象:高压放电电弧沿着“天梯”向上爬,同时听到放电声,直到上移的电弧消失。

8. 人造火焰

[实验原理]

仪器下部是由半透明材料制成的炭火造型,由于不同厚度的炭火模型各位置透光不同,在其下部的灯光照明下,较薄的地方显得火红,较厚的地方显得暗淡。

火苗的形成:为了使火苗从炭火堆中蹿出,在炭火模型的后面放置一面反射镜,上面刻有火苗状的透光镜,炭火模型与其镜中的像形成对称结构,中间形成一条透光缝。在缝的下部有一根横轴,轴的四周镶满不同反射方向的小反光片,光源的光照到反光片上。随着轴的转动,光被随机地反射出来,让我们看到了火苗的存在。

[操作方法]

接通电源,观察视窗内似有熊熊的火焰在燃烧;打开加热开关,还会有热风吹出,像一个逼真的火炉。

9. 会跳舞的蛋

[实验原理]

在锅底形状的有机玻璃转台下安置有一组旋转的磁场线圈,当打开电源后线圈就沿有机玻璃转台轴线产生一个快速旋转的磁场。因蛋的内部有金属导体,当蛋放在转台上时,该金属导体在旋转的磁场中切割磁力线,就会在导体内感应出电流。根据楞次定律,这个感应电流的磁场方向是与外界的旋转磁场方向相反的,所以就会与旋转磁场间产生排斥力,使得“蛋”随着外界的旋转磁场一起转动起来。“蛋”内的金属材料越多、越大,产生的感应电流和排斥力越大,“蛋”就旋转得越快。如果用一个柱状的圆桶限制“蛋”的旋转半径,根据角动量守恒定律,在同样的角动量情况下,旋转半径减小,旋转的角速度就会大大增加,“蛋”就会更加疯狂地旋转。

[操作方法]

打开电源,将“蛋”放在转台上即可观察到蛋的“跳舞”现象。

10. 悬空的奥妙

［实验原理］

这是利用平面镜的镜像反射原理进行演示的。实验装置由两面垂直安放的平面镜构成，同时还利用了人体的左右对称关系，因而形成了“悬空”的图像。

［操作方法］

站在一面镜子边缘，使身体中轴线和镜子竖直边缘线尽量靠近。抬起镜面一侧的手和腿，会在对面镜子中观察到你自己离地腾空的整幅虚像。

实验 17　电位差计

电位差计是利用电压补偿原理精确测量直流电压和电动势的仪器，如果配用标准电阻，还可以精确测量电流和电阻，所以在教学、科研和生产中都得到了广泛应用。

电位差计

［实验目的］

1. 了解电位差计的工作原理和结构特点。

2. 学习电位差计的使用方法。

［实验仪器］

UJ31 型电位差计、检流计、标准电池、电阻箱、滑线变阻器、直流稳压电源、干电池、开关。

UJ31 型电位差计是一种测量低电位的电位差计，它有 0 ~ 17. 1 mV 和0 ~ 171 mV 两个量程。使用5. 7 ~6. 4 V 的外接直流工作电源，工作电流 I_0 为 10 mA。图 17-1 和图 17-2 所示的是其仪器简化线路图和仪器面板图。

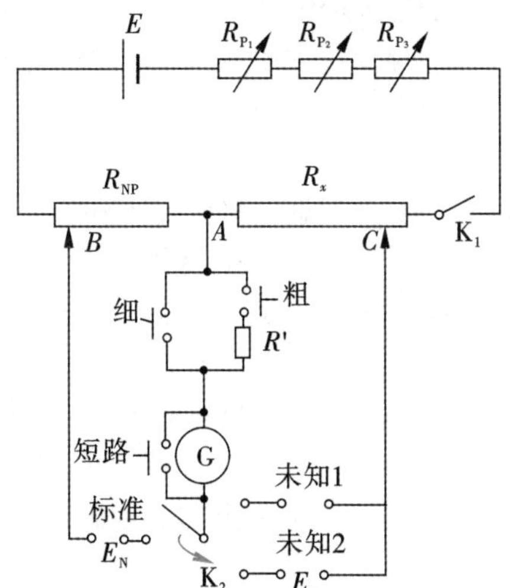

图 17-1　UJ31 型电位差计仪器简化线路图

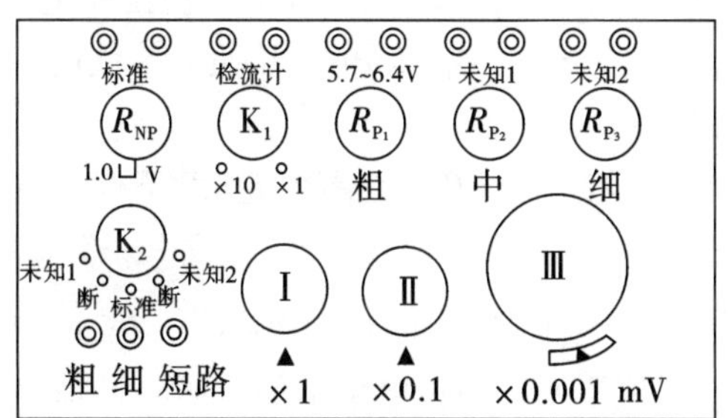

图 17-2　UJ31 型电位差计仪器面板图

1. 仪器面板介绍

（1）开关。K_1 是量程变换开关。当 K_1 扳向"×10"时，测量范围为 0～171 mV；当 K_1 扳向"×1"时，测量范围为 0～17.1 mV。

K_2 是转换开关，K_2 扳向"标准"时，进行工作电流的校准；K_2 扳向"未知 1"或"未知 2"时，进行 E_x 的测量。

按钮"粗"和"细"是供通、断补偿回路用的，应先"粗"后"细"，可以保护检流计不被过大的电流烧坏。"短路"按钮是在电路断开时，如果检流计指针不停地摆动，可在指针经过零点时按下增大"电磁阻尼"，使它停止摆动。

（2）电阻。R_{P_1}、R_{P_2}、R_{P_3} 为"粗""中""细"三个调节电阻，用于调节辅助回路的工作电流。

R_{NP} 用于校准工作电流 I_0，它的数值必须随当时温度下标准电池 E_N 的数值做相应改变。R_{NP} 周围刻有不同 E_N 的电动势值（即 $E_N=I_0R_{NP}$），以便在校准工作电流 I_0 前，对照 E_N 来调节。E_N 由下面"2. 标准电池"中的公式（17-2）计算。

R_x 用于测量 E_x。R_x 上 A、C 间的电位由图 17-4 中的 3 个读数转盘（Ⅰ、Ⅱ、Ⅲ）的示值读出。

$$E_x=I_0R_x \tag{17-1}$$

2. 标准电池

标准电池的电动势很稳定，是一种用作电动势标准的原电池。标准电池按其电解液浓度的不同分为饱和式和不饱和式两种。饱和式的电动势最稳定，但随温度的变化比较显著，其温度修正公式为

$$E_N(t)=E_{20}-39.94\times10^{-6}(t-20)-0.929\times10^{-6}(t-20)^2(\mathrm{V}) \tag{17-2}$$

式中，E_{20} 是温度为 20 ℃时的电动势值，对于 BC3 型饱和式标准电池 $E_{20}=1.018\ 55$ V，对于 BC9 型饱和式标准电池 $E_{20}=1.018\ 6$ V。

标准电池按准确度分为Ⅰ、Ⅱ、Ⅲ级。Ⅰ、Ⅱ级的最大额定电流为 1 μA，Ⅲ级的最大额定电流为 10 μA，所以它只能作为电动势的标准，而不能作电源使用，也不允许用伏特计测量其电动势，更忌短路或接错正负极，否则将损坏标准电池。

3. 仪器使用

（1）接线。如图 17-2 所示，将标准电池 E_N 接入"标准"端钮，将检流计调好机械零点后接入"检流计"端钮，将 6 V 直流工作电压接"5.7～6.4 V"端钮，将待测电压（或电动势）接"未知 1"或"未知 2"端钮。接线时，应注意极性的正确连接，否则无法调节检流计指零。

（2）校准。调 R_{NP} 旋至相应温度下标准电池 E_N 的数值。根据被测量的大小合适选择量程"×10"或"×1"，开关 K_2 扳向"标准"位置。先按下"粗"钮，调节 R_{P_1}、R_{P_2} 使检流计指零；再按下"细"钮，调节 R_{P_1}、R_{P_2}、R_{P_3} 使检流计指零，此时 I_0 被校准，保持 R_{P_1}、R_{P_2}、R_{P_3} 电阻值不变。单位电阻上的电压降被精确确定。

（3）测量。将开关 K_2 扳向"未知 1"或"未知 2"，先按下"粗"钮，调节Ⅰ、Ⅱ、Ⅲ读数盘使检流计指零；再按下"细"钮，调节 3 个读数盘使检流计指零，从 3 个读数盘读出

测量数值。

例如:“Ⅰ”盘读数为 13,“Ⅱ”盘读数为 8,“Ⅲ”盘读数为 32.0,K_1 扳向“×10”,则有 $E_x=(13\times1+8\times0.1+32.0\times0.001)\times10=138.320(\mathrm{mV})$。可以直接读出,不必列式计算。

为了保证测量精度,要求每次测量数据前都应按步骤(2)做一次工作电流的校准。

(4)测量误差。在温度为 15~25 ℃时,UJ31 型电位差计的测量误差按下式计算:

$$|\Delta E_x|=(f\%E_x+0.25\nabla) \quad (17-3)$$

式中,f 为仪器准确度等级为 0.05 级;E_x 为电位差计的示数值(mV);当量程选“×10”时 $\nabla=0.005$ mV,当量程选“×1”时 $\nabla=0.0005$ mV。

[实验原理]

1. 补偿原理

应用补偿法精确测量未知电压的电路,即电位差计电路。电压补偿原理如图 17-3 所示,E_x与 E_0并联。当调节 E_0使检流计 G 中无电流通过时(检流计指针指零),我们称电路达到了补偿。这时的 E_0和 E_x大小相等,即 $E_x=E_0$,如果 E_0的数值已知,E_x便可求出,由于回路中电流为零,所以测量的精度很高。

可见,构成一个电位差计电路需要有一个 E_0,它的大小便于调节,电压很稳定,并能准确读出数值。

2. 电位差计原理

实际的电位差计电路如图 17-4 所示,它由两个回路构成:电源 E、限流电阻 R_P和精密电阻 R_{AB}构成辅助回路,待测电路 E_xCDGE_x(或校准电路 $E_NC'D'GE_N$)构成补偿回路。

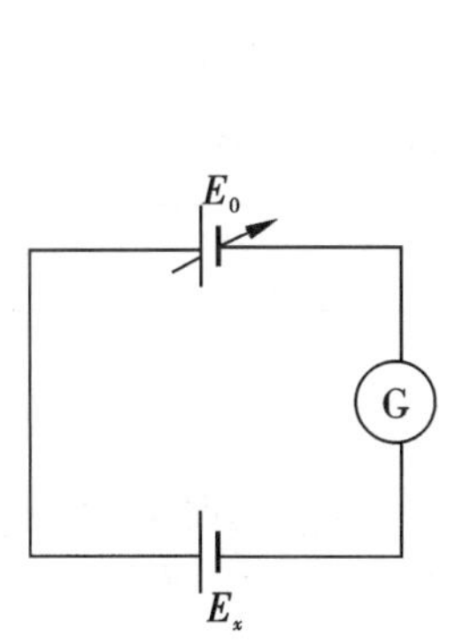

图 17-3 电位差计简化原理图

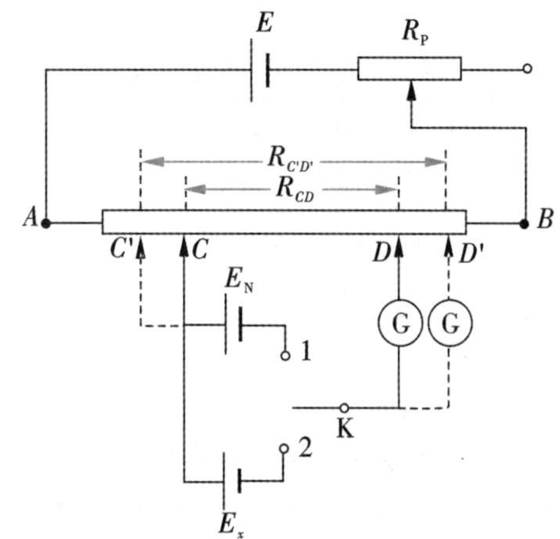

图 17-4 电位差计原理图

在辅助回路中,调节 R_P使回路中有一恒定的标准电流 I_0(工作电流)流过 R_{AB},在 R_{AB}上产生均匀的电位降,若把 I_0乘以电阻 R_{AB}形成的电压数值刻在 R_{AB}的刻度盘上,改变 R_{AB}上滑动头 C、D 的位置,就能改变 C、D 间电位差 U_{CD}的大小。U_{CD}相当于上面所要求的“E_0”,其大小可调,数值可读。测量时,将 V_{CD}与待测 E_x进行比较,当调节 V_{CD}使检流计指零时,有 $E_x = V_{CD}$。

3. 电位差计的校准与测量

(1)校准:为使辅助回路中的电流为标准工作电流 I_0,可借助标准电池 E_N 进行校准。首先根据 E_N 的大小选定 C'、D'间的电阻值 $R_{C'D'}$,使其满足 $I_0R_{C'D'} = E_N$,再将图 17-4 中的开关 K 扳向"1",接通含有 E_N 的补偿回路。调节 R_P 改变辅助回路中的电流,当检流计指零时,$R_{C'D'}$上的电位差恰与 E_N 相等,电路补偿。此时

$$I_0 = \frac{E_N}{R_{C'D'}} \tag{17-4}$$

工作电流由此确定,之后固定 R_P 保持不变。

(2)测量:将开关 K 扳向"2",接通含有 E_x 的补偿回路,移动滑动接头 C、D,改变 U_{CD}使检流计指零,电路补偿。则有

$$E_x = I_0R_{CD} = U_{CD} \tag{17-5}$$

因为 I_0 已被校准,E_x 就能由刻度盘上标定的 U_{CD}读出。

[实验内容]

1. 测量电压

按图 17-5 接线,E 用一节干电池,R_1 和 R_2 用电阻箱。用电位差计测出 $R_1 = 100\ \Omega$,$R_2 = 900\ \Omega$ 时的 U_{x_1}数值,再测出 $R_1 = 100\ \Omega$,$R_2 = 9\ 900\ \Omega$ 时的 U_{x_2}数值。按表 17-1 测量数据,写出测量结果。

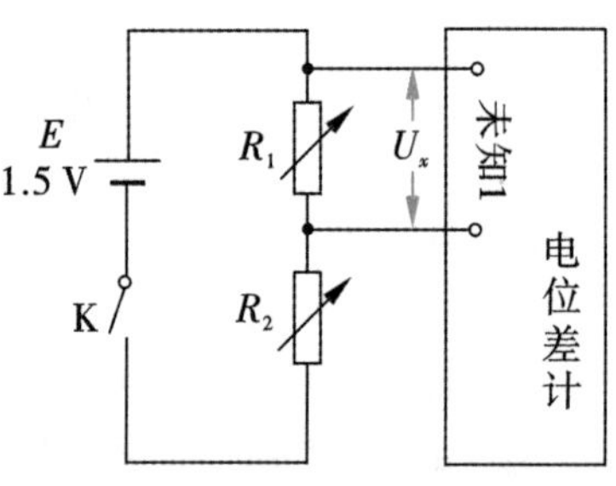

图 17-5 测电压示意图

表 17-1 电压测量数据

误差公式 ΔE_x =________ 电位差计级别________

	量程	测量值/mV	绝对误差/mV	测量结果
U_{x_1}				U_{x_1} = (__±__) mV E_1 = ____%
U_{x_2}				U_{x_2} = (__±__) mV E_2 = ____%

2. 测量电阻

按图 17-6 接线。调节电阻箱 $R_N \approx R_x$,调节电阻箱 $R_0 \approx 8R_x$,这时 R_x 和 R_N 的分压约为 150 mV。标准电阻 R_N 用电阻箱,选用的阻值应尽可能接近 R_x 的数值,利用转换开关 K_2(见图 17-2)分别测出 U_x 和 U_N 的数值,由于 R_x 和 R_N 上流过的电流相同,则有

$$R_x = \frac{U_x}{U_N}R_N \tag{17-6}$$

按表 17-2 测量数据,写出测量结果。

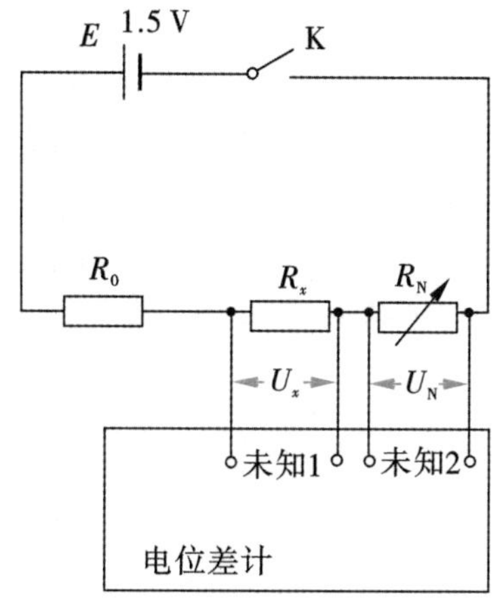

图 17-6 测电表内阻示意图

表 17-2 电阻测量数据

电位差计级别________ 电阻箱 R_N 级别________

R_N/Ω	U_x/mV	U_N/mV	$R_x=\frac{U_x}{U_N}\cdot R_N/\Omega$	E_{R_x}/%	$\Delta R_x/\Omega$
测量结果	R_x = (____ ± ____) Ω			E_{R_x} = ____ %	

推导出误差公式:E_{R_x} = ______ % ΔR_x = ______ Ω

[思考题]

1. 在校准工作电流时,如果发现检流计指针一直偏向一边,无法调节检流计指零,试分析有哪些原因?如果在测量时发现检流计指针一直偏向一边或指针不动,产生的原因又有哪些?

2. 标准电池起什么作用?使用时应注意什么?

3. 如何用电位差计校准直流电流表和电压表?

实验 18 霍尔效应及其应用

霍尔效应及其应用

1879 年,美国霍普金斯大学研究生霍尔(当年 24 岁)在研究金属导电机构时发现,如果在载流导体的垂直方向加上磁场,则在与电流和磁场都垂直的方向上将建立一个电场,这种现象被称为霍尔效应。后来曾有人利用霍尔效应制成测量磁场的磁传感器,但因金属的霍尔效应太弱而未能得到实际应用。随着半导体材料和制造工艺的发展,人们又利用半导体材料制成霍尔元件，由于它的霍尔效应显著而得到实用和发展，现在广泛用于非电量检测、电动控制、电磁测量和计算装置等方面。在电流体中的霍尔效应也是目前在研究中的“磁流体发电”的理论基础。1980 年物理学家冯·克利青（K. Von Klitzing）研究二维电子气系统的输运特性时，在低温和强磁场下发现了量子霍尔效应，这是凝聚态物理领域最重要的发现之一。目前人们对量子霍尔效应正在进行深入研究，并取得了重要应用，例如用于确定电阻的自然基准，可以极为精确地测量光谱精细结构常数等。

在磁场、磁路等磁现象的研究和应用中，霍尔效应及其元件是不可缺少的，利用它检测磁场直观、干扰小、灵敏度高、效果明显。

［实验目的］

1. 了解霍尔效应原理及霍尔元件有关参数。

2. 学习用“对称交换测量法”消除副效应产生的系统误差。

3. 计算霍尔元件灵敏度、载流子的浓度和迁移率，并判断其载流子的类型。

4. 学习利用霍尔效应测量磁感应强度 B 及磁场分布。

［实验仪器］

本套仪器由 ZKY-HS 霍尔效应实验仪和 ZKY-H/L 霍尔效应测试仪两大部分组成，如图 18-1 所示。

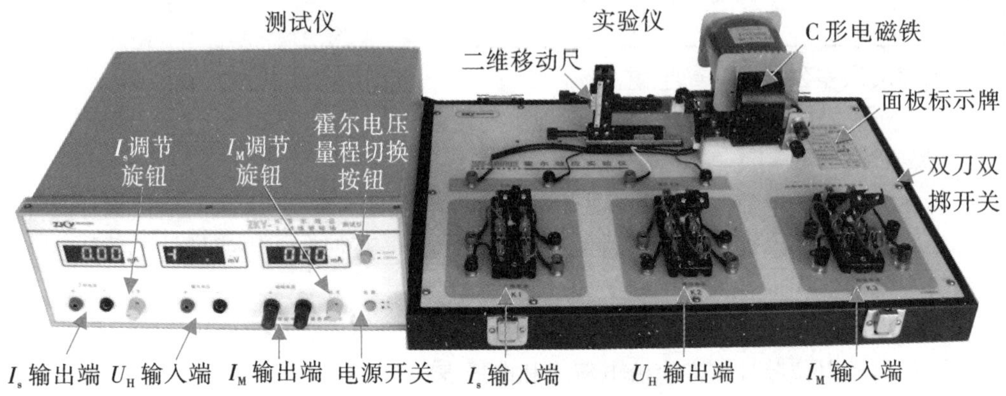

图 18-1 霍尔效应实验仪与测试仪

1. ZKY-HS 霍尔效应实验仪

本实验仪由 C 形电磁铁、二维移动尺及霍尔元件、面板标示牌、三个双刀双掷开关等组成。

（1）C 形电磁铁：本实验中励磁电流 I_M 与电磁铁在气隙中产生的磁感应强度 B 成正比。导线绕向（或正向励磁电流 I_M 方向）已在线圈上用箭头标出，可通过右手螺旋定则以及磁力线基本沿着铁芯走的性质，确定电磁铁气隙中磁感应强度 B 的方向。

（2）二维移动尺及霍尔元件：二维移动尺可调节霍尔元件水平、垂直移动，水平可移动范围 0 ~ 50 mm，垂直可移动范围 0 ~ 30 mm。

霍尔元件相关参数见面板标示牌。霍尔元件上有 4 只引脚（图 18-2），其中编号为

1、2 的两只为工作电流端，编号为 3、4 的两只为霍尔电压端（图 18-2 中的图形“○”仅标示霍尔元件正方向）。同时将这 4 只引脚焊接在印制板上，然后引到仪器双刀双掷开关上，接线柱旁标有 1、2、3、4 四个编号，按对应编号连线。霍尔元件在印制板上的朝向是正面背离印制板而朝向实验者，霍尔元件在印制板上的位置如图 18-3 所示。

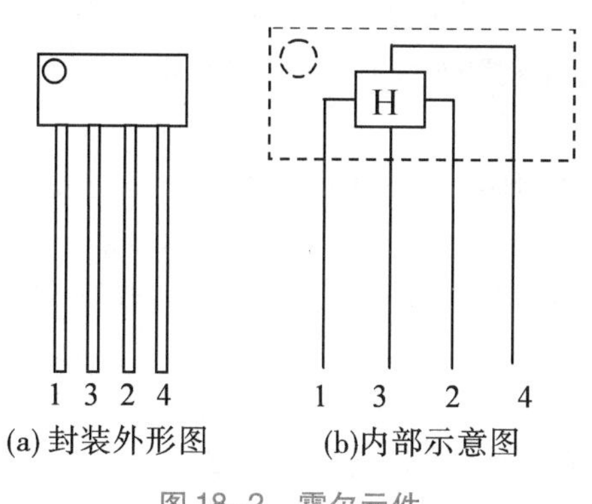

(a) 封装外形图 (b)内部示意图

图 18-2 霍尔元件

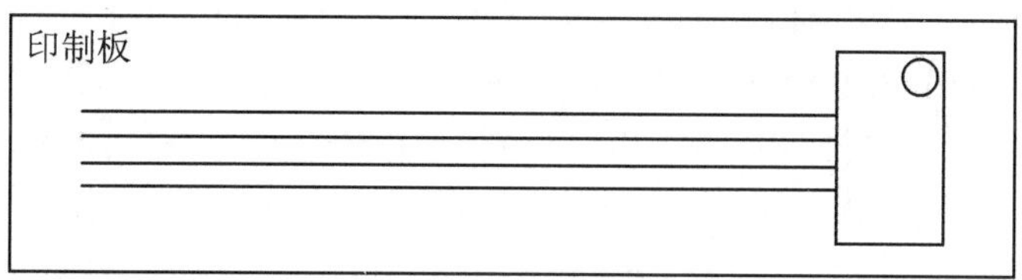

图 18-3 霍尔元件在印制板上的位置

（3）面板标示牌：面板标示牌中填写的内容包括霍尔元件参数（尺寸、导电类型及材料、最大工作电流）、电磁铁参数（线圈常数 C、气隙尺寸等）。由于本实验中励磁电流 I_M 与电磁铁在气隙中产生的磁感应强度 B 成正比，故用电磁铁的线圈常数 C 可替代测量磁感应强度的特斯拉计。电磁铁线圈常数 C 指的是单位励磁电流作用下电磁铁在气隙中产生的磁感应强度，单位：mT/A。若已知励磁电流大小，便能根据公式 $B = C \cdot I_M$ 得到此时电磁铁气隙中的磁感应强度。

（4）三个双刀双掷开关：分别对励磁电流 I_M、工作电流 I_s、霍尔电压 U_H（待扩展用）进行通断和换向控制（如图 18-4），本实验仪规定：当双刀双掷开关打向二维移动尺和电磁铁所在的一侧时为正向接通，即电流为红进黑出，电极为红接正极、黑接负极。

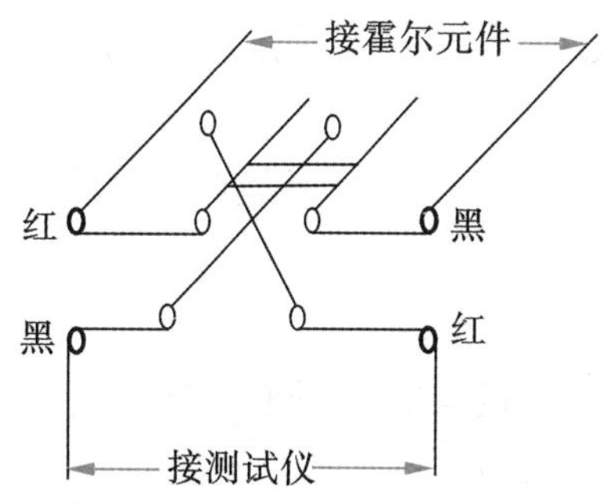

图 18-4 双刀双掷开关示意图

2. ZKY-H/L 霍尔效应测试仪

仪器背部为 220 V 交流电源插座（带保险丝）。仪器面板分为三大部分：

（1）霍尔元件工作电流 I_s 输出（前面板左侧）：三

位半数码管显示输出电流值 I_s(mA)。

恒流源可调范围:0 ~ 10.00 mA(用调节旋钮调节)。

(2)霍尔电压 U_H输入(前面板中部):四位数码管显示输入电压值 U_H(mV)。

测量范围:0 ~ 19.99 mV(量程 20 mV)或 0 ~ 199.9 mV(量程 200 mV),可通过按测试仪面板上的量程切换按钮进行切换。在本实验中,只用 200 mV 量程,在实验前请先将霍尔电压测试仪的电压量程调至 200 mV。20 mV 量程配套另一仪器"螺线管磁场实验仪"使用。

(3)励磁电流 I_M输出(前面板右侧):三位半数码管显示输出电流值 I_M(mA)。

恒流源可调范围:0 ~ 1 000 mA(用调节旋钮调节)。

注意:只有在接通负载时,恒流源才能输出电流,数显表上才有相应显示。

[实验原理]

1. 霍尔效应

霍尔效应从本质上讲是运动的带电粒子在磁场中受洛仑兹力的作用而引起带电粒子的偏转。若带电粒子(电子或空穴)被约束在固体材料中,这种偏转就导致在垂直于电流和磁场方向的两个端面产生正负电荷的聚积,从而形成附加的横向电场。

如图 18-5 所示,沿 Z 轴的正向加以磁场 B,与 Z 轴垂直的半导体薄片上沿 X 轴正向通以电流 I_s(称为工作电流或控制电流),假设载流子为电子[N 型半导体材料如图 18-5(a);P 型半导体材料如图 18-5(b),载流子为空穴],它沿着与电流 I_s相反的 X 轴负向运动。由于洛伦兹力 F_m的作用,电子即向图中的 D 侧偏转,并使 D 侧形成电子积累,而相对的 C 侧形成正电荷积累。与此同时,运动的电子还受到由于两侧积累的异种电荷形成的反向电场力 F_e的作用。随着电荷的积累,F_e逐渐增大,当两力大小相等、方向相反时,电子积累便达到动态平衡。这时在 C、D 两端面之间建立的电场称为霍尔电场 E_H,相应的电势差称为霍尔电压 U_H。

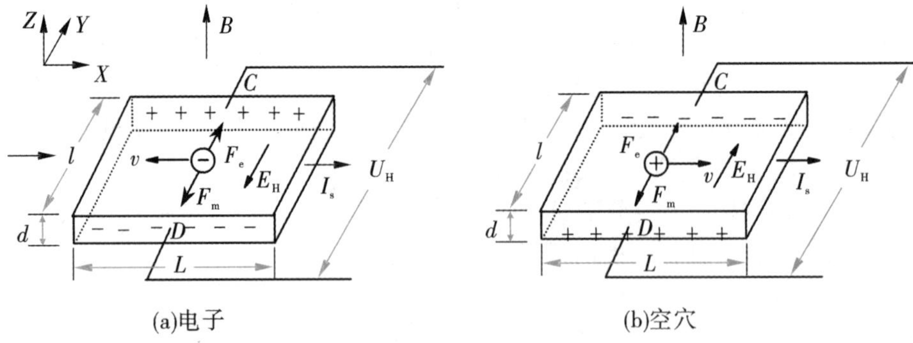

图 18-5　霍尔元件中载流子在外磁场下的运动情况

设电子按相同平均漂移速率 v 向图 18-5 中的 X 轴负方向运动,在磁场 B 作用下,所受洛伦兹力为

$$\boldsymbol{F}_{\mathrm{m}} = -e\boldsymbol{v} \times \boldsymbol{B} \tag{18-1}$$

式中 e 为电子电量 1.6×10^{-19} C,$\boldsymbol{v}$ 为电子漂移平均速度,$\boldsymbol{B}$ 为磁感应强度。

同时,电场作用于电子的力为

$$\boldsymbol{F}_e = -e\boldsymbol{E}_{\mathrm{H}} = -e\frac{\boldsymbol{U}_{\mathrm{H}}}{l} \tag{18-2}$$

式中 $\boldsymbol{E}_{\mathrm{H}}$ 为霍尔电场强度, $\boldsymbol{U}_{\mathrm{H}}$ 为霍尔电压, l 为霍尔元件宽度。

当达到动态平衡时, $\boldsymbol{F}_{\mathrm{m}} = -\boldsymbol{F}_{\mathrm{e}}$,从而得到

$$vB = \frac{U_{\mathrm{H}}}{l} \tag{18-3}$$

霍尔元件宽度为 l,厚度为 d,载流子浓度为 n,则霍尔元件的工作电流为

$$I_{\mathrm{s}} = nevld \tag{18-4}$$

由式(18-3)、式(18-4)可得

$$U_{\mathrm{H}} = \frac{1}{ne}\frac{I_{\mathrm{s}}B}{d} = R_{\mathrm{H}}\frac{I_{\mathrm{s}}B}{d} = K_{\mathrm{H}}I_{\mathrm{s}}B \tag{18-5}$$

即霍尔电压 U_{H}(此时为 C、D 间电压)与 I_{s}、B 成正比,与霍尔元件的厚度 d 成反比。其中:比例系数 $R_{\mathrm{H}} = \frac{1}{ne}$ 称为霍尔系数,它是反映材料霍尔效应强弱的重要参数;比例系数 $K_{\mathrm{H}} = \frac{1}{ned}$ 称为霍尔元件的灵敏度,它表示霍尔元件在单位磁感应强度和单位工作电流下的霍尔电势大小,其单位是 mV/(mA · T),一般要求 K_{H}越大越好。

当霍尔元件的材料和厚度确定时,根据霍尔系数或灵敏度可以得到载流子的浓度 n:

$$n = \frac{1}{eR_{\mathrm{H}}} = \frac{1}{edK_{\mathrm{H}}} \tag{18-6}$$

霍尔元件中载流子迁移率 μ 为

$$\mu = \frac{v}{E_{\mathrm{s}}} = \frac{v \cdot L}{U_{\mathrm{s}}} \tag{18-7}$$

将式(18-4)、式(18-5)、式(18-7)联立求得

$$\mu = K_{\mathrm{H}} \cdot \frac{L}{l} \cdot \frac{I_{\mathrm{s}}}{U_{\mathrm{s}}} \tag{18-8}$$

式中 μ 为载流子的迁移率,即单位电场强度下载流子获得的平均漂移速度(一般电子迁移率大于空穴迁移率,因此制作霍尔元件时大多采用 N 型半导体材料)。L 为霍尔元件的长度(见图 18-1),U_{s}为霍尔元件沿着 I_{s}方向的工作电压,E_{s}为由 U_{s}产生的电场强度。

由于金属的电子浓度 n 很高,所以它的 R_{H}或 K_{H}都不大,因此不适宜作霍尔元件。此外元件厚度 d 越薄,K_{H}越大,所以制作时,往往采用减少 d 的办法来增加灵敏度,但不能认为 d 越薄越好,因为此时元件的输入和输出电阻将会增加。

由于霍尔效应建立时间很短($10^{-14} \sim 10^{-12}$ s),因此,使用霍尔元件时既可用直流电,也可用交流电。但使用交流电时,霍尔电压是交变的,I_{s}和 U_{H}应取有效值。

应当注意,当磁感应强度 B 和元件平面法线成一角度时(如图 18-6),作用在元件上的有效磁场是其法线方向上的分量 $B\cos\theta$,此时:

$$U_H = K_H I_s B\cos\theta \qquad (18-9)$$

所以一般使用时应调整元件平面朝向,使 U_H 达到最大,即 $\theta=0$, $U_H = K_H I_s B\cos\theta = K_H I_s B$ 。

由式(18-9)可知,当工作电流 I_s 或磁感应强度 B,两者之一改变方向时,霍尔电压 U_H 的方向随之改变;若两者方向同时改变,则霍尔电压 U_H 极性不变。

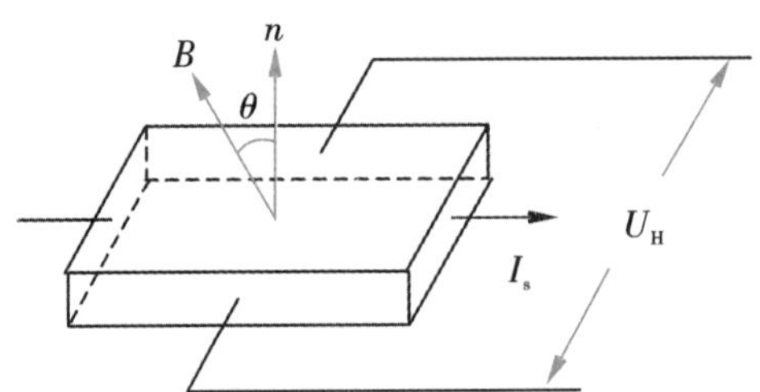

图 18-6　磁感应强度 B 与元件平面法线成 θ 角

2. 霍尔效应的副效应及其消除

测量霍尔电势 U_H 时,不可避免地会产生一些副效应,由此而产生的附加电势叠加在霍尔电势上,形成测量系统误差,这些副效应如下。

(1)不等位电势 U_0:由于制作时,两个霍尔电极不可能绝对对称地焊在霍尔元件两侧[图 18-7(a)]、霍尔元件电阻率不均匀、工作电流极的端面接触不良[图 18-7(b)]都可能造成 C、D 两极不处在同一等位面上,此时虽未加磁场,但 C、D 间存在电势差 U_0,称为不等位电势,$U_0=I_sR_0$,R_0 是 C、D 两极间的不等位电阻。由此可见,在 R_0 确定的情况下,U_0 与 I_s 的大小成正比,且其正负随 I_s 的方向改变而改变。

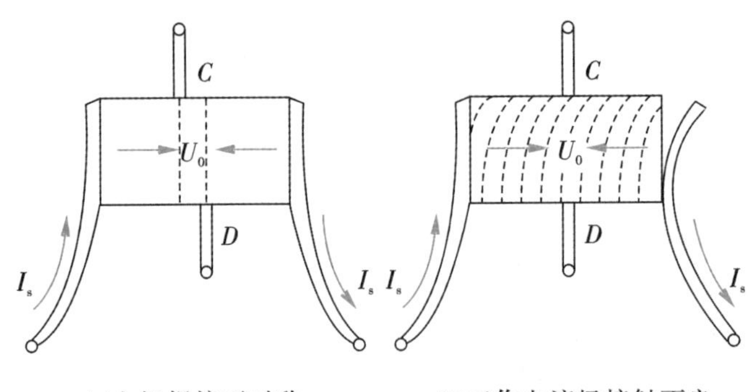

(a)电极焊接不对称　　(b)工作电流极接触不良

图 18-7　电极焊接不对称和工作电流极接触不良示意

(2)埃廷斯豪森(Ettingshausen)效应:如图 18-8 所示,当霍尔元件的 X 轴方向通以工作电流 I_s,Z 轴方向加磁场 B 时,由于霍尔元件内的载流子速度服从统计分布,有快有慢。在达到动态平衡时,在磁场的作用下慢速与快速的载流子将在洛伦兹力和霍尔电场的共同作用下,沿 Y 轴分别向相反的两侧偏转,这些载流子的动能将转化为热能,使两侧的温度不同,因而造成 Y 轴方向上两侧出现温差($\Delta T=T_C-T_D$)。

因为霍尔电极和元件两者材料不同，电极和元件之间形成温差电偶，这一温差在 C、D 间产生温差电动势 U_E，$U_E \propto I_s B$。

这一效应称为埃廷斯豪森效应，U_E 的大小及正负符号与 I_s、B 的大小和方向有关，跟 U_H 与 I_s、B 的关系相同，所以不能在测量中消除。

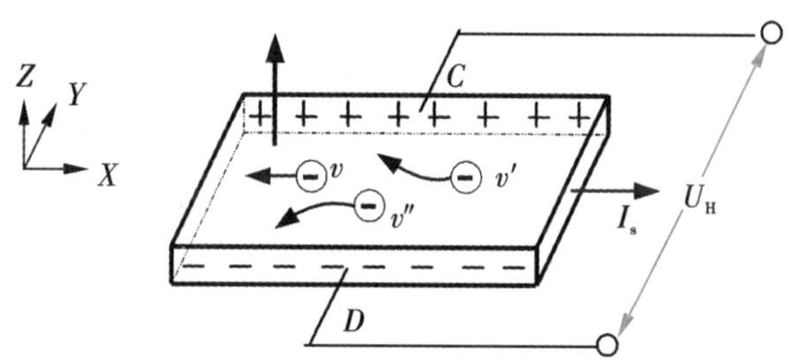

图 18-8　霍尔元件中电子实际运动情况（图中 $v'<v$，$v''>v$）

（3）能斯特（Nernst）效应：由于工作电流的两个电极与霍尔元件的接触电阻不同，工作电流在两电极处将产生不同的焦耳热，引起工作电流两极间的温差电动势，此电动势又产生温差电流（称为热电流）I_Q，热电流在磁场作用下将发生偏转，结果在 Y 轴方向上产生附加的电势差 U_N，且 $U_N \propto I_Q B$，这一效应称为能斯特效应，由上式可知 U_N 的符号只与 B 的方向有关。

（4）里吉-勒迪克（Righi-Leduc）效应：如（3）所述，霍尔元件在 X 轴方向有温度梯度，引起载流子沿梯度方向扩散而有热电流 I_Q 通过霍尔元件，在此过程中载流子受 Z 轴方向的磁场 B 作用，在 Y 轴方向引起类似埃廷斯豪森效应的温差 $\Delta T=T_C-T_D$，由此产生的电势差 $U_R \propto I_Q B$，其符号与 B 的方向有关，与 I_s 的方向无关。

在确定的磁场 B 和工作电流 I_s 下，实际测出的电压是 U_H、U_0、U_E、U_N 和 U_R 这 5 种电势差的代数和。上述 5 种电势差与 B 和 I_s 方向的关系如表 18-1：

表 18-1　电势差与 B 和 I_s 方向的关系

U_H		U_0		U_E		U_N		U_R	
B	I_s	B	I_s	B	I_s	B	I_s	B	I_s
有关	有关	无关	有关	有关	有关	有关	无关	有关	无关

为了减少和消除以上效应引起的附加电势差，利用这些附加电势差与霍尔元件工作电流 I_s、磁场 B（即相应的励磁电流 I_M）的关系，采用对称（交换）测量法测量 C、D 间电势差：

当 $+I_M$、$+I_s$ 时　　$U_{CD1}=+U_H+U_0+U_E+U_N+U_R$

当 $+I_M$、$-I_s$ 时　　$U_{CD2}=-U_H-U_0-U_E+U_N+U_R$

当 $-I_M$、$-I_s$ 时　　$U_{CD3}=+U_H-U_0+U_E-U_N-U_R$

当 $-I_M$、$+I_s$ 时　　$U_{CD4}=-U_H+U_0-U_E-U_N-U_R$

对以上四式进行如下运算：

$$\frac{1}{4}(U_{CD1}-U_{CD2}+U_{CD3}-U_{CD4})=U_{\mathrm{H}}+U_{\mathrm{E}} \tag{18-10}$$

可见，除爱廷豪森效应以外的其他副效应产生的电势差会全部消除，因爱廷豪森效应所产生的电势差 U_{E} 的符号和霍尔电势 U_{H} 的符号，与 I_s 及 B 的方向关系相同，故无法消除，但在非大电流、非强磁场下，$U_{\mathrm{H}} \gg U_{\mathrm{E}}$，因而 U_{E} 可以忽略不计，故有

$$U_{\mathrm{H}} \approx U_{\mathrm{H}}+U_{\mathrm{E}}=\frac{1}{4}(U_{CD1}-U_{CD2}+U_{CD3}-U_{CD4}) \tag{18-11}$$

一般情况下，当 U_{H} 较大时，U_{CD1} 与 U_{CD3} 同号，U_{CD2} 与 U_{CD4} 同号，而两组数据反号，故

$$U_{\mathrm{H}}=\frac{1}{4}(U_{CD1}-U_{CD2}+U_{CD3}-U_{CD4})=\frac{1}{4}(|U_{CD1}|+|U_{CD2}|+|U_{CD3}|+|U_{CD4}|) \tag{18-12}$$

即用四次测量值的绝对值的平均值即可。

［注意事项］

1. 由于励磁电流较大，所以千万不能将 I_{M} 和 I_s 接错，否则励磁电流将烧坏霍尔元件。

2. 霍尔元件及二维移动尺容易折断、变形，应注意避免受挤压、碰撞等。实验前应检查两者及电磁铁是否松动、移位，并加以调整。

3. 为了不使电磁铁因过热而受到损害，或影响测量精度，除在短时间内读取有关数据，通以励磁电流 I_{M} 外，其余时间最好断开励磁电流开关。

4. 仪器不宜在强光、高温、强磁场和有腐蚀性气体的环境下工作和存放。

［实验内容与步骤］

按仪器面板上的文字和符号提示将 ZKY-HS 霍尔效应实验仪（以下简称“实验仪”）与 ZKY-H/L 霍尔效应测试仪（以下简称“测试仪”）正确连接。

①将工作电流、励磁电流调节旋钮逆时针旋转到底，使电流最小。

②将测试仪的电压量程调至高量程。

③测试仪面板右下方为提供励磁电流 I_{M} 的恒流源输出端，接实验仪上励磁电流的输入端（将接线叉口与接线柱连接）。

④测试仪左下方为提供霍尔元件工作电流 I_s 的恒流源输出端接实验仪工作电流输入端（将插头插入插孔）。

⑤实验仪上的霍尔电压输出端接测试仪中部下方的霍尔电压输入端。

⑥将测试仪与 220 V 交流电源相连，按下开机键。

注：为了提高霍尔元件测量的准确性，实验前霍尔元件应至少预热 5 min。具体操作是断开励磁电流开关，闭合工作电流开关，通入工作电流 5 mA，待至少 5 min 才可以开始实验。

1. 测量霍尔元件灵敏度 K_{H}，计算载流子浓度 n

（1）移动二维移动尺，使霍尔元件处于电磁铁气隙中心位置（其法线方向已调至平行于磁场方向），闭合励磁电流开关，调节励磁电流 $I_{\mathrm{M}}=300$ mA，通过公式 $B=C \cdot I_{\mathrm{M}}$ 求

得并记录此时电磁铁气隙中的磁感应强度 B(C 为电磁铁的线圈常数,C 的值见面板标示牌)。

(2)调节工作电流 $I_s=1.00$ mA,2.00 mA,…,10.00 mA(间隔 1.00 mA),通过变换实验仪各换向开关,在($+I_M$,$+I_s$)、($-I_M$,$+I_s$)、($-I_M$,$-I_s$)、($+I_M$,$-I_s$)四种测量条件下,分别测出对应的 C、D 间电压值 U_i($i=1,2,3,4$),根据式(18-12)计算霍尔电压 U_H填入表18-1,并绘制 U_H-I_s关系曲线,求得斜率 K_1($K_1=U_H/I_s$)。

(3)根据式(18-5)可知 $K_H=K_1/B$;据式(18-6)可计算载流子浓度 n(霍尔元件厚度 d 已知,见面板标示牌)。

2. 测量霍尔元件的载流子迁移率 μ(选做)

注:该实验需自备一只电压表,用于测量工作电压 U_s,电压表挡位选为“直流 20 V”。电压表的正、负极分别接测试仪上工作电流输出端的红、黑插孔。

(1)断开励磁电流开关,使 $I_M=0$(电磁铁剩磁很小,约零点几毫特,可忽略不计)。调节 $I_s=0.50$ mA,1.00 mA,…,5.00 mA(间隔 0.50 mA),记录对应的工作电压 U_s填入表18-2,绘制 I_s-U_s关系曲线,求得斜率 K_2($K_2=I_s/U_s$)。

(2)根据上面求得的 K_H,结合式(18-8)可以求得载流子迁移率 μ(霍尔元件长度 L、宽度 l 已知,见面板标示牌)。

3. 判定霍尔元件半导体类型(P 型或 N 型)或者反推磁感应强度 B 的方向

(1)根据电磁铁导线绕向及励磁电流 I_M的流向,可判定气隙中磁感应强度 B 的方向。

(2)根据闸刀开关接线以及霍尔测试仪 I_s输出端引线,可判定 I_s在霍尔元件中的流向。

(3)根据换向闸刀开关接线以及霍尔测试仪 U_H输入端引线,可以得出 U_H的正负与霍尔元件上正负电荷积累的对应关系。

(4)由 B 的方向、I_s流向以及 U_H的正负并结合霍尔元件的引脚位置可以判定霍尔元件半导体的类型(P 型或 N 型)。反之,若已知 I_s流向、U_H的正负以及霍尔元件半导体的类型,可以判定磁感应强度 B 的方向。

4. 研究霍尔电压 U_H与励磁电流 I_M之间的关系

霍尔元件仍位于电磁铁气隙中心,调定 $I_s=3.00$ mA,分别调节 $I_M=100$ mA,200 mA,…,1000 mA(间隔为 100 mA),分别测量 C、D 间电压值 U_i,计算霍尔电压 U_H填入表 18-3,并绘出 U_H-I_M曲线,分析磁感应强度 B 与励磁电流 I_M之间的关系。

5. 测量一定 I_M条件下电磁铁气隙中磁感应强度 B 的大小及分布情况

(1)调节 $I_M=600$ mA,$I_s=5.00$ mA,调节二维移动尺的垂直标尺,使霍尔元件处于电磁铁气隙垂直方向的中心位置。调节水平标尺至 0 刻度位置,测量相应的 U_i。

(2)调节水平标尺按表 18-4 中给出的位置测量 U_i,填入表 18-4。(若表 18-4 中首尾个别位置达不到,可跳过继续实验)

(3)根据以上测得的 U_i,计算霍尔电压 U_H值,根据式(18-5)计算出各点的磁感应强度 B,并绘出 B-X 图,描述电磁铁气隙内 X 轴方向上 B 的分布状态。

[数据记录]

数据记录于表 18-2 ~ 表 18-5。

表 18-2　霍尔电压 U_H 与工作电流 I_s 的关系

(I_M=300 mA, C=____mT/A)

I_s/mA	U_1/mV	U_2/mV	U_3/mV	U_4/mV	$U_H=\frac{1}{4}(\lvert U_1\rvert+\lvert U_2\rvert+\lvert U_3\rvert+\lvert U_4\rvert)$ /mV
	$+I_M,+I_s$	$-I_M,+I_s$	$-I_M,-I_s$	$+I_M,-I_s$	
1.00					
2.00					
3.00					
4.00					
5.00					
6.00					
7.00					
8.00					
9.00					
10.00					

表 18-3　工作电流 I_s 与工作电压 U_s 的关系　(I_M=0 mA)

I_s/mA	0.50	1.00	1.50	2.00	2.50	3.00	3.50	4.00	4.50	5.00
U_s/mV										

表 18-4 霍尔电压 U_H 与励磁电流 I_M 之间的关系 (I_s=3.00 mA)

I_M/mA	U_1/mV	U_2/mV	U_3/mV	U_4/mV	$U_H=\frac{1}{4}(\lvert U_1\rvert+\lvert U_2\rvert+\lvert U_3\rvert+\lvert U_4\rvert)$ /mV	B/mT
	$+I_M,+I_s$	$-I_M,+I_s$	$-I_M,-I_s$	$+I_M,-I_s$		
100						
200						
300						
400						
500						
600						
700						
800						
900						
1 000						

表 18-5 电磁铁气隙中磁感应强度 B 的分布

(I_M=600 mA, I_s=5.00 mA)

X/mm	U_1/mV	U_2/mV	U_3/mV	U_4/mV	$U_H=\frac{1}{4}(\lvert U_1\rvert+\lvert U_2\rvert+\lvert U_3\rvert+\lvert U_4\rvert)$ /mV	B/mT
	$+I_M,+I_s$	$-I_M,+I_s$	$-I_M,-I_s$	$+I_M,-I_s$		
0						
2						
4						
6						
8						
10						
12						
15						
20						
25						
30						
35						
40						
45						
48						
50						

实验 19　等厚干涉及其应用

等厚干涉
及其应用

等厚干涉是用分振幅的方法获得相干光，其特点是同一干涉条纹上各点对应的空气层厚度相等。利用这一特点，可以测凸透镜的曲率半径，测光的波长，判断表面是否平整，测量微小厚度、角度等。可见，光的干涉现象在科学研究和工程技术中都有着较广泛的应用。

［实验目的］

1. 观察等厚干涉的现象和特点。

2. 利用等厚干涉现象测凸透镜的曲率半径和微小厚度。

3. 学会使用读数显微镜。

［实验仪器］

读数显微镜、牛顿环仪、光学玻璃片、钠光灯、待测薄片。

读数显微镜是由显微镜筒、测微螺旋和一些附件构成的测长仪器，其装置如图19-1 所示，主要由三个部分组成。

(1) 导光装置：45°玻片，它的作用是将单色光通过反射进入等厚干涉区，使之发生干涉。

(2) 观察装置：由目镜和物镜组成的显微镜筒，它的作用是将干涉条纹放大，便于观察与测量。

(3) 读数装置：毫米刻度尺和分度为 0.01 mm 的测微鼓轮。毫米刻度尺读整毫米，小数部分在测微鼓轮上读出。测量过程中，鼓轮应沿一个方向旋转，中途不要反向，以避免反向空程差。

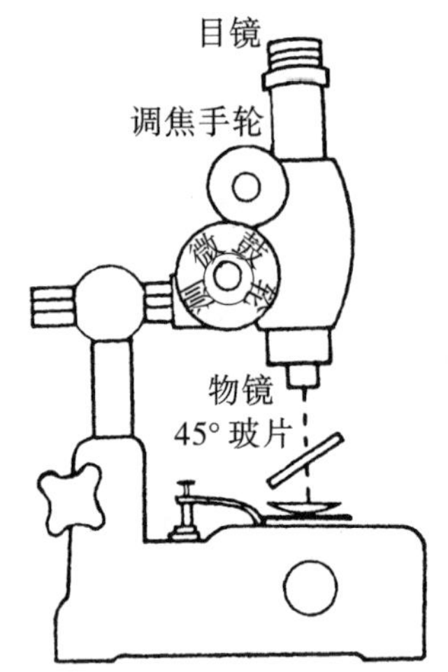

图 19-1　读数显微镜装置图

［实验原理］

1. 牛顿环

将一个曲率半径为 R 的平凸透镜的凸面放在光学平板玻璃上，在两者之间就形成一层空气薄膜，薄膜厚度从中心接触点到边缘逐渐增加。用单色光垂直照射时，入射光将在空气薄膜的上下两表面上依次反射，成为具有一定光程差的两束相干光。由等厚干涉的特点可知，所有薄膜厚度相等的点其光程差相等且处在同一干涉条纹上，它的干涉图样是以接触点为中心的一簇明暗相间的同心圆环——牛顿环，其光路如图 19-2 所示。

由光路分析可知，与第 k 级条纹对应的两束相干光的光程差为

$$\delta_k = 2e_k + \frac{\lambda}{2} \qquad (19\text{-}1)$$

式中的 $\frac{\lambda}{2}$ 是由于半波损失引起的。

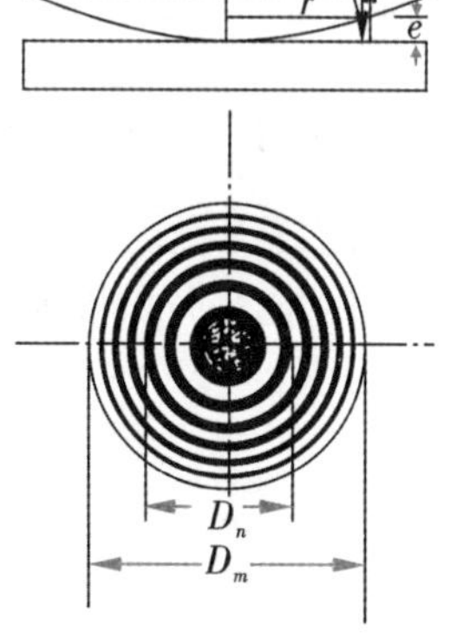

图 19-2　牛顿环光路图

由图 19-2 所示的几何关系可知 $R^2=r^2+(R-e)^2$，化简后得到 $r^2=2eR-e^2$。

一般空气薄膜厚度 e 远小于透镜的曲率半径 R，即 $e\ll R$，略去二级小量 e^2，有

$$e = \frac{r^2}{2R} \qquad (19\text{-}2)$$

将式(19-2)代入式(19-1)，得

$$\delta = \frac{r^2}{R} + \frac{\lambda}{2} \qquad (19\text{-}3)$$

由光的干涉条件可知，当 $\delta=(2k+1)\frac{\lambda}{2}$ 时，干涉条纹为暗纹。若将 k 级暗纹对应的半径用 r_k 表示，联立式(19-3)，得到

$$r_k^2 = kR\lambda \quad (k=0,1,2,\cdots) \qquad (19\text{-}4)$$

由式(19-4)可知，r_k^2 与 k 成正比，故这种干涉条纹的分布特点是中心疏边缘密，离中心越远条纹越密，若光的波长 λ 已知，测出 r_k 的值后，就可以求出透镜的曲率半径 R；反之，若 R 已知，也可以测出光的波长 λ。

观察牛顿环时将会发现，牛顿环中心不是一个点，而是一个不甚清晰的暗或亮的圆斑。其原因是，透镜与平玻璃接触时，由于接触压力引起形变使中心接触处为一圆面；还可能会有微小灰尘等存在，从而引起附加光程差，这都会给测量带来较大的系统误差。

通过取两个暗条纹半径平方差的方法，就可以消除附加光程差带来的系统误差。设附加厚度为 a，则光程差为 $\delta=2(e\pm a)+\frac{\lambda}{2}=(2k+1)\frac{\lambda}{2}$，即 $e=k\frac{\lambda}{2}\pm a$，将式(19-2)代入上式，得 $r^2=kR\lambda\pm 2Ra$。若取第 m、n 级暗纹，则对应的暗环半径分别为

$$r_m^2 = mR\lambda \pm 2Ra,\ r_n^2 = nR\lambda \pm 2Ra$$

将上面两式相减，得到 $r_m^2-r_n^2=(m-n)R\lambda$，可见 $r_m^2-r_n^2$ 与附加厚度 a 是无关的。

又因为暗环的圆心不易确定，故用暗环的直径来代换，于是 $D_m^2-D_n^2=4(m-n)R\lambda$，显然，可得到透镜的曲率半径为

$$R = \frac{D_m^2 - D_n^2}{4(m-n)\lambda} \qquad (19\text{-}5)$$

式(19-5)表明，牛顿环干涉条纹直径的平方差与环序数差$(m-n)$成正比，中心处情况无须考虑。

2. 劈尖

将两块光学平板玻璃板叠在一起，在一端插入一薄片(或者细丝)，就在两平板玻

璃板间形成一空气劈尖[图 19-3(a)]。当用单色光垂直照射时,在劈尖薄膜上下表面反射的两束光将发生干涉。其光程差为 $\delta = 2e + \frac{\lambda}{2}$,其干涉条纹是一簇与玻璃板交线平行且间距相等的平行条纹[图 19-3(b)]。

由干涉条件可知,当 $\delta = 2e + \frac{\lambda}{2} = (2k + 1)\frac{\lambda}{2}(k = 0,1,2,\cdots)$ 时,为暗条纹,由等厚干涉的特点知道,两相邻暗(或亮)条纹间的空气薄膜厚度差为 $\frac{\lambda}{2}$,故序数为 m 和 n 的两条纹间的空气薄膜厚度差为 $\Delta h = (m - n)\frac{\lambda}{2}$。

很明显,只要测出图 19-3(a)中 A、B 间的距离 L,再测出单位长度上的条纹数 n,就能够求出薄片厚度 h:

$$h = n \cdot L \cdot \frac{\lambda}{2} \tag{19-6}$$

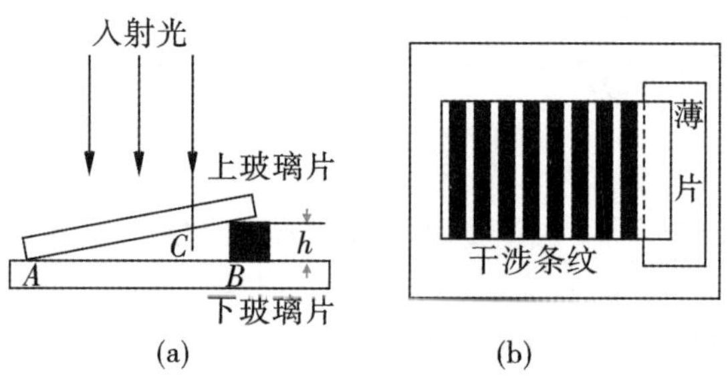

图 19-3 劈尖干涉图

[实验内容与步骤]

1. 测透镜的曲率半径 R

(1)调节牛顿环仪上的三个螺钉,用眼睛直接观察,使中心暗斑位于牛顿环仪的正中间。应注意,既要使干涉条纹稳定,又不要压得过紧。

(2)将牛顿环仪放在镜筒下面,调节显微镜(或光源)的高度,使 45°玻片与光源发光中心大体等高,并使 45°玻片对准光源,从目镜观察整个视场都是亮的。

(3)调节目镜使十字叉丝清晰。转动调焦手轮,自下而上缓慢上升,使干涉条纹最清晰,再轻轻移动牛顿环仪,使中心暗斑对准十字叉丝中心。

(4)转动测微鼓轮,使十字叉丝向左移动,并数出移过的暗环数,例如数到 52 环时,再反向向右移动,当十字叉丝交点对准第 50 暗环中心时,记下其位置。继续右移,依次测出 49、48、47、46 和 25、24、23、22、21 各暗环的位置。过环中心继续右移,依次测出右边 21、22、23、24、25 和 46、47、48、49、50 各暗环的位置,自拟表格并填写数据。

用逐差法算出 $D_m^2 - D_n^2$,并求出平均值(注意:D_m^2 和 D_n^2 应为几位小数?),已知 $m-n=25$,代入式(19-5),求出透镜的曲率半径 R,求 R 的相对误差 E 和绝对误差 ΔR,写出测量结果。

2. 利用劈尖干涉测薄片厚度

(1)将被测厚度的薄片夹在两个平玻璃板一端,放在显微镜筒下面,观察干涉图样;改变薄片位置观察干涉条纹的变化情况,并做出解释。

(2)选一合适的 L 值,使条纹间距适中,固定待测件,测出 A、B 间的距离 L。

(3)测单位长度上的条纹数 n_0。先使"十"字叉丝对准某一条纹,记录其位置 x_0,移动"十"字叉丝并数出移过的条纹数 n,再记下第 n 个条纹的位置 x_1,则有 $n_0=\frac{n}{x_1-x_0}$。

(4)光的波长 λ 由实验室给出。将 L、n_0和波长代入式(19-6),计算出厚度 h,求出 h 的相对误差 E 和绝对误差 Δh,写出测量结果。

[思考题]

1. 比较牛顿环与劈尖干涉的异同点。

2. 用白光照射能否看到牛顿环和劈尖的干涉条纹?条纹有什么特征?

3. 在本实验中,若"十"字叉丝的交点没有通过牛顿环中心,测到的是弦长而不是直径,代入式(19-5)是否能得到同样的结果?请画图用平面几何的方法证明之。

4. 什么叫反向空程差?怎么克服之?

实验 20　双棱镜干涉测光波波长

双棱镜干涉实验在历史上是一个著名的实验,19 世纪初法国工程师菲涅耳继托马斯·杨之后用此实验证明了光的波动性。

双棱镜是用分波前的方法获得相干光的。两束相干光在空间相遇就会产生干涉现象,光的干涉现象是光的基本特征之一。通过本实验可以了解光的干涉现象的特点,并学会一种测量光波波长的方法。

[实验目的]

1. 熟悉光具座上各光学元件的使用,学习光路分析与调整的方法。

2. 观察双棱镜干涉现象及其特点。

3. 利用双棱镜干涉测光波波长。

[实验仪器]

光具座导轨、可调狭缝、双棱镜、凸透镜、测微目镜、白屏、单色光源。

[实验原理]

两束光要产生干涉,必须频率相同,振动方向相同,且有恒定相位差。显然,两个独立光源发出的光是不能满足相干条件的。如果我们把同一光源发出的光分成两束,在空间经过不同的路径后再会合在一起,就会产生干涉现象。用双棱镜分光束就是常用的一种方法。

双棱镜是一个主截面为等腰三角形的三棱镜，其顶角接近 180°，两底角仅 30′左右。从单缝 S 发出的一束光，经双棱镜折射后改变了传播方向，分成了沿不同方向传播的两束光。这两束折射光向左透过双棱镜的延长线（虚线）汇聚于 S_1 和 S_2 两点。所以这两束光等效于由虚光源 S_1 和 S_2 发出的两束相干光，并在它们相互交叠的区域内发生干涉（图 20-1），因此，把 S_1 和 S_2 叫作虚光源。由于产生干涉条纹的范围较窄，干涉条纹的间距也很小，所以用测微目镜进行观测。

由于 S_1、S_2 到双棱镜的棱脊所形成的夹角很小，所以近似认为 S_1、S_2 和 S 在同一平面上。若屏中央 O 点到 S_1、S_2 距离相等，则由 S_1 和 S_2 射来的两束光在 O 处的光程差为零，在 O 处两束光相互加强形成中央明条纹。其余明暗相间的条纹分列于 O 的两旁。

如图 20-2 所示，设 S_1 和 S_2 的间距为 d，S 到观察屏的距离为 D。假定 P 是屏上任意一点，它与中央 O 点的距离为 x，r_1、r_2 分别为 S_1、S_2 到 P 点的距离，则有

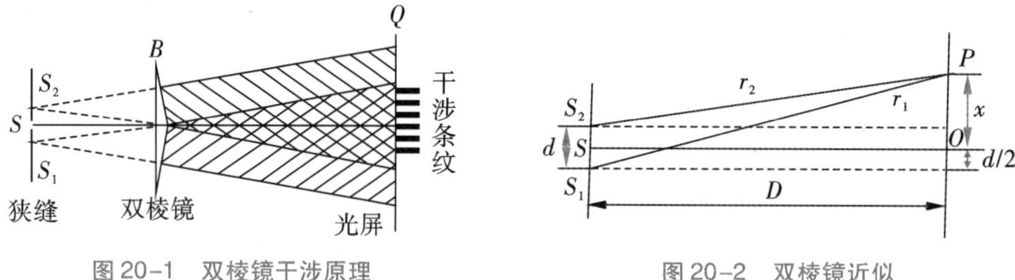

图 20-1　双棱镜干涉原理　　　　图 20-2　双棱镜近似

$$r_1^2-r_2^2=\left[D^2+\left(x+\frac{d}{2}\right)^2\right]-\left[D^2+\left(x-\frac{d}{2}\right)^2\right]=2dx$$

又因光程差 $\delta=|r_1-r_2|$；当 $D\gg d$ 时，r_1+r_2 近似为 $2D$，故有 ${r_1}^2-{r_2}^2=(r_1+r_2)(r_1-r_2)\approx 2D\delta$，联立以上两式可得到

$$\delta=\frac{d}{D}x \tag{20-1}$$

当 $\delta=k\lambda$，或者当 $x=\frac{D}{d}k\lambda\ (k=0,\pm1,\pm2,\cdots)$ 时，两束光在 P 点相互加强，形成明条纹。

当 $\delta=(2k-1)\frac{\lambda}{2}$，或者 $x=\frac{D}{d}(2k-1)\frac{\lambda}{2}\ (k=0,\pm1,\pm2,\cdots)$ 时，则两束光在 P 点相互削弱，形成暗条纹。

相邻两明（或者暗）条纹的距离为

$$\Delta x=x_{k+1}-x_k=\frac{D}{d}\lambda \tag{20-2}$$

D、d 和 Δx 都能在实验中测出，于是可求出光的波长

$$\lambda=\frac{d}{D}\Delta x \tag{20-3}$$

[实验内容与步骤]

实验所用的仪器都安装在光具座导轨上。如图 20-3 所示,A 为光源,S 为宽度和方向可调的狭缝,B 为双棱镜,L 为凸透镜,Q 为测微目镜(若光源 A 不是单色光源,应在 A 和 S 间加滤色片)。

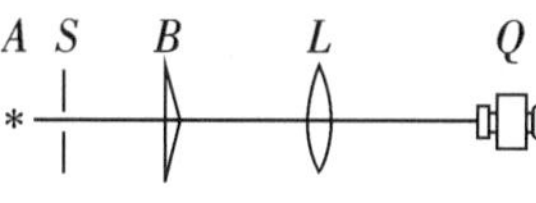

图 20-3　双棱镜实验光路

1. 熟悉仪器,调节光路

(1) 认真熟悉各仪器的调节与使用,尤其是测微目镜的调节与读数方法(参看附录)。

(2) 等高同轴调节。先调狭缝 S 与双棱镜 B 中心等高。在测微目镜前方放一白屏,并使狭缝到白屏的距离大于四倍焦距,移动凸透镜能在屏上两次成像,反复调节,使大像和小像中心重合,取下白屏,换成测微目镜,使两次成像均进入测微目镜。这时 S、B、L 和 Q 达到等高同轴。

(3) 干涉条纹的调节。取下凸透镜,并在测微目镜前加一光阑(没有也行),使 S 到 B 的间距为 40 cm 左右,从测微目镜中可看到一亮带。若看不到亮带,可横向移动双棱镜,将狭缝适当调窄,并微微旋转狭缝,使它与双棱镜的棱脊严格平行,亮带就成为明暗相间的干涉条纹。反复调节狭缝的宽度及取向使条纹最为清晰。

2. 观察双棱镜干涉现象及其特点

(1) 缓慢移动双棱镜的位置,观察干涉条纹的疏密变化情况,找出这种变化的规律,并做出解释。使双棱镜和狭缝的距离适当后,固定双棱镜。

(2) 缓慢移动测微目镜的位置,观察干涉条纹的疏密变化情况,找出规律并解释之。使测微目镜到狭缝的距离适当(一般为 1.3 m 以上),固定测微目镜。

3. 测光的波长

(1) 测量干涉条纹的间距 Δx。

利用测微目镜的准线(指双竖线或“X”线),从左端某一条纹开始,沿一个方向顺次测出序号为 1、2、3、4、5 和 $n+1$、$n+2$、$n+3$、$n+4$、$n+5$ 各条干涉条纹的位置,自拟表格做出记录。用逐差法求出 $n\Delta x$ 的值,取平均值后求出 Δx。n 的数值可根据实际情况而定,n 越大 Δx 的误差越小。注意:$SB=40$ cm 左右,$SQ=130$ cm 以上。

(2) 测量 S_1 和 S_2 的间距 d,S 和 Q 的间距 D。

对 d 的测量有两种方法,一种是物距-像距法,另一种是物像交换法。当然,由于对 d 的测量方法不同,对 D 的测量方法也不相同。下面分别进行介绍,可根据仪器情况和教师要求任选一种进行测量。

记住:狭缝 S,尤其是双棱镜 B 的位置绝对不能动。思考:为什么?

1) 物距-像距法:在双棱镜与测微目镜间放上凸透镜 L,在 Q 前加一光阑,移动 L 使得在测微目镜中能看到虚光源最清晰的像,测出两亮线的间距 d',并读出 L 的位置,得到像距 v 和物距 u。要求多次测量 d',列表记录。若嫌像太小,测微目镜可适当前移。由透镜成像公式可得

$$d=\frac{u}{v}d' \tag{20-4}$$

从光具座上读出狭缝和测微目镜的位置坐标，计算出 D 来。注意误差修正。

应当注意到，狭缝和测微目镜分划板的位置都与其下面的支杆中线的位置有一段距离，在测 v、u 和 D 的值时都应予以修正，其修正值由实验室给出。

注：$\Delta S=4.00$ cm，$\Delta Q=3.00$ cm 是加上还是减去则与光具座的放置方向有关（即尺子方向有关），请同学注意。

将 Δx、d 和 D 代入式（20-3），求光的波长，并把测量值与实验室给出的标准值相比较，求出对标准值的相对误差。

$$E_{\lambda}=\frac{\Delta\lambda}{\lambda_{标}}=\frac{\lambda_{标}-\lambda}{\lambda_{标}} \tag{20-5}$$

2）物像交换法（共轭法）：严格说来，不但狭缝和测微目镜分划板与各自下面的支杆中线不重合，凸透镜若用平凸透镜或者凹凸透镜，其光心也不和下面支杆中线重合，S_1、S_2 和 S 也不在同一平面上。基于上述原因，物距-像距法就不尽完善，用物像交换法就可使实验更加完善。

用此法时应注意两点：一是狭缝和测微目镜的距离必须大于四倍焦距以保证两次成像；二是双棱镜的位置不能影响成放大像。

移动凸透镜 L，使在测微目镜中能看到虚光源清晰的大像和小像。分别测出大像间距 d_1，成大像时凸透镜的位置 L_1；小像间距 d_2，成小像时凸透镜的位置 L_2。要求重复多次测量，并列表记录数据。d 与 D 可由下面两式得到

$$d=\sqrt{d_1\cdot d_2} \tag{20-6}$$

$$D=L\frac{\sqrt{d_1}+\sqrt{d_2}}{\sqrt{d_1}-\sqrt{d_2}} \tag{20-7}$$

在式（20-7）中 $L=|L_1-L_2|$，上面两式的推导见附录。

将 d、D、Δx 代入式（20-3）求出波长 λ，并用式（20-5）求出相对误差。

［思考题］

1. 怎样用双棱镜获得相干光？为什么双棱镜的折射角必须很小。
2. 干涉条纹的清晰度都取决于哪些因素？若两虚光源的像亮度不等，是何原因？
3. 当波长改变时，双棱镜干涉条纹有无变化？用白光照射时，干涉图样如何？

［附录 1］

测微目镜

测微目镜是用于光学系统长度测量的仪器，其测量范围为 0～8 mm，毫米标尺刻在固定分划板上，活动分划板上刻有准线（即双竖线或“X”线），调节目镜即可看清，用来读整毫米的量值。右端是测微鼓轮，它转一周准线移动 1 mm。测微鼓轮一周又等分为一百个分格，其分度值为 0.01 mm，用来读小数部分的值。图 20-4 和图 20-5 所示的读数为 4.337 mm。

由于鼓轮丝杆和螺母间存在一定的间隙，在测量过程中，鼓轮应沿一个方向转动，中途不准反向，以避免空程差。

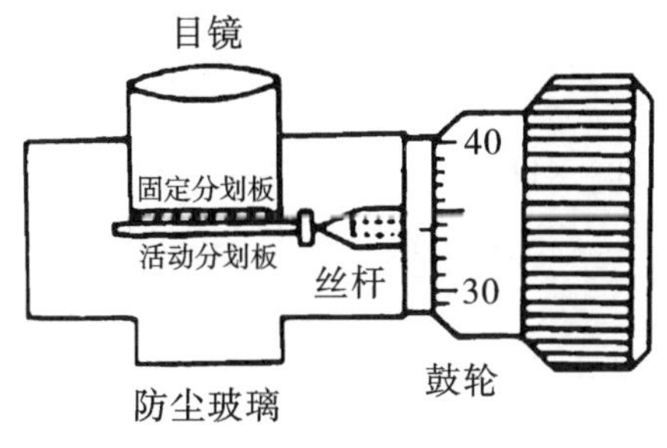

图 20-4　测微目镜示意图

图 20-5　分划板示意图

［附录 2］

物像交换法公式推导

如图 20-6 所示，由相似三角形的关系有 $\frac{d}{d_1}=\frac{a}{b}$，$\frac{d}{d_2}=\frac{b}{a}$，故有 $d=\sqrt{d_1\cdot d_2}$，又因为 $L=b-a$，$D=b+a$，故 $a=\frac{D-L}{2}$，$b=\frac{D+L}{2}$，联立以上几式可得 $D=L\frac{\sqrt{d_1}+\sqrt{d_2}}{\sqrt{d_1}-\sqrt{d_2}}$。

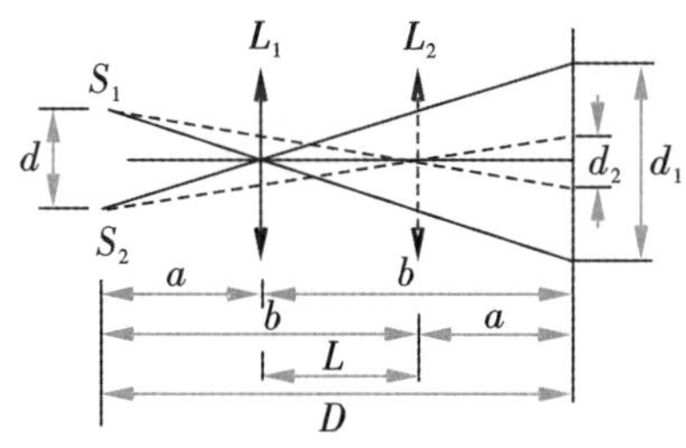

图 20-6　物像交换法原理图

实验 21　用分光计测三棱镜的折射率

在介质中，不同波长的光有着不同的传播速度 v，不同波长的光在真空中的传播速度相同，都为 c。c 与 v 的比值称为该介质对这一波长光的折射率，用 n 表示，即 $n=c/v$。同一介质对不同波长的光的折射率是不同的。因此，给出某种介质的折射率时必须指出是对哪一波长而言的。

用分光计测三棱镜的折射率

［实验目的］

1. 进一步学习分光计的正确使用。
2. 学会用最小偏向角法测三棱镜的折射率。

［实验仪器］

JJY1′型分光计、平面反射镜、三棱镜、汞灯及其电源。

［实验原理］

由于不同的光在同一介质中的传播速度不同,因此折射率也是不同的。一般所讲的介质的折射率通常是指该介质对钠黄光的折射率,即对波长为 589.3 nm 的光的折射率。

介质的折射率可以用很多方法测定,在分光计上用最小偏向角法测定玻璃的折射率,可以达到较高的精度。这种方法需要将待测材料磨成一个三棱镜。如果测液体的折射率,可用表面平行的玻璃板做一个中间空的三棱镜,充入待测的液体,用类似三棱镜的方法进行测量。

平行的单色光入射到三棱镜的 AB 面,经折射后由另一面 AC 射出,如图 21-1 所示。入射光线 LD 和 AB 面法线的夹角 i 称为入射角,出射光 ER 和 AC 面法线的夹角 i' 称为出射角,入射光和出射光的夹角 δ 称为偏向角。

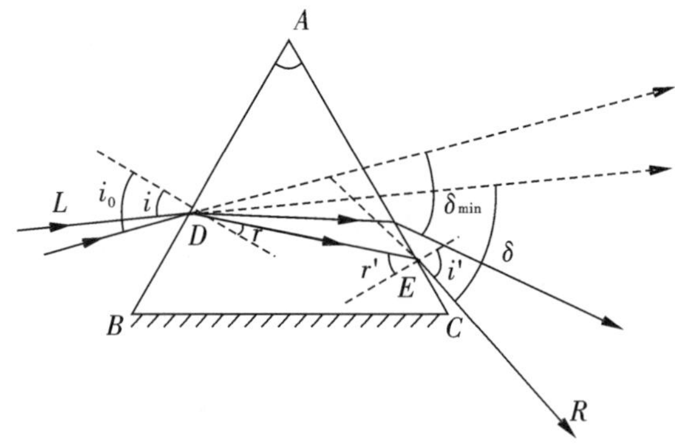

图 21-1　光线偏向角示意图

可以证明,当光线对称通过三棱镜,即入射角 i 等于出射角 i' 时,入射光和出射光之间的夹角最小,称为最小偏向角 δ_{min}。由图 21-1 可知

$$\delta=(i-r)+(i'-r') \tag{21-1}$$

$$A=r+r' \tag{21-2}$$

可得

$$\delta=(i+i')-A \tag{21-3}$$

三棱镜顶角 A 是固定的,δ 随 i 和 i' 而变化,此外出射角 i' 也随入射角 i 而变化,所以偏向角 δ 仅是 i 的函数。在实验中可观察到,当 i 变化时,δ 有一极小值,称为最小偏向角。

令 $\dfrac{d\delta}{di}=0$,由式(21-3)得

$$\frac{di'}{di}=-1 \tag{21-4}$$

再利用式(21-2)和折射定律

$$\sin i = n\sin r, \quad \sin i' = n\sin r' \tag{21-5}$$

得到

$$\begin{aligned}
\frac{\mathrm{d}i'}{\mathrm{d}i} &= \frac{\mathrm{d}i'}{\mathrm{d}r'} \cdot \frac{\mathrm{d}r'}{\mathrm{d}r} \cdot \frac{\mathrm{d}r}{\mathrm{d}i} = \frac{n\cos r'}{\cos i'} \cdot (-1) \cdot \frac{\cos i}{n\cos r} \\
&= -\frac{\cos r' \sqrt{1 - n^2 \sin^2 r}}{\cos r\sqrt{1 - n^2 \sin^2 r'}} = -\frac{\sqrt{\cos c^2 r - n^2 \tan^2 r}}{\sqrt{\cos c^2 r' - n^2 \tan^2 r'}} \\
&= -\frac{\sqrt{1 + (1 - n^2) \tan^2 r}}{\sqrt{1 + (1 - n^2) \tan^2 r'}}
\end{aligned} \tag{21-6}$$

由式(21-4)可得

$$\sqrt{1 + (1 - n^2)\tan^2 r} = \sqrt{1 + (1 - n^2)\tan^2 r'}$$

即

$$\tan r = \tan r'$$

因为 r 和 r' 都小于 90°,所以有 $r=r'$,代入式(21-5)可得 $i=i'$。

因此,偏向角 δ 取极小值的条件为

$$r=r' \quad 或 \quad i=i' \tag{21-7}$$

显然,这时单色光线对称通过三棱镜,最小偏向角为 $\delta_{\min}$,这时由式(21-3)可得

$$\delta_{\min} = 2i - A$$

$$i = \frac{1}{2}(\delta_{\min} + A)$$

由式(21-2)可得

$$A = 2r$$

由折射定律式(21-5)可得三棱镜对该单色光的折射率 n 为

$$n = \frac{\sin i}{\sin r} = \frac{\sin\left[\frac{1}{2}(\delta_{\min} + A)\right]}{\sin \frac{A}{2}} \tag{21-8}$$

由式(21-8)可知,只要测出三棱镜顶角 A 和对该波长的入射光的最小偏向角 $\delta_{\min}$,就可以计算出三棱镜玻璃对该波长的入射光的折射率 n。顶角 A 和对该波长的最小偏向角 $\delta_{\min}$ 用分光计测定。

折射率 n 是光波波长 λ 的函数。对棱镜来说,随着波长的增大,折射率 n 则减小。如果是复色光入射,由于三棱镜的作用,入射光中不同颜色的光射出时将沿不同的方向传播,这就是棱镜的色散现象。

[实验内容与步骤]

1. 调整分光计

按实验 10 中的仪器调节步骤对分光计进行调整,使分光计达到“三垂直”的几何要求和“三聚焦”的光学要求:

(1)使望远镜、平行光管和载物台平面三者大致垂直于分光计中心转轴(三垂直)。

(2)平行光通过物镜入射进望远镜,能够在分划板上清晰聚焦成像,观察者通过目镜能够清晰地看到分划板上的像。

(3)平行光管能够发射平行光,即狭缝刚好在平行光管准直透镜的焦平面上。

2. 测定最小偏向角 δ_{min}

(1)将三棱镜按图 21-2 所示位置放置。

1)基本调节。先遮挡光源,以便于调节三棱镜的 *AB* 面、*AC* 面都与望远镜的光轴、平行光管的光轴垂直。三棱镜的 *AB* 面、*AC* 面也相当于镜面,可按实验 10 中平行平面镜的调节方法,使三棱镜的 *AB* 面、*AC* 面都与望远镜的光轴、平行光管的光轴垂直。不遮挡光源,让光进入平行光管,并旋转内盘使三棱镜、望远镜和平行光管处于如图 21-2 所示的相对位置。平行光入射到 *AB* 面,在 *AC* 面靠近 *BC* 面的某个方向观测出射的光谱线。

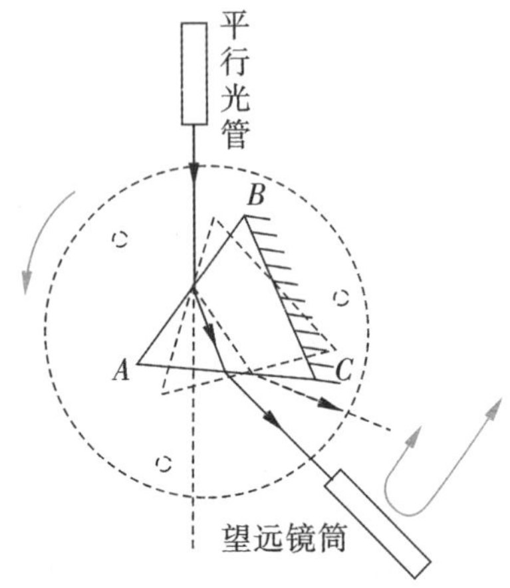

图 21-2　最小偏向角的调节

2)确定最小偏向角位置。开始时,由于望远镜的视场很小,可先从望远镜外用眼睛观察 *AC* 面出射的光谱线,可以看到一系列彩色谱线,再转动平台,眼睛观察透过三棱镜的光谱线移动的情况,找到出射谱线与入射光夹角最小的位置,即光谱线不再随平台转动,也即不再继续向偏向角小的方向移动,而向反方向移动,此出射光谱线位置就是最小偏向角的位置。再用望远镜对准这个位置,进行细调。

在望远镜内看到一系列细而清晰的彩色谱线,转动载物平台,首先观察波长 $\lambda=546.1$ nm 的绿光谱线,使该谱线朝偏向角减小的方向移动,同时转动望远镜跟踪该谱线,直到三棱镜继续沿着同一方向转动时,谱线不再向前移动反而向反方向移动,此转折点即为相应该谱线最小偏向角的位置。

用望远镜的竖直准线对准它,然后缓慢转动中央大盘,找到开始反向的确切位置,固定中央大盘不动,最后仔细转动望远镜,使十字准线的竖线准确地与谱线重合,读出两个游标的读数 θ_1 和 θ_2。

(2)移去三棱镜,转动望远镜对准狭缝,使十字准线的竖线准确地与入射光线重合,记下游标读数 θ_1' 和 θ_2'。

(3)求出波长 $\lambda=546.1$ nm 的绿光谱线的最小偏向角。

$$\delta_{min}=\frac{1}{2}(|\theta_1'-\theta_1|+|\theta_2'-\theta_2|)$$

(4)把三棱镜置于载物台上并重复步骤(1)~(3)两次。测量绿光谱线的最小偏向角 δ_{min} 共三次,求 δ_{min} 的平均值。

(5)由式(21-8)计算出三棱镜玻璃对波长 $\lambda=546.1$ nm 的绿光谱线的折射率 n,写出结果表达式。

用同样方法测 $\lambda=435.8$ nm 的蓝光谱线折射率和 $\lambda=404.7$ nm 的紫光谱线折射

率，画出 $n-\lambda$ 曲线。还可以对汞灯的另外两个波长谱线进行测量，计算出各波长对应的折射率。汞灯光谱的黄双光波长分别为 577.0 nm 和 579.1 nm。

[数据记录及处理]

将所测最小偏向角 δ_{min} 的数据填入表 21-1。

表 21-1　测量最小偏向角 δ_{min} 的数据表格

谱线	测量次数	θ_1	θ_2	θ_1'	θ_2'	$\lvert\theta_1'-\theta_1\rvert$	$\lvert\theta_2'-\theta_2\rvert$	δ_{min}	$\bar{\delta}_{min}$	n
绿光 (546.1 nm)	1									
	2									
	3									
蓝光 (435.8 nm)	1									
	2									
	3									
紫光 (404.7 nm)	1									
	2									
	3									

实验 22　光栅衍射的观测

研究光栅衍射现象不仅有助于加深对光的波动性的理解，也有助于进一步学习近代光学实验技术。光栅是根据多缝衍射原理制成的分光器件，由它能获得明亮、细窄的匀排光谱，而且具有较高的分辨本领，故常用于光谱分析和精确测量光的波长。

光栅衍射的观测

[实验目的]

1. 观察并描述光栅衍射现象，了解透射光栅的主要特性。

2. 进一步熟悉分光计的调节和使用。

3. 测定光栅常数、光的波长及光栅色散率。

[实验仪器]

分光计、汞灯、透射光栅、平行平面镜。

[实验原理]

光栅有透射光栅和反射光栅两种，透射光栅是平行、等宽、等间距且排列紧密的一组狭缝。

根据夫琅禾费衍射理论，当单色平行光垂直投射到缝宽为 a、间距为 b 的光栅上时（图 22-1），光被衍射后，产生衍射亮条纹的条件为

$$d\sin\varphi = k\lambda \qquad (k = 0,\ \pm 1,\ \pm 2, \cdots) \tag{22-1}$$

式(22-1)称为光栅方程。其中 φ 为衍射角，$d=a+b$ 称为光栅常数，k 是光谱级数。如用会聚透镜把这些衍射后的平行光会聚起来，在透镜焦平面上便出现谱线。如图 22-1 所示，φ_k 为 k 级谱线的衍射角，在 $k=0$，$\varphi_k=0$ 的方向上为零级谱线（中央明纹），其他各级谱线对称地分布于中央明纹的两侧。

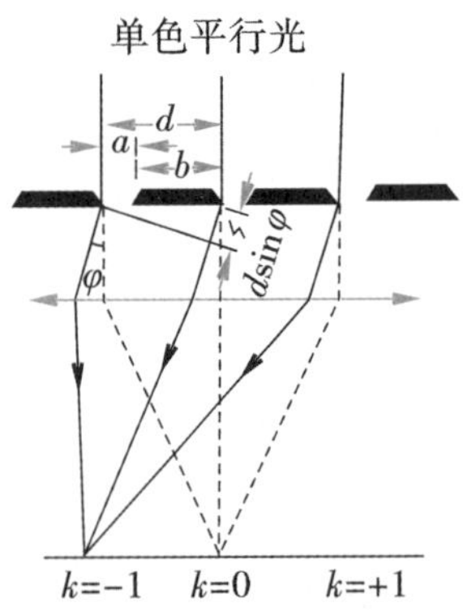

图 22-1　光栅衍射原理示意图

当用复色平行光照射光栅时，由式(22-1)可知，同一级谱线对不同波长有不同的衍射角 φ，因而不同波长的谱线出现在不同地方，这些谱线的总和称为光谱。图 22-2 为汞灯的光谱示意图。

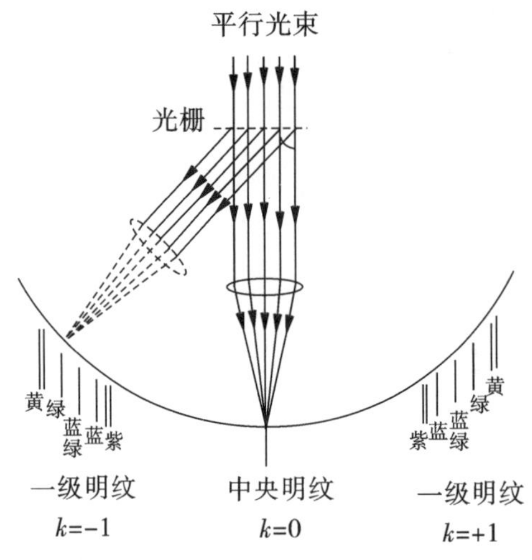

图 22-2　光栅衍射条纹分布

由光栅方程可知，若已知入射光的波长为 λ，由实验测得 k 级谱线的衍射角为 φ_k，便可求得光栅常数 d；若已知 d，测得 k 级谱线的衍射角 φ_k，便可算出入射光的波长 λ。

光栅性能的主要标志之一是角色散率，它定义为同一级两谱线衍射角之差与它们的波长差之比。将光栅方程两边微分即得角色散率为

$$D = \frac{d\varphi}{d\lambda} = \frac{k}{d\cos\varphi} \tag{22-2}$$

D 是光栅的重要参数，它表示对于某一级（k 级）光谱，每增加单位波长时衍射角的增加量，角色散率越大，光谱展得越开。由式(22-2)可知：光栅常数 d 越小，光谱级数 k 越高，则角色散率越大。

［实验内容与步骤］

1. 调整分光计

按实验 10 中的仪器调节步骤对分光计进行调整，使分光计达到“三垂直”的几何要求和“三聚焦”的光学要求：

（1）使望远镜、平行光管和载物台平面三者大致垂直于分光计中心转轴（三垂直）。

（2）平行光通过物镜入射进望远镜，能够在分划板上清晰聚焦成像，观察者通过目镜能够清晰地看到分划板上的像。

（3）平行光管能够发射平行光，即狭缝刚好在平行光管准直透镜的焦平面上。

2. 放置光栅

（1）使光栅平面与入射光垂直。

调节方法：用汞灯照亮平行光管狭缝，旋转望远镜使它的叉丝竖线与狭缝像重合。然后使望远镜筒与底座固定。再按图22-3 放置光栅，使光栅平面与载物台下两螺丝（Z_1、Z_3）的连线垂直。照亮望远镜的绿“十”字窗，转动载物台，使光栅平面对准望远镜，再调节螺丝 Z_1、Z_3（此时不能再调节望远镜筒），分别使两个光栅面反射回来的绿“十”字像与望远镜的上十字线都重合，这时已达到三竖线重合，然后固定游标圆盘，这时光栅平面与中心转轴平行，同时也与入射光垂直。

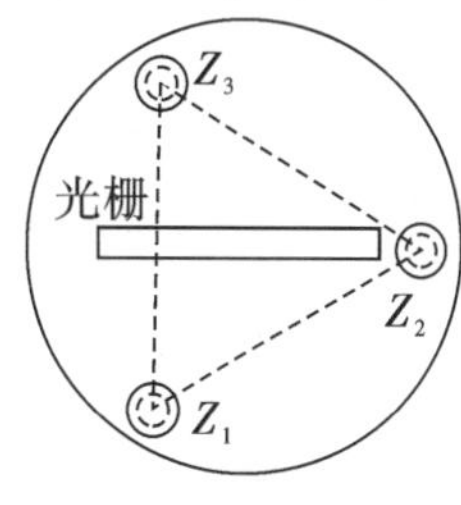

图 22-3　光栅的放置

（2）使光栅的刻线与平行光管的狭缝平行。

调节步骤：松开望远镜筒与底座固定螺钉，转动望远镜，观察中央明纹两侧的谱线是否等高，如不等高，可调载物台螺丝 Z_2，使中央明纹两侧的谱线的高度大致在同一水平高度，这时光栅刻线与平行光管狭缝平行。

（3）观察反射回来的“十”字像位置有无变化。若有变化，说明做第（2）步调节影响了第（1）步的效果，需再次进行第（1）步的调节，使光栅平面与入射光垂直。

3. 测量

（1）由于衍射光谱的$-k$ 与$+k$ 级谱线对中央明纹是对称的，为了提高测量准确度，测量第 k 级谱线时，应测出$-k$ 级和$+k$ 级谱线的位置，两位置读数差值的一半即为衍射角 φ_k，为此，将望远镜转至最左端从 k 为-2、-1、0 到$+1$、$+2$ 依次测出绿、蓝谱线和中央明纹的角位置，将数据填入表 22-1 中，然后计算出 φ_k。（注意：φ_{-k} 与 φ_{+k} 相差不能超过 $5'$，否则应重新检查入射光是否垂直于光栅平面。）

（2）将表 22-1 中蓝、绿谱线的数据代入式（22-1），先计算出光栅常数 d，然后计算出绿光波长 $\lambda_{绿}$。

（3）由第一级蓝、绿光衍射角 φ 和已算出的光栅常数 d，按式（22-2）分别计算角色散率 D。

［数据记录与处理］

表 22-1　实验数据记录与处理

中央明条纹位置 $\theta_{0\,\mathrm{I}}$ ______ $\theta_{0\,\mathrm{II}}$ ______游标精度______

<table>
<tr><td rowspan="2">测量内容</td><td rowspan="2">光谱级数 K</td><td colspan="3">光谱线位置 θ</td><td colspan="2">衍射角 φ</td><td rowspan="2">$\sin\bar{\varphi}$</td><td rowspan="2">蓝色光波长 $\lambda_{蓝}$ /nm</td><td colspan="2">光栅常数/nm</td><td rowspan="2">光栅常数的倒数 $\frac{1}{\bar{d}}$/cm^{-1}</td></tr>
<tr><td></td><td>θ_{-1}</td><td>θ_{+1}</td><td>$\varphi=\frac{\lvert\theta_{-1}-\theta_{+1}\rvert}{2}$</td><td>$\bar{\varphi}=\frac{\varphi_1+\varphi_2}{2}$</td><td>$d=\frac{k\lambda}{\sin\varphi}$</td><td>$\bar{d}=\frac{d_1+d_2}{2}$</td></tr>
<tr><td rowspan="2">测光栅常数</td><td rowspan="2">1</td><td>游标 I</td><td></td><td></td><td></td><td rowspan="2"></td><td rowspan="2"></td><td rowspan="2">435.8</td><td rowspan="2"></td><td rowspan="2"></td><td rowspan="2"></td></tr>
<tr><td>游标 II</td><td></td><td></td><td></td></tr>
<tr><td rowspan="4">测绿光波长</td><td rowspan="2"></td><td rowspan="2"></td><td rowspan="2">θ_{-1}</td><td rowspan="2">θ_{+1}</td><td rowspan="2">$\varphi=\frac{\lvert\theta_{-1}-\theta_{+1}\rvert}{2}$</td><td rowspan="2">$\bar{\varphi}=\frac{\varphi_1+\varphi_2}{2}$</td><td rowspan="2">$\sin\bar{\varphi}$</td><td rowspan="2">光栅常数 d/nm</td><td colspan="2">绿光波长/nm</td><td rowspan="2">相对误差/% $\frac{\Delta\lambda}{\lambda}=\frac{\lvert\lambda_{标}-\lambda\rvert}{\lambda_{标}}$</td></tr>
<tr><td>$\lambda=\frac{d\sin\bar{\varphi}}{K}$</td><td>$\bar{\lambda}=\frac{\lambda_1+\lambda_2}{2}$</td></tr>
<tr><td rowspan="2">1</td><td>游标 I</td><td></td><td></td><td></td><td rowspan="2"></td><td rowspan="2"></td><td rowspan="2"></td><td rowspan="2"></td><td rowspan="2">$\lambda_{绿标}=$ 546.1</td><td rowspan="2"></td></tr>
<tr><td>游标 II</td><td></td><td></td><td></td></tr>
</table>

［思考题］

1. 公式 $\lambda=\frac{d}{k}\sin\varphi$ 中各量的意义是什么？该公式适用的条件是什么？本实验是如何满足上述条件的？

2. 如果光栅平面与平行光管垂直，但其刻线与分光计中心轴不平行，则整个光谱有什么异常？对测量结果有何影响？

3. 当平行光管狭缝太宽、太窄时会出现什么现象？为什么？

4. 光栅光谱和棱镜光谱有哪些不同之处？

实验 23 迈克耳孙干涉实验

迈克耳孙干涉仪是一种利用分割光波振幅的方法实现干涉的光学仪器，自 1881 年问世以来，特别是迈克耳孙及其合作者利用这种干涉仪完成了著名的迈克耳孙-莫雷实验以后，曾对近代物理和计量技术产生过重要的影响，为物理学的发展做出了重大的贡献。目前，根据迈克耳孙干涉仪的基本原理发展的各种精密仪器已广泛应用于生产和技术领域。

迈克耳孙干涉实验

此外，迈克耳孙干涉仪的调整方法和在实验中可能观察到的各种干涉现象，在物理教学中也颇具典型性。

［实验目的］

1. 了解迈克耳孙干涉仪的结构、原理和调节方法。
2. 观察等倾、等厚、非定域干涉所形成的条件和条纹特点。
3. 用 He-Ne 激光校准干涉仪的精密丝杆。
4. 用迈克耳孙干涉仪测定光波波长。

［实验仪器］

迈克耳孙干涉仪、He-Ne 激光器、钠光灯、小孔屏、扩束透镜等。

迈克耳孙干涉仪的典型光路如图 23-1 所示，其简化光路图如 23-2 所示。光源 S 发出的光射到 45°倾斜玻璃板 G_1 上（G_1 的前后两个面严格平行，后表面镀有半反半透薄膜），光被半反半透膜分为强度近似相等、方向不同的两条相干光束。图 23-2 中用（1）表示反射的一束，用（2）表示透射的一束。因为 G_1 和平面镜 M_1、M_2 均成 45°角，所以两光束分别近似于垂直入射 M_1 和 M_2。两光束经反射后再在 E 处相遇，形成干涉条纹。G_2 为一补偿板，其材料和厚度与 G_1 相同，G_2 的作用是补偿光束（2）的光程，使光束（2）和光束（1）在玻璃中的光程相等。

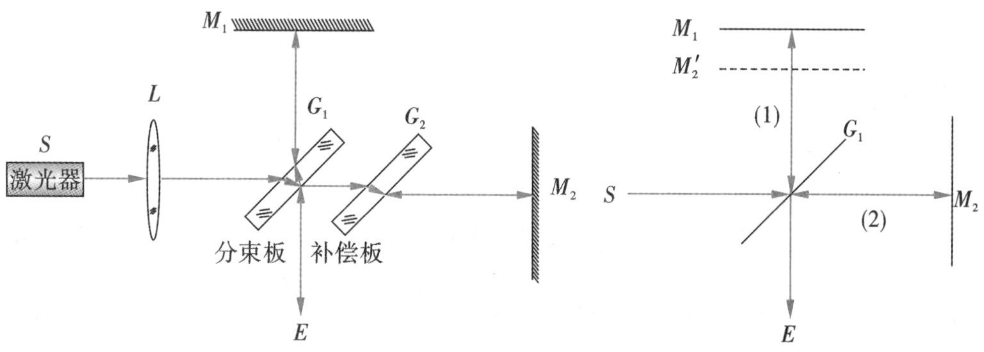

图 23-1 迈克耳孙干涉仪原理图　　图 23-2 迈克耳孙干涉仪简化光路

反射镜 M_2 是固定的，M_1 可在精密导轨上前后移动以改变两束光之间的光程差。M_1 的位置及移动的距离可以从仪器上的毫米刻度尺、读数窗及微调鼓轮读出，其最小读数为 10^{-4} mm，可估计到 10^{-5} mm 位。粗调手轮每转一周，动镜 M_1 移动 1 mm，它分为 100 格，每格代表 10^{-2} mm。微调手轮每转一周，动镜移动 10^{-2} mm，它也分为 100 格，每格代表 10^{-4} mm。镜 M_1、M_2 的背面各有三个螺丝，用以调节 M_1、M_2 相互垂直，反射镜 M_2 的下端还有两个方向互相垂直的微动螺丝，用以精确地调节 M_2 的倾斜度，使条纹的圆心上下或左右移动至光屏正中央。

迈克耳孙干涉仪的结构如图 23-3 所示。

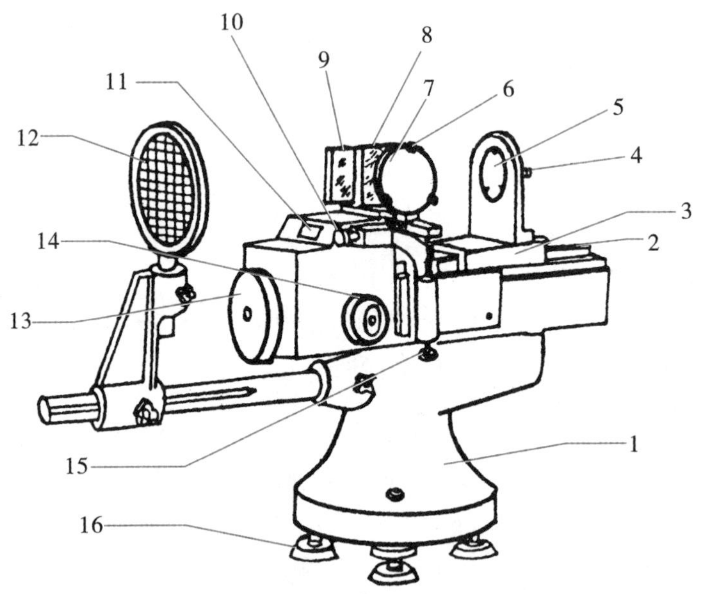

1. 底座；2. 导轨；3. 拖板；4、6. 调节螺丝；5. 可移动平面镜 M_1；7. 固定平面镜 M_2；8. 补偿板 G_2；9. 分光板 G_1；10. 水平拉簧螺丝；11. 读数窗；12. 光屏；13. 粗调手轮；14. 微调手轮；15. 垂直拉簧螺丝；16. 水平调节螺丝。

图 23-3　迈克耳孙干涉仪结构图

[实验原理]

1. 干涉条纹的形状和分类

迈克耳孙干涉仪产生的两束相干光是从 M_1 和 M_2 反射而来，研究干涉条纹时，M_2' 和 M_2 完全等效(图 23-2)。

(1)点光源产生的非定域干涉。

若将凸透镜会聚后的发散激光束入射至迈克耳孙干涉仪，经 M_1 和 M_2 反射后，相当于两个相干性极好的虚光源 S_1 和 S_2'发出的球面波形成干涉。S_1 和 S_2'的距离为 M_1 和 M_2'距离 d 的 2 倍，即 $2d$。虚光源 S_1 和 S_2'发出的球面光波在它们相遇空间处处相干，因此是非定域干涉，其干涉条纹的形状与平面接收屏的位置和取向有关。当 M_1 平行于 M_2'，接收屏垂直于 $\overline{S_1S_2'}$ 的连线时，条纹为同心圆；当接收屏不垂直 $\overline{S_1S_2'}$ 时，条纹为椭圆簇或直线簇。但实际上，放屏的空间是有限制的，只有圆和椭圆容易出现，通常把接收屏放在垂直于 $\overline{S_1S_2'}$ 的连线上，对应的干涉条纹是一组同心圆，圆心在 $\overline{S_1S_2'}$ 延长线和屏的交点 E 上。如图 23-4 所示，由 S_1、S_2' 到屏上任一点 A 两光线的光程差 L 为

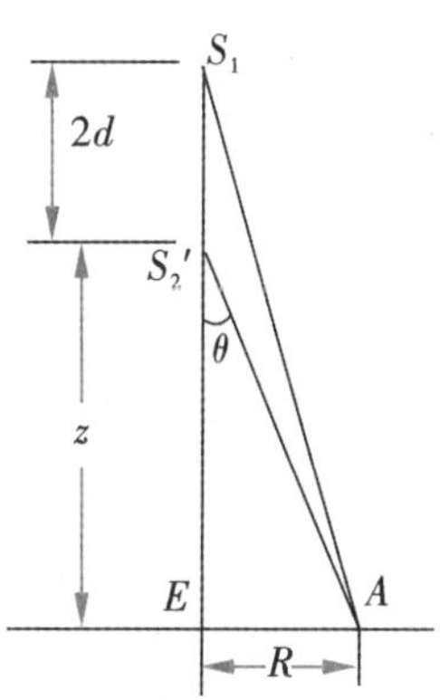

图 23-4　光程差示意图

$$L=\sqrt{(z+2d)^2+R^2}-\sqrt{z^2+R^2}$$
$$=\sqrt{z^2+R^2}\left(\sqrt{1+\frac{4dz+4d^2}{z^2+R^2}}-1\right)\quad(23-1)$$

当 $z\gg d$ 时，把上式展开有

$$L=\sqrt{z^2+R^2}\left[\frac{1}{2}\cdot\frac{4zd+4d^2}{z^2+R^2}-\frac{1}{8}\cdot\frac{16z^2d^2}{(z^2+R^2)^2}\right]$$
$$=\frac{2zd}{\sqrt{z^2+R^2}}\left[1+\frac{R^2d}{z(z^2+R^2)}\right]$$
$$=2d\cos\theta\left(1+\frac{d}{z}\sin^2\theta\right)\quad(23-2)$$

由式(23-2)可知，在满足条件 $L=2d\cos\theta\left(1+\frac{d}{z}\sin^2\theta\right)=k\lambda$ ($k=1,2,3,\cdots$)处，因干涉相长，形成亮条纹；在 $L=2d\cos\theta\left(1+\frac{d}{z}\sin^2\theta\right)=(2k-1)\frac{\lambda}{2}$ ($k=1,2,3,\cdots$)处，因干涉相消，形成暗条纹。而干涉级数将以圆心处为最高，这是因为 $\theta=0$ 时，$\cos\theta=1$，$\sin\theta=0$，光程差 $L=2d=k\lambda$；此时若使 M_1 沿光轴方向移动 Δd，由此而引起圆心处的光程差变化为

$$\Delta L=2\Delta d=\Delta k\lambda\quad(23-3)$$

式中，Δk 为在 M_1 移动过程中干涉条纹移过的数目。

移动 M_1，使 M_1 与 M_2' 的距离增大，圆心处的干涉级次随之增大，干涉环呈现从圆心向外“吐出”的现象；反之，若使 M_1 和 M_2' 的距离减小，干涉环呈现向圆心“吞入”的现象。综合上述关于干涉相长和相消的讨论可以推知，不论干涉环是“吞入”还是“吐出”，只要在圆心处有一个干涉环的变化，M_1 移过的距离 Δd 就必定是 $\lambda/2$（即光程变化了一个波长）。因此在一般情况下，由式(23-3)，常把干涉环从圆心处“吞”（或“吐”）的总数 Δk 与 M_1 位置的移动量 Δd 之间的关系写成

$$\Delta d=\Delta k\cdot\frac{\lambda}{2}\quad\text{或}\quad\lambda=2\frac{\Delta d}{\Delta k}\quad(23-4)$$

上式表明，若同时读出 Δd 和 Δk，即可由上式算出入射光波的波长；反之，当光源波长已知时，也可根据 Δk 算出 Δd 的值，这就是用干涉仪精密测量长度的原理。

(2)等倾干涉。

在迈克耳孙干涉仪中，当光源是面光源，反射镜 M_1 与 M_2' 平行（即 M_1 与 M_2 垂直）时，如图 23-5 所示，入射角为 θ 的光经 M_1、M_2' 反射成为(1)(2)两束相互平行的光。

(1)和(2)的光程差 $L=\overline{AC}+\overline{CB}-\overline{AD}$,即

$$L=\frac{2d}{\cos\theta}-2d\tan\theta\sin\theta=2d\cos\theta \tag{23-5}$$

由上式可以看出,当 d 一定时,光程差只决定于入射角,同一入射角的光线具有相等的光程差。若用透镜 L_1 会聚光束,在透镜的焦平面上将形成干涉条纹,这种干涉条纹是一个以透镜光轴为圆心的一组明暗相间的同心圆。这种干涉称为等倾干涉,即同一干涉条纹均对应于相同的入射倾角。

形成亮条纹的条件为 $L=2d\cos\theta=k\lambda$。显然,当 $\theta=0$ 时,圆心干涉条纹的级次最高。当 d 增大时,圆环从中心"吐出",条纹变细变密;当 d 减小时,圆环被圆心"吞入",条纹变粗变疏。此外,干涉环的"吞""吐"移动规律与点光源产生非定域干涉时相同。

(3)等厚干涉。

在迈克耳孙干涉仪中,当光源为面光源时,M_1 与 M_2' 有一很小的交角 θ 而形成楔形空气薄层,就观察到等厚干涉条纹,如图 23-6 所示,当 θ 很小时,光束(1)和光束(2)的光程近似用 $L=2d\cos i$ 表示(其中 d 是观察点 B 处空气层厚度,i 为入射角)。在 M_1 与 M_2 两镜相交处,$d=0$,如不考虑光束(1)在 G_1 镜反射时附加的位相差,光程差为零,应出现直线亮纹,称为中央条纹,如果入射角不大 $\left(\cos i=1-\frac{1}{2}i^2\right)$,有

$$L=2d\left(1-\frac{i^2}{2}\right)=2d-di^2 \tag{23-6}$$

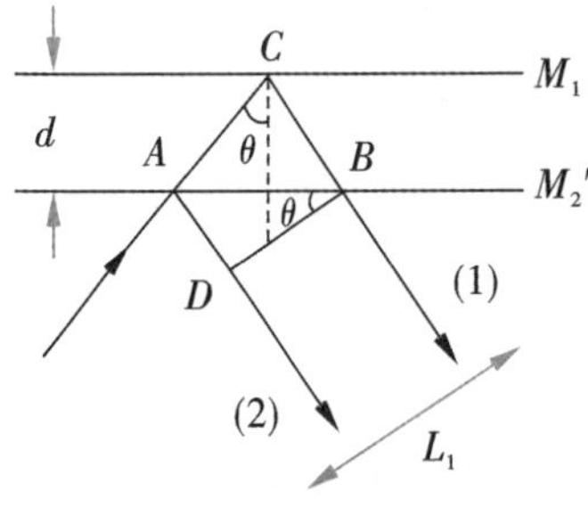

图 23-5　等倾干涉图

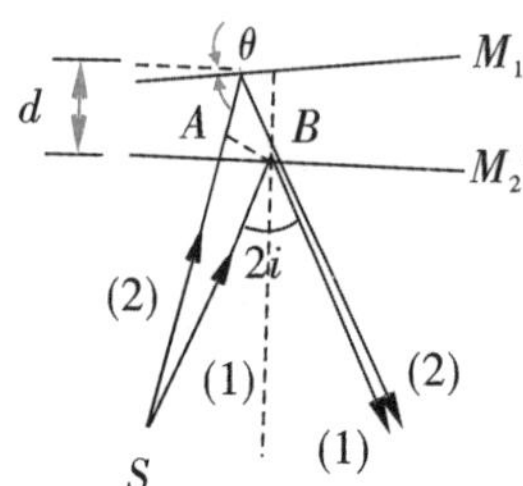

图 23-6　等厚干涉示意图

在中央条纹附近,干涉条纹是大体平行于中央条纹的直线,离中央条纹较远处,由于视角 i 增大,式(23-6)中的 di^2 不能忽略,因此条纹发生弯曲,弯曲的方向凸向中央条纹。

2. 条纹视见度

实际光源发出的光波不是绝对的单色光,而是有一个波长范围,通常用谱线宽度 $\Delta\lambda$ 表示,它表示中心波长为 λ_0、谱线宽度为 $\Delta\lambda$ 的光波,即由 $\lambda_0-\frac{\Delta\lambda}{2}$ 到 $\lambda_0+\frac{\Delta\lambda}{2}$ 之间所有光波的组合。干涉时,每一波长对应一套干涉条纹。

例如,有一光源由两个波长相差甚微的光波 $\lambda_1=\lambda_0+\frac{\Delta\lambda}{2}$ 和 $\lambda_2=\lambda_0-\frac{\Delta\lambda}{2}$ 组成,它

们的光强相等，则我们观察到的干涉条纹是由两单色光 λ_1 和 λ_2 分别形成的干涉条纹的叠加，光强分布如图 23-7 所示。显然，光强的极大值 I_{max}（对应亮条纹）和极小值 I_{min}（对应暗条纹）相差越大，条纹越清晰，我们定义：$V=\frac{I_{max}-I_{min}}{I_{max}}$，式中，$V$ 为条纹视见度。当 $V=1$ 时，视见度最大，条纹最清晰。

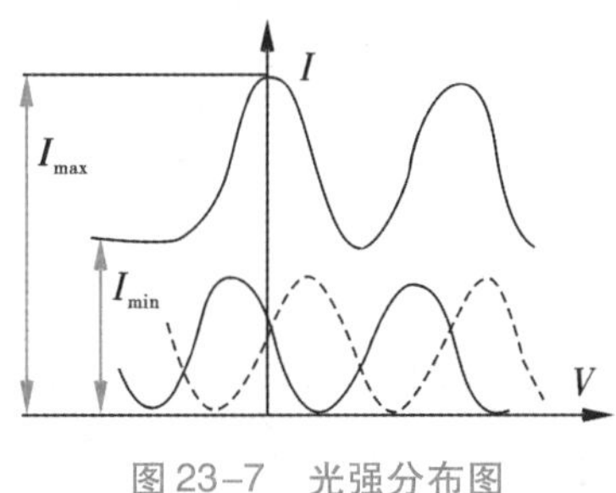

图 23-7　光强分布图

这一复合光经干涉产生的条纹的清晰程度将随光程差而改变。设 M_1 和 M_2'的距离为 d，入射角为零时，视场中某点处光波 λ_1 形成亮纹，而光波 λ_2 恰好形成暗纹，则光程差为

$$L=2d=k_1\lambda_1=(k_2+\frac{1}{2})\lambda_2 \tag{23-7}$$

这时叠加的结果为 $I_{max}=I_{min}$，即视见度 $V=0$，视场模糊一片，看不见条纹。当 d 继续增大时，条纹的视见度将由模糊变清晰再由清晰逐渐消失；当增大 d_x时，使得视见度从一次 $V=0$ 到相邻一次 $V=0$，即光程差

$$L'=2(d+d_x)=(k_1+k_2)\lambda_1=\left[k_2+\frac{1}{2}+(k_2+1)\right]\lambda_2 \tag{23-8}$$

将式(23-7)、$\lambda_1=\lambda_0+\frac{\Delta\lambda}{2}$、$\lambda_2=\lambda_0-\frac{\Delta\lambda}{2}$ 代入式(23-8)，得 $\Delta\lambda=\frac{\lambda_0^2}{2d_x}$。

若 λ_0已知，只需测出动镜 M_1 在连续两次视见度为零时移动的距离 d_x，即可求得光波的波长差 $\Delta\lambda$。

[实验内容]

1. 调整迈克耳孙干涉仪观察非定域干涉条纹及等厚干涉条纹

(1)使 He-Ne 激光束($\lambda=632.8$ nm)大致垂直于 M_2，在光源前面放一小孔光阑(图 23-8)，使光束通过小孔射到 M_2 上，调节 M_2 后面的三个螺丝，使反射光束仍返回通过小孔(这时可能看到两排亮点，调节 M_2 时应使移动的一排亮点中的最亮点与圆孔 P 重合)。调节 M_1 使由 M_1 反射的光束亦返回圆孔 P。这时 M_1 和 M_2 大致是互相垂直的，即 M_1 和 M_2'大致互相平行。没有光阑时，首先调节光程差较小，条纹就间距大，调节两排最亮的点重合且有闪动时，即 M_1 与 M_2 相垂直。

(2)取去光阑 P，放上一短焦距的小透镜 L_1，使光束会聚为一点光源。用一块毛玻璃作为观察屏(图 23-8)，只要两个反射像和小孔重合得较好，屏上就可以观察到干涉条纹，再调节 M_2 的两个微动螺丝，使圆心的上下和左右移动至正中央，使 M_1 和 M_2'严

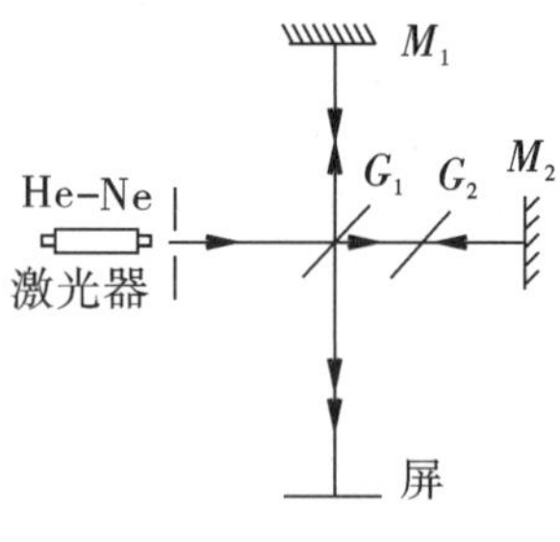

图 23-8 实验原理图

格平行，屏上就出现非定域的圆条纹了。

(3)转动 M_1 镜的传动系统使 M_1 前后移动，观察条纹的变化；从条纹的产生或消失说明 M_1、M_2'之间的距离 d 是变大还是变小。观察并解释条纹的粗细、密度和 d 的关系。

(4)改变 M_2 使之有一很小的角度变化，改变 M_1 位置，观察条纹变化的情况。

2. 校准精密丝杆

采用非定域干涉条纹来校准精密丝杆，条纹的调节如前所述。用波长为 6.328×10^{-4} mm的 He-Ne 激光作基准，改变 M_1 的位置，使干涉条纹变化数百环，将由式 $\Delta d=\Delta k\cdot\dfrac{\lambda}{2}$ 计算得出的 Δd 和实测（鼓轮读数）的 $\Delta d'$ 比较。求出相对误差 $\delta(\Delta d)/\Delta d$，由此确定并修正干涉仪精密丝杆鼓轮读数 A，修正后的读数为 $A_0=A\pm A\dfrac{\delta(\Delta d)}{\Delta d}$，式中 $\dfrac{\delta(\Delta d)}{\Delta d}=\dfrac{|\Delta d-\Delta d'|}{\Delta d}$。

3. 观察等倾干涉条纹

(1)把毛玻璃放在透镜 L_1 的前面，使球面波经过漫反射成为扩展光源，必要时可加两块毛玻璃。用聚焦到无穷远处的眼睛可以直接观察到圆条纹，进一步调节 M_2 的微动螺丝，使眼睛上下左右移动时，各圆的大小不变，仅圆心跟随眼睛的移动而移动，这时我们看到的就是等倾干涉条纹了。

(2)转动 M_1 镜的传动系统使 M_1 前后移动，观察条纹变化的规律（和非定域干涉的要求相同）。

4. 测量光波波长与波长差

(1)试设计一方案，利用迈克耳孙干涉仪测量某单色光的波长。

(2)钠的黄光是由两条十分接近的谱线 λ_1(589.0 nm)和 λ_2(589.6 nm)所组成，试采用迈克耳孙干涉仪测出其波长差。

[思考题]

1. 当白光彩色干涉条纹出现在视场中央后，在光路(1)中插入一块折射率为 n、厚度为 L 的均匀薄膜，显然，彩色条纹消失。移动 M_1（应向什么方向移动?）Δd 距离后，彩色条纹再次出现在视场中央。若空气的折射率为 1，试证明：$\Delta d=L(n-1)$。

2. 说明等倾、等厚和非定域干涉条纹分别定域在何处？在实验中观察到的现象是否与此相符？

实验 24　光全息照相

光全息照相

普通摄影是利用照相机将物体发出(或反射)的光波记录在感光材料上,由于它只记录了物体光波的强度因子(振幅信息),而失去了反映物体景深的位相因子(空间信息),因而普通照片看上去是平面的,失去了原有物体的立体感,不能完全反映被摄物体的真实面貌。

为了得到物体的真实像,我们必须同时记录物体光波的全部信息——振幅和位相。全息摄影就是利用光的干涉和衍射原理,引进与物体光波相干的参考光波,用干涉条纹的形式记录下物体光波的全部信息。即利用干涉原理把物体上每一点的振幅和位相信息转换为强度的函数,以干涉图样的形式记录在感光材料上。经过显影和定影处理,干涉图样就固定在全息干板(胶片)上了,这就是我们通常所说的三维全息照片。通过光的衍射即可再现物体的三维立体像。

全息图(hologram)是伽博(Gabor)在 1948 年为改善电子显微镜像质所提出的,其意义在于完整的记录。伽博的实验解决了全息术发明中的基本问题,即波前的记录和再现,但由于当时缺乏明亮的相干光源(激光器),全息图的成像质量很差。随着激光器的问世,1962 年利思(Leith)和乌帕特尼克斯(Upatnieks)在伽博全息术的基础上引入载频的概念发明了离轴全息术,有效地克服了当时全息图成像质量差的主要问题——孪生像,三维物体显示成为当时全息术研究的热点,但这种成像科学远远超过了当时经济的发展,制作和观察这种全息图的代价是很昂贵的,全息术基本成了以高昂的经费来维持不切实际的幻想的代名词。1969 年本顿(Benton)发明了彩虹全息术,掀起以白光显示为特征的全息三维显示新高潮。彩虹全息图是一种能实现白光显示的平面全息图,与丹尼舒克(Denisyuk)的反射全息图相比,除了能在普通白炽灯下观察到明亮的立体像外,还具有全息图处理工艺简单、易于复制等优点。

[实验目的]

1. 了解全息摄影的基本原理、实验装置以及实验方法。
2. 掌握激光全息摄影和激光再现的实验技术。
3. 通过观察全息图像的再现,弄清全息照片和普通照片的本质区别。

[实验仪器]

Laser:半导体激光器(或 He-Ne 激光器);M_1 和 M_2:全反镜;BS:分束镜;C:扩束镜;P:全息干板及支架;O:被摄物体;K:光开关。另外准备直尺、钢卷尺(用于调整光路)以及光强测量仪、曝光定时器、显影液(D19)、定影液(F5)和暗室灯等。

[实验原理]

1. 基本原理

用光波的强度可以记录光波的振幅。利用光波的干涉原理，即让一束具有恒定位相的光束和要求记录的物体的波面发生干涉，然后把这种相干图像记录下来，这样就可以记录物体反射光波的位相。如图24-1所示，将一束相干光（激光）垂直照射在两条平行狭缝 S_1 和 S_2 上，通过 S_1 和 S_2 发出的两束光，在屏幕D上叠加成干涉条纹。若把狭缝 S_2 看作物体，S_1 作为参考光束，则屏幕D上的干涉条纹就是物体 S_2 的全息图，用照相底片将它记录下来就得到一张狭缝 S_2 的全息照片。若狭缝 S_2 用其他实物替代，则可拍到实物三维空间的立体全息照片。以上就是全息照相的基本原理。

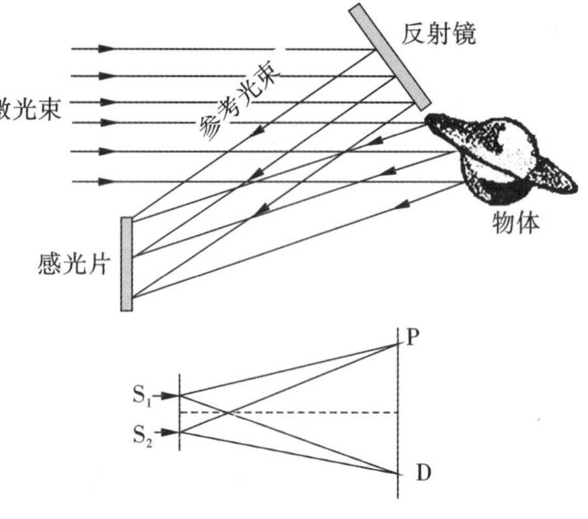

图24-1 全息摄影原理示意图

2. 实验原理

物体发出的光包含光的振幅和光的位相两大部分信息，即

$$O(x,y,\phi)=O(x,y)\exp[-j\phi(x,y)] \tag{24-1}$$

式中，$O(x,y,\phi)$ 为振幅，$\exp[-j\phi(x,y)]$ 为位相。

由于普通摄影只能记录物体光波的振幅信息，而位相信息 $\exp[-j\phi(x,y)]$ 全部丢失，因此照片没有立体感，其数学表达式为

$$I=|O(x,y)\exp[-j\phi(x,y)]^2|=O^2 \tag{24-2}$$

实际上，没有任何一种感光材料可以直接记录光波的位相，在全息摄影中我们利用光的干涉原理来记录光波的振幅和位相信息。如图24-2所示，He-Ne激光器发出的激光由分束镜BS将光线一分为二，透射光线经反射镜 M_2 反射再经过扩束后照射在被摄物体上，经被摄物体反射到感光材料上，这束光线称为物光（O 光）；反射光线经反射镜 M_1 反射再经过扩束后直接照射在感光材料上，称为参考光（R 光）；两束光线在P处相干并形成干涉条纹，这些条纹记录了物光的所有振幅和位相信息。

物光为

$$O(x,y,\phi)=O(x,y,\phi)\exp[-j\phi(x,y)]$$

参考光为

$$R(x,y,\psi)=R(x,y)\exp[-j\psi(x,y)]$$

两光相干后总光强为

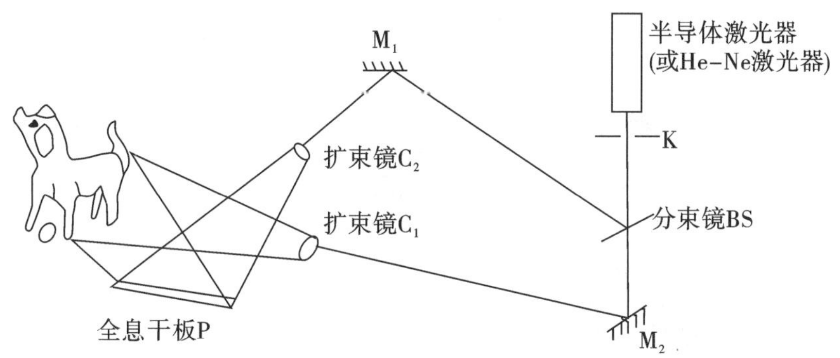

图 24-2　拍摄全息照相光路图

$$I_t(O,R)=|O(x,y)+R(x,y)|^2$$
$$=|O(x,y)|^2+|R(x,y)|^2+O(x,y)R^*(x,y)+O^*(x,y)R(x,y)$$
$$=|O(x,y)|^2+|R(x,y)|^2+2R(x,y)O(x,y)\cos[\psi(x,y)-\phi(x,y)] \quad (24-3)$$

式(24-3)说明:全息图中包含着物光的振幅和位相信息,它们全部被记录在感光材料上,并以干涉条纹的形式表现出来。感光材料(全息干板或胶片)经过曝光、显影和定影后,即可得到一张菲涅耳全息图。

将制作好的全息图放回原处,遮挡住物光(O 光)并取走被摄物体,用原参考光(R 光)照明,则透过这张全息图的光强为

$$I_t=IR(x,y)\exp[-j\psi(x,y)]=|O(x,y)+R(x,y)|^2R(x,y)\exp[-j\psi(x,y)]$$
$$=R\{O^2+R^2\}\exp[-j\psi(x,y)]+R^2O(x,y)\exp[-j\phi(x,y)]+$$
$$R^2\exp[-2j\psi(x,y)]O(x,y)\exp[-j\phi(x,y)] \quad (24-4)$$

式(24-4)中的第二项与原物光光波只相差一个系数 R,这说明通过全息图的出射光包含原物光的全部信息。所以我们透过全息图可以看到在原来放置物体的地方有物体的虚像,就像物体没有被取走一样。物体的虚像具有明显的视差效应,当人们通过全息图观察物体的虚像时,就像通过一个“窗口”观察真实物体一样,具有强烈的三维立体感。当人眼在全息图前面左右移动或上下移动时,我们可以看到物体的不同部位。即使全息干板破损、变小,但原物光的信息还保存在干涉条纹之中,所以我们通过参考光的照射同样可以看到物体的虚像,只是光强发生了变化。

虚像是由全息图的-1 级衍射光所形成的。另外还有直接透射光(0 级光),我们可以在直接透射光的对面用毛玻璃屏观看物体的实像,而且远离全息图也可观察到。全息图的+1 级衍射光形成被摄物的实像,如图 24-3 所示。观察实像还可用参考光束 R 的共轭光束 R' 照射全息图,这时我们看到的实像是“悬浮”在干板之外的,如图 24-4 所示。

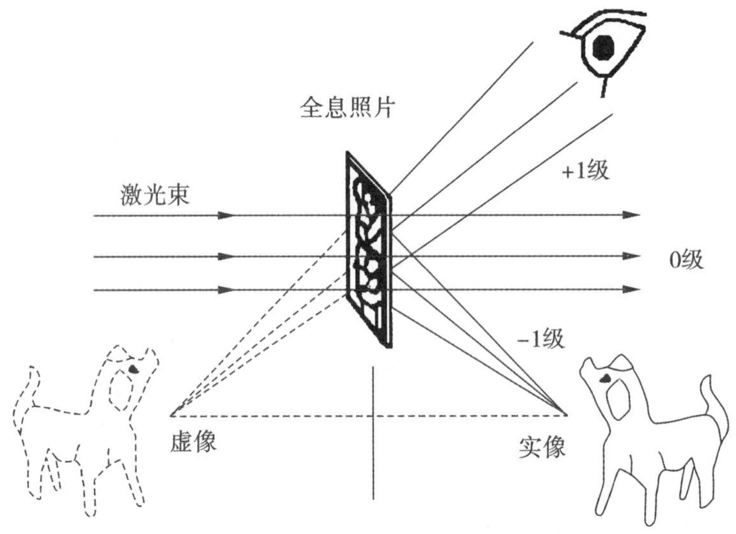

图 24-3 全息照相再现光路图

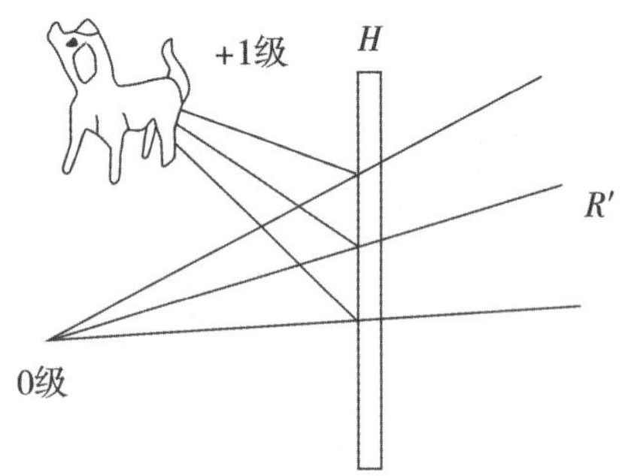

图 24-4 全息实像的再现

3. 全息照相

全息照相包括全息记录和全息照片的再现。

(1)全息照片的摄制。如图 24-5 所示,用一束足够强的激光照明物体,从物体上反射的光波(即物光)射向感光胶片,同时再使这一束光的一部分直接照射(或通过反射镜反射)在感光胶片上,这部分相干光就是参考光束。物光束和参考光束在胶片上产生明暗相间的干涉条纹,感光胶片就成了全息片。这时干涉条纹的明暗记录了干涉后光的强度(即振幅),干涉条纹的形状记录了两束光的位相关系。

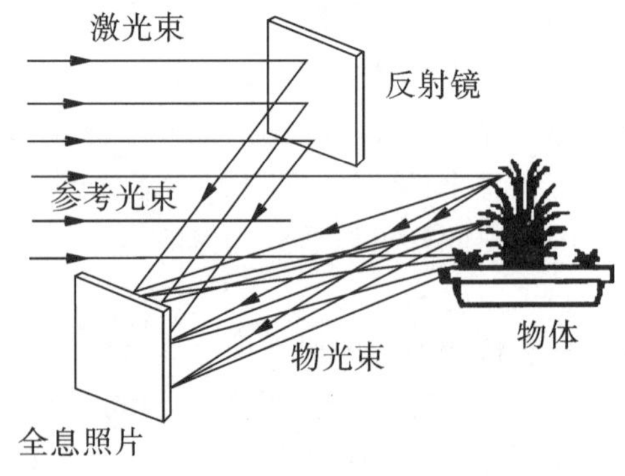

图 24-5 全息照片的摄制

(2)全息照片的再现。从全息照片上不能直接看到物体的像,必须用参考光束去照射全息片,当参考光束通过全息照片时,在它的后面出现一系列0级、1级、2级等衍射波,如图24-6所示。0级波可以看成是衰减后的入射光束。两个1级衍射波构成物体两个再现的像。一个是虚像,观察者在全息照片的后面可以看到;另一个是实像,观察者在全息照片的前面可以看到。根据拍摄时参考光束的不同,全息照片的再现一般分为白光再现和激光再现两种。

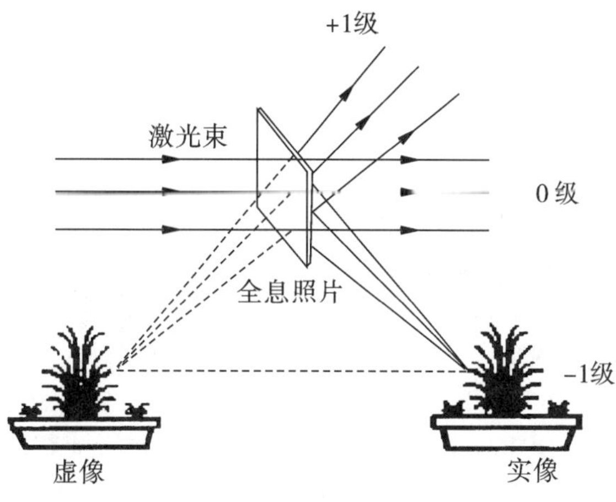

图24-6 全息照片的再现

4. 全息照相的特点

第一,它再现出来的像是跟原来物体一模一样的逼真的立体像,跟直接观察实物的感觉完全一样,即立体性。

第二,把全息照片分成若干小块,每一小块都可以完整地再现原来物体的像,所以全息照片即使有缺损,也不会使像失真,即可分割性。

第三,在同一张感光片上可以重叠记录许多像,这些像能够互不干扰地单独显示出来,即可多次曝光性。

第四,改变照片距光源或观察者的距离,或是改变光源的波长,再现的像都会发生明显的位移或缩放现象,即可塑性。

第五,用参考光作再现光,可以再现物体的像;用物光作再现光可再现参考光,即互换性。

第六,全息照片很容易复制。

5. 全息照相的拍摄要求

为了拍出一张满意的全息照片,拍摄系统必须具备以下要求。

(1)光源必须是相干光源。通过前面的分析知道,全息照相是根据光的干涉原理,所以要求光源必须具有很好的相干性。激光的出现,为全息照相提供了一个理想的光源。这是因为激光具有很好的空间相干性和时间相干性,实验中采用半导体激光器或He-Ne激光器,用其拍摄较小的漫散物体,可获得良好的全息图。

(2)全息照相系统要具有稳定性。由于全息底片上记录的是干涉条纹,而且是又细又密的干涉条纹,所以在照相过程中极小的干扰都会引起干涉条纹的模糊,甚至使干涉条纹无法记录。比如,拍摄过程中若底片位移1 μm,则条纹就分辨不清,为此,要求全息实验台是防震的。全息台上的所有光学器件都用磁性材料牢固地吸在工作台面钢板上。另外,气流通过光路、声波干扰以及温度变化都会引起周围空气密度的变化,因此,在曝光时应该禁止大声喧哗,不能随意走动,保证整个实验室绝对安静。我们的经验是:各组都调好光路后,同学们离开实验台,稳定一分钟后,再在同一时间内曝光,这样就会得到较好的效果。

(3)物光与参考光相关要求。物光和参考光的光程差应尽量小,两束光的光程相等最好,最多不能超过 2 cm,调光路时用细绳量好;两束光之间的夹角为 30°~60°,最好在 45°左右,因为夹角小,干涉条纹就稀,这样对系统的稳定性和感光材料分辨率的要求较低;两束光的光强比要适当,一般要求为 1∶1~1∶10 都可以,光强比可用硅光电池测出。

(4)使用高分辨率的全息底片。因为全息照相底片上记录的是又细又密的干涉条纹,所以需要高分辨率的感光材料。普通照相用的感光底片由于银化物的颗粒较粗,每毫米只能记录 50~100 个条纹,天津感光胶片厂生产的Ⅰ型全息干板,其分辨率可达每毫米 3000 条,能满足全息照相的拍摄要求。

(5)全息照片冲洗过程相关要求。全息照片的冲洗过程也是很关键的。我们按照配方要求配药,配出显影液、停影液、定影液和漂白液。上述几种药方都要求用蒸馏水配制,但实验证明,用纯净的自来水配制,也可获得成功。冲洗过程要在暗室进行,药液千万不能见光,保持在室温 20 ℃左右进行冲洗,配制一次药液保管得当可使用一个月左右。

6. 全息照相技术的应用

全息照相技术在照相领域要远远优于普通照相技术。普通照相是根据透镜成像原理,把立体景物"投影"到平面感光底板上,形成光强分布,记录下来的照片没有立体感,因为从各个视角看照片得到的像完全相同。全息照相再现的是一个精确复制的物光波,当我们"看"这个物光波时,可以从各个视角观察到再现立体像的不同侧面,犹如看到真实物体一样,具有景深和视差。如果拍摄并排的两辆汽车模型,那么当我们改变观察方向时,后一辆车被遮盖部分就会露出来。人们会为一张汽车的全息图而兴奋不已:"看见汽车的再现像,好像一拉车门就可以就坐上,太精彩了!"一张全息图相当于从多角度拍摄、聚焦成的许多普通照片,也就是说一张全息的信息量相当于 100 张或 1000 张普通照片。用高倍显微镜观看全息图表面,看到的是复杂的条纹,丝毫看不到物体的形象,这些条纹是利用激光照明的物体所发出的物光波与标准光波(参考光波)干涉,在平面感光底板上被记录而形成的,即用编码方法把物光波"冻结"起来。一旦遇到类似于参考光波的照明光波照射,就会衍射出成像光波,它好像原物光波重新释放出来一样。所以全息照相的原理可用 8 个字来表述:干涉记录,衍射再现。

了解了这项技术,我们就可以把全息照相技术广泛用于多个领域,把一些珍贵的文物用这项技术拍摄下来,展出时可以真实立体地再现文物,供参观者欣赏,而原物妥善保存,以防失窃。大型全息图既可展示轿车、卫星以及各种三维广告,亦可采用脉冲全息术再现人物肖像、结婚纪念照。小型全息图可以戴在颈项上作为美丽装饰,它可再现人们喜爱的动物、多彩的花朵等。迅猛发展的模压彩虹全息图,既可成为生动的卡通片、贺卡、立体邮票,也可作为防伪标志出现在商标、证件卡、银行信用卡甚至钞票上。装饰在书籍中的全息立体照片,以及礼品包装上闪耀的全息彩虹,使人们体会到 21 世纪印刷技术与包装技术的新飞跃。模压全息标志,由于它的三维层次感,并随观察角度而变化的彩虹效应,以及千变万化的防伪标记,再加上与其他高科技防伪手段的紧密结合,把新世纪的防伪技术推向了新的辉煌顶点。全息照相可以用于信息的大容量、高密度储存,如用全息照相方法可以把一本几百页的书的内容存储在只有指甲大小的全息片上。另外,它在精密测量、无损检测、显微术等领域也得到应用。目前,许多商家把企业的各类产品商标拍成全息图,制成防伪标志。总之,随着科学技术的日益发展,我们完全有理由相信,拥有一张自己的全息相片的日子不会再遥远。全息术已成为一门独立的学科,无论是在国民经济中还是在军事上都有广泛的应用前景。

[实验内容与步骤]

1. 按图 24-2 布置好光路(在某些特殊情况下由实验室给出)。

2. 打开半导体激光器(或 He-Ne 激光器)电源开关,点燃激光,当光线强度稳定后开始调整光路:①调整光束等高;②用自准直法调整各光学元件,使其表面与激光束垂直。

3. 调整分束镜 BS 使物光束和参考光束的光程基本相等,同时使两光束之间的夹角大于 30°(一般可在 30°至 50°之间选择,角度稍大些为好,这样再现时+1 级衍射光、0 级光和-1 级衍射光可以分得开些,便于观察虚像),并且使物光和参考光的光强比在 1∶1至 1∶10 之间,通常根据物体表面漫反射的情况来定,一般选择 1∶4 左右为宜。可用光强测量仪在固定全息干板的位置处测量,也可用毛玻璃放在这一位置,通过目测来大致判断物光与参考光的比例。

4. 在全息干板支架上固定白屏或毛玻璃,调节扩束镜 C_1 使物光均匀地照射在被摄物体上,调节物体的方位使物体漫反射光的最强部分均匀地照射在白屏上。调节扩束镜 C_2 使参考光均匀地照射在整个白屏上。这时物光和参考光在白屏上完全重叠。

5. 完全挡住光源。拿掉全息干板支架上的白屏,换上全息干板,并将药膜面(手感发涩)朝着光的方向安装在全息干板支架上。稳定 1 ~ 2 min 后开始曝光,曝光时间可根据物光和参考光的强度选择(几秒到几十秒)。曝光时,切忌走路、说话。

6. 将曝光后的全息干板在暗室内进行常规的显影、停影、定影、水洗、干燥等处理,即可得到一张漫反射的三维全息图。

7. 将冲洗好的全息图放回到干板支架上,拿去被摄物体,挡住物光,用原参考光照明全息图,在其后面观察重现的虚像。我们可以看到在原来放置被摄物体的地方有一虚像,人眼上下左右缓慢地移动,可以看到物体的各个部位。将全息图挡去一部分,观察虚像有何变化。观察虚像后,将全息片绕铅直轴 180°仍放在支架上,这时照明光束从全息图的背面照射,在全息图的前方用一白纸屏可看到物体的再现实像。

[注意事项]

1. 勿用手、手帕、纸屑等物擦拭光学元件。

2. 曝光时,切勿触及全息台,不要随意走动,防止实验室内有过大的气流流动。

3. 勿用眼睛直视未扩束的激光束,手切勿触及激光管高压端。

4. 全息底板是玻璃片基,注意轻放,以免弄碎。

[思考题]

1. 全息摄影与普通摄影有何区别?

2. 全息摄影为何要将激光束分为物光和参考光?为什么两光束的光程要基本相等?

3. 将全息图挡去一部分,为何再现图像仍然完整无缺?这时再现图像中包含的信息是否减少了？如果全息片不小心打碎了，用其中一小块来实现图像再现，对再现图像会有什么影响？请说明理由。

4. 如何用参考光 R 的共轭光 R' 来观看全息图像？

实验 25 偏振光实验

偏振光实验

［实验目的］

1. 了解光的五种偏振态：自然光、部分偏振光、线偏振光、椭圆偏振光、圆偏振光。
2. 了解偏振原理。
3. 掌握产生、检验各种偏振光的方法。
4. 了解偏振光的旋光现象，测量旋光物质的旋光度。

［实验仪器］

FB760-3 型偏振光实验仪（主要包括光具座、半导体激光器、光电接收头、光功率计、刻度转盘、双面介质样品、1/2 波片、1/4 波片、起偏器、检偏器、扩束透镜、白屏等）。

［实验原理］

光在传播过程中遇到介质发生反射、折射、双折射或通过二向色性物质时，发生偏振现象。

1. 线偏振

光是一种电磁波，由于电磁波对物质的作用主要是电场，故在光学中把电场强度 $\boldsymbol{E}$ 称为光矢量。在垂直于光波传播方向的平面内，由于一般光源发光机制的无序性，其光波的电矢量的分布就方向和大小来说是均等、对称的，称为自然光。当由于某种原因，使光线的电矢量分布对其传播方向不再对称时，传播光矢量可能有不同的振动方向，通常把光矢量保持一定振动方向上的状态称为偏振态。光在传播过程中，若光矢量保持在固定平面上振动，这种振动状态称为平面振动态，此平面就称为振动面，如图 25-1 所示。

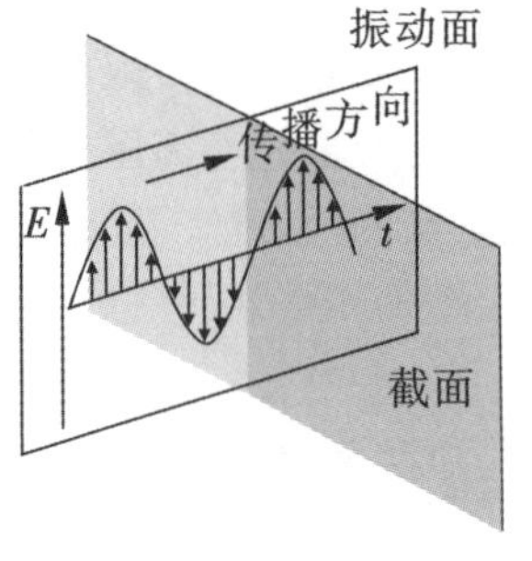

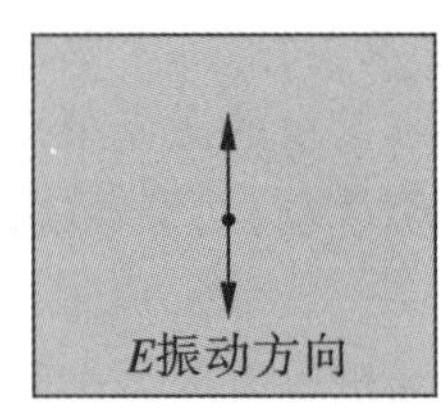

图 25-1 振动面

此时光矢量在垂直于传播方向平面上的投影为一条直线，故又称为线偏振态。我们称这种光线为偏振光。

2. 起偏与检偏

偏振片是将自然光转变成偏振光的仪器。偏振片有一个特定的方向，只让平行于该方向的光矢量通过。这个方向称为通光方向（或叫偏振化方向）。而垂直于这个方向的光矢量被偏振片吸收。因此自然光通过偏振片后就变成了线偏振光，如图 25-2 所示。

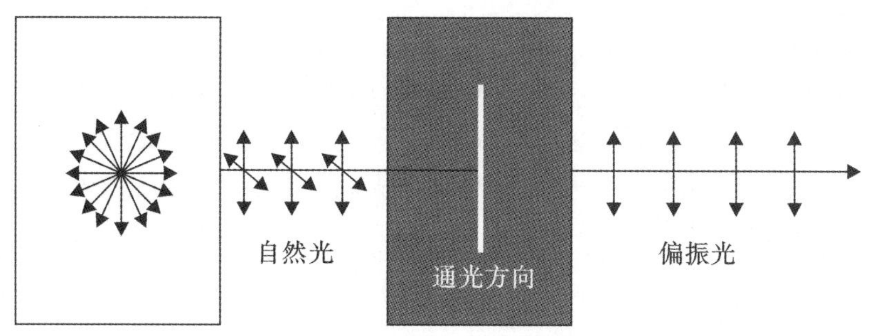

图 25-2　光的偏振

平时一般将产生偏振光的仪器称为起偏器，而验证偏振光的仪器称为检偏器。所以当起偏器与检偏器通光方向一致的时候，就有光线通过偏振片，该现象称为通光；当起偏器与检偏器通光方向互相垂直的时候，光就难通过，光通量极小，甚至消失，该现象称为消光。

3. 马吕斯定律

设 θ 是偏振片与检偏器的偏振化方向之间的夹角，若投射在检偏器上的线偏振光的振幅为 E_0，则透过检偏器的振幅为 $E_0\cos\theta$。由于光强与振幅的平方成正比，可知透射光强 I 随 θ 而变化的关系为

$$I = E_0^2\cos^2\theta \tag{25-1}$$

4. 反射光与折射光的偏振

当光从折射率为 n_1 的介质（例如空气）入射到折射率为 n_2 的介质，交界面（例如玻璃）如图 25-3 所示，而入射角又满足

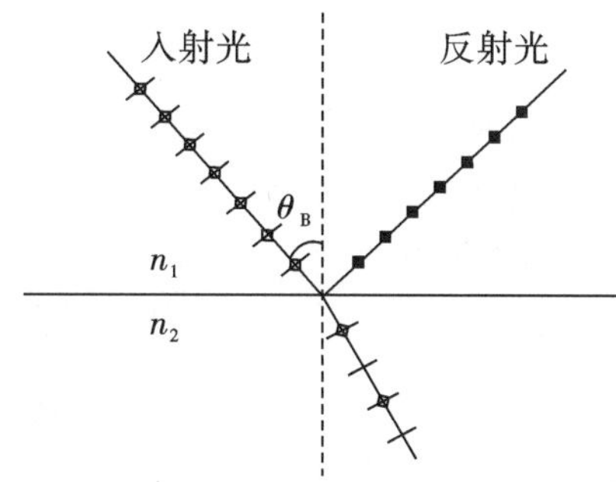

图 25-3　布儒斯特角

$$\theta_{B} = \tan^{-1} \frac{n_2}{n_1} \tag{25-2}$$

时，反射光即成完全偏振光，其振动面垂直于入射面。θ_B称为布儒斯特角。

若 n_1 表示的是空气折射率（数值近似等于 1），上式可写成

$$\theta_{B} = \tan^{-1} n_2 \tag{25-3}$$

通常情况下折射光均是部分偏振光，在折射的玻璃片增加的情况下，光的偏振程度会逐渐加强，实验中也有的采用玻璃堆来获得质量较好的偏振光。

5. 波片

线偏振光垂直入射一透光面平行于光轴、厚度为 d 的晶片，如图 25-4 所示，便分解为振动方向与光轴垂直的寻常光（o 光）和不遵从折射定律的与光轴平行的非寻常光（e 光）。因 o 光和 e 光在晶体中振动方向相互垂直，而且有不同的光速，设入射线偏振光的振幅为 A，振动方向与光轴夹角为 θ，入射晶面后 o 光和 e 光的振幅分别为 $A\sin\theta$ 和 $A\cos\theta$，出射后相位差为

$$\varphi = (2k+1)\frac{\pi}{2} \tag{25-4}$$

这种能使相互垂直振动的平面偏振光产生一定相位差的晶片就叫作波片。$\varphi = (2k+1)\frac{\pi}{2}$ 的波片称为1/4 波片，$\varphi = (2k+1)\pi$ 的波片称为1/2 波片，$\varphi = 2k\pi$ 的波片称为全波片。

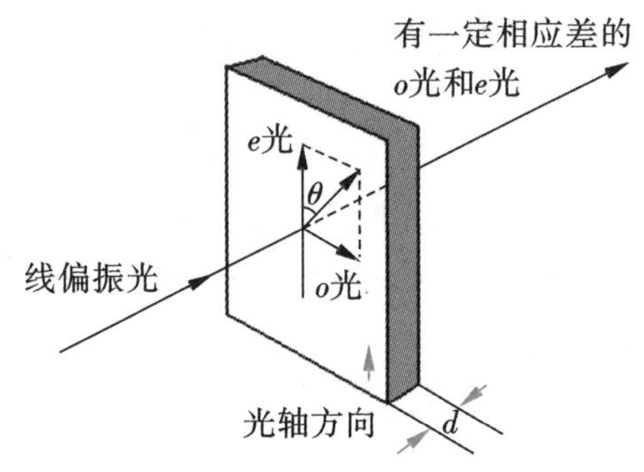

图 25-4　波片对线偏振光的作用

6. 椭圆偏振光和圆偏振光

振幅为 A 的线偏振光入射到波片（如某些石英晶体），若振动方向与波片光轴夹角为 θ，在直角坐标系内，o 光和 e 光的振幅分别为 $A_o = A\sin\theta$ 和 $A_e = A\cos\theta$ 。从波片出射后的 o 光和 e 光的振动可以用两个互相垂直、同频率、有固定相位差的简谐振动方程表示，二者的合振动方程为椭圆方程，合振动矢量的端点轨迹一般为椭圆，如图 25-5 所示，所以称作椭圆偏振光。

其中有个特殊情况，即 $\theta=45°$，o 光和 e 光振幅相等，合振动矢量的端点轨迹是圆，椭圆偏振光变化为圆偏振光，用检偏器检验，波片的透射光强理论上是不变的。

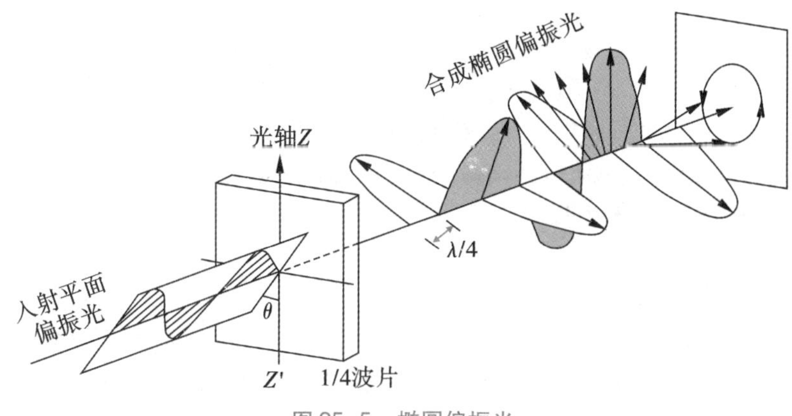

图 25-5　椭圆偏振光

7. 线偏振光通过波片后的状态改变

线偏振光振幅为 A，振动方向与波片光轴夹角为 θ，入射晶面后 o 光和 e 光振幅分别为 $A\sin\theta$ 和 $A\cos\theta$，出射后两者产生出一定的相位差 δ，离开波片后偏振光的性质决定 θ 和 δ：

（1）$\theta=0$ 或 $\theta=\frac{\pi}{2}$ 时：任何波片对入射光都不起作用，出射光仍然是线偏振光。

（2）$\theta\neq0$ 或 $\theta\neq\frac{\pi}{2}$ 时线偏振光通过 1/2 波片（$\delta=\pi$）：出射光仍然是线偏振光，但角度旋转 2θ，此方法常用于改变光的传播方向。

（3）$\theta\neq0$ 或 $\theta\neq\frac{\pi}{2}$ 时线偏振光通过 1/4 波片（$\delta=\pi/2$）：$\theta\neq45°$ 时为椭圆偏振光；$\theta=45°$ 时为圆偏振光。

8. 偏振光的鉴别

（1）线偏振光：

只需要一片检偏器，旋转 360°的情况下，光强出现两次最大、两次消光（即光很弱，以致完全无光）的位置，它们彼此相隔 90°。

（2）圆偏振光、部分圆偏振光与自然光：

转动检偏器如果光强始终不发生变化，一般情况下总是自然光、圆偏振光以及它们的混合光。要分辨它们可以在检偏器前插入 1/4 波片，如果是圆偏振光，就会变成线偏振光；如果是自然光，在经过 1/4 波片后，还是自然光；如果是部分圆偏振光，在经过 1/4 波片后会变成部分线偏振光，然后可以按各类光的特性进行鉴别。

（3）椭圆偏振光、部分椭圆偏振光与部分线偏振光：

转动检偏器均可以发现光强有时亮时暗的变化，然而即使最暗，光强也不会消光，要鉴别这三种光可以在偏振光与检偏器中间插入 1/4 波片，并且先使波片的光轴取向与单独用检偏器时产生最亮的通光方向一致。

1）如果是椭圆偏振光，变成线偏振光。

2)如果是部分偏振光,经过1/4波片,不会变成线偏振光,需要进一步鉴别是部分椭圆偏振光还是部分线偏振光,可以进行第三步。

3)将1/4波片通光方向转过$\pi/4$,这时如果是部分线偏振光将变成圆偏振光,转动检偏器,光强就不会变化;如果是部分椭圆偏振光,尽管1/4波片通光方向转过$\pi/4$,它也不会变成部分圆偏振光,所以转动检偏器,光强还是会变化,当然还可以再加上一片1/4波片,使其变成部分圆偏振光。

[实验内容]

1. 光的起偏与检偏

(1)偏振片与检偏器的偏振化方向之间的夹角θ等于0°:第二个偏振器与第一个偏振器的光轴平行,$\cos^2\theta$的值等于1,则透过第二个滤光器的光强等于透过第一个滤光器的光强。这种情况下,如图25-6所示透射光的强度达到最大值。

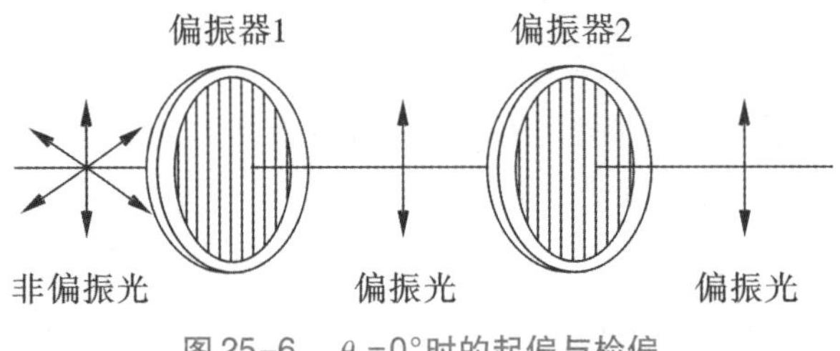

图25-6　$\theta=0°$时的起偏与检偏

(2)偏振片与检偏器的偏振化方向之间的夹角θ等于90°:第二个偏振器与第一个平面垂直,$\cos^2\theta$的值等于0,则没有光透过第二个偏振器。这种情况下,如图25-7所示透射光的强度达到最小值。

(3)若将检偏器绕着传播方向旋转,观察旋转一周的消光、长光的情况(图25-8),请自己分析产生的现象。(注:消光是指通光最弱的状态,实验中很多情况下都有微弱的光线通过,完全消光只是理想状态。下同)

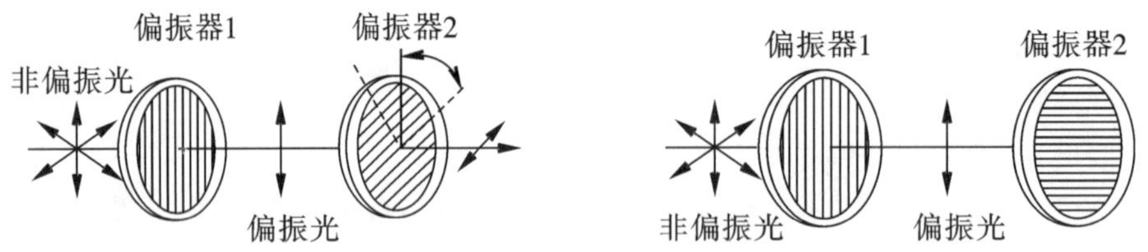

图25-7　$\theta=90°$的起偏与检偏　　图25-8　检偏器绕传播方向旋转一周时的起偏与检偏

2. 马吕斯定律验证实验

(1)记录半导体激光管直射光强I_0。

将光束垂直通过两个偏振化方向夹角$\theta=0°$的偏振片,进入光传感器,并记录光电流放大器的读数I_0。注意:由于偏振片装配上的偏差,偏振化方向夹角$\theta=0°$不一定是偏振片刻度相减。

(2)转动其中一个偏振片,每当θ改变10°,记录一次读数$I_k(k=1,2,3,\cdots)$,直到偏振片转动 90°为止,如表 25-1 所示。

表 25-1　偏振片夹角 θ 与光强 I_k 的关系

I_0 = ________

θ/(°)	$\cos^2\theta$	$I_k/\mu W$	θ/(°)	$\cos^2\theta$	$I_k/\mu W$
10			60		
20			70		
30			80		
40			90		
50			…		

注意:因为接收的光电管在强光下要产生饱和现象,因此实验中的光强不能太强,操作如下:

1)因为激光器本身就是偏振光,可以先拿掉检偏器,调节起偏器使光强到 μW 挡最大值 190 μW 左右。

2)放上检偏器,先调到光强最小位置,然后转角 90°定下起始位置。

(3)以 I_k(表示每转角度接收到的光强)作纵坐标,以 $\cos^2\theta$ 作横坐标,在毫米格纸上作图,以验证光强与起偏器夹角余弦平方的线性关系。如图 25-9 所示,其斜率即 I_0。

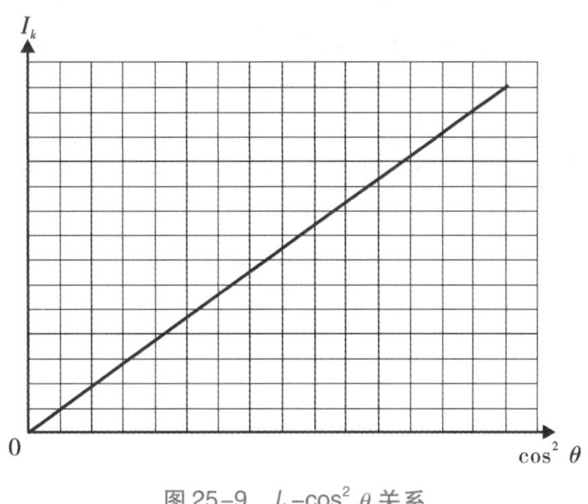

图 25-9　I_k-$\cos^2\theta$ 关系

3. 反射偏振及布儒斯特角测量

(1)仪器组合如图 25-10 所示,让激光束被立在测角台直径上的介质反射,旋转测角台可以改变光的入射角,再通过转动臂上的检偏器(偏振化方向处于水平状态)到达白屏或光传感器,然后进行以下实验内容与步骤。

(2)观察现象:旋转测角台改变反射光线的出射方向,穿过检偏器后观察白屏上的光点，在反射光线角度的改变过程中光点的亮度会出现逐渐变暗—消失—再逐渐变亮的过程，消失点的入射角即布儒斯特角。用检偏器检查任意反射光束，大多是部分偏振光。

（3）在旋转测角台上，将白屏换成硅光电接收器，重复以上过程，测下各个时刻的光强，从入射角10°开始，转动测角台圆度盘，每隔5°或10°转动接收臂，记录一次光电流读数，直到接近180°。以反射偏振光的光强 I_k 为纵坐标，以角度 θ 为横坐标作图，即得一反射偏振光强度与入射角的关系曲线，如图25-11所示。I_k 最低点的角度即布儒斯特角，表格自拟。

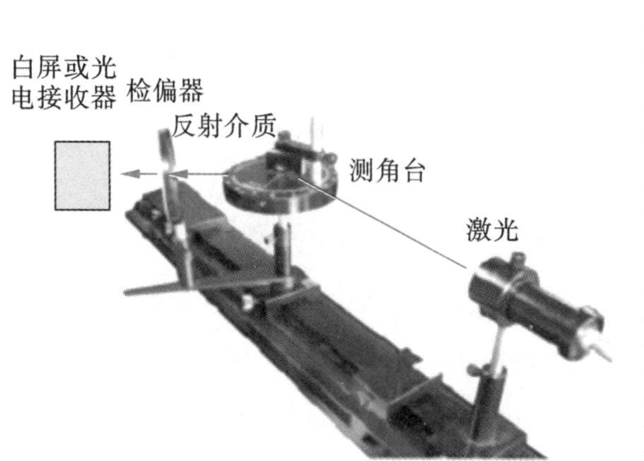

图25-10　反射偏振及布儒斯特角测量仪器

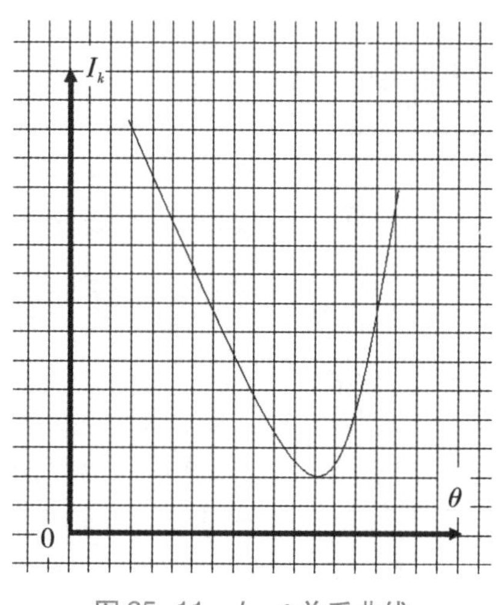

图25-11　$I_k-\theta$ 关系曲线

4. 待测介质折射率的测量

将待测介质样品放到如图25-10所示的测角台中央，测出该样品的布儒斯特角，然后用公式

$$n_x = n_1 \tan \theta_B \tag{25-5}$$

求出折射率，当 n_1 是空气的介质时，上述公式为

$$n_x = \tan \theta_B \tag{25-6}$$

5. 椭圆偏振光和圆偏振光的产生和检验

在光具座上，将仪器按图25-12排列，让半导体激光束通过起偏器（设偏振方向竖直）成为线偏振光。

（1）1/4波片光轴的确定：

将检偏器与起偏器正交，使光强最小，接着插入波片，会发现光强变化，调节波片角度使光强重新最小，这时波片光轴与起偏器通光方向相同，即相对角度 $\alpha = 0°$，波片光轴的位置确定。改变 α 的大小，观察图形的变化。

（2）通过光轴取任意方向改变 α 的1/4波片，即产生椭圆偏振光。接收器可以是白屏，也可以是光传感器。将检偏器转动一周，即可在接收器上看到光强出现两明两暗现象（无消光位置）。

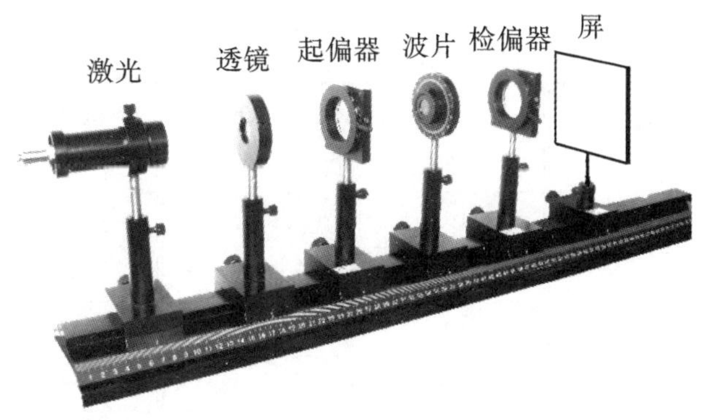

图 25-12　椭圆偏振光和圆偏振光的产生和检验仪器

(3)当1/4 波片转动0°、15°、30°、45°、60°、75°和90°时,都将检偏器旋转一周,用光电接收器记录光强的最大值与最小值,根据光强变化记录(特别关注 45°角),即可判断通过 1/4 波片后光的偏振态,从线偏振光到椭圆偏振光,再到圆偏振光,又变到椭圆偏振光。

现象与数据记录于表 25-2。

表 25-2　波片转动与光强变化

1/4 波片的角度	检偏器旋转一周的现象		判断偏振光的性质
	光强最大值	光强最小值	
15°			
30°			
近似 45°			
…			
90°			

(4)也可以旋转 1/4 波片约 30°,即 $\alpha=30°$,旋转检偏器一周,按 $\varphi=15°$ 的进率记录光强 I(见表 25-3):

表 25-3　检偏器旋转角度与光强的关系

$\Delta\varphi/(°)$	$I/\mu W$	$\Delta\varphi/(°)$	$I/\mu W$	$\Delta\varphi/(°)$	$I/\mu W$
0		150		285	
15		165		300	
30		180		315	
45		195		330	
60		210		360	
90		225			
105		240			
120		255			
135		270			

(5)确定椭圆偏振光的长轴 a 与短轴 b,然后按 $\rho=\sqrt{\dfrac{a^2\cdot b^2}{a^2+b^2-I}}$ 将各角度的光强转换成光的旋转矢量,按(ρ,φ)作出极坐标的椭圆图形。

(6)旋转 1/4 波片,使 α 分别为 45°、60°、…,重复步骤。比较它们的不同并加以解释。

(7)在上述实验后,将 1/4 波片换成 1/2 波片,进行下列操作:

先不加 1/2 波片,调节起偏器与检偏器正交,出现消光,然后插入 1/2 波片,旋转光轴再次出现消光。

[思考题]

1. 旋转 1/2 波片一周,出现几次消光、长光,为什么?

2. 保持 1/2 波片不变,旋转检偏器一周,出现几次消光、长光,为什么?

3. 从开始的位置旋转起偏器角度 θ,1/2 波片位置不动,那么检偏器应反向转动多少角度又能出现消光?观察出射光是不是线偏振光?角度旋转的方向是不是 2θ?体会 1/2 波片对偏振光的作用。

实验 26　光电效应及普朗克常数测定

量子力学是近代物理的基础之一,而光电效应对认识光的本质及早期量子理论的发展具有里程碑式的意义。随着科学技术的发展,光电效应已广泛应用于工农业生产、国防和许多科技领域。利用光电效应制成的光电器件，如光电管、光电池、光电倍增管等，已成为生产和科研中不可缺少的器件。普朗克常数是自然科学中一个很重要的常数，它可以用光电效应法简单而又准确地求出。

光电效应及普朗克常数测定

1905 年，爱因斯坦大胆地把 1900 年普朗克在进行黑体辐射研究过程中提出的辐射能量不连续（量子化）的观点应用于光辐射，提出“光量子”概念，成功地解释了光电效应现象。对于爱因斯坦的假设，许多学者都企图通过自己的工作来验证爱因斯坦方程的正确性。然而卓有成效的工作应该属于芝加哥大学莱尔逊实验室的密立根，他经过十年左右的时间，对光电效应开展全面的实验研究，对爱因斯坦方程做出了成功的验证，并精确测出了普朗克常数 $h=6.626\ 19\times10^{-34}\ \mathrm{J\cdot s}$，推动了量子理论的发展，树立了一个实验验证科学理论的良好典范。爱因斯坦和密立根都因光电效应等方面的杰出贡献，分别于 1921 年和 1923 年获得诺贝尔物理学奖。

［实验目的］

1. 通过对实验现象的观察与分析，了解光电效应的规律和光的量子性。

2. 观察光电管的弱电流特性，找出不同频率的光的截止电压。

3. 了解光的波动理论和量子理论，并验证爱因斯坦光电方程，进而求出普朗克常数。

［实验仪器］

ZKY-GD-4 光电效应（普朗克常数）实验仪。仪器由汞灯及电源、滤色片、光阑、光电管、智能实验仪构成，仪器结构如图 26-1 所示，实验仪的调节面板如图 26-2 所示。实验仪有手动和自动两种工作模式，具有数据自动采集、存储、实时显示采集数据、动态显示采集曲线（连接普通示波器，可同时显示 5 个存储区中存储的曲线）及采集完成后查询数据的功能。

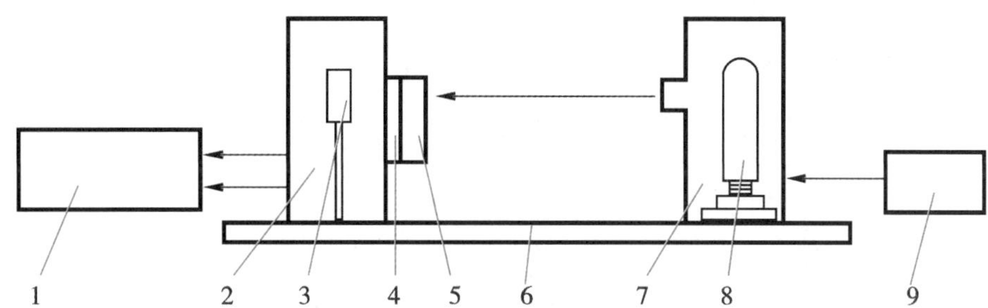

1. 实验仪；2. 光电管暗盒；3. 光电管；4. 光阑选择圈；5. 滤色片选择圈；6. 基座；7. 汞灯暗盒；8. 汞灯；9. 汞灯电源。

图 26-1　仪器结构示意图

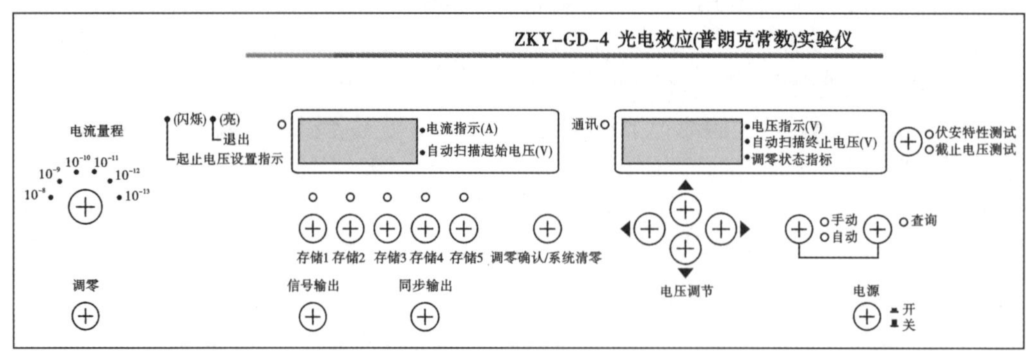

图 26-2　实验仪面板图

［实验原理］

1. 光电效应

1887 年,赫兹在验证电磁波存在时意外发现,一束光照射到金属表面,会有电子从金属表面逸出,这个物理现象称为光电效应。在赫兹发现光电效应之后,哈耳瓦克斯、斯托列托夫、勒纳德等众多科学家对光电效应做了长时间的研究,并总结出了光电效应的基本实验规律如下(被照射金属一定):

(1)光电流 I 与光强 P 成正比,如图 26-3(a)所示;

(2)光电效应存在一个阈频率(或称截止频率)ν_0,当入射光的频率 ν 低于阈值 ν_0 时,不论光的强度如何,都没有光电子产生,如图 26-3(b)所示;

(3)光电子的初动能与光强无关,与入射光的频率呈正相关线性关系,体现在电流为零时截止电压的大小上,如图 26-3(b)所示;

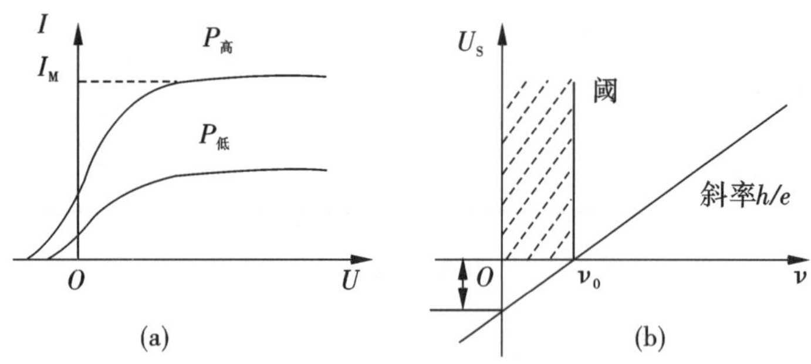

图 26-3　关于光电效应的几个特性

(4)光电效应是瞬时效应,一经光线照射,立刻产生光电子(延迟时间不超过 10^{-9} s),停止光照,即无光电子产生。

这些实验规律,无法用人们当时所熟知的麦克斯韦经典电磁理论来解释。

2. 用经典电磁理论解释光电效应的困难

在有光照时,电子从金属表面逸出,说明是光将自身能量传递给金属内部电子,电子获得能量后从表面逸出。那么光如何将自身能量传给电子呢？经典电磁理论认为，光是电磁波，其能量大小由光强决定，即由波的振幅决定，而与电磁波的频率无关。根据经典电磁理论可以推得：①只要光足够强，就可以在短时间内将足够的能量传给电子，使电子逸出；②即使光强不够大，照射足够长的时间，也可以传给电子足够的能量，使电子逸出。但实验事实并非如此。不论光强度如何，只要频率足够大，有光照射就可以产生光电子。

3. 爱因斯坦光电方程

爱因斯坦光量子假说可以完美地解释这些实验规律。他认为从一点发出的光不是按麦克斯韦电磁学说指出的那样以连续分布的形式把能量传播到空间，他假设光是由能量为 $h\nu$ 的粒子（称为光子）组成的，其中 h 为普朗克常数。当光束照射金属时，以光粒子的形式射在金属表面上，一个光子把全部能量 $h\nu$ 转移给金属中的一个电子。电子从金属内部逸出时需要克服金属表面对它的束缚，因而需要消耗一定的能量，称作金属的逸出功 W_S。只有电子获得光子的能量大于等于金属逸出功 W_S 时，电子才能逸出金属表面。根据能量守恒有

$$h\nu = \frac{1}{2}mv^2 + W_S \tag{26-1}$$

式(26-1)称为爱因斯坦光电效应方程。其中 ν 为入射光频率，m 为电子的质量，v 为光电子逸出金属表面时的初速度，$\frac{1}{2}mv^2$ 是光电子逸出金属表面后所具有的初动能，W_S 为受光线照射的金属材料的逸出功。

用光电效应方程可以圆满解释光电效应的基本实验事实：①逸出功 W_S 的存在，要求光子频率必须大于等于某一值 ν_0，才能使电子克服金属表面的束缚作用；②入射光频率越大，克服金属束缚后剩余能量 $\frac{1}{2}mv^2$ 就越大，电子速度 v 就越大；③入射光强越大，同一时间照射到金属表面的光子数越多，撞出的电子数就越多，电流自然越大。

由式(26-1)可见，入射金属表面的光频率越高，逸出来的电子最大初动能也越大。正因为光电子具有初动能，所以即使阳极不加电压也会有光电子落入而形成光电流，甚至阳极相对阴极的电势低（加反向电压）时，也会有光电子落到阳极。一直反向增大电压到某一数值 U_S 时，初动能最大的光电子恰好不能到达阳极，光电流变为零，如图26-3(a)所示。这个相对阴极为负值的阳极电势 U_S 称为光电效应的截止电压。

显然，对电子使用动能定理有

$$eU_S - \frac{1}{2}mv^2 = 0 \tag{26-2}$$

式(26-2)中 e 为电子电荷，代入式(26-1)即有

$$eU_S = h\nu - W_S \tag{26-3}$$

由于金属材料的逸出功 W_S 是金属的固有属性，对于给定的金属材料 W_S 是一个定值，它与入射光频率无关。可知电子初动能为零时，照射光频率满足 $W_S = h\nu_0$，ν_0 为阈频率，即具有阈频率 ν_0 的光子恰恰能让电子逸出，而没有多余的初动能。将式(26-3)改写

$$U_S = \frac{h}{e}\nu - \frac{W_S}{e} \tag{26-4}$$

式(26–4)表明,截止电压 U_S 是入射光频率 ν 的线性函数。当入射光的频率 $\nu = \nu_0$ 时,截止电压 $U_S = 0$,逸出电子初动能为零。图 26–3(b)所示的 $U_S - \nu$ 曲线的斜率 $k = \frac{h}{e}$ 是一个常数。

于是可写成

$$h = ek \tag{26-5}$$

可见,只要用实验方法作出不同频率下的 $U_S - \nu$ 曲线,并求出此曲线的斜率 k,就可以通过式(26–5)求出普朗克常数 h 的数值。

4. 验证爱因斯坦方程的实验

(1)密立根实验。密立根设计的测量普朗克常数的实验原理图如图 26–4 所示。频率为 ν、强度为 P 的光线照射到光电管阴极上,即有光电子从阴极逸出。在阳极 A 加正电势,阴极 K 加负电势时,光电子被加速,形成光电流。加速电势差 U_{AK} 越大,光电流越大,当 U_{AK} 增大到一定值时,光电流达到饱和值,如图 26–5 所示,而饱和值与入射光强度 P 成正比。当阴极 K 和阳极 A 之间加有反向电势 U_{KA} 时,K 接高电势,A 接低电势,它使电极 K、A 之间建立起的电场,对逸出的光电子起减速作用,光电流迅速减小,随着电势差 U_{AK} 达到一定量值,光电流恰为零。

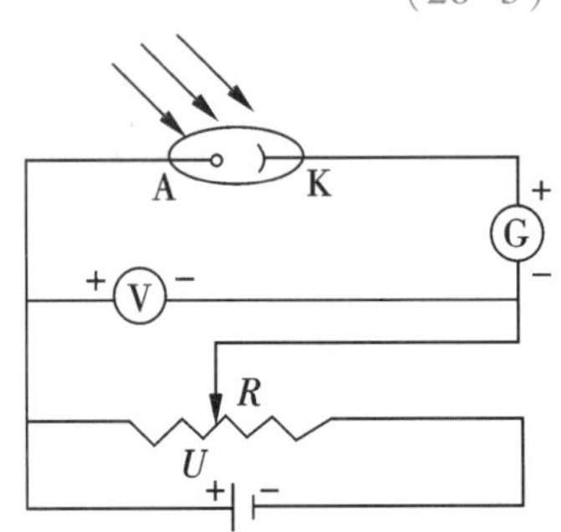

图 26–4　测量普朗克常数的实验原理图

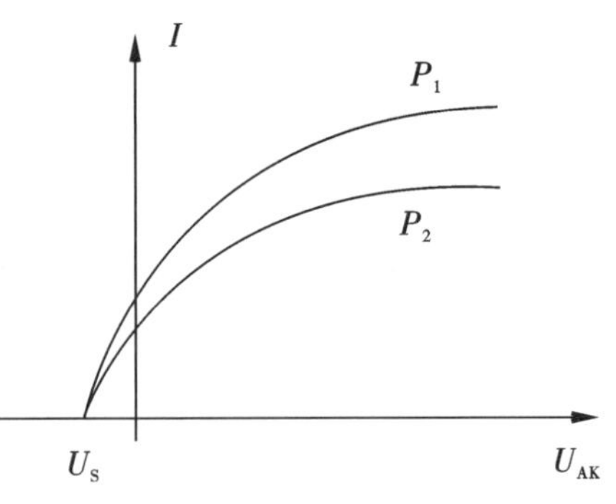

图 26–5　同一频率、不同光强时光电管的伏安特性曲线

此时的 U_{AK} 称为截止电压,用 U_S 表示,见图 26–5。入射光的频率不同,截止电压 U_S 也不同。在直角坐标系中作出 $U_S - \nu$ 关系曲线,见图 26–3(b),如果它是一根直线,就证明了式(26–3)的正确性,从而间接证明了爱因斯坦光电效应方程式(26–1)的正确性。而由该直线的斜率 k 则可求出普朗克常数($h = ek$)。另外,由该直线与坐标横轴的交点,又可求出截止频率(阈频率)ν_0。由该直线的延线与坐标纵轴的交点又可求出光电管阴极的逸出功 W_S。

(2)截止电压的测量。分别用 5 种不同频率的光照射光电管,测得 5 组伏安特性曲线,从而得到 5 组截止电压。用这 5 组数据就可以做 $U_S - \nu$ 图线,但实际测量得到的伏安特性曲线和图 26–5 相比发生了一些变形,如图 26–6 所示。这是由于实验测出的电流除阴极电流外还包括暗电流、本底电流和反向电流。

1)暗电流:光电管没有受到光照时也会产生电流,称为暗电流,它是由于热电子发射和光电管管壳漏电等原因造成的。

2)本底电流:由室内杂散光射入光电管造成。

3)反向电流:制造光电管时,阳极 A 不可避免地被阴极材料所沾染,所以当光照射到 A 上或由 K 漫反射到 A 上时,A 也有光电子发射。当 A 加负电势,K 加正电势时,对 K 发射的光电子起了减速作用,对 A 发射的光电子起加速作用,形成反向电流。所以 $I-U$ 关系就如图 26-6 所示。

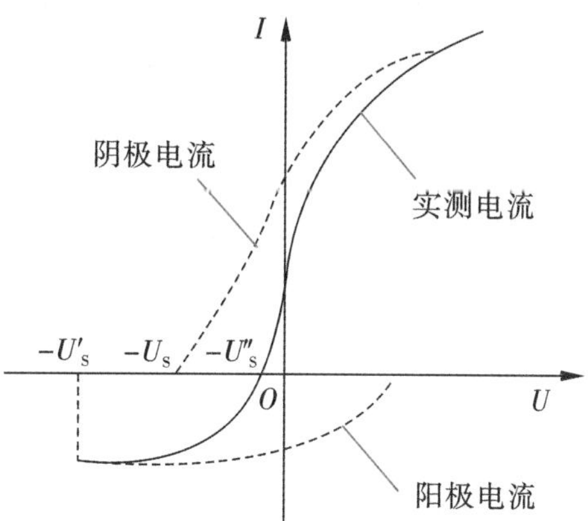

图 26-6　光电管实际伏-安特性曲线

因此,实际测得的光电流是阴极光电流、阳极反向电流和暗电流的代数和。这就给确定截止电压 U_S 带来一定麻烦。若用交点 U'_S 替代 U_S 会有误差;若用图中反向电流刚开始饱和时“拐弯点”U''_S 替代 U_S 也有误差。究竟用哪一种方法,应根据不同的光电管而定。由于本实验仪器的电流放大器灵敏度高,稳定性好,光电管阳极反向电流、暗电流水平也较低,在测量各谱线的截止电压 U_S 时,可采用零电流法,即直接将各谱线照射下测得的电流为零时对应的电压 U_{AK} 的绝对值作为截止电压 U_S 。此法的前提是阳极反向电流、暗电流和本底电流都很小,用零电流法测得的截止电压与真实值相差较小,且各谱线的截止电压都相差 ΔU 对 $U_S-\nu$ 曲线的斜率无大的影响,因此对 h 的测量不会产生大的影响。

[实验内容及步骤]

1. 测试前准备

(1)将实验仪和汞灯电源接通,汞灯及光电管暗盒遮光盖打开,预热 20 min。

(2)将汞灯暗盒光输出口对准光电管暗盒光输入口,调整光电管与汞灯距离为约 40 cm 并保持不变。

(3)用专用连接线将光电管暗盒电压输入端与测试仪电压输出端(后面板上)连接起来(红—红,蓝—蓝)。

(4)调零:将“电流量程”选择开关置于所选挡位,仪器在充分预热后,进行测试前调零。实验仪在开机或改变电流量程后,都会自动进入调零状态。旋转“调零”旋钮使电流指示为“+”“-”零转换点处。调节好后,用高频匹配电缆将光电管暗盒电流输出端和实验仪的微电流输入端连接起来,按“调零确认/系统清零”键,系统进入测试状态。

若要动态显示采集曲线,需将实验仪的“信号输出”端口接至示波器的“Y”输入端,“同步输出”端口接至示波器的“外触发”输入端。示波器“触发源”开关拨至“外”,“Y 衰减”旋钮拨至约“1 V/格”,“扫描时间”旋钮拨至约“20 μs/格”。此时示波器将用轮流扫描的方式显示 5 个存储区中存储的曲线,横轴代表电压 U_{AK},纵轴代表电流 I。

2. 测普朗克常数 h

(1)问题讨论:

理论上,测出各频率的光照射下阴极电流为零时对应的 U_{AK},其绝对值即该频率的截止电压,然而实际上由于光电管的阳极反向电流、暗电流、本底电流及极间接触电位差的影响,实测电流并非阴极电流,实测电流为零时对应的 U_{AK} 也并非截止电压。

光电管制作过程中阳极往往被污染,沾上少许阴极材料,入射光照射阳极或入射光从阴极反射到阳极之后都会造成阳极光电子发射,U_{AK} 为负值时,阳极发射的电子向阴极迁移构成了阳极反向电流。

暗电流和本底电流是热激发产生的光电流与杂散光照射光电管产生的光电流,可以在光电管制作或测量过程中采取适当措施以减小或消除它们的影响。

极间接触电位差与入射光频率无关,只影响 U_S 的准确性,不影响 $U_S-\nu$ 直线斜率,对测定 h 无影响。

由于本实验仪器的电流放大器灵敏度高,稳定性好,光电管阳极反向电流、暗电流水平也较低,在测量各谱线的截止电压 U_S 时,可采用零电流法,即直接将各谱线照射下测得的电流为零时对应的电压 U_{AK} 的绝对值作为截止电压 U_S 。此法的前提是阳极反向电流、暗电流和本底电流都很小,用零电流法测得的截止电压与真实值相差较小。且各谱线的截止电压都相差 ΔU,对 $U_S-\nu$ 曲线的斜率无大的影响,因此对 h 的测量不会产生大的影响。

(2)测量:

测量截止电压时,“伏安特性测试/截止电压测试”状态键应为“截止电压测试”状态。“电流量程”开关应处于“10^{-13} A”挡。

(3)手动测量:

使“手动/自动”模式键处于手动模式。

旋转光阑选择圈的“Φ4”光阑及滤色片选择圈的“365”滤色片到“↓”下方,开始实验。

此时电压表显示 U_{AK} 的值,单位为 V;电流表显示与 U_{AK} 对应的电流值 I,单位为所选择的“电流量程”。用电压调节键“→”“←”“↑”“↓”可调节 U_{AK} 的值,“→”“←”键用于选择调节位,“↑”“↓”键用于调节电压值的大小。

从低到高调节电压(绝对值减小),观察电流值的变化,寻找电流为零时(电流指示为“+”“-”零转换点处)对应的 U_{AK},以其绝对值作为该波长对应的 U_S 的值,并将数据记于表 26-1 中。为尽快找到 U_S 的值,调节时应从高位到低位,先确定高位的值,再顺次往低位调节。

依次换上 404.7 nm、435.8 nm、546.1 nm、577.0 nm 的滤色片,重复以上测量步骤。

(4)自动测量:

按“手动/自动”模式键切换到自动模式。

此时电流表左边的指示灯闪烁,表示系统处于自动测量扫描范围设置状态,用电压调节键可设置扫描起始和终止电压。

对各条谱线,我们建议扫描范围大致设置为 365 nm、-1.90 ~ -1.50 V;405 nm、-1.60 ~ -1.20 V;436 nm、-1.35 ~ -0.95 V;546 nm、-0.80 ~ -0.40 V;577 nm、-0.65 ~ -0.25 V。

实验仪设有 5 个数据存储区,每个存储区可存储 500 组数据,并有指示灯表示其状态。灯亮表示该存储区已存有数据，灯不亮为空存储区，灯闪烁表示系统预选的或正在存储数据的存储区。

设置好扫描起始和终止电压后，按动相应的存储区按键，仪器将先清除存储区原有数据，等待约 30 s，然后按 4 mV 的步长自动扫描，并显示、存储相应的电压、电流值。

扫描完成后，仪器自动进入数据查询状态，此时查询指示灯亮，显示区显示扫描起始电压和相应的电流值。用电压调节键改变电压值，就可查阅到在测试过程中，扫描电压为当前显示值时相应的电流值。读取电流为零时（电流指示为“+”“-”零转换点处）对应的 U_{AK}，以其绝对值作为该波长对应的 U_S 的值，并将数据记于表 26-1 中。

按“查询”键，查询指示灯灭，系统回复到扫描范围设置状态，可进行下一次测量。

在自动测量过程中或测量完成后，按“手动/自动”键，系统回复到手动测量模式，模式转换前工作的存储区内的数据将被清除。

若仪器与示波器连接，则可观察到 U_{AK} 为负值时各谱线在选定的扫描范围内的伏安特性曲线。

表 26-1　U_S-ν 关系　　光阑孔 Φ =　　mm

波长 λ_i/nm	365.0	404.7	435.8	546.1	577.0
频率 ν_i/(×10^{14} Hz)	8.214	7.408	6.879	5.490	5.196
截止电压 U_{0i}/V					

由表 26-1 的实验数据，得出 $U_S-\nu$ 直线的斜率 k，即可用 $h=ek$ 求出普朗克常数，并与 h 的公认值 h_0 比较求出相对误差 $E=\dfrac{h-h_0}{h_0}$，式中 $e=1.602\times10^{-19}$ C，$h_0=6.626\times10^{-34}$ J·s。

3. 测光电管的伏安特性曲线

“伏安特性测试/截止电压测试”状态键应为“伏安特性测试”状态，“电流量程”开关应拨至“10^{-10} A”挡，并重新调零。

（1）测两个不同波长，观察截止电压及饱和电流和频率的关系。

旋转光阑选择圈的“Φ4”光阑及需要的滤色片到“↓”下方，开始实验，记录数据在表 26-2。

测伏安特性曲线可选用“手动/自动”两种模式之一，测量的最大范围为-1～50 V，自动测量时步长为 1 V。

（2）验证光电管饱和光电流与入射光强成正比。

在 U_{AK} 为 50 V 时，将仪器设置为手动模式，测量并记录对同一谱线、同一入射距离，光阑分别为“Φ2”“Φ4”“Φ8”时对应的电流值于表 26-3 中，验证光电管的饱和光电流与入射光强成正比。

也可在 U_{AK} 为 50 V 时，将仪器设置为手动模式，测量并记录对同一谱线、同一光阑时，光电管与入射光在不同距离（如 300 mm、400 mm 等）对应的电流值于表 26-4 中，同样验证光电管的饱和电流与入射光强成正比。

表 26-2　I–U_{AK} 关系　　$L=$　　mm　　$\Phi=$　　mm

435.8 nm 光阑 2 mm	U_{AK}/V									
	$I/(\times10^{-11}\text{ A})$									
546.1 nm 光阑 4 mm	U_{AK}/V									
	$I/(\times10^{-11}\text{ A})$									

表 26-3　I_M–P 关系　　$U_{AK}=$　　V　　$L=$　　mm

435.8 nm	光阑孔 Φ/mm			
	$I/(\times10^{-10}\text{ A})$			
546.1 nm	光阑孔 Φ/mm			
	$I/(\times10^{-10}\text{ A})$			
577 nm	光阑孔 Φ/mm			
	$I/(\times10^{-10}\text{ A})$			

表 26-4　I_M–P 关系　　$U_{AK}=$　　V　　$\Phi=$　　mm

435.8 nm	入射距离 L/mm			
	$I/(\times10^{-10}\text{ A})$			
546.1 nm	入射距离 L/mm			
	$I/(\times10^{-10}\text{ A})$			
577 nm	光阑孔 Φ/mm			
	$I/(\times10^{-10}\text{ A})$			

[注意事项]

1. 应注意不能使光照在光电管阳极上。

2. 测试时，如遇环境湿度较大，应将光电管和微电流放大器进行干燥处理，以减少漏电流的影响。

3. 每次实验结束时，应将电流调节电位器调至最小，实验后用遮光盖将进光孔盖住。

4. 对精密仪器应注意防震、防尘、防潮。

5. 对电压步距的设置是电压步距越小，所画电压与电流关系曲线越好看，所做实验误差越小，所以在做实验时要根据实际情况设置电压步距，若开始电压步距设置大，实验完成时取不到截止电压值，这时可以试着改小步距再重新做一次实验即可。

6. 高压汞灯关上后不能立即再点亮，需等灯管冷却后才能再次点亮。

实验 27　夫兰克-赫兹实验

夫兰克-赫兹实验

20 世纪初,人类对原子光谱的研究逐步深入,人们发现卢瑟福于 1911 年提出的原子核式结构模型与经典电磁理论之间存在深刻的矛盾。按照经典电磁理论,电子绕核做加速运动,将向外辐射电磁波,能量将连续变小,最终落在原子核上,据此推论原子属于一种不稳定系统,且原子光谱为连续光谱。但事实上,原子是稳定的,原子光谱是具有一定规律的分立谱线。

为了解决这一矛盾,1913 年丹麦物理学家玻尔(N. Bohr)以卢瑟福的核式原子模型为基础,根据光谱学研究的成就,结合普朗克、爱因斯坦的量子论思想,提出了半经典的氢原子理论(即玻尔理论),指出原子中存在能级。根据玻尔理论,原子光谱中的每条谱线表示原子从一个较高能级跃迁到另一个较低能级时产生的辐射。玻尔因提出原子结构的量子理论,并建立了玻尔原子模型理论,认为有原子能级存在,从而解释了原子的稳定性和原子的线状光谱的规律,获得了 1922 年的诺贝尔物理学奖。玻尔理论是原子物理学发展史上的一个重要里程碑。

玻尔理论在氢光谱的研究中取得了显著成功,而直接证明原子能级存在的是德国物理学家夫兰克(J. Franck)和赫兹(G. Hertz),他们在 1914 年对勒纳用来测量电离电位的实验装置做了改进,同样采用慢电子(几个到几十个电子伏特加速电压)与稀薄气体原子碰撞的办法,但着重观察碰撞后电子发生什么变化(勒纳则观察碰撞后离子流的情况)。

他们在研究慢电子与原子间的相互作用时,在充有汞蒸气的放电管中发现:通过汞蒸气的电子流随电子能量(加速电压)呈现有规律的周期性变化,能量间隔为 4.9 eV,并拍摄到与 4.9 eV 相对应的波长为 253.7 nm 的光谱线。通过实验测量,说明电子和原子碰撞时会交换某一特定值的能量,使原子从低能级激发到高能级。实验直接证明了原子发生跃迁时吸收和发射的能量是分立的、不连续的,证明了原子能级的存在。1920 年夫兰克及其合作者对原先的实验装置做了改进,提高了分辨率,测得了汞除 4.9 eV 以外的较高激发能级和电离能级,得到了与原子光谱测量相一致的结果,进一步证实了原子内部能量是量子化的和玻尔理论的正确性,为量子理论的创立奠定了基础。1925 年夫兰克和赫兹共同获得了诺贝尔物理学奖。

夫兰克-赫兹实验至今仍是探索原子结构的重要手段之一,实验中用的“拒斥电压”筛去小能量电子的方法,已成为广泛应用的实验技术。

[实验目的]

通过测定氩原子等元素的第一激发电位(即中肯电位),证明原子能级的存在。

［实验仪器］

智能夫兰克-赫兹实验仪。

［实验原理］

1. 玻尔理论

原子是由原子核和以核为中心沿不同半径的轨道旋转的一些电子构成。对于不同的原子，这些轨道上的电子分布各不相同。一定轨道上的电子具有一定的能量，能量最低的状态称作基态或正常状态，当电子受到外界激发时，跃迁到较高能量的轨道，其对应的状态称作激发态，分别是第一、第二……激发态。玻尔理论基于以下三条基本假设：

（1）原子中的电子只能较长久地在一些特定的圆轨道上运动而不辐射电磁波，这时原子处于稳定状态（简称定态），并具有一定的能量 E_i（$i=1,2,3,\cdots,m,\cdots$，且 $E_1<E_2<E_3<\cdots<E_m<\cdots$），各能量值是不连续的。不管采用何种方式使电子在原子内部的能量发生变化，它只能是从一个定态跃迁到另一个定态。这解决了原子的稳定性问题。

（2）电子以速率 v 在半径为 r 的圆周轨道上绕核运动时，只有电子的角动量等于 $h/2\pi$ 的整数倍的那些轨道才是稳定的，即 $L=mvr=nh/2\pi$，h 为普朗克常数，$n=1,2,3,\cdots$称作主量子数。此即人为量子化假设。

（3）原子从高能量的定态跃迁到低能量的定态发射频率为 ν 的光子，辐射频率是一定的。如果用 E_m 和 E_n 分别代表较低能量和较高能量的两定态的能量，辐射的频率 ν 决定于如下关系：

$$h\nu=E_n-E_m \tag{27-1}$$

式中，普朗克常数 $h=6.626\times10^{-34}$ J·s。

改变原子能量状态的方式通常如下：①原子辐射电磁波（从高能量状态到低能量状态）或吸收电磁波（从低能量状态到高能量状态），各种原子辐射和吸收电磁波有各自特定的频率；②用慢电子轰击原子，通过碰撞过程实现能量的转移，从而改变原子的状态。夫兰克和赫兹就是用慢电子轰击实验证明了原子能级的存在。

为方便起见，设电子初速度为零。当加速电压较低，电子通过电场加速获得的能量 eU 较小时，电子和原子发生弹性碰撞，几乎不发生能量转移；当电压增大到某个值 U_0 时，电子获得能量

$$eU_0=E_2-E_1 \tag{27-2}$$

电子和原子发生非弹性碰撞，实现能量转移，使原子从基态跃迁到第一激发态。其中与基态和第一激发态能量差对应的电压 U_0 称作原子的第一激发电势，又称中肯电势或临界电势。测出这个电压 U_0，就可以根据式（27-2）求出原子的基态和第一激发态之间的能量差（其他元素气体原子的第一激发电势亦可依此法求得）。

表 27-1 列出了几种元素的第一激发电势。

表 27-1　几种元素的第一激发电势

元素名称	钠(Na)	钾(K)	氩(Ar)	镁(Mg)	氖(Ne)	汞(Hg)
第一激发电势 U_0/V	2.12	1.63	13.1	3.20	18.6	4.90
对应谱线 λ/nm	589.8 589.6	764.4 769.9	94.7	457.1	64.02	250.0

2. 夫兰克-赫兹实验原理

(1)夫兰克-赫兹(F-H)管:

夫兰克-赫兹实验仪的关键部件是夫兰克-赫兹管。如图 27-1 所示,夫兰克-赫兹管是一个特制四极管,在玻璃管壳内同轴安装着灯丝 F_1、F_2,间热式氧化物阴极 K,网状栅极 G_1、G_2 和平面状板极(阳极)A。管内抽成高度真空后,充入高纯度待测气体(氩气或其他气体)。另外,管内还施放有长效消气剂,以吸收管内残余的杂质气体。为了保证有较高的碰撞概率,阴极和栅极间的距离比所充气体的平均自由程小。

电子由热阴极发出;U_{G_1K}用于控制管内电子流的大小以抵消阴极附近电子云形成的负电势的影响,其大小变化将引起阴极附近空间电荷的变化;阴极 K 和第二栅极 G_2 之间的加速电压 U_{G_2K} 使电子加速。在板极 A 和第二栅极 G_2 之间加有反向拒斥电压 U_{G_2A}。管内空间电位分布如图 27-2 所示。当电子通过 KG_2 空间进入 G_2A 空间时,如果有较大的能量($>eU_{G_2A}$),就能冲过反向拒斥电场而到达板极形成板流,被微电流计检出,相反如果电子能量较小($\leqslant eU_{G_2A}$),电子将不能穿越 G_2A 空间被微电流计检测到。如果电子在 KG_2 空间与氩原子碰撞,把自己一部分能量传给氩原子而使后者激发的话,电子本身所剩余的能量就很小,以致通过第二栅极后已不足以克服拒斥电场而被折回到第二栅极,这时,通过微电流计的电流将显著减小。

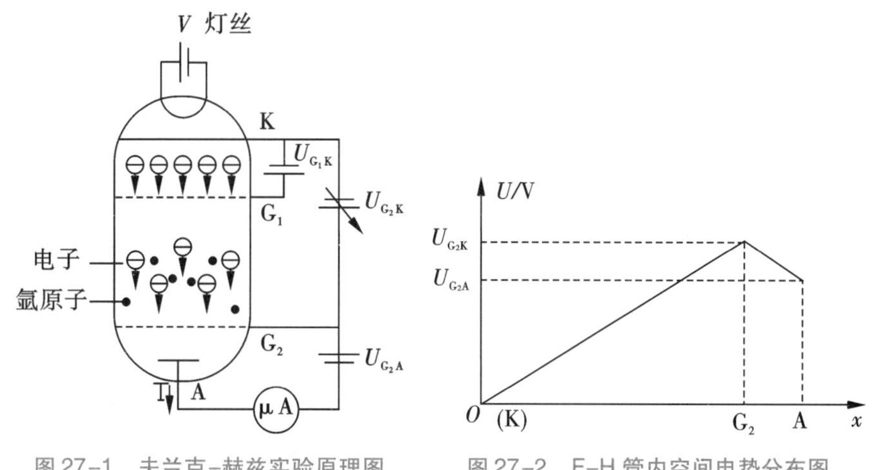

图 27-1　夫兰克-赫兹实验原理图　　图 27-2　F-H 管内空间电势分布图

显然,在加速电压连续变大的过程中,如果电子不与待测气体原子发生碰撞,电流将单调增大;或者有碰撞,但碰撞过程中能量交换无规律的话,电流的变化也将是无规律的。但最终的实验结果如图 27-3 所示：①板极电流 I_A 随电压不是单调增大，而是出现一系列的极大值（峰值）和极小值（谷值）；②相邻的峰值对应的加速电压的差值相等。

（2）板极电流 I_A 与加速电压 U_{G_2K} 关系曲线的解释：

1）阴极发射的热电子的速率并不相同，符合一定的统计分布规律，也就是说电子具有不相同的初始动能。一般而言，速率很大和很小的电子的数目较少，中间速率的电子数目较多，示意如图 27-4 所示。

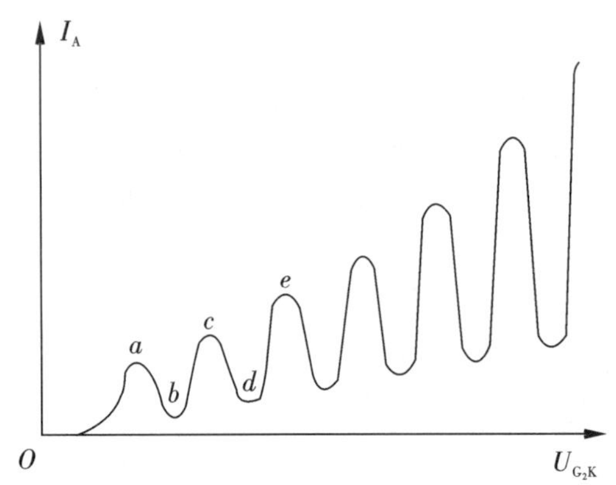

图 27-3　充氩 F-H 管的电流与电压

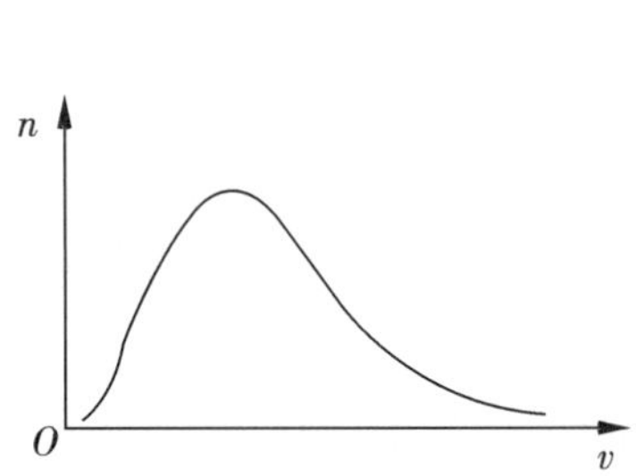

图 27-4　电子数目和速率大小关系

2）在加速电压较小时电子获得的能量较小，不足以克服 G_2A 之间的反向电场，不能到达板极 A，无法形成电流；继续增大加速电压，电子获得的能量变大，足以穿越 G_2A 空间形成板流 I_A，且随电压 U_{G_2K} 的增加而增大；到某一电压 U_1 时，初动能最大的那部分电子的总动能满足条件

$$\frac{1}{2}mv_{\max}^2 + eU_1 \to \Delta E = E_2 - E_1$$

此时电流达到第一次极大。当电压略大于 U_1 时

$$\frac{1}{2}mv_{\max}^2 + e(U_1 + \mathrm{d}U) = \Delta E \tag{27-3}$$

电子和原子发生非弹性碰撞而将能量转移给原子，使原子跃迁到第一激发态，而电子本身能量减小，无法穿越 G_2A 空间，电流开始减小；随着电压继续增大，初速度较小的电子在较大加速电压作用下，也具有了足够的能量，在碰撞过程中将能量转移给原子，而自身能量下降，满足碰撞转移能量的电子数目增多，电流继续下降；继续增大加速电压的过程中虽然参与碰撞的电子数量增大会导致电流下降，但对于不满足碰撞转移能量条件的电子来说，由于速度增大，会使电流有增大的趋势；另外还有一部分电子根本就没参与碰撞，也会使电流增大；还有初速度大的部分电子，碰撞之后二次加速，如果能够克服反向电压，到达板极也会使电流增大。直到某一电压下，使电流下降的因素和上升的因素持平时，电流达到最小值；之后电流又上升。若电压满足

$$\frac{1}{2}mv_{\max}^2 + eU_2 \to 2\Delta E$$

电子在加速过程中，在 KG_2 空间完成一次非弹性碰撞后，重新加速后穿过 G_2 时仍有足够的能量到达板极，电流达到第二次极大，若提升加速电压到（U_2+dU）

$$\frac{1}{2}mv_{max}^2+e(U_2+dU)=2\Delta E \tag{27-4}$$

电子在 KG_2 空间完成两次碰撞后无法穿越 G_2A 空间，电流第二次开始减小，规律和第一次相同；之后电流随电压做周期性变化。第 n 次极大时满足关系

$$\frac{1}{2}mv_{max}^2+e(U_n+dU)=n\Delta E \tag{27-5}$$

如果原子内存在能级，板极电流就会随加速电压增大发生周期性的增大和减小；反过来，如果在实验中观察到了板极电流随加速电压的周期性变化，就证明了原子内部存在能级。另外由式(27-5)可以推得电流电压曲线上任意相邻两个峰值电流对应的加速电压的差值满足

$$e(U_n-U_{n-1})=\Delta E=eU_0 \tag{27-6}$$

即相邻峰值电流对应的加速电压之差就是原子的第一激发电势。

本实验就是要通过实际测量来证实原子能级的存在，并测出氩原子的第一激发电位（公认值 U_0 目前有多个：13.1 V、11.8 V、11.72 V、11.6 V 等）。

原子处于激发态是不稳定的。在实验中被慢电子轰击到第一激发态的原子要跳回基态，进行这种反跃迁时，就应该有 eU_0 的能量发射出来。反跃迁时，原子是以放出光量子的形式向外辐射能量。这种光辐射的波长为

$$eU_0=h\nu=h\frac{c}{\lambda} \tag{27-7}$$

对于氩原子

$$\lambda=\frac{hc}{eU_0}=\frac{6.626\times10^{-34}\times3.00\times10^{8}}{1.602\times10^{-19}\times13.1}\text{ nm}=94.7\text{ nm}$$

在光谱学的研究中，人们确实观测到了波长为 94.7 nm 的光。

3）实验中电流曲线的峰和谷有递增现象，这可能源于两方面的因素：①阴极温度升高，发射电子数目增加；②随着加速电压增大，电子获得动能变大，速度变大，一方面直接使电流变大，另一方面速度大会使参与碰撞的概率下降，因此造成电流变大。

4）灯丝电压对曲线的影响：灯丝电压过大，阴极发射电子数过多，容易使微电流放大器饱和溢出；灯丝电压过小，参与碰撞的电子数目少，反映不出非弹性碰撞过程中的能量交换，造成曲线峰谷差异较小，甚至得不到峰谷。

5）拒斥电压对曲线的影响：拒斥电压偏小时，起不到对因为非弹性碰撞而失去能量的电子的筛选作用，曲线峰谷差小；拒斥电压偏大时，衰减作用太明显，使得很多能量较大的电子（没有碰撞或碰撞后依然有较大能量）也无法到达板极，也会造成峰谷差值小。

在本实验中，各辅助电压的设置可参看仪器上的说明。

［实验内容及步骤］

1. 准备

(1)熟悉实验仪使用方法（见附录1）。

(2)按照附录 2 要求连接夫兰克-赫兹管各组工作电源线,检查无误后开机。

开机后的初始状态如下:

• 实验仪的"1 mA"电流挡位指示灯亮,表明此时电流的量程为 1 mA 挡;电流显示值为 000.0 μA。

• 实验仪的"灯丝电压"挡位指示灯亮,表明此时修改的电压为灯丝电压;电压显示值为 000.0 V;最后一位在闪动,表明现在修改位为最后一位。

• "手动"指示灯亮。

表明仪器工作正常。

2. 氩元素的第一激发电位测量

(1)手动测试:

1)设置仪器为"手动"工作状态,按"手动/自动"键,手动指示灯亮。

2)设定电流量程(1 μA)。按下相应电流量程键,对应的量程指示灯点亮。

3)设定电压源的电压值(设定值可参考机箱盖上提供的数据),用"∨"/"∧"和"<"/">"键完成,需设定的电压源有灯丝电压 U_F、第一加速电压 U_{G_1K}、拒斥电压 U_{G_2A}。

4)按下"启动"键,实验开始。用"∨"/"∧"和"<"/">"键完成 U_{G_2K} 电压值的调节,从0.0 V起,按步长1 V(或0.5 V)的电压值调节电压源 U_{G_2K},同步记录 U_{G_2K} 值和对应的 I_A 值,同时仔细观察夫兰克-赫兹管的板极电流值 I_A 的变化(可用示波器观察)。切记:为保证实验数据的唯一性,U_{G_2K} 电压必须从小到大单向调节,在过程中不可反复;记录完成最后一组数据后,立即将 U_{G_2K} 电压快速归零。

5)重新启动。在手动测试的过程中,按下"启动"按键,U_{G_2K} 的电压值将被设置为零,内部存储的测试数据被清除,示波器上显示的波形被清除,但 U_F、U_{G_1K}、U_{G_2A}、电流挡位等的状态不发生改变。这时,操作者可以在该状态下重新进行测试,或修改状态后再进行测试。

建议:手动测试I_A-U_{G_2K},进行一次,或修改 U_F 值再进行一次。

(2)自动测试:

智能夫兰克-赫兹实验仪除可以进行手动测试外,还可以进行自动测试。

进行自动测试时,实验仪将自动产生 U_{G_2K} 扫描电压,完成整个测试过程;将示波器与实验仪相连接,在示波器上可看到夫兰克-赫兹管板极电流随 U_{G_2K} 电压变化的波形。

1)自动测试状态设置:自动测试时 U_F、U_{G_1K}、U_{G_2A} 及电流挡位等状态设置的操作过程,夫兰克-赫兹管的连线操作过程与手动测试操作过程一样。

2) U_{G_2K} 扫描终止电压的设定

进行自动测试时,实验仪将自动产生 U_{G_2K} 扫描电压。实验仪默认 U_{G_2K} 扫描电压的初始值为零,U_{G_2K} 扫描电压大约每 0.4 s 递增 0.2 V。直到扫描终止电压。

要进行自动测试,必须设置电压 U_{G_2K} 的扫描终止电压。

首先,将"手动/自动"测试键按下,自动测试指示灯亮;按下 U_{G_2K} 电压源选择键,U_{G_2K} 电压源选择指示灯亮;用"∨"/"∧"和"<"/">"键完成 U_{G_2K} 电压值的具体设定。

U_{G_2K} 设定终止值建议以不超过 80 V 为好。

3）自动测试启动：将电压源（选择）选为 U_{G_2K}，再按面板上的“启动”键，自动测试开始。

在自动测试过程中，观察扫描电压 U_{G_2K} 与夫兰克-赫兹管板极电流的相关变化情况。（可通过示波器观察夫兰克-赫兹管板极电流 I_A 随扫描电压 U_{G_2K} 变化的输出波形）在自动测试过程中，为避免面板按键误操作，导致自动测试失败，面板上除“手动/自动”按键外的所有按键都被屏蔽禁止。

4）自动测试过程正常结束：当扫描电压 U_{G_2K} 的电压值大于设定的测试终止电压值后，实验仪将自动结束本次自动测试过程，进入数据查询工作状态。

测试数据保留在实验仪主机的存储器中，供数据查询过程使用，所以，示波器仍可观测到本次测试数据所形成的波形。直到下次测试开始时才刷新存储器的内容。

5）自动测试后的数据查询：自动测试过程正常结束后，实验仪进入数据查询工作状态。这时面板按键除测试电流指示区外，其他都已开启。自动测试指示灯亮，电流量程指示灯指示于本次测试的电流量程选择挡位；各电压源选择按键可选择各电压源的电压值指示，其中 U_F、U_{G_1K}、U_{G_2A} 三电压源只能显示原设定电压值，不能通过按键改变相应的电压值。用“∨”/“∧”和“<”/“>”键改变电压源 U_{G_2K} 的指示值，就可查阅到在本次测试过程中，电压源 U_{G_2K} 的扫描电压值为当前显示值时，对应的夫兰克-赫兹管板极电流值 I_A 的大小，记录 I_A 的峰、谷值和对应的 U_{G_2K} 值（为便于作图，在 I_A 的峰、谷值附近需多取几点）。

6）中断自动测试过程：在自动测试过程中，只要按下“手动/自动”键，手动测试指示灯亮，实验仪就中断了自动测试过程，回复到开机初始状态。所有按键都被再次开启工作。这时可进行下一次的测试准备工作。

本次测试的数据依然保留在实验仪主机的存储器中，直到下次测试开始时才被清除。所以，示波器仍会观测到部分波形。

7）结束查询过程恢复初始状态：当需要结束查询过程时，只要按下“手动/自动”键，手动测试指示灯亮，查询过程结束，面板按键再次全部开启。原设置的电压状态被清除，实验仪存储的测试数据被清除，实验仪恢复到初始状态。

建议：“自动测试”应变化两次 U_F 值，测量两组$I_A-U_{G_2K}$数据。若实验时间允许，还可变化 U_{G_1K}、U_{G_2A} 进行多次$I_A-U_{G_2K}$测试。

［数据记录与处理］

1. 在坐标纸上描绘各组$I_A-U_{G_2K}$数据对应曲线。

2. 计算每两个相邻峰或谷所对应的 U_{G_2K}之差值 ΔU_{G_2K}，并求出其平均值 $\overline{U_0}$，将实验值 $\overline{U_0}$ 与氩的第一激发电位 $U_0 = 11.61$ eV 比较，计算相对误差，并写出结果表达式。

3. 请对不同工作条件下的各组曲线和对应的第一激发电位进行比较，分析哪些量发生了变化，哪些量基本不变，为什么？

[附录1]

实验仪面板简介及操作说明

1. 夫兰克-赫兹实验仪前后面板说明

(1)夫兰克-赫兹实验仪前面板如图27-5所示,以功能划分为八个区:

区①是夫兰克-赫兹管各输入电压连接插孔和板极电流输出插座。

区②是夫兰克-赫兹管所需激励电压的输出连接插孔,其中左侧输出孔为正极,右侧为负极。

区③是测试电流指示区:

四位七段数码管指示电流值;

四个电流量程挡位选择按键用于选择不同的最大电流量程档;每一个量程选择同时备有一个选择指示灯指示当前电流量程挡位。

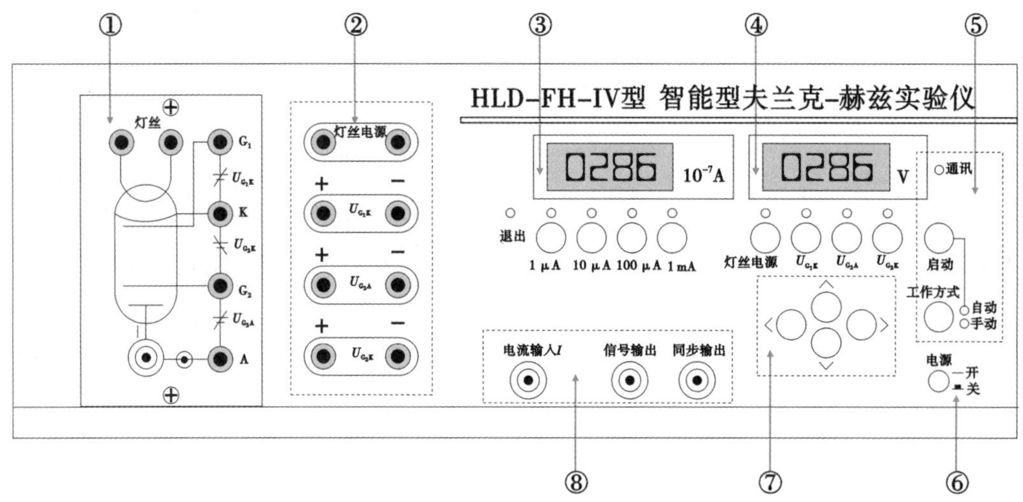

图27-5 夫兰克-赫兹实验仪前面板

区④是测试电压指示区:

四位七段数码管指示当前选择电压源的电压值;

四个电压源选择按键用于选择不同的电压源;每一个电压源选择都备有一个选择指示灯指示当前选择的电压源。

区⑤是工作状态指示区:

通信指示灯指示实验仪与计算机的通信状态;

启动按键与工作方式按键共同完成多种操作。

区⑥是电源开关。

区⑦是调整按键区,用于:

改变当前电压源电压设定值;

设置查询电压点。

区⑧是测试信号输入输出区:

电流输入插座输入夫兰克-赫兹管板极电流；

信号输出和同步输出插座可将信号送示波器显示。

(2)夫兰克-赫兹实验仪后面板说明：

夫兰克-赫兹实验仪后面板上有交流电源插座，插座上自带有保险管座。

如果实验仪已升级为微机型，则通信插座可连计算机；否则，该插座不可使用。

2. 基本操作

(1)夫兰克-赫兹实验仪连线说明：

在确认供电电网电压无误后，将随实验仪提供的电源连线插入后面板的电源插座中；连接面板上的连接线(连线图见附录2)。务必反复检查，切勿连错！！！

(2)开机后的初始状态：

开机后，实验仪面板状态显示如下：

• 实验仪的“1 mA”电流挡位指示灯亮，表明此时电流的量程为“1 mA”挡；电流显示值为000.0 μA(若最后一位不为0，属正常现象)。

• 实验仪的“灯丝电压”挡位指示灯亮，表明此时修改的电压为灯丝电压；电压显示值为000.0 V；最后一位在闪动，表明现在修改位为最后一位。

• “手动”指示灯亮，表明此时实验操作方式为手动操作。

(3)变换电流量程：

如果想变换电流量程，则按下在区③中的相应电流量程按键，对应的量程指示灯点亮，同时电流指示的小数点位置随之改变，表明量程已变换。

(4)变换电压源：

如果想变换不同的电压，则按下在区④中的相应电压源按键，对应的电压源指示灯随之点亮，表明电压源变换选择已完成，可以对选择的电压源进行电压值设定和修改。

(5)修改电压值：

按下前面板区⑥上的“＜”/“＞”键，当前电压的修改位将进行循环移动，同时闪动位随之改变，以提示目前修改的电压位置。

按下面板上的“∧”/“∨”键，电压值在当前修改位递增/递减一个增量单位。

注意：

• 如果当前电压值加上一个单位电压值的和值超过了允许输出的最大电压值，再按下“∧”键，电压值只能修改为最大电压值。

• 如果当前电压值减去一个单位电压值的差值小于零，再按下“∨”键，电压值只能修改为零。

[附录2]

仪器使用注意事项

一、管子各组工作电源的连接及保护措施

1. 电源连接

先不要打开电源，各工作电源请按图27-6连接，千万不能接错！！！待老师检查后再打开电源。

2. 保护措施

(1)灯丝电源:

1)具有输出端短路保护功能,并伴随报警声(长笛声)。当出现报警声时应立即关断主机电源并仔细检查面板连线。输出端短路时间不应超过8 s,否则会损坏元器件。

2)测量灯丝电压输出端:若面板显示的设置电压与相应的输出电压误差大、输出电压为一恒定值、无电压输出,则说明此组电源已经损坏。

(2) U_{G_1K}、U_{G_2A} 电源:

具有输出端短路保护功能,但无声音报警功能。

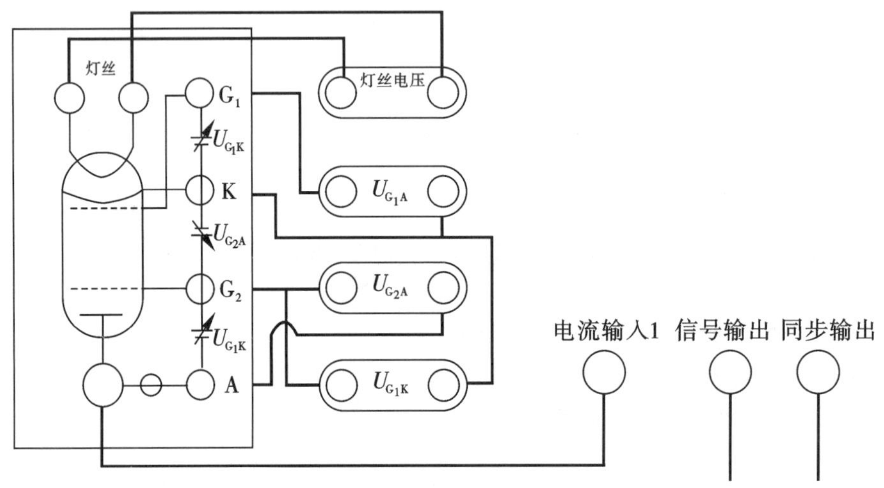

图 27-6　前面板接线图

(3) U_{G_2K} 电源:

1)具有输出端短路保护功能,并伴随报警声(断续笛音)。出现报警声时应立即关断主机电源并仔细检查面板连线。输出端短路时间不应超过8 s,否则会损坏元器件。

2)测量 U_{G_2K} 电压输出端:若面板显示的设置电压与相应的输出电压误差大、输出电压某一恒定值、无电压输出,则说明此组电源已经损坏。

3) U_{G_2K} 电压误加到灯丝上,会发出断续的报警笛音;若误加到夫兰克-赫兹管的 U_{G_1K} 或 U_{G_2A} 上,实验开始时,随 U_{G_2K} 电压的增大,面板电流显示无明显变化,而无波形的输出。上述现象发生时应立即关断主机电源,仔细检查面板连线,否则极易损坏仪器内的夫兰克-赫兹管。

注:• 当各组电源输出端自身短路时,在面板上虽能显示设置电压,但此时输出端已无电压输出,若及时排除短路故障,则输出端输出电压应与其设置的电压一致。

• 虽仪器内置有保护电路,面板连线接错在短时间内不会损坏仪器,但时间稍长会影响仪器的性能甚至损坏仪器,特别是夫兰克-赫兹管,各组工作电源有额定电压限制,应防止由于连线接错对其误加电压而造成损坏,因此在通电前应反复检查面板连线,确认无误后,再打开主机电源。当仪器出现异常时,应立即关断主机电源。

二、实验仪工作参数的设置

夫兰克-赫兹管极易因电压设置不合适而遭受损坏。新管请按机箱上盖的标牌参数设置。若波形不理想,可适量调节灯丝电压、U_{G_1K}、U_{G_2A}（灯丝电压的调整建议先控制在标牌参数的±0.3 V 范围内小步进行,若波形幅度不好,再适量扩大调整范围),以获得较理想的波形。

灯丝电压不宜过高,否则加快 F-H 管老化; U_{G_2K} 不宜超过 85 V,否则管子易被击穿。

实验 28　密立根油滴实验

著名的美国物理学家密立根(Robert A. Millikan)在 1909—1913 年期间所做的测量微小油滴上所带电荷的工作,即油滴实验,是物理学发展史上具有重要意义的实验。这一实验的设计思想简明巧妙、方法简单,而结论却具有不容置疑的说服力。因此,这一实验堪称物理实验的精华和典范。密立根在这一实验工作上花费了多年的心血,取得了具有重大意义的结果:一是证明了电荷的不连续性;二是测量并得到了元电荷即电子电荷的量值。

密立根油滴实验

现代测量精度不断提高,2018 年国际数据委员会(CODATA)给出元电荷 $e=1.602\ 176\ 634\times10^{-19}$ C。

本实验装置采用 CCD 摄像机和监视器,可非常清楚地看到钟表油油滴的运动过程,大大改善了实验条件,使测量更为方便、快捷。

［实验目的］

1. 学习用油滴实验测量电子电荷量的原理和方法。
2. 验证电荷的不连续性。
3. 测量电子的电荷量。
4. 了解 CCD 摄像机、光学系统的成像原理及视频信号处理技术的工程应用等。

［实验仪器］

密立根油滴实验仪。

实验仪器由主机、CCD 成像系统、油滴盒、监视器等部件组成。其中主机包括可控高压电源、计时装置、A/D 采样、视频处理等单元模块。CCD 成像系统包括 CCD 传感器、光学成像部件等。油滴盒包括高压电极、照明装置、防风罩等部件。监视器是视频信号输出设备。实验仪器部件如图 28-1 所示。

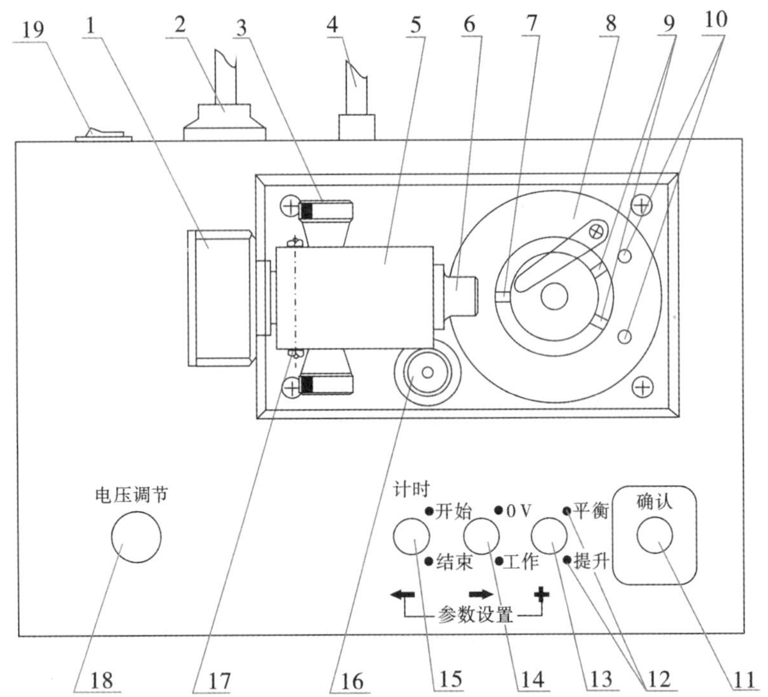

1. CCD 盒;2. 电源插座;3. 调焦旋钮;4. Q9 视频接口;5. 光学系统;6. 镜头;7. 观察孔;8. 上极板压簧;9. 进光孔;10. 光源;11. "确认"键;12. 状态指示灯;13. "平衡/提升"切换键;14. "0 V/工作"切换键;15. "计时开始/结束"切换键;16. 水准泡;17. 紧定螺钉;18. 电压调节旋钮;19. 电源开关。

图 28-1　实验仪器部件示意图

CCD 模块及光学成像系统用于捕捉暗室中油滴的像,同时将图像信息传给主机的视频处理模块。实验过程中可以通过调焦旋钮来改变物距,使油滴的像清晰地呈现在 CCD 传感器的窗口内。

电压调节旋钮可以调整极板之间的电压,用于控制油滴的平衡、下落及提升。

"计时开始/结束"切换键用于计时;"0 V/工作"切换键用于切换仪器的工作状态;"平衡/提升"切换键可以切换油滴平衡或提升状态;"确认"键可以将测量数据显示在屏幕上,从而省去了每次测量完成后手工记录数据的过程,使操作者把更多的注意力集中到实验本质上来。

油滴盒是一个关键部件,其具体构成如图 28-2 所示。

上下极板之间通过胶木圆环支撑,三者之间的接触面经过机械精加工后可以将极板间的不平行度、间距误差控制在 0.01 mm 以下,这种结构基本上消除了极板间的"势垒效应"及"边缘效应",较好地保证了油滴室处在匀强电场之中,从而有效地减小了实验误差。

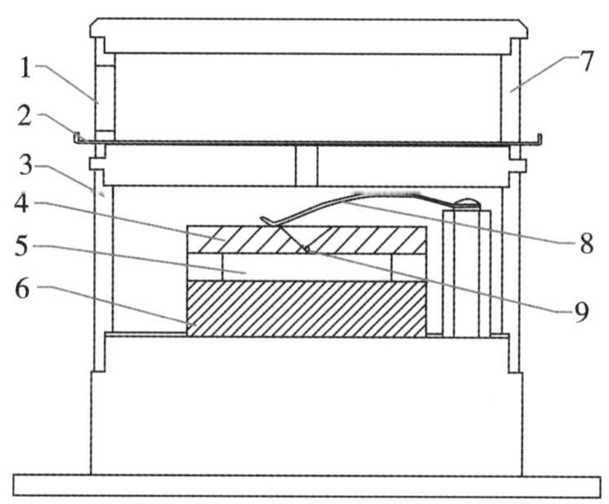

1. 喷雾口;2. 进油量开关;3. 防风罩;4. 上极板;5. 油滴室;6. 下极板;
7. 油雾杯;8. 上极板压簧;9. 落油孔。

图 28-2　油滴盒装置示意图

胶木圆环上开有两个进光孔和一个观察孔,光源通过进光孔给油滴室提供照明,而成像系统则通过观察孔捕捉油滴的像。照明由带聚光的高亮发光二极管提供,其使用寿命长,不易损坏;油雾杯可以暂存油雾,使油雾不至于过早地散失;进油量开关可以控制落油量;防风罩可以避免外界空气流动对油滴的影响。

[实验原理]

密立根油滴实验测定电子电荷的基本设计思想是使带电油滴在测量范围内处于受力平衡状态。按运动方式分类,油滴法测电子电荷分为动态测量法和平衡测量法。

1. 动态测量法

考虑重力场中一个足够小的油滴的运动,设此油滴半径为 r,质量为 m_1,空气是黏滞流体,所以运动油滴除受重力和浮力外还受黏滞阻力的作用。由斯托克斯定律可知,黏滞阻力与物体运动速度成正比。设油滴以速度 v_f 匀速下落,则有

$$m_1 g - m_2 g = K v_f \tag{28-1}$$

式中,m_2 为与油滴同体积的空气质量,K 为比例系数,g 为重力加速度。

油滴在空气及重力场中的受力情况如图 28-3 所示。

若此油滴带电荷为 q,并处在场强为 E 的均匀电场中,设电场力 qE 方向与重力方向相反,如图 28-4 所示,如果油滴以速度 v_r 匀速上升,则有

$$qE = (m_1 - m_2) g + K v_r \tag{28-2}$$

由式(28-1)和式(28-2)联立消去 K,可解出 q 为

$$q = \frac{(m_1 - m_2) g}{E v_f}(v_f + v_r) \tag{28-3}$$

由式(28-3)可以看出,要测量油滴上携带的电荷 q,需要分别测出 m_1、m_2、E、v_f、v_r 等物理量。

图 28-3　重力场中油滴受力示意图　　图 28-4　电场中油滴受力示意图

由喷雾器喷出的小油滴的半径 r 是微米数量级,直接测量其质量 m_1 也是困难的,为此希望消去 m_1,而代之以容易测量的量。设油与空气的密度分别为 ρ_1、ρ_2,于是半径为 r 的油滴的受力公式为

$$m_1g-m_2g=\frac{4}{3}\pi r^3(\rho_1-\rho_2)g \tag{28-4}$$

由斯托克斯定律知,黏滞流体(此处为空气)对球形运动物体的阻力与物体的速度成正比,其比例系数 K 为 $6\pi\eta r$,此处 η 为黏度,r 为物体半径。于是可将式(28-4)代入式(28-1),有

$$v_f=\frac{2gr^2}{9\eta}(\rho_1-\rho_2) \tag{28-5}$$

因此

$$r=\left[\frac{9\eta v_f}{2g(\rho_1-\rho_2)}\right]^{\frac{1}{2}} \tag{28-6}$$

将式(28-4)、式(28-6)代入式(28-3)并整理得

$$q=9\sqrt{2}\pi\left[\frac{\eta^3}{(\rho_1-\rho_2)g}\right]^{\frac{1}{2}}\frac{1}{E}\left(1+\frac{v_r}{v_f}\right)v_f^{\frac{3}{2}} \tag{28-7}$$

因此,如果测出 v_r、v_f 和 η、ρ_1、ρ_2、E 等宏观量,即可得到 q 值。

考虑到油滴的直径与空气分子的间隙相当,空气已不能看成是连续介质,其黏度 η 需作相应的修正,即 $\eta'=\frac{\eta}{1+\frac{b}{pr}}$。此处 p 为空气压强,b 为修正常数,$b=0.008\ 23$ N/m (6.17×10^{-6} m · cmHg),因此

$$v_f=\frac{2gr^2}{9\eta}(\rho_1-\rho_2)\left(1+\frac{b}{pr}\right) \tag{28-8}$$

当精度要求不是太高时,常采用近似计算方法先将 v_f 值代入式(28-6),计算得

$$r_0=\left[\frac{9\eta v_f}{2g(\rho_1-\rho_2)}\right]^{\frac{1}{2}} \tag{28-9}$$

再将式(28-9)代入 η' 中,并以 η' 代入式(28-7),得

$$q=9\sqrt{2}\pi\left[\frac{\eta^{3}}{(\rho_{1}-\rho_{2})g}\right]^{\frac{1}{2}}\frac{1}{E}\left(1+\frac{v_{\mathrm{r}}}{v_{\mathrm{f}}}\right)v_{\mathrm{f}}^{\frac{3}{2}}\left[\frac{1}{1+\frac{b}{pr_{0}}}\right]^{\frac{3}{2}} \quad (28-10)$$

实验中常常固定油滴运动的距离,通过测量油滴在距离 s 内所需要的运动时间来求得其运动速度,且电场强度 $E=\frac{U}{d}$,d 为平行板间的距离,U 为所加的电压,因此,式(28-10)可写成

$$q=9\sqrt{2}\pi d\left[\frac{(\eta s)^{3}}{(\rho_{1}-\rho_{2})g}\right]^{\frac{1}{2}}\frac{1}{U}\left(\frac{1}{t_{\mathrm{f}}}+\frac{1}{t_{\mathrm{r}}}\right)\left(\frac{1}{t_{\mathrm{f}}}\right)^{\frac{1}{2}}\left[\frac{1}{1+\frac{b}{pr_{0}}}\right]^{\frac{3}{2}} \quad (28-11)$$

式中有些量和实验仪器以及条件有关,选定之后在实验过程中不变,如 d、s、$(\rho_1-\rho_2)$ 及 η 等,将这些量与常数一起用 C 代表,可称为仪器常数,于是式(28-11)可简化成

$$q=C\frac{1}{U}\left(\frac{1}{t_{\mathrm{f}}}+\frac{1}{t_{\mathrm{r}}}\right)\left(\frac{1}{t_{\mathrm{f}}}\right)^{\frac{1}{2}}\left[\frac{1}{1+\frac{b}{pr_{0}}}\right]^{\frac{3}{2}} \quad (28-11')$$

由此可知,测量油滴上的电荷,只体现在 U、t_{f}、t_{r} 的不同。对同一油滴,t_{f} 相同,U 与 t_{r} 的不同,标志着电荷的不同。

2. 平衡测量法

平衡测量法的出发点是使油滴在均匀电场中静止在某一位置,或在重力场中做匀速运动。

当油滴在电场中平衡时,油滴在两极板间受到的电场力 qE、重力 m_1g 和浮力 m_2g 达到平衡,从而静止在某一位置,即

$$qE=(m_1-m_2)g$$

油滴在重力场中做匀速运动时,情形同动态测量法,将式(28-4)、式(28-9)和 $\eta'=\frac{\eta}{1+\frac{b}{pr}}$代入式(28-11),并注意到$\frac{1}{t_{\mathrm{r}}}=0$,则有

$$q=9\sqrt{2}\pi d\left[\frac{(\eta s)^{3}}{(\rho_{1}-\rho_{2})g}\right]^{\frac{1}{2}}\frac{1}{U}\left(\frac{1}{t_{\mathrm{f}}}\right)^{\frac{3}{2}}\left[\frac{1}{1+\frac{b}{pr_{0}}}\right]^{\frac{3}{2}} \quad (28-12)$$

3. 元电荷的测量方法

测量油滴上带的电荷的目的是找出电荷的最小单位 e。为此可以分别测出不同的油滴所带的电荷值 q_i,它们应近似为某一最小单位的整数倍,即油滴电荷量的最大公约数,或油滴带电量之差的最大公约数,即为元电荷。

实验中常采用紫外线、X 射线或放射源等改变同一油滴所带的电荷,测量油滴上所带电荷的改变值 Δq_i,而 Δq_i 值应是元电荷的整数倍,即

$$\Delta q_i=n_ie \quad (n_i\text{ 为整数}) \quad (28-13)$$

建议实验中选择带 1 ~ 9 个电子的油滴(具体的选择方法会在后面提到),若油滴

所带的电子过多,则不能准确判定该油滴所带的电子个数。

[实验内容与步骤]

学习控制油滴在视场中的运动,并选择合适的油滴测量元电荷。要求至少测量 5 个不同的油滴,每个油滴的测量次数应在 3 次以上。

1. 调整油滴实验仪

(1)水平调整。调整实验仪底部的旋钮(顺时针仪器升高,逆时针仪器下降),通过水准仪将实验平台调平,使平衡电场方向与重力方向平行,以免引起实验误差。极板平面是否水平决定了油滴在下落或提升过程中是否发生前后左右漂移。

(2)喷雾器调整。将少量钟表油缓慢地倒入喷雾器的储油腔内,使钟表油淹没提油管下方,油不要太多,以免实验过程中不慎将油倾倒至油滴盒内堵塞落油孔。将喷雾器竖起,用手挤压气囊,使得提油管内充满钟表油。

(3)仪器硬件接口连接。

主机接线:电源线接交流 220 V/50 Hz,Q9 视频输出接监视器视频输入(IN)。

监视器:输入阻抗开关拨至 75 Ω,Q9 视频线缆接 IN 输入插座。电源线接 220 V/50 Hz 交流电压。前面板调整旋钮自左至右依次为左右调整、上下调整、亮度调整、对比度调整。

(4)实验仪联机使用。

1)打开实验仪电源及监视器电源,监视器出现欢迎界面。

2)按任意键,监视器出现参数设置界面,首先设置实验方法,然后根据该地的环境适当设置重力加速度、油密度、大气压强、油滴下落距离。“←”表示左移键、“→”表示为右移键、“+”表示数据设置键。

3)按“确认”键出现实验界面,将工作状态切换至“工作”,红色指示灯亮,将“平衡/提升”切换键设置为“平衡”。

(5)CCD 成像系统调整。打开进油量开关,从喷雾口喷入油雾,此时监视器上应该出现大量运动油滴的像。若没有看到油滴的像,则需调整调焦旋钮或检查喷雾器是否有油雾喷出,直至得到油滴清晰的图像。

2. 熟悉实验界面

在完成参数设置后,按“确认”键,监视器显示实验界面。不同实验方法的实验界面有一定差异(图 28-5)。

极板电压:实际加到极板的电压,显示范围为 0 ~ 1 999 V。

经历时间:定时开始到定时结束所经历的时间,显示范围为 0 ~ 99.99 s。

电压保存提示:将要作为结果保存的电压,每次完整的实验后显示。当保存实验结果后(即按下“确认”键)自动清零。显示范围同极板电压。

保存结果显示:显示每次保存的实验结果,共 5 次,显示格式与实验方法有关。当需要删除当前保存的实验结果时,按下“确认”键 2 s 以上,当前结果被清除(不能连续删)。

0		（极板电压） （经历时间）
		（电压保存提示栏）
⋮ （共 5 格）		（保存结果显示区）
		（下落距离设置栏）
（距离标志）		（实验方法栏）
		（仪器生产厂家）

图 28–5　实验界面示意图

下落距离设置：显示当前设置的油滴下落距离。当需要更改下落距离的时候，按住“平衡/提升”切换键 2 s 以上，此时距离设置栏被激活（动态法 1 步骤和 2 步骤之间不能更改），通过“+”键（即“平衡/提升”切换键）修改油滴下落距离，然后按“确认”键确认修改。距离标志相应变化。

距离标志：显示当前设置的油滴下落距离，在相应的格线上做数字标记，显示范围为 0.2 ~ 1.8 mm。

实验方法：显示当前的实验方法（平衡法或动态法），在参数设置画面一次设定。要改变实验方法，只有重新启动仪器（关、开仪器电源）。对于平衡法，实验方法栏仅显示“平衡法”字样；对于动态法，实验方法栏除了显示“动态法”以外，还显示即将开始的动态法步骤。如将要开始动态法第一步（油滴下落），实验方法栏显示“1 动态法”；同样，当做完动态法第一步骤，即将开始第二步骤时，实验方法栏显示“2 动态法”。

平衡法：（平衡电压）（下落时间）　　动态法：（提升电压）（平衡电压）（上升时间）（下落时间）

3. 选择适当的油滴并练习控制油滴（以平衡法为例）

（1）怎样选择合适的油滴。

根据油滴在电场中受力平衡公式 $qU/d=4\pi r^3\rho g/3$ 以及多次实验的经验，当油滴的实际半径在 0.5 ~ 1 μm 时最为适宜。若油滴过小，布朗运动影响明显，平衡电压不易调整，时间误差也会增加；若油滴过大，下落太快，时间相对误差增大，且油滴带多个电子的概率增加。前面说到，合适的油滴带 1 ~ 9 个电子。

操作方法：三个参数设置按键分别为“结束”“工作”“平衡”状态，平衡电压调为约 400 V。喷入油滴，调节调焦旋钮，使屏幕上显示大部分油滴，可见带电多的油滴迅速上升出视场,不带电的油滴下落出视场,约 10 s 后油滴减少。选择那种上升缓慢的油滴作为暂时的目标油滴,切换“0 V/工作”键,这时极板间的电压为 0 V,在暂时的目标油滴中选择下落速度为 0.2～0.5 格/s 的作为最终的目标油滴,调节调焦旋钮使该油滴最小最亮。

(2)平衡电压的确认。

目标油滴聚焦到最小、最亮后,仔细调整平衡时的“电压调节”使油滴平衡在某一格线上,等待一段时间(大约两分钟),观察油滴是否飘离格线。若油滴始终向同一方向飘离,则需重新调整平衡电压;若其基本稳定在格线或只在格线上下做轻微的布朗运动,则可以认为油滴达到了力学平衡,这时的电压就是平衡电压。

(3)控制油滴的运动。

将油滴平衡在屏幕顶端的第一条格线上,将“0 V/工作”切换键切换至“0 V”,绿色指示灯点亮,此时上、下极板同时接地,电场力为零,油滴在重力、浮力及空气阻力的作用下做下落运动。油滴是先经一段变速运动,然后变为匀速运动,但变速运动的时间非常短(小于 0.01 s,与计时器的精度相当),所以可以认为油滴是立即匀速下落的。当油滴下落到有 0 标记的格线时,立刻按下“计时开始/结束”切换键,计时器开始记录油滴下落的时间;待油滴下落至有距离标志(1.6)的格线时,再次按下计时键,计时器停止计时(计时位置见图 28-6),此时油滴停止下落。“0 V/工作”切换键自动切换至“工作”,“平衡/提升”切换键处于“平衡”,可以通过“确认”键将此次测量数据记录到屏幕上。将“平衡/提升”切换键切换至“提升”,这时极板电压在原平衡电压的基础上增加约 200 V 的电压,油滴立即向上运动,待油滴提升到屏幕顶端时,切换至“平衡”,找平衡电压,进行下一次测量。每颗油滴共测量 5 次,系统会自动计算出这颗油滴的电荷量。

0	○(开始下落的位置) ●(开始计时的位置)	
↑ 油滴下落距离 ↓ 1.6	◦ ◦ ◦ ●(结束计时的位置)	
○(停止下落的位置)		

图 28-6　平衡法计时位置示意图

4. 正式测量

实验可选用平衡法、动态法。实验前仪器必须严格调水平。

(1)平衡法:

1)开启电源,进入实验界面将“0 V/工作”切换键切换至“工作”,红色指示灯点亮;将“平衡/提升”切换键置于“平衡”。

2)将平衡电压调整为400 V左右,通过喷雾口向油滴盒内喷入油雾,此时监视器上将出现大量运动的油滴。选取合适的油滴,仔细调整平衡电压 U,使其平衡在起始(最上面)格线上。

3)将“0 V/工作”切换键切换至“0 V”,此时油滴开始下落,当油滴下落到有“0”标记的格线时,立即按下“计时开始/结束”切换键,同时计时器启动,开始记录油滴的下落时间 t。

4)当油滴下落至有距离标记的格线时(例如:1.6),立即按下“计时开始/结束”切换键,同时计时器停止计时,油滴立即静止,“0 V/工作”切换键自动切换至“工作”。通过“确认”键将这次测量的“平衡电压和匀速下落时间”结果同时记录在监视器屏幕上。

5)将“平衡/提升”切换键置于“提升”,油滴将向上运动,当回到高于有“0”标记格线时,将“平衡/提升”切换键切换至平衡状态,油滴停止上升,重新调整平衡电压。(注意:如果此处的平衡电压发生了突变,则该油滴得到或失去了电子。这次测量不能算数,从步骤2)开始重新找油滴。)

6)重复3)~5),并将数据(平衡电压 U 及下落时间 t)记录到屏幕上。当5次测量完成后,按“确认”键,系统将计算5次测量的平均平衡电压 $\overline{U}$ 和平均匀速下落时间 $\overline{t}$,并根据这两个参数自动计算并显示出油滴的电荷量 q。

7)重复2)~6)步,共找5颗油滴,并测量每颗油滴的电荷量 q_i。

(2)动态法:

1)动态法分两步完成,第一步骤是油滴下落过程,其操作同平衡法(参看平衡法)。完成第一步骤后,如果对本次测量结果满意,则可以按下“确认”键保存这个步骤的测量结果,如果不满意,则可以删除(删除方法见前面所述)。

2)第一步骤完成后,油滴处于距离标志格线以下。通过“0 V/工作”切换键、“平衡/提升”切换键配合使油滴下偏距离有“1.6”标记的格线一定距离。调节“电压调节”旋钮加大电压,使油滴上升,当油滴到达有“1.6”标记的格线时,立即按下计时开始键,此时计时器开始计时;当油滴上升到有“0”标记的格线时,再次按下计时键,停止计时,但油滴继续上升,再次调节“电压调节”旋钮使油滴平衡于有“0”标记的格线以上(图28-7),按下“确认”键保存本次实验结果。

<table>
<tr><td>

0</td><td>○(停止上升的位置)

●(结束计时的位置)</td><td></td></tr>
<tr><td>↑
油滴上升距离
↓
1.6</td><td>。
。
。
●(开始计时的位置)</td><td></td></tr>
<tr><td>○(开始上升的位置)</td><td></td><td></td></tr>
</table>

图28-7 动态法计时位置示意图

3）重复以上步骤完成 5 次完整实验，然后按下“确认”键，出现实验结果画面。动态测量法是分别测出下落时间 t_f 、提升时间 t_r 及提升电压 U ，并代入式(28-11)即可求得油滴带电量 q 。

5. 数据处理

计算法：至少测量 5 颗油滴，记录每颗油滴的电荷量 q_i ，再计算 $\frac{q_i}{e_{理论}}$ ，对商四舍五入取整后得到每颗油滴所带电子个数 n_i ；再由 $\frac{q_i}{n_i}=e_i$ 得到每次测量的基本电荷，再求出 n 次测量的 $\bar{e}$ ，与理论值比较求百分误差及不确定度。

作图法：得到 q_i 和对应的 n_i 后，以 q 为纵坐标、n 为横坐标作图，拟合得到的直线斜率即为基本电荷 $e_{测量}$ ，与理论值比较求百分误差及不确定度。

［注意事项］

1. CCD 盒、紧定螺钉、摄像镜头的机械位置不能变更，否则会对像距及成像角度造成影响。
2. 仪器使用环境：温度为 0～40 ℃的静态空气中。
3. 注意调整进油量开关，应避免外界空气流动对油滴测量造成影响。
4. 仪器内有高压，实验人员避免用手接触电极。
5. 实验前应对仪器油滴盒内部进行清洁，防止异物堵塞落油孔。
6. 注意仪器的防尘保护。

［附录］

平衡法系统参数

原理公式 $$q=9\sqrt{2}\pi d\left[\frac{(\eta s)^3}{(\rho_1-\rho_2)g}\right]^{\frac{1}{2}}\frac{1}{U}\left(\frac{1}{t}\right)^{\frac{3}{2}}\left[\frac{1}{1+\frac{b}{pr}}\right]^{\frac{3}{2}}$$

式中：r 为油滴半径 $r=\left[\frac{9\eta s}{2g(\rho_1-\rho_2)t}\right]^{\frac{1}{2}}$

d 为极板间距 $d=5.00\times10^{-3}$ m

η 为空气黏度 $\eta=1.83\times10^{-5}$ kg · m^{-1} · s^{-1}

s 为下落距离 依设置，默认 1.6 mm

ρ_1 为钟表油密度 $\rho_1=981$ kg · m^{-3}(20 ℃)

ρ_2 为空气密度 $\rho_2=1.2928$ kg · m^{-3}(标准状况下)

g 为重力加速度 $g=9.797$ m · s^{-2}(郑州)

b 为修正常数 $b=8.23\times10^{-3}$ N/m(6.17×10^{-6} m · cmHg)

p 为标准大气压强 $p=101\ 325$ Pa(76.0 cmHg)

U 为平衡电压

t 为油滴匀速下落时间

注：

①由于油的密度远远大于空气的密度，即 $\rho_1 \gg \rho_2$，因此 ρ_2 相对于 ρ_1 来讲可忽略不计（当然也可代入计算）。

②标准状况是指大气压强 $p=101\ 325$ Pa，温度 $W=20$ ℃，相对湿度 $\varphi=50\%$ 的空气状态。实际大气压强可由气压表读出，温度可由温度计读出。

③油的密度随温度变化关系见表 28-1。

表 28-1　油的密度与温度的变化关系

W/℃	0	10	20	30	40
ρ/(kg/m^3)	991	986	981	976	971

④一般来讲，流体黏度受压强影响不大，当气压从 1.01×10^5 Pa 增加到 5.07×10^6 Pa 时，空气的黏度只增加 10%，在工程应用中通常忽略压强对黏度的影响。温度对气体黏度有很强的影响。

气体黏度可用苏士兰公式来表示：

$$\frac{\mu}{\mu_0}=\frac{\left(\frac{T}{T_0}\right)^{\frac{3}{2}}(T_0+T')}{T+T'}$$

式中，μ_0 是绝对温度 T_0 的动力黏度，通常取 $T_0=273$ K 时的黏度，$\mu_0=1.71\times10^{-5}$ kg·m^{-1}·s^{-1}；常数 T' 通过数据拟合得出，对于空气，$T'=110$ K。

实验 29　混沌现象研究

[实验目的]

1. 实验研究 Chua's 电路，分析其电路特性和产生周期与非周期振荡的条件。
2. 分析 *RLC* 电路中混沌现象的基本特性和混沌产生的方法。
3. 对所观察的奇怪吸引子的各种图像进行探讨和说明。
4. 测量有源非线性电路的负阻特性。

[实验仪器]

THQH-1 型混沌电路实验仪、双踪示波器。

[实验原理]

Chua's 电路原理图如图 29-1 所示，电路中电感 L 和电容 C_1 并联构成一个振荡电路。非线性元件电阻 R，其特性为分段线性，且呈现负阻特性，其伏安特性如图 29-2 所示。耦合电阻 R_0（实际是电导）呈现正阻性，它将振荡电路与非线性电阻 R 和电容 C_2 组成的电路耦合起来并且消耗能量，以防止由于非线性线路的负阻效应使电路中的电压、电流不断增大。

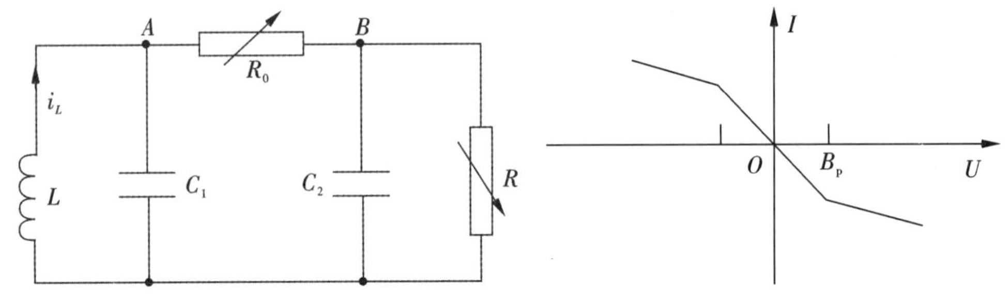

图 29-1　Chua's 电路原理示意图　　　图 29-2　非线性元件电阻的伏安特性

电路的状态方程式（即电路中节点的电流、电压关系式）为

$$C_1 \frac{\mathrm{d}U_{C_1}}{\mathrm{d}t} = G(U_{C_2} - U_{C_1}) + i_L \tag{29-1}$$

$$C_2 \frac{\mathrm{d}U_{C_2}}{\mathrm{d}t} = G(U_{C_1} - U_{C_2}) - f(U_{C_2}) \tag{29-2}$$

$$L \frac{\mathrm{d}i_L}{\mathrm{d}t} = -U_{C_1} \tag{29-3}$$

式中，G 为 R_0 的电导；U_{C_1}、U_{C_2}为分别是 C_1、C_2 上的电压；函数 $f(U_{C_2})$ 是非线性电阻 R 的特征函数，它的分段表达式为

$$f(U_{C_2}) = \begin{cases} m_0 U_{C_1} + (m_1 - m_0) B_\mathrm{p}, U_{C_1} \geqslant B_\mathrm{p} \\ m_1 U_{C_1}, \mid U_{C_1} \mid \leqslant B_\mathrm{p} \\ m_0 U_{C_1} - (m_1 - m_0) B_\mathrm{p}, U_{C_1} \leqslant -B_\mathrm{p} \end{cases} \tag{29-4}$$

式中，m_0、m_1 为常数，其量纲与电导相同。

非线性元件 R 是产生混沌现象的必要条件。实验中用于产生非线性电阻的方法很多，如单结晶体管、变容二极管以及运算放大电路等。为了使选用的非线性元件特性接近图 29-2 的形状，实验中选用如图 29-3 中所示的一个运算放大器电路作为产生非线性元件的电路，其伏安特性见图 29-4。比较图 29-2 和图 29-4，可以认为这个电路在分段线性方面与图29-2要求的理论特性相近，而当 U_R 过大或过小时都出现了负阻向正阻的转折。这是由于外加电压超过了运算放大器工作在线性区要求的电压值（接近电源电压）后的非线性现象。这个特性导致在电路中产生附加的周期轨道，但对混沌电路产生吸引子和鞍形周期轨道没有影响。

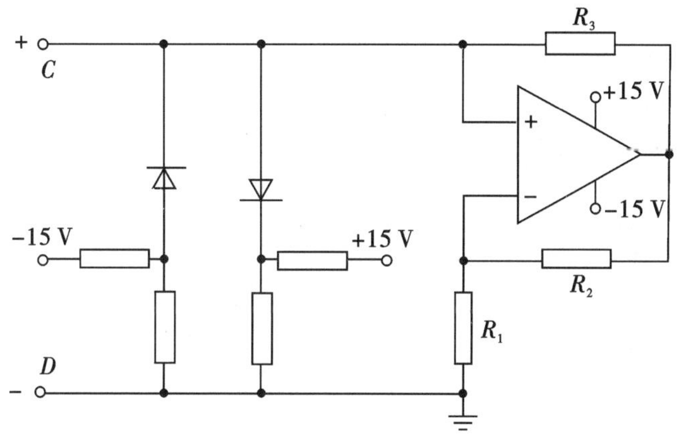

图 29-3　非线性电路图

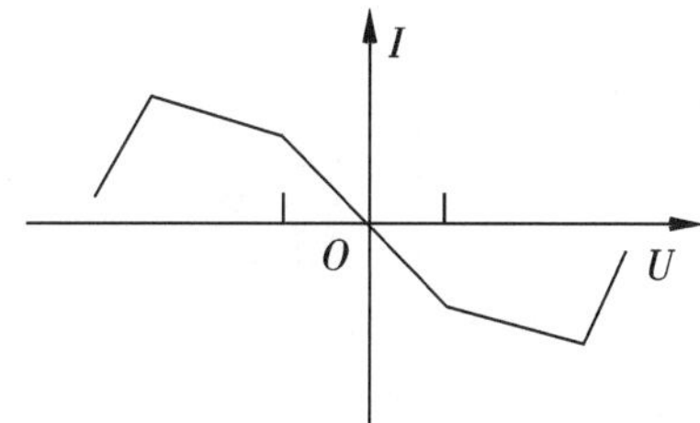

图 29-4　伏安分段线性图

电路中 L、C_1 并联构成振荡电路。C_2 的作用是分相，使 A、B 两处输入示波器的信号产生相位差，可得到 X、Y 两个信号的合成图形。运放 OP07 的前级和后级正负反馈同时存在，正反馈的强弱与比值 R_3/R_0 有关，负反馈的强弱与比值 R_2/R_1 有关，当正反馈大于负反馈时，LC_1 振荡电路才能维持振荡。若调节 R_0，正反馈就发生变化。因为运放 OP07 处于振荡状态，所以是一种非线性应用，从 C、D 两点看，运放 OP07 与电阻、二极管的组合等效于一个非线性电路。

图 29-5 所示为非线性负电阻 R_n 伏安特性测量电路，由于 R_n 是负电阻，为了保证运放的负载为一正电阻，给它并联了一个电阻比它小的正电阻，实验时调节电位器 R_W 的大小，使运放输出从-15 V 变化到+15 V，即以上述电压加到待测非线性负阻网络，测量 R_n 两端的电压和电流，注意其方向，测量图 29-4 所示的负阻非线性特性。

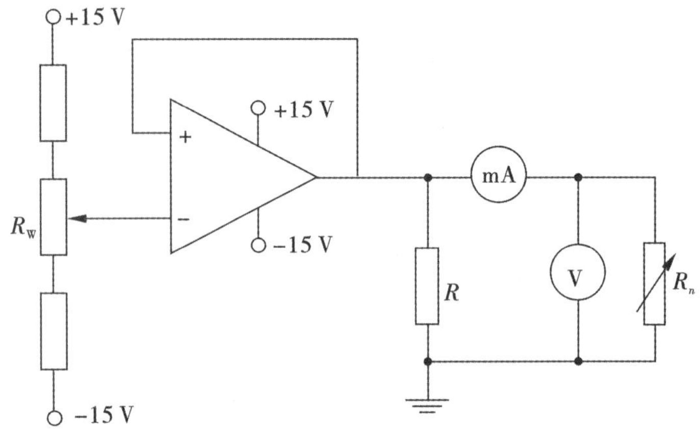

图 29–5 非线性电阻伏安特性测量电路图

[实验内容与步骤]

1. 复习示波器基本功能的使用。

2. 将面板上振荡电路中电感 L 的两端分别和下面的电阻和电容相连(电阻、电容各任选一个),G_2 的两端和非线性电路的两端相连,再把非线性电路和负电阻电路接起来,就成了一个非线性混沌电路,缓慢调整采样电位器 R_{W_1}、R_{W_2} 阻值,初步观察 U_R-i_R、$i_L-U_{C_2}$、$U_{C_1}-U_{C_2}$、$i_L-U_{C_1}$ 的相图($y-t$ 方式、$x-y$ 方式),记录产生混沌现象时示波器上显示的频率大约数值。

3. 研究 $i_L-U_{C_2}$ 相图的变化并简要记录波形变化情况。

(1)将 R_{i_L}、R_{i_R} 调节到适中的位置($R_{i_L} \leqslant 10\ \Omega$,$R_{i_R} \approx 120\ \Omega$),改变 G 阻值的大小,观察 $i_L-U_{C_2}$ 相图的变化。

(2)固定 G,缓慢改变电源电压(0 ~ ±15 V),观察 $i_L-U_{C_2}$ 相图的变化。

(3)分析研究采样电阻 R_{i_L}、R_{i_R} 对相图结构的影响。在出现混沌现象后,拆去与各电阻连接的导线,用万用表测量并记录 R_{i_L}、R_{i_R}、G 的阻值。

4. 观察和测量非线性电阻 R 伏安特性。虚线 CD 两侧断开,接入信号发生器,设定为正弦信号输出,f=1 ~ 10 kHz,幅度可调,用 $x-y$ 方式观察 $U_{AB}-i_{AB}$ 的波形。i_{AB} 取自 R_{i_R} 的电压输出。

5. 改变 C_2、C_1、L 的参数,研究电路参数对产生混沌的影响。

[思考题]

1. 负电阻与正电阻有何不同?

2. 为什么混沌电路中要采用分段非线性电阻?

3. 电阻 R_0 的大小具体有什么物理意义?

实验 30　波尔共振实验

波尔共振实验

在机械制造和建筑工程等科技领域中，受迫振动所导致的共振现象引起工程技术人员的极大注意，该现象既有破坏作用，但也有许多实用价值。众多电声器件是运用共振原理设计制作的。此外，在微观科学研究中“共振”也是一种重要研究手段，例如利用核磁共振和顺磁共振研究物质结构等。

表征受迫振动性质是受迫振动的振幅-频率特性和相位-频率特性（简称幅频特性和相频特性）。

本实验中采用波尔共振仪定量测定机械受迫振动的幅频特性和相频特性，并利用频闪方法来测定动态的物理量——相位差。数据处理与误差分析方面内容也较丰富。

［实验目的］

1. 研究波尔共振仪中弹性摆轮受迫振动的幅频特性和相频特性。
2. 研究不同阻尼力矩对受迫振动的影响，观察共振现象。
3. 学习用频闪法测定运动物体的某些量，例如相位差。
4. 学习系统误差的修正。

［实验仪器］

波尔共振仪由振动仪与电器控制箱两部分组成。

振动仪部分如图 30-1 所示，铜质圆形摆轮安装在机架上，弹簧的一端与摆轮的轴相联，另一端可固定在机架支柱上，在弹簧弹性力的作用下，摆轮可绕轴自由往复摆动。在摆轮的外围有一圈槽形缺口，其中一个长形凹槽比其他凹槽长出许多。机架上对准长形缺口处有一个光电门①，它与电器控制箱相连接，用来测量摆轮的振幅角度值和摆轮的振动周期。在机架下方有一对带有铁芯的线圈，摆轮恰巧嵌在铁芯的空隙，当线圈中通过直流电流后，摆轮受到一个电磁阻尼力的作用，改变电流的大小即可使阻尼大小相应变化。为使摆轮做受迫振动，在电动机轴上装有偏心轮，通过连杆机构带动摆轮，在电动机轴上装有带刻线的有机玻璃转盘，它随电机一起转动。由它可以从角度读数盘读出相位差 φ。调节控制箱上的十圈电机转速调节旋钮，可以精确改变加于电机上的电压，使电机的转速在实验范围（30～45 r/min）内连续可调，由于电路中采用特殊稳速装置、电动机采用惯性很小的带有测速发电机的特种电机，所以转速极为稳定。电机的有机玻璃转盘上装有两个挡光片。在角度读数盘中央上方 90°处也有光电门②（强迫力矩信号），并与控制箱相连，以测量强迫力矩的周期。

受迫振动时摆轮与外力矩的相位差是利用小型闪光灯来测量的。闪光灯受摆轮信号光电门控制，每当摆轮上长形凹槽通过平衡位置时，光电门接收光，引起闪光，这一现象称为频闪现象。在稳定情况时，由闪光灯照射下可以看到有机玻璃指针好像一直

“停在”某一刻度处，所以此数值可方便地直接读出，误差不大于2°。闪光灯放置位置如图30-1所示搁置在底座上，切勿拿在手中直接照射刻度盘。

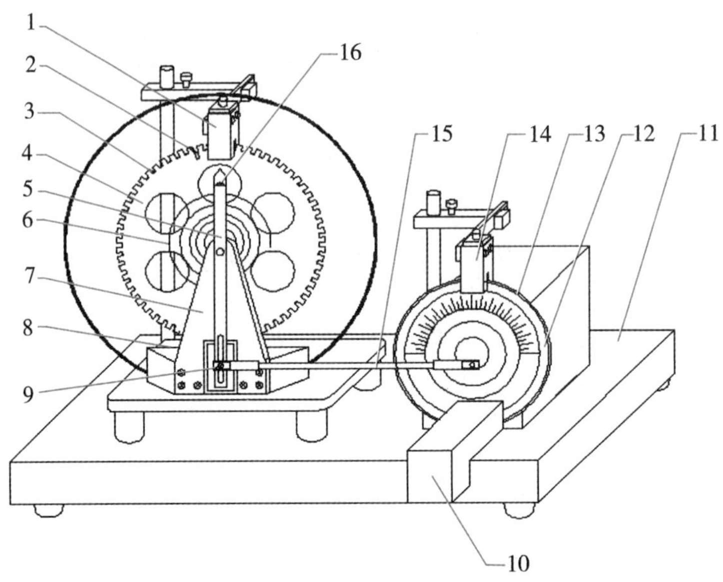

1. 光电门①；2. 长凹槽；3. 短凹槽；4. 铜质摆轮；5. 摇杆；6. 蜗卷弹簧；7. 支承架；8. 阻尼线圈；9. 摇杆调节螺丝；10. 闪光灯；11. 底座；12. 有机玻璃转盘；13. 角度盘；14. 光电门②；15. 连杆；16. 弹簧夹持螺钉。

图30-1　波尔振动仪

摆轮振幅是利用光电门①测出摆轮读数处圈上凹形缺口个数，并在控制箱液晶显示器上直接显示出此值，精度为1°。

波尔共振仪电器控制箱的前面板和后面板分别如图30-2和图30-3所示。

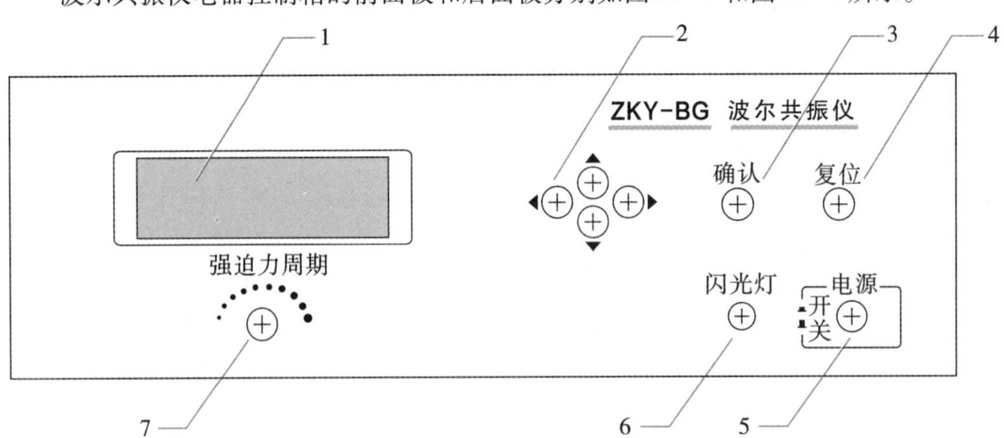

1. 液晶显示屏幕；2. 方向控制键；3. “确认”键；4. “复位”键；5. 电源开关；6. 闪光灯开关；7. 强迫力周期调节电位器。

图30-2　波尔共振仪前面板示意图

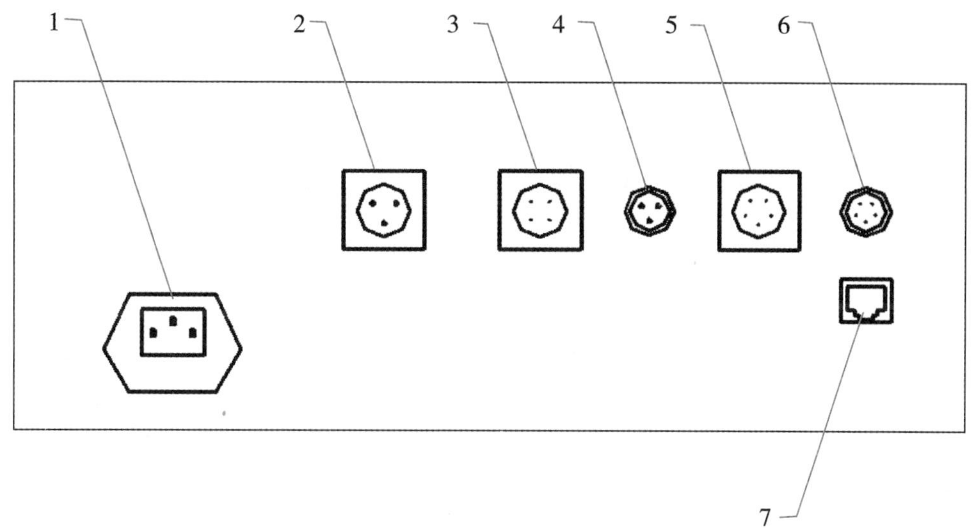

1. 电源插座(带保险);2. 闪光灯接口;3. 阻尼线圈;4. 电机接口;5. 振幅输入;6. 周期输入;7. 通信接口。

图 30-3 波尔共振仪后面板示意图

电机转速调节旋钮,可改变强迫力矩的周期。

可以通过软件控制阻尼线圈内直流电流的大小,达到改变摆轮系统的阻尼系数的目的。阻尼挡位的选择通过软件控制,共分 3 挡,分别是“阻尼 1”“阻尼 2”“阻尼 3”。阻尼电流由恒流源提供,实验时根据不同情况进行选择(可先选择在“阻尼 2”处,若共振时振幅太小则可改用“阻尼 1”),振幅在 150°左右。

闪光灯开关用来控制闪光与否,当按住闪光按钮、摆轮长缺口通过平衡位置时便产生闪光,由于频闪现象,可从相位差读盘上看到刻度线似乎静止不动的读数(实际有机玻璃 F 上的刻度线一直在匀速转动),从而读出相位差数值。为使闪光灯管不易损坏,采用按钮开关,仅在测量相位差时才按下按钮。

电器控制箱与闪光灯和波尔共振仪之间通过各种专业电缆相连接,不会产生接线错误。

[实验原理]

物体在周期外力的持续作用下发生的振动称为受迫振动,这种周期性的外力称为强迫力。如果外力是按简谐振动规律变化,那么稳定状态时的受迫振动也是简谐振动,此时,振幅保持恒定,振幅的大小与强迫力的频率和原振动系统无阻尼时的固有振动频率以及阻尼系数有关。在受迫振动状态下,系统除了受到强迫力的作用外,同时还受到回复力和阻尼力的作用。所以在稳定状态时物体的位移、速度变化与强迫力变化不是同相位的,存在一个相位差。当强迫力频率与系统的固有频率相同时产生共振,此时振幅最大,相位差为 90°。

实验采用摆轮在弹性力矩作用下自由摆动,在电磁阻尼力矩作用下做受迫振动来研究受迫振动特性,可直观地显示机械振动中的一些物理现象。

当摆轮受到周期性强迫外力矩 $M = M_0\cos \omega t$ 的作用,并在有空气阻尼和电磁阻尼的媒质中运动时$\left(\text{阻尼力矩为} -b\dfrac{d\theta}{dt}\right)$其运动方程为

$$J\frac{d^2\theta}{dt^2}=-k\theta-b\frac{d\theta}{dt}+M_0\cos\omega t \tag{30-1}$$

式中，J 为摆轮的转动惯量，$-k\theta$ 为弹性力矩，M_0 为强迫力矩的幅值，ω 为强迫力的圆频率。

令 $\omega_0^2=\dfrac{k}{J}$，$2\beta=\dfrac{b}{J}$，$m=\dfrac{M_0}{J}$，则式(30-1)变为

$$\frac{d^2\theta}{dt^2}+2\beta\frac{d\theta}{dt}+\omega_0^2\theta=m\cos\omega t \tag{30-2}$$

当 $m\cos\omega t=0$ 时，式(30-2)即为阻尼振动方程。

当 $\beta=0$ 时，即在无阻尼的情况下，式(30-2)变为简谐振动方程，系统的固有频率为 ω_0。方程(30-2)的通解为

$$\theta=\theta_1 e^{-\beta t}\cos(\omega_f t+\alpha)+\theta_2\cos(\omega t+\varphi_0) \tag{30-3}$$

由式(30-3)可见，受迫振动可分成两部分：

第一部分，$\theta_1 e^{-\beta t}\cos(\omega_f t+\alpha)$ 和初始条件有关，经过一定时间后衰减消失。

第二部分，说明强迫力矩对摆轮做功，向振动体传送能量，最后达到一个稳定的振动状态。振幅为

$$\theta_2=\frac{m}{\sqrt{(\omega_0^2-\omega^2)^2+4\beta^2\omega^2}} \tag{30-4}$$

它与强迫力矩之间的相位差为

$$\varphi=\tan^{-1}\frac{2\beta\omega}{\omega_0^2-\omega^2}=\tan^{-1}\frac{\beta T_0^2 T}{\pi(T^2-T_0^2)} \tag{30-5}$$

由式(30-4)和式(30-5)可看出，振幅 θ_2 与相位差 φ 的数值取决于强迫力矩 m、圆频率 ω、系统的固有频率 ω_0 和阻尼系数 β 四个因素，而与振动初始状态无关。

由 $\dfrac{\partial}{\partial\omega}[(\omega_0^2-\omega^2)^2+4\beta^2\omega^2]=0$ 极值条件可得出，当强迫力的圆频率 $\omega=\sqrt{\omega_0^2-2\beta^2}$ 时，产生共振，θ 有极大值。若共振时圆频率和振幅分别用 ω_r、θ_r 表示，则

$$\omega_r=\sqrt{\omega_0^2-2\beta^2} \tag{30-6}$$

$$\theta_r=\frac{m}{2\beta\sqrt{\omega_0^2-2\beta^2}} \tag{30-7}$$

式(30-6)、(30-7)表明，阻尼系数 β 越小，共振时圆频率越接近于系统固有频率，振幅 θ_r 也越大。图 30-4 和图 30-5 表示出在不同 β 时受迫振动的幅频特性和相频特性。

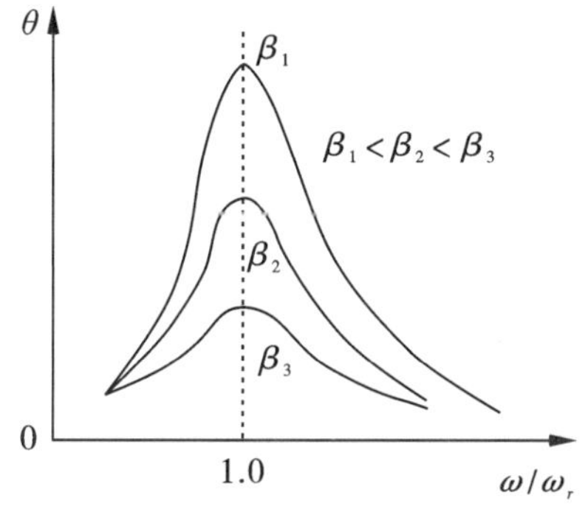

图 30-4 不同 β 时受迫振动的幅频特性

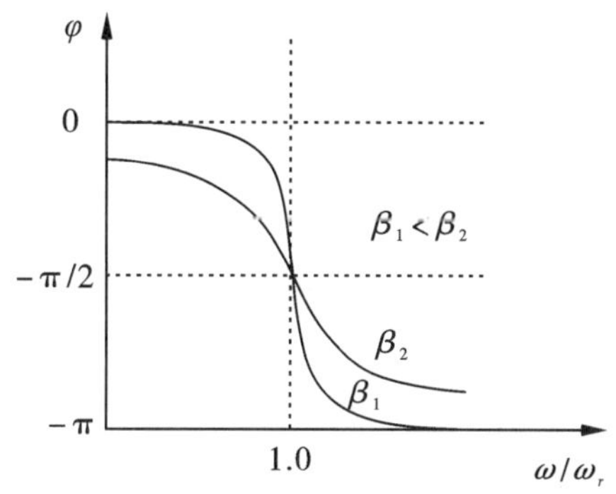

图 30-5 不同 β 时受迫振动的相频特性

［实验内容与步骤］

1. 实验准备

按下电源开关后，屏幕上出现欢迎界面，其中 NO. 0000X 为电器控制箱与电脑主机相连的编号。过几秒钟后屏幕上显示如图 30-6(a)“按键说明”字样。符号“◀”为向左移动；“▶”为向右移动；“▲”为向上移动；“▼”为向下移动。下文中的符号不再重新介绍。

注意：为保证使用安全，三芯电源线须可靠接地。

2. 选择实验方式

根据是否连接电脑选择联网模式或单机模式。这两种方式下的操作完全相同，故不再重复介绍。

3. 自由振荡——摆轮振幅 θ 与系统固有周期 T_0 的对应值的测量

自由振荡实验的目的是测量摆轮的振幅 θ 与系统固有振动周期 T_0 的关系。

在图 30-6(a)状态按确认键，显示图 30-6(b)所示的实验类型，默认选中项为“自由振荡”，字体反白为选中。再按“确认”键，显示如图 30-6(c)所示。

用手转动摆轮 160°左右，放开手后按“▲”或“▼”键，测量状态由“关”变为“开”，控制箱开始记录实验数据，振幅的有效数值范围为：160° ~ 50°(振幅小于 160°测量开，小于 50°测量自动关闭)。测量显示关时，此时数据已保存并发送主机。

查询实验数据，可按“◀”或“▶”键，选中“回查”，再按“确认”键如图 30-6(d)所示，表示第一次记录的振幅 $\theta_0=134°$，对应的周期 $T=1.442$ s，然后按“▲”或“▼”键查看所有记录的数据，该数据为每次测量振幅相对应的周期数值，回查完毕，按确认键，返回到图 30-6(c)状态。此法可作出振幅 θ 与 T_0 的对应表。该对应表将在稍后的“幅频特性和相频特性”数据处理过程中使用。

若进行多次测量可重复操作，自由振荡完成后，选中“返回”，按“确认”键回到前面图 30-6(b)进行其他实验。

因电器控制箱只记录每次摆轮周期变化时所对应的振幅值，因此有时转盘转过光电门几次，测量才记录一次(其间能看到振幅变化)。当回查数据时，有的振幅数值被自动剔除了(当摆轮周期的第 5 位有效数字发生变化时，控制箱记录对应的振幅值。

控制箱上只显示 4 位有效数字,故学生无法看到第 5 位有效数字的变化情况,在电脑主机上则可以清楚地看到)。

4. 测定阻尼系数 β

在图 30-6(b)状态下,根据实验要求,按"▶"键,选中"阻尼振荡",按"确认"键显示"阻尼选择",如图 30-6(e)。阻尼分三挡,阻尼 1 最小,根据自己实验要求选择阻尼挡,例如选择"阻尼 2"挡,按"确认"键显示:如图 30-6(f)。

首先将角度盘指针放在 0°位置,用手转动摆轮 160°左右,选取 θ_0 在 150°左右,按"▲"或"▼"键,测量由"关"变为"开"并记录数据,仪器记录十组数据后,测量自动关闭,此时振幅大小还在变化,但仪器已经停止记数。

阻尼振荡的回查同自由振荡类似,请参照上面操作。若改变阻尼挡测量,重复"阻尼 1"的操作步骤即可。

从液晶显示窗口读出摆轮做阻尼振动时的振幅数值 $\theta_1,\theta_2,\theta_3,\cdots,\theta_n$,利用公式

$$\ln\frac{\theta_0 e^{-\beta t}}{\theta_0 e^{-\beta(t+nT)}} = n\beta\overline{T} = \ln\frac{\theta_0}{\theta_n} \tag{30-8}$$

求出 β 值,式中 n 为阻尼振动的周期次数,θ_n 为第 n 次振动时的振幅,$\overline{T}$ 为阻尼振动周期的平均值。此值可以测出 10 个摆轮振动周期值,然后取其平均值。一般阻尼系数需测量 2 ~3 次。

5. 测定受迫振动的幅频特性和相频特性曲线

在进行强迫振荡前必须先做阻尼振荡,否则无法实验。

仪器在图 30-6(b)状态下,选中"强迫振荡",按"确认"键,显示如图 30-6(g)所示,默认状态选中"电机"。

按"▲"或"▼"键,让电机启动。此时保持周期为 1,待摆轮和电机的周期相同,特别是振幅已稳定,变化不大于 1,表明两者已经稳定了[如图 30-6(h)],方可开始测量。

测量前应先选中周期,按"▲"或"▼"键把周期由 1[如图 30-6(g)]改为 10[如图 30-6(i)](目的是减少误差,若不改周期,测量无法打开)。再选中测量,按下"▲"或"▼"键,测量打开并记录数据[如图 30-6(i)]。

一次测量完成,显示测量关后,读取摆轮的振幅值,并利用闪光灯测定受迫振动位移与强迫力间的相位差。

调节强迫力矩周期电位器,改变电机的转速,即改变强迫外力矩频率 ω,从而改变电机转动周期。电机转速的改变可按照 $\Delta\varphi$ 控制在 10°左右来定,可进行多次这样的测量。

每次改变了强迫力矩的周期,都需要等待系统稳定,约需 2 min,即返回到图 30-6(h)状态,等待摆轮和电机的周期相同,然后再进行测量。

在共振点附近由于曲线变化较大,因此测量数据相对密集些,此时电机转速极小变化会引起 $\Delta\varphi$ 很大改变。电机转速旋钮上的读数(如 5.50)是一参考数值,建议在不同 ω 时都记下此值,以便实验中快速寻找要重新测量时参考。

测量相位时应把闪光灯放在电动机转盘前下方,按下闪光灯按钮,根据频闪现象来测量,仔细观察相位位置。

强迫振荡测量完毕,按"◀"或"▶"键,选中"返回",按"确定"键,重新回到图 30-6(b)状态。

6. 关机

在图 30-6(b)状态下,按住复位按钮保持不动,几秒钟后仪器自动复位,此时所做实验数据全部清除,然后按下电源按钮,结束实验。

[注意事项]

1. 强迫振荡实验时,调节仪器面板"强迫力周期"旋钮,从而改变不同电机转动周期,该实验必须做 10 次以上,其中必须包括电机转动周期与自由振荡实验时的自由振荡周期相同的数值。

2. 在做强迫振荡实验时,须待电机与摆轮的周期相同(末位数差异不大于 2)即系统稳定后,方可记录实验数据。且每次改变了强迫力矩的周期,都需要重新等待系统稳定。

3. 因为闪光灯的高压电路及强光会干扰光电门采集数据,因此须待一次测量完成,显示测量关后,才可使用闪光灯读取相位差。

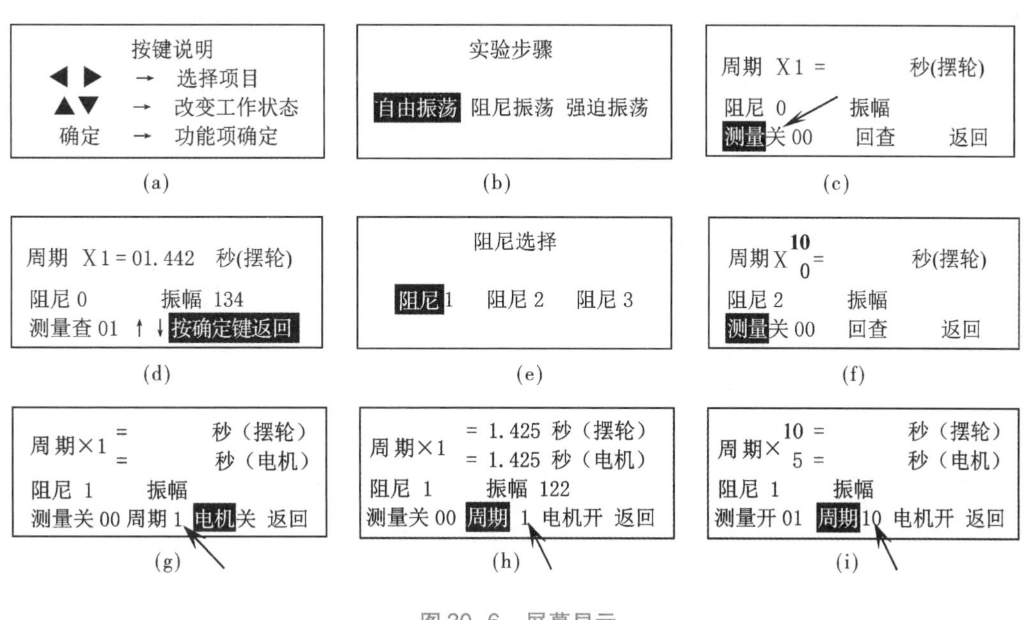

图 30-6 屏幕显示

[数据记录和处理]

1. 测量摆轮振幅 θ 与自由振荡周期 T 的关系(表 30-1)

表 30-1 摆轮振幅 θ 与自由振荡周期 T 的关系

振幅 θ/(°)	周期 T/s	振幅 θ/(°)	周期 T/s	振幅 θ/(°)	周期 T/s	振幅 θ/(°)	周期 T/s

2. 测量阻尼系数 β (阻尼挡位__________, $\overline{T}$ = ________s)(表 30-2)

表 30-2 阻尼振动的振幅

序号	振幅 θ/(°)	序号	振幅 θ/(°)	$\ln\frac{\theta_i}{\theta_{i+5}}$
θ_1		θ_6		
θ_2		θ_7		
θ_3		θ_8		
θ_4		θ_9		
θ_5		θ_{10}		
$\ln\frac{\theta_i}{\theta_{i+5}}$ 平均值				

利用公式(30-9)对所测数据按逐差法处理,求出 β 值。

$$5\beta\overline{T} = \ln\frac{\theta_i}{\theta_{i+5}} \tag{30-9}$$

i 为阻尼振动的周期次数, θ_i 为第 i 次振动时的振幅。

3. 测量幅频特性和相频特性(表 30-3)

表 30-3　幅频特性和相频特性

周期旋钮	3.00	4.00	5.00	5.25	5.5
$T_{轮}\&T_{机}$/s					
振幅 θ/(°)					
查表 $T_{自由}$/s					
相位 φ					
ω/ω_r					
周期旋钮	5.75	6.00	7.00	8.00	9.00
$T_{轮}\&T_{机}$/s					
振幅 θ/(°)					
查表 $T_{自由}$/s					
相位 φ					
ω/ω_r					

由表 30-3 可知,共振振幅 θ_r = __________°, ω_r = ________rad/s。

以 ω/ω_r 为横轴, θ 为纵轴,作幅频特性曲线;再以 ω/ω_r 为横轴, φ 为纵轴,作相频特性曲线。

在阻尼系数较小(满足 $\beta^2 \leqslant \omega_0^2$)和共振位置附近($\omega = \omega_0$),由于 $\omega_0 + \omega = 2\omega_0$,从式(30-4)和(30-7)可得出:

$$\left(\frac{\theta}{\theta_r}\right)^2 = \frac{4\beta^2\omega_0^2}{4\omega_0^2(\omega-\omega_0)^2 + 4\beta^2\omega_0^2} = \frac{\beta^2}{(\omega-\omega_0)^2 + \beta^2}$$

据此可由幅频特性曲线求 β 值:

当 $\theta = \frac{1}{\sqrt{2}}\theta_r$,即 $\left(\frac{\theta}{\theta_r}\right)^2 = \frac{1}{2}$ 时,由上式可得

$$\omega - \omega_0 = \pm\beta$$

此 ω 对应于图 $\left(\frac{\theta}{\theta_r}\right)^2 = \frac{1}{2}$ 处两个值 ω_1 和 ω_2,由此得出:

$$\beta = \frac{\omega_2 - \omega_1}{2}$$

将此法与逐差法求得之 β 值做一比较并讨论,本实验重点应放在相频特性曲线测量上。

[误差分析]

因为本仪器中采用石英晶体作为计时部件,所以测量周期(圆频率)的误差可以忽略不计,误差主要来自阻尼系数 β 的测定和无阻尼振动时系统的固有振动频率 ω_0 的确

定,且后者对实验结果影响较大。

在前面的原理部分中我们认为弹簧的弹性系数 k 为常数,它与扭转的角度无关。实际上由于制造工艺及材料性能的影响,k 值随着角度的改变而略有微小的变化(3%左右),因而造成在不同振幅时系统的固有频率 ω_0 有变化。如果取 ω_0 的平均值,则将在共振点附近使相位差的理论值与实验值相差很大。为此可测出振幅与固有频率 ω_0 的对应数值,在 $\varphi = \tan^{-1}\dfrac{\beta T_0^2 T}{\pi(T^2 - T_0^2)}$ 公式中 T_0 采用对应于某个振幅的数值代入(可查看自由振荡实验中作出 θ 与 T_0 的对应表,找出该振幅在自由振荡实验时对应的摆轮固有周期。若此 θ 值在表中查不到,则可根据对应表中摆轮的运动趋势,用内插法,估计一个 T_0 值),这样可使系统误差明显减小。振幅与共振频率 ω_0 相对应值可按照"实验内容与步骤"2 的方法来确定。

[附录 1]

波尔共振仪调整方法

波尔共振仪各部分经校正,请勿随意拆装改动,电器控制箱与主机有专门电缆相接,不会混淆,在使用前请务必清楚各开关与旋钮功能。

经过运输或实验后若发现仪器工作不正常,可进行调整,具体步骤如下:

1. 将角度盘指针放在"0"处。

2. 松动连杆上锁紧螺母,然后转动连杆,使摇杆处于垂直位置,然后再将锁紧螺母固定。

3. 此时摆轮上一条长形槽口(用白漆线标志)应基本上与指针对齐,若发现明显偏差,可将摆轮后面三只固定螺丝略松动,用手握住蜗卷弹簧的内端固定处,另一手即可将摆轮转动,使白漆线对准尖头,然后再将三只螺丝旋紧:一般情况下,只要不改变弹簧的长度,此项调整极少进行。

4. 若弹簧与摇杆相连接处的外端夹紧螺钉放松,此时弹簧外圈即可任意移动(可缩短、放长)缩短距离不宜少于 6 cm。在旋紧处端夹拧螺钉时,务必保持弹簧处于垂直面内,否则将明显影响实验结果。

将光电门①中心对准摆轮上白漆线(即长狭缝),并保持摆轮在光电门中间狭缝中自由摆动,此时可选择阻尼挡为"1"或"2",打开电机,此时摆轮将做受迫振动,待达到稳定状态时,打开闪光灯开关,此时将看到指针在相位差度盘中有一似乎固定读数,两次读数值在调整良好时差 1°以内(在不大于 2°时实验即可进行)若发现相差较大,则可调整光电门位置。若相差超过 5°以上,必须重复上述步骤重新调整。

由于弹簧制作过程中的问题,在相位差测量过程中可能会出现指针在相位差读数盘上两端重合较好、中间较差,或中间较好、二端较差现象。

［附录 2］

表 30-4　简单故障排除

故障现象	原因及处理办法
“强迫振荡”实验无法进行，一直无测量值显示	检查刻度盘上的光电门②指示灯是否闪烁。 1. 若此指示灯不亮，左右移动光电门，会看到指示灯亮，再将其调整到合适的不阻碍转盘运动的位置； 2. 指示灯长亮，不闪烁，说明光电门②位置偏高，使有机玻璃转盘上的白线无法挡光，实验不能进行，调整光电门②的高度，直到合适位置即可； 3. 若以上情况都不是，则“周期输入”小五芯电缆有断点或有粘连，拆开接上断点或排除粘连即可
“强迫振荡”实验进行时，按住闪光灯，电机周期会变	有 2 个原因： 1. 闪光灯的强光会干扰光电门①及光电门②采集数据； 2. 闪光灯的高压电路会对数据采集造成干扰。 因此必须待一次测量完成，显示“测量关”后，才可使用闪光灯读取相位差
幅频特性和相频特性曲线数据点非常密集	在做“强迫振荡”实验时，未调节强迫力矩周期电位器来改变电机的转速。每记录一组数据后，应该调节强迫力矩周期电位器来改变电机的转速，再进行测量
除 1、2 号集中器外，其他编号的集中器（如 3、4 号等）连接好后系统无法识别	系统默认的是 1、2 号集中器，如果是其他编号的集中器，则需要在软件界面“系统管理”/“连接装置管理”中添加，只有添加后才能被系统识别
“自由振荡”实验时无测量值显示	连接“振幅输入”的大五芯线内有断点或有粘连，拆开接上断点或排除粘连即可

实验 31　固体线膨胀系数的测定

固体线膨胀系数的测定

固体的体积随温度升高而增大的现象称为热膨胀。在外压强不变的情况下，大多数物质在温度升高时，其体积增大，温度降低时体积缩小。固体热膨胀时，它在各个线度上（如长、宽、高、直径等）都要膨胀，我们把物体线度的增长称为线膨胀；将体积的增大称为体膨胀。若固体在各方向上热膨胀规律相同，可以用固体在一个方向上的线膨胀规律来表征它的体膨胀，所以线膨胀系数是很多工程技术中选材料的重要技术指标。在道路、桥梁、建筑等工程设计，精密仪器仪表设计，材料的焊接、加工等领域都必须考虑该参数的影响。

线膨胀系数的测量方法有很多种，包括光杠杆法、千分表法、读数显微镜法、光学干涉法、组合法等，本实验采用千分表法测金属线膨胀系数，用 FD-LEB 线膨胀系数测定仪进行测量。

[实验目的]

1. 学习测量固体线膨胀系数的方法。

2. 掌握用千分表测量微小长度变化的方法。

3. 练习作图法处理实验数据的方法。

[实验仪器]

线膨胀系数测定仪如图 31-1 ~ 图 31-3 所示，它由恒温炉、恒温控制器、千分表、待测样品等组成。

图 31-1　仪器的外观

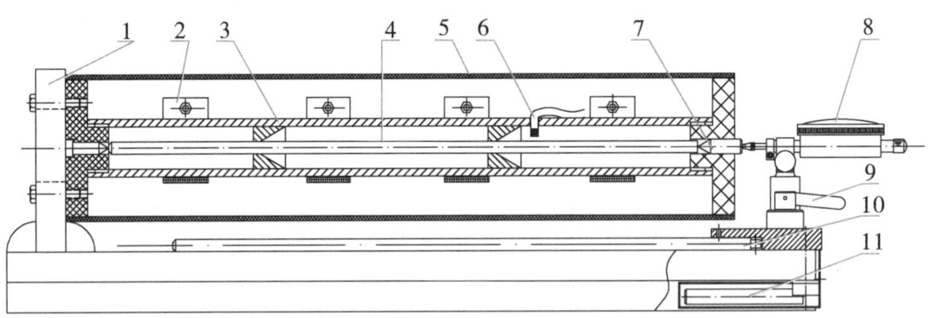

1. 大理石托架；2. 加热圈；3. 导热均匀管；4. 测试样品；5. 隔热罩；6. 温度传感器；7. 隔热棒；8. 千分表；9. 扳手；10. 待测样品；11. 套筒。

图 31-2　恒温炉内部结构示意图

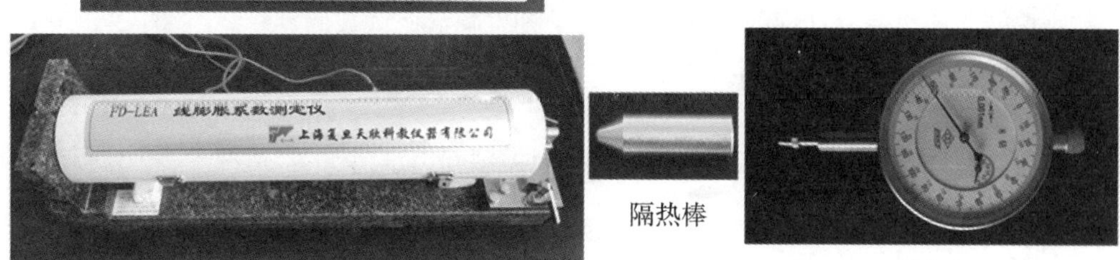

图 31-3　主要仪器俯视图

[实验原理]

固体受热后的长度 L 和温度 t 之间的关系为：

$$L = L_0(1 + \alpha t + \beta t^2 + \cdots) \tag{31-1}$$

式中：L_0 为温度 $t=0$ ℃时的长度；α、$\beta\cdots$ 是和被测物质有关的数值很小的常数，而 β 以后的各系数和 α 相比甚小，所以常温下可以忽略。则上式可写成：

$$L = L_0(1 + \alpha t) \tag{31-2}$$

式中：α 就是固体的线膨胀系数，其物理意义为温度每升高 1 ℃时物体的伸长量与它在零度时的长度比，单位是℃$^{-1}$。

如果在温度 t_1 和 t_2 时，金属杆的长度分别为 L_1 和 L_2，则有：

$$L_1 = L_0(1 + \alpha t_1) \tag{31-3}$$

$$L_2 = L_0(1 + \alpha t_2) \tag{31-4}$$

联立(31-3)、(31-4)式可得：

$$\alpha = \frac{L_2 - L_1}{L_1\left(t_2 - \frac{L_2}{L_1}t_1\right)} \tag{31-5}$$

由于 L_2 与 L_1 相差微小，$L_2/L_1 \approx 1$，所以上式可近似写为：

$$\alpha = \frac{\Delta L}{L_1 \Delta t} \tag{31-6}$$

式中：$\Delta t = t_2 - t_1$ 为温度变化量；$\Delta L = L_2 - L_1$ 为相对应的伸长量。

公式(31-6)中 L_1 可以认为是物体的原长（在 t_1 温度下），ΔL 为固体在温度变化为 Δt 时的伸长量。在温度变化不大的范围内，固体的线胀系数可以认为是与温度无关的常量，但是在不同的温度区域，同一材料的线胀系数不一定相同。另外，不同材料的线膨胀系数是不同的，塑料最大，金属次之，大多数金属的线膨胀系数在 $(0.8 \sim 2.5) \times 10^{-5}$ /℃。

[实验步骤]

1. 接通电加热器与温控仪输入输出接口和温度传感器的航空插头。

2. 旋松千分表固定架螺栓，转动固定架至被测样品（$\Phi 8\times 400$ mm 金属棒）能插入特厚壁紫铜管内，再插入传热较差的隔热棒（如不锈钢短棒），用力压紧后转动固定架，在安装千分表架时注意被测物体与千分表测量头保持在同一直线上。

3. 将千分表安装在固定架上,并且扭紧螺栓,不使千分表转动,再向前移动固定架,使千分表读数值在 0.2 ~0.3 mm 处,固定架给予固定。然后稍用力压一下千分表滑络端,使它能与绝热体有良好的接触,再转动千分表圆盘使读数为零。

4. 接通温控仪的电源设定需加热的值,一般可分别增加温度为 20 ℃、25 ℃、30 ℃、35 ℃、…,按确定键开始加热。

5. 当显示值上升到大于设定值,电脑自动控制到设定值,正常情况下在±0.30 ℃左右波动一、二次,同学可以记录千分表读数和温度读数,并通过公式 $\alpha=\dfrac{\Delta L}{L_1\Delta t}$ 计算线膨胀系数并观测其线性情况。

6. 换不同的金属棒样品,分别测量并计算各自的线膨胀系数,并与公认值比较,求出其百分误差。

[仪器使用注意事项]

电加热箱使用时需要注意:

(1)被测物体控制于 Φ 8×400 mm 尺寸;

(2)仪器放置要平稳,因为伸长量极小,故实验时仪器不应有任何振动。

千分表是一种测定微小长度变化量的仪表,表盘上一周分为 200 小格,每小格表示 0.001 mm。当测量杆被压缩 0.2 mm 时,小指针转过一格,而长指针则转过一周,其读数方法与千分尺相同。在安装千分表的时候,其探头应与被测物体保持在同一直线。千分表的固定以表头无转动为准,稍用力压一下千分表滑络端,与隔热棒有良好的接触,小表盘上显示的读数在 0.2 ~0.3 mm 较为适宜,然后再转动表壳调零。千分表是精密仪器,不要用力挤压。

恒温控制仪分为显示窗口和温控按钮。按"升温"键,温度数值即由零逐渐增大至用户所需设定的数值,最大不超过 80 ℃;如果显示温度高于所需要的温度,可按"降温"键直至所需设定的温度;当温度达到设定数值时,即可按"确定"键开始对样品加热。同时指示灯亮,发光频率与加热速率成正比。如果按"复位"键,可改变之前设定,重新设置。"确定"键也可作为选择键来使用,可选择观察当前的温度数值和设定的温度数值。

[数据记录及处理]

1. 自行设计数据记录表格记录实验数据。

2. 利用等差法处理实验数据后用公式(31-5)分别计算各个温度下不同材料的线膨胀系数。

3. 作 ΔL-Δt 图,由曲线的斜率求线膨胀系数,并考查其线性关系。

[思考题]

1. 为什么在温度和千分表稳定的时候才能读数?

2. 隔热棒的作用是什么?与被测物接触的一端为什么是尖的?

3. 为什么被测物体与千分表探头需保持在同一直线上?

[附录1]

表31-1 固体的线膨胀系数参考数据表

物质	温度/℃	线膨胀系数/×(10^{-6}℃$^{-1}$)
铝	27	23.2
铁	27	11.7
铜	0~100	17
黄铜	0~100	19
熔凝石英		0.42

[附录2]

千分表使用说明书

一、产品简介

千分表是一种将量杆的直线位移通过机械系统传动转变为主指针的角位移,沿度盘圆周上有均匀的标尺标记,可用于绝对测量、相对测量、形位公差测量和检测设备的读数头。

二、技术数据

表31-2 技术数据

测量范围	精度等级	分度值	示值总误差	下轴套直径
0~1 mm	合格品	0.001 mm	±4 μm	8 mm
	一等品		±2 μm	
0~0.04 in		0.000 1 in	±0.000 25 in	

注:1 in=25.4 mm。

三、使用方法

1.使用前的准备工作

(1)检验千分表的灵敏程度,左手托住表的后部,度盘向前观察,右手拇指轻推表的测头,试验量杆移动是否灵活。

(2)检验千分表的稳定性,将千分表夹持在表架上,并使测头处于工作状态,反复几次提落防尘帽自由下落测头,观看指针是否指向原位。

2.使用中的测量方法和读数方法

(1)先把表夹在表架或专用支架上,所夹部位应尽量靠近下轴根部(不可影响旋动表圈),夹牢即可,不可夹得过紧。

(2)校对零位。

校对零位有两种方法:

第一种:旋转表的外圈,使度盘的“0”位对准指针;

第二种:轻轻敲打表架的悬臂,使其升起或下降,通过升降量杆的压缩量,这等于旋转表指针去对准度盘的“0”位。

校对零位时,应使表的测头对好基准面,并使量杆有 0.02 ~0.2 mm 的压缩量,再紧固住表。对好零位后,应反复几次提落防尘帽(升落 0.1 mm ~0.2 mm 左右),待针位稳定后方可旋动外圈对零。对零后还要复检表的稳定性,直到针位既稳又准方可使用。

(3)测量。

测平面时,应使表的量杆轴线与所测表面垂直,谨防出现倾斜现象。测量圆柱体时,量杆轴线应通过工件中心并与母线垂直。测量过程中,大小针都在转动,分度值为 0.001 mm,大针每转一格为 0.001 mm;小针转一格,大指针转一圈。测量时,应记住大小指针的起始值,待测量后所测取数值再减去起始值,看读数时,视线应垂直于度盘看指针位置,以防出现视差。

[附录 3]

恒温控制仪使用说明

面板操作简图如图 31-4 所示。

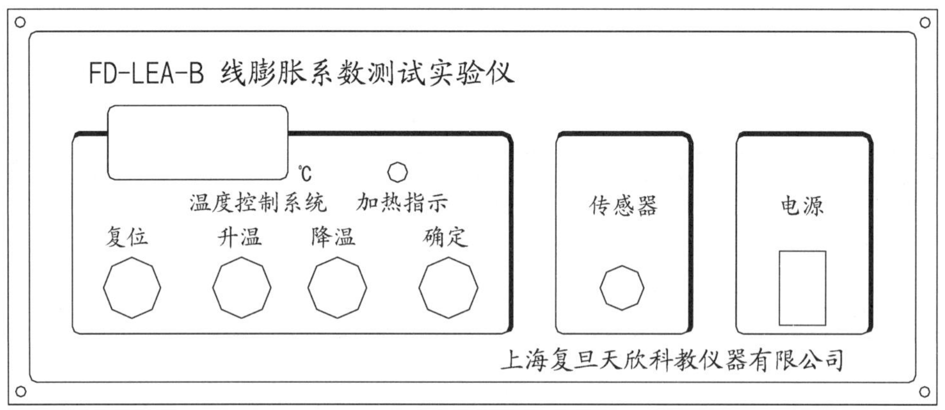

图 31-4　主机面板示意图

(1)当面板电源接通数字显示为“FdHc”表示本公司产品,随后即自动转向“A××.×”表示当时传感器温度,显示“b= =. =”表示等待设定温度;

(2)按升温键,数字即由零逐渐增大至用户所需的设定值,最高可选 80.0 ℃;

(3)如果数字显示值高于用户所需要的温度值,可按降温键,直至用户所需要的设定值;

(4)当数字设定值达到用户所需的值时,即可按确定键,开始对样品加热,同时指示灯亮,发光频闪与加热速率成正比;

(5)确定键的另一用途可作选择键,可选择观察当时的温度值和先前设定值;

(6)用户如果需要改变设定值可按复位键,重新设置。

实验 32 单缝衍射实验

衍射和干涉一样,也是波动的重要特征之一。19 世纪初,菲涅耳和夫琅禾费分别研究了一系列有关光衍射的重要实验,为光的波动理论奠定了基础。波在传播过程中遇到障得物时,能够绕过障碍物的边缘前进。这种偏离直线传播的现象称为光的衍射现象。光的衍射现象可以用惠更斯原理做定性说明,但不能解释光的衍射图样中光强的分布。菲涅耳发展了惠更斯原理,为衍射理论奠定了基础。研究光的衍射不仅有助于进一步加深对光的波动理论和惠更斯-菲涅耳原理的理解,同时还有助于进一步学习近代光学实验技术,如光谱分析、晶体结构分析、全息照相、光信息处理等。

[实验目的]

1. 观察单缝、单丝、小孔的夫琅禾费衍射现象及其特点。

2. 了解缝宽、线宽、孔径变化引起衍射图样变化的规律,加深对光的衍射理论的理解。

3. 掌握利用衍射图样测量单缝和单丝的宽度的方法。

[实验仪器]

光具座、半导体激光器(波长 650 nm)及转盘、单缝单丝小孔板、屏、米尺、直尺、读数显微镜、激光器专用电源。

[实验原理]

光在传播过程中遇到障碍物时将绕过障碍物,改变光的直线传播,称为光的衍射。当障碍物的大小比光的波长大得不多时,如狭缝、小孔、小圆屏、毛发、细针、金属丝等,就能观察到明显的光的衍射现象。衍射分为两类:一类是中场衍射,指光源与观察屏距衍射物为有限远时产生的衍射,称菲涅耳衍射;一类是远场衍射,指光源与接收屏距衍射物相当于无限远时所产生的衍射,叫夫琅禾费衍射,理想的夫琅禾费衍射,其入射光束和衍射光束均是平行光。

1. 夫琅禾费衍射的光路

本实验研究夫琅禾费衍射的情形。为实现平行光的衍射,即要求光源 S 及接收屏到狭缝的距离都是无限远或相当于无限远,因而实验中借助两个透镜来实现。如图 32-1 所示,位于透镜 L_1 的前焦平面上的“单色狭缝光源”S,经透镜 L_1 后变成平行光,垂直照射在狭缝 D 上,通过狭缝 D 衍射在透镜 L_2 的后焦平面上,呈现出狭缝的衍射光样,它是一组平行于狭缝的明暗相间的条纹。

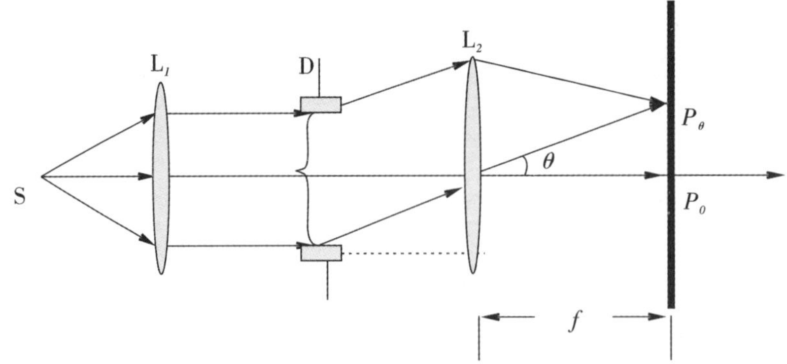

图 32-1　夫琅禾费衍射光路

在满足远场条件下，狭缝前后也可以不用透镜，可以直接在屏上观察到夫琅禾费衍射图样。远场条件是：①光源离狭缝很远；②接收屏离狭缝足够远，即 $z \gg \frac{d^2}{8\lambda}$，$z$ 为狭缝与接收屏的距离，d 为狭缝的宽度。可以对 L 的范围进行估算：实验时，若取 $d \leqslant 1\times10^{-4}$ m，入射光是半导体激光，其波长为 650 nm，$\frac{d^2}{\lambda}=1.5$ cm≈2 cm，所以只要取 $z \geqslant 20$ cm，就可满足夫琅禾费衍射的远场条件。

2. 夫琅禾费衍射图样的规律

实验中以半导体激光器作光源。由于激光束具有良好的方向性，平行度很高，因而可省去准直透镜 L_1。并且，若使观察屏远离狭缝，狭缝的宽度远远小于狭缝到屏的距离（即满足远场条件），则透镜 L_2 也可省略。简化后的光路如图 32-2 所示。从光源发出的平行光束垂直照射到缝宽为 d 的狭缝 D 上，根据惠更斯-菲涅耳原理，狭缝上各点都可看成是发射子波的新波源，子波叠加在接收屏上呈现一组明暗相间的条纹。

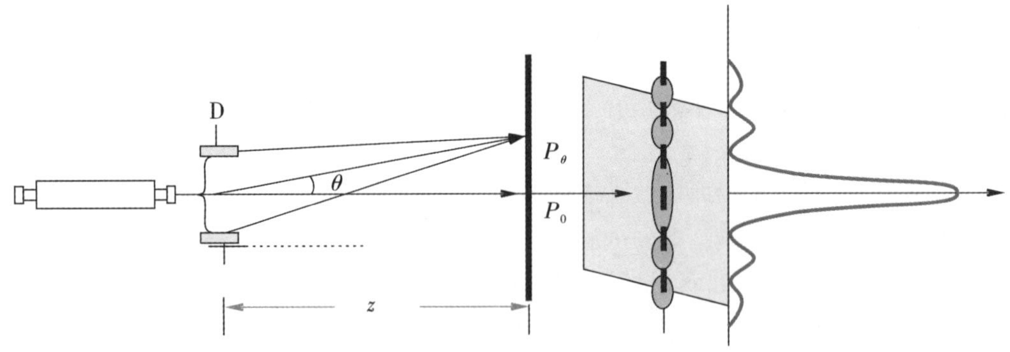

图 32-2　夫琅禾费衍射简化光路

和单缝平面垂直的衍射光束会聚于接收屏上 $X=0$ 处（P_0点），是中央亮条纹的中心，其光强度为 I_0；与光轴成角 θ 的衍射光束会聚于 P_θ处，由惠更斯-菲涅耳原理可得

P_0处的光强为 I_θ为：

$$I_\theta = I_0 \frac{\sin^2 u}{u^2}, \quad u = \frac{\pi d \sin \theta}{\lambda} \tag{32-1}$$

式中：d 为狭缝宽度；λ 为单色光波长；θ 为衍射角。由式(32-1)可以得到以下结论：

(1)当 $\theta=0$ 时，$I=I_0$，此处光强最大，称为中央主极大，大部分能量落在主极大上。

(2)当 $\sin\theta=k\lambda/d$ 时，出现暗条纹，其中 $k=\pm1,\pm2,\cdots$，在暗条纹处，光强 $I=0$。由于 θ 很小，故 $\sin\theta\approx\theta$，所以近似认为暗条纹出现在 $\theta=\frac{k\lambda}{d}$。中央亮条纹的角度 $\Delta\theta=\frac{2\lambda}{d}$，其他任意两条相邻暗条纹之间夹角 $\Delta\theta=\frac{\lambda}{d}$，即暗条纹以 $X=0$ 处为中心，等间距地左右对称分布。除中央亮条纹以外，两相邻暗条纹之间的宽度是中央亮条纹宽度的1/2。

(3)除了中央主极大以外，位于两相邻暗纹之间的是各级亮条纹，这些亮条纹的光强最大值成为次极大，要求 u 值为$\pm1.43\pi$，$\pm2.46\pi$，$\pm3.47\pi$，…，对应的 $\sin\theta$ 值为$\pm1.43\frac{\lambda}{d}$，$\pm2.46\frac{\lambda}{d}$，$\pm3.47\frac{\lambda}{d}$，…，各次极强的相对强度依次为 0.047，0.017，0.008，…。如图32-3 所示。

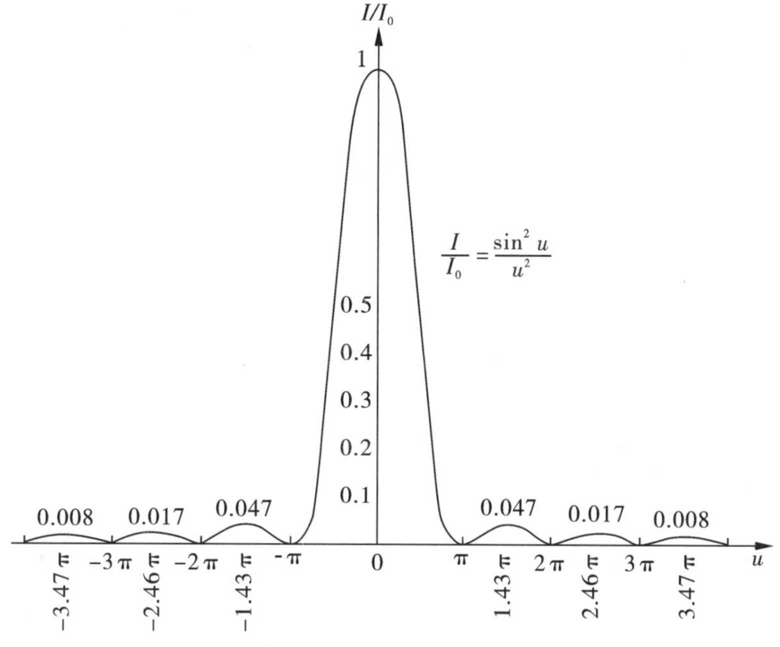

图 32-3　单缝衍射的相对光强分布曲线

3. 计算单缝缝宽

由暗纹条件 $d\sin\theta=k\lambda$ 以及图 32-4 中几何关系 $x_k=z\tan\theta_k$ 可知：

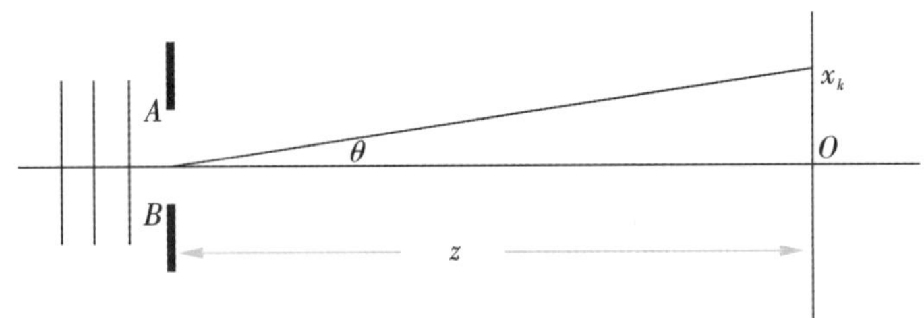

图 32-4　单缝衍射光路

当单缝至屏的距离 $z \gg d$ 时，θ 很小，所以各级暗条纹衍射角应为：

$$\sin\theta = \tan\theta = \frac{k\lambda}{d} = \frac{x_k}{z} \tag{32-2}$$

所以单缝的宽度：

$$d = \frac{k\lambda z}{x_k} \tag{32-3}$$

式中：k 是暗条纹级数；z 为单缝至屏之间的距离；x_k 为第 k 级暗条纹距中央主极大中心位置距离。

令
$$b = x_{k+1} - x_k = z\lambda/d \tag{32-4}$$

则
$$d = z\lambda/b \tag{32-5}$$

式中，b 为两相邻暗纹间距。由此可见，只要通过实验曲线测出 b（取平均值），即可算出缝宽 d。

若将单缝衍射的光路图中的单缝换成单丝，屏上夫琅禾费花样和同样宽度的单缝衍射花样是一样的，故可完全应用以上的理论和公式。

［实验内容与步骤］

1. 观察夫琅禾费单缝衍射、单丝衍射和小孔衍射

（1）先只摆放半导体激光器和观察屏，调节激光器水平，即可拿一张纸片，对准接收屏的中心，记下位置，然后打开激光器，沿导轨移动纸片，使激光器的光点一直打在纸片所记位置，即光线打过来的高度要一致。

（2）摆上单缝单丝小孔板，狭缝沿竖直方向放置，调节光路，保证各光学元件等高共轴，屏与单缝的间距要大于 1 m。

（3）调节狭缝宽度，使光束从狭缝穿过，观察屏上出现光斑或条纹。观察不同缝宽时，屏上衍射图样的变化；再用单丝和小孔替代单缝观察不同宽度或孔径时，观察屏上衍射图样的变化。

2. 测量细丝宽度

（1）用米尺测量屏与细丝的间距 z。用直尺测量第 k 级暗条纹中心与第 $-k$ 级暗条纹中心的距离 $2\overline{x_k}$，测量 5 次，求平均值 $\overline{x_k}$。已知激光器发射光波的波长为 650 nm，将实验数据代入式（32-5）中，求细丝宽度 d，并与读数显微镜测量结果比较。

（2）用上述相似的方法，测量单缝宽度 d，并与读数显微镜测量结果比较。

[实验数据]

1. 测量单丝的宽度

将测量结果计入表 32-1。

表 32-1 单丝宽度测量数据表

k	z/cm	$\overline{x_k}$/cm	d/mm

根据实验数据可计算出单丝的宽度为 $\overline{d}$ = ______mm。用读数显微镜测得单丝平均值：$\overline{d_0}$ = ______mm。两者测量单丝宽度 d 的百分差为______%。

2. 测量单缝缝宽 d

与单丝衍射情况相同，测量结果计入表 32-2。

表 32-2 单缝宽度测量数据表

k	z/cm	$\overline{x_k}$/cm	d/mm

根据实验数据可计算出单缝的宽度为 $\overline{d}$ = ______mm。用读数显微镜测得单缝平均值：$\overline{d_0}$ = ______mm。两者测量单缝宽度 d 的百分差为______%。

[思考题]

1. 当缝宽增加一倍时，衍射花样的光强和条纹宽度将会怎样改变？如果缝宽减半，又怎样改变？

2. 移测装置离单缝的距离对实验有何影响？

实验 33　周期信号波形傅里叶分析实验

周期信号波形傅里叶分析实验

周期信号的分析在科学研究和工程技术中一直是最重要和最基本的任务之一。对非电信号，一般总是将其转变为电信号进行测量和分析。所以，对电信号波形分析尤为重要。傅里叶分析是一种最常用的分析电信号波形的方法，本实验仪器主要考虑对周期信号的分解与合成。

任何一个周期信号均可用傅里叶级数来表示，傅里叶级数的各项代表了不同频率的正弦或余弦信号，即任何波形的周期信号都可以看作是这些信号（谐波）的叠加。利用不同的方法，可以从周期信号中分解出它的各次谐波的幅值和相位，也可依据信号的傅里叶级数表达式的要求叠加得到所期望的信号，用这种方法对信号进行分析，称为傅里叶分析。

了解常用周期信号的傅里叶级数表示，掌握用串联谐振电路（或带通滤波器）选频的方法，学习用加法器实现各种频率周期信号的叠加来表示一个非正弦周期信号，是周期信号傅里叶分析的基本要求。

实验 33-1　BPF 带通滤波器幅频特性的研究

［实验目的］

了解带通滤波器的工作原理和幅频特性。

［实验仪器］

BPF 带通滤波器幅频特性测试模块、函数信号发生器模块、交流数字电压表模块、频率计、双踪示波器。

［实验原理］

1. 图 33-1-1 所示的带通滤波电路为二阶压控电压源带通滤波电路。

图中 C、R 组成低通网络，C_1、R_3 组成高通网络，两者串联就组成了带通滤波电路。为了计算方便，设 $R_2=R$，$R_3=2R$，则由此列出方程，可导出带通滤波电路的传递函数为

$$A(s)=\frac{A_{VF}sCR}{1+(3-A_{VF})sCR+(sCR)^2} \qquad (33-1-1)$$

式中，$A_{VF}=1+R_f/R_1$，为同相比例放大器的电压增益，同样要求 $A_{VF}<3$ 电路才能稳定地工作。

令

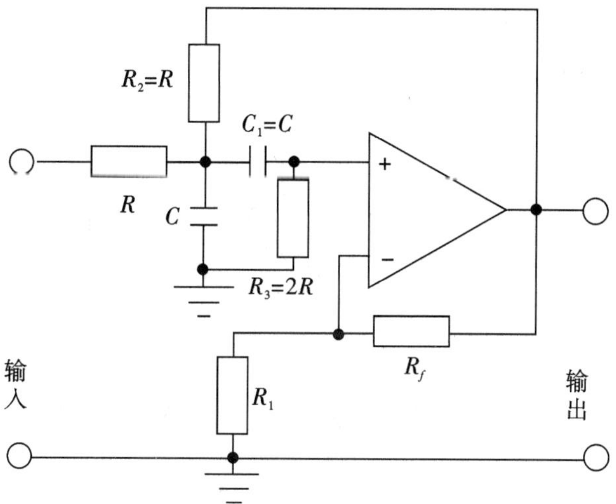

图 33-1-1　二阶压控电压源带通滤波电路

$$\left.\begin{aligned} A_0 &= \frac{A_{VF}}{3-A_{VF}} \\ \omega_0 &= \frac{1}{RC} \\ Q &= \frac{1}{3-A_{VF}} \end{aligned}\right\} \qquad (33\text{-}1\text{-}2)$$

$$A(s)=\frac{A_0\dfrac{s}{Q\omega_0}}{1+\dfrac{s}{Q\omega_0}+\left(\dfrac{s}{\omega_0}\right)^2} \qquad (33\text{-}1\text{-}3)$$

式(33-1-3)为二阶带通滤波电路传递函数的典型表达式,其中 $\omega_0=\dfrac{1}{RC}$,既是特征角频率,也是带通滤波电路的中心角频率。

令 $s=\mathrm{j}\omega$,代入式(33-1-3),则有

$$A(\mathrm{j}\omega)=\frac{A_0\dfrac{1}{Q}\cdot\dfrac{\mathrm{j}\omega}{\omega_0}}{1-\left(\dfrac{\omega}{\omega_0}\right)^2+\mathrm{j}\dfrac{\omega}{\omega_0 Q}}=\frac{A_0}{1+\mathrm{j}Q\left(\dfrac{\omega}{\omega_0}-\dfrac{\omega_0}{\omega}\right)} \qquad (33\text{-}1\text{-}4)$$

式(33-1-4)表明,当 $\omega=\omega_0$ 时,图 33-1-1 所示电路具有最大电压增益,且 $|A(\mathrm{j}\omega_0)|=A_0=\dfrac{A_{VF}}{3-A_{VF}}$,这就是带通滤波电路的带通电压增益。根据式(33-1-4),不难求出其幅频响应,如图 33-1-2 所示。由图可见,Q 值越高,带通越窄。

当式(33-1-4)分母虚部的绝对值为 1 时,有 $|A(\mathrm{j}\omega)|=\dfrac{A_0}{\sqrt{2}}$,因此,利用 $\left|Q\left(\dfrac{\omega}{\omega_0}-\dfrac{\omega_0}{\omega}\right)\right|=1$,取正根,可求出带通滤波电路的两个截止频率,从而导出带通滤波电

路的通带宽度 BW $=\frac{\omega_0}{2\pi Q}=\frac{f_0}{Q}$。

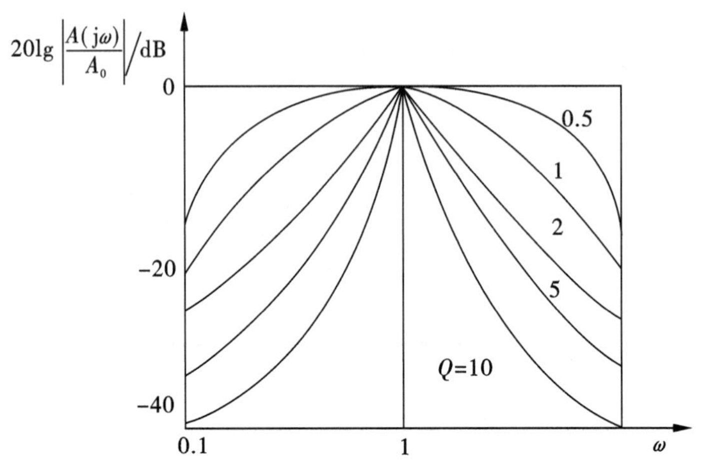

图 33-1-2　带通滤波器的幅频响应

2. 图 33-1-3 所示是由文氏电桥选频网络组成的另一电路结构的带通滤波器电路,其谐振频率为 $f=\frac{1}{2\pi RC}$。

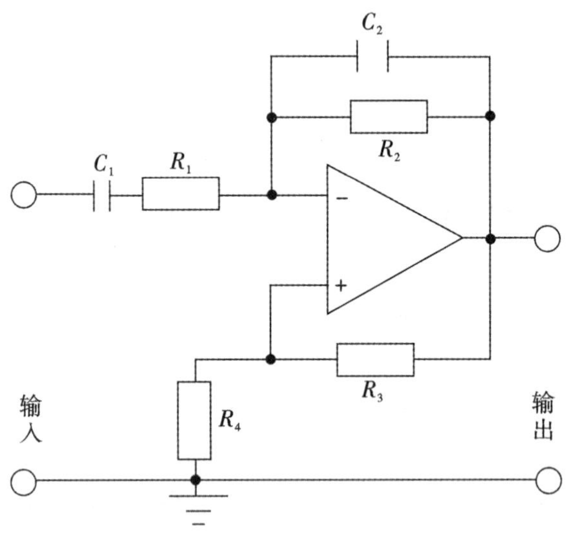

图 33-1-3　文氏电桥有源带通滤波电路

[实验内容与步骤]

1. 将函数信号发生器正弦波输出接滤波器的输入端,滤波器的输出端接示波器或交流数字电压表。

2. 分别用图 33-1-1 和图 33-1-3 所示电路,测试 BPF 带通滤波器的幅频特性。

实验时必须在保持正弦波信号输入电压 U_i 幅值不变的情况下，逐渐改变其频率，用实验箱提供的交流数字电压表测量 RC 滤波器输出端电压 U_o 的电压值，并把所测的数据记录在表 33-1-1。

注意：每当改变信号源频率时，都必须观察一下输入信号 U_i 使之保持不变。实验时应接入双踪示波器，分别观测输入 U_i 和 U_o 的波形。在整个实验过程中应保持 U_i 恒定不变。

表 33-1-1　幅频特性数据记录表

f/Hz						$\omega_0=\frac{1}{RC}$/(rad/s)	$f_0=\frac{\omega_0}{2\pi}$/Hz
U_i/V							
U_o/V							

［思考题］

滤波器参数的改变，对滤波器特性有何影响？

［实验报告要求］

1. 根据实验测量所得的数据，绘制出滤波器的幅频特性。计算出特征频率、截止频率和通频带。

2. 分析影响带通滤波器的带宽和选择性的因素有哪些。

实验 33-2　周期电信号的分解与合成

［实验目的］

1. 了解常用周期信号的傅里叶级数表示，掌握用串联谐振电路和带通滤波器选频电路组成的滤波电路，以构筑周期电信号谐波的分解电路。

2. 学习用加法器实现对各次谐波信号的叠加。

［实验仪器］

电信号的分解与合成模块、双踪示波器。

［实验原理］

1. 周期信号傅里叶分析的数学基础

任意一个满足狄利克雷条件的周期为 T 的函数 $f(t)$ 都可以表示为傅里叶级数：

$$f(t)=\frac{1}{2}a_0+\sum_{n=1}^{\infty}(a_n\cos n\omega_0 t+b_n\sin n\omega_0 t) \tag{33-2-1}$$

$$a_0=\frac{1}{\pi}\int_{-\pi}^{\pi}f(\omega_0 t)\,\mathrm{d}(\omega_0 t) \tag{33-2-2}$$

$$a_n=\frac{1}{\pi}\int_{-\pi}^{\pi}f(\omega_0 t)\cos n\omega_0 t\,\mathrm{d}(\omega_0 t) \tag{33-2-3}$$

$$b_n=\frac{1}{\pi}\int_{-\pi}^{\pi}f(\omega_0 t)\sin n\omega_0 t\,\mathrm{d}(\omega_0 t) \tag{33-2-4}$$

例如：

（1）方波：

$$u(t)=\frac{4U_{\mathrm{m}}}{\pi}\left(\sin\omega t+\frac{1}{3}\sin 3\omega t+\frac{1}{5}\sin 5\omega t+\frac{1}{7}\sin 7\omega t+\cdots\right) \quad (33-2-5)$$

（2）三角波：

$$u(t)=\frac{8U_{\mathrm{m}}}{\pi^2}\left(\sin\omega t-\frac{1}{9}\sin 3\omega t+\frac{1}{25}\sin 5\omega t+\cdots\right) \quad (33-2-6)$$

（3）半波：

$$u(t)=\frac{2U_{\mathrm{m}}}{\pi}\left(\frac{1}{2}+\frac{\pi}{4}\sin\omega t-\frac{1}{3}\cos\omega t-\frac{1}{15}\cos 4\omega t+\cdots\right) \quad (33-2-7)$$

（4）全波：

$$u(t)=\frac{4U_{\mathrm{m}}}{\pi}\left(\frac{1}{2}-\frac{1}{3}\cos 2\omega t-\frac{1}{15}\cos 4\omega t-\frac{1}{35}\cos 6\omega t+\cdots\right) \quad (33-2-8)$$

（5）矩形波：

$$u(t)=\frac{\tau U_{\mathrm{m}}}{T}+\frac{2U_{\mathrm{m}}}{\pi}\left(\sin\frac{\tau\pi}{T}\cos\omega t+\frac{1}{2}\sin\frac{2\tau\pi}{T}\cos 2\omega t+\frac{1}{3}\sin\frac{3\tau\pi}{T}\cos 3\omega t+\cdots\right) \quad (33-2-9)$$

式中，ω_0 为角频率，称为基频；$a_0/2$ 为常数（相当于信号的直流分量）；a_n、b_n 为第 n 次谐波的幅值。

任何周期性非简谐交变信号均可用上述傅里叶级数进行展开，即分解为一系列不同次谐波的叠加。由以上各式可知，任何周期信号都可以表示为无限多次谐波的叠加，谐波次数越高，振幅越小，它对叠加的贡献就越小，当小至一定程度（如谐波振幅小于基波振幅的5%）时，高次的谐波就可以忽略而变成有限次数谐波的叠加。

2. 用带通滤波器选频电路对周期信号进行傅里叶分解

由式（33-2-5）和式（33-2-6）可知，方波和三角波都只包含奇次谐波（$n=1,3,5,\cdots$）成分，因此，可用相同的选频电路来对具有相同周期的这两种波进行谐波分解。从应用的角度看，由于 RLC 谐振电路中的电感 L 不容易得到准确值，也不容易小型化，现已广泛使用由运算放大器和阻容元件组成的高通、低通、带通及带阻等各种类型的滤波器，图 33-2-1 是带通滤波器中的一种电路，此滤波器通带的中心频率为

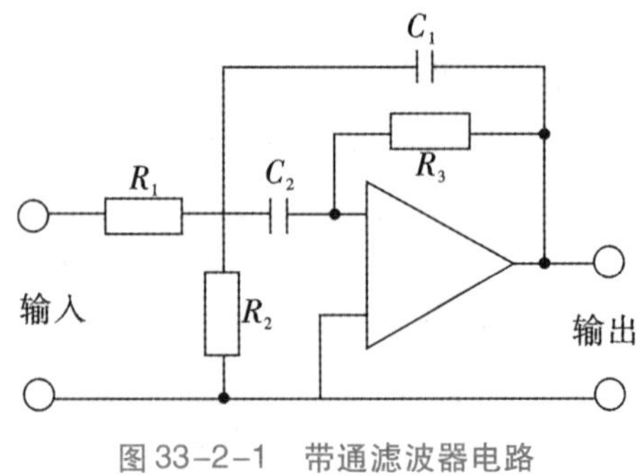

图 33-2-1　带通滤波器电路

$$\omega_0=\sqrt{\frac{1}{R_3C_1C_2}\left(\frac{1}{R_1}+\frac{1}{R_2}\right)} \tag{33-2-10}$$

当 $C_1=C_2=C, R_1=R_2=R$ 时，有

$$\omega_0=\sqrt{\frac{2}{RR_3C^2}}$$

该电路还有放大作用，它的放大倍数（谐振频率时）为

$$A_0=\frac{1}{\frac{R_1}{R_2}\left(1+\frac{C_1}{C_2}\right)}=\frac{R_3}{2R} \tag{33-2-11}$$

图 33-2-2 是此种滤波器的幅频特性，只有频率为 ω_0 时，滤波器输出为最大（谐振时）。改变 R 和 C 即可改变滤波器的中心频率，比改变 L 和 C 要方便得多。

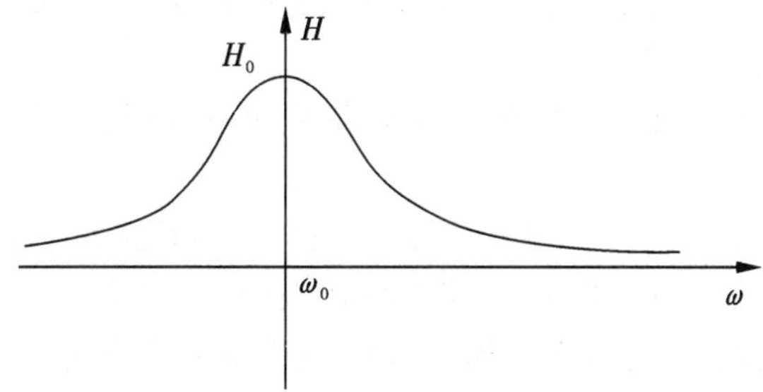

图 33-2-2　幅频特性

3. 谐波的合成

与上述情况相反，若要合成一个方波（或三角波）电信号，同样可以用电路来实现。由式（33-2-5）和式（33-2-6）可知，需要符合如下条件的一组正弦信号的电源：

（1）它们的频率之比为 1 ∶ 3 ∶ 5 ∶ …。

（2）它们的初位相彼此相等（可以用 RC 移相器，根据 $\tan\phi=\frac{1}{\omega RC}$ 来改变这些正弦信号的初位相）。

（3）诸正弦信号的电压幅值之比满足要求$\left(\text{方波时为 } 1:\frac{1}{3}:\frac{1}{5}:\cdots\text{，三角波时为 } 1:\frac{1}{3^2}:\frac{1}{5^2}:\cdots\right)$。图 33-2-3 是这种电路的结构框图（基频为 50 Hz），图中 LPF 为低通滤波器，可分解出非正弦周期函数的直流分量。BPF1 ~ BPF6 为调谐在基波和各次谐波上的有源带通滤波器，加法器用于信号的合成。

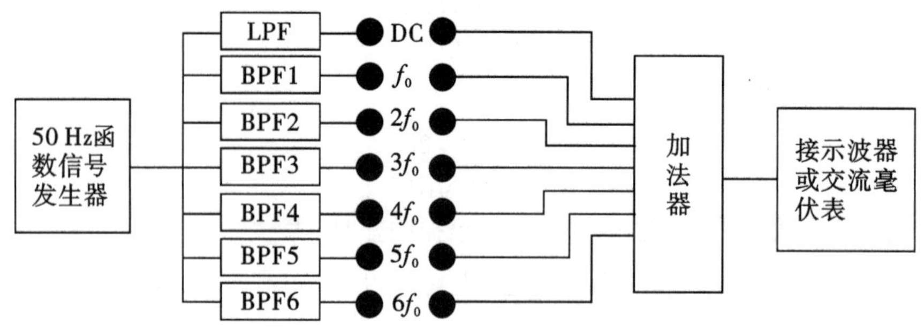

图 33-2-3　信号分解与合成实验装置结构框图

[实验内容与步骤]

1. 分别将 50 Hz 单相正弦半波、全波、方波、矩形波或三角波的输出信号接至 50 Hz 电信号分解与合成模块的输入端。

2. 将各带通滤波器的输出分别接至示波器，观测各次谐波的频率和幅值，并列表记录之。

3. 将 50 Hz 单相正弦半波、全波、矩形波、三角波的基波和小于 5 次的谐波分量分别接至加法器相应的输入端，观测加法器的输出波形，并记录之。

4. 在步骤 3 的基础上，再将 5 次谐波分量加到加法器的输入端，观测相加后的波形，并记录之。

[思考题]

什么样的周期性函数没有直流分量和余弦项？

[实验报告要求]

1. 根据实验测量所得的数据，在同一坐标纸上绘制方波及其分解后所得的基波和各次谐波的波形，画出其频谱图。

2. 将所得的基波和 3 次谐波及其合成波形一同绘制在同一坐标纸上。

3. 将所得的基波、3 次谐波、5 次谐波及三者合成的波形一同绘制在同一坐标纸上，和上面的合成波形进行比较。

4. 分析理论合成的波形与实验观测到的合成波形之间误差产生的原因。

实验 33-3　非正弦周期信号的傅里叶级数合成

[实验目的]

1. 熟悉方波和三角波等非正弦周期信号的傅里叶展开式。

2. 掌握用谐波电源获取一个非正弦周期信号的方法。

[实验仪器]

谐波电源模块、双踪示波器。

[实验原理]

方波和三角波的傅里叶展开式如下。

1. 方波

$$u(t)=\frac{4U_m}{\pi}\left(\sin\omega t+\frac{1}{3}\sin 3\omega t+\frac{1}{5}\sin 5\omega t+\frac{1}{7}\sin 7\omega t+\cdots\right) \quad (33-3-1)$$

2. 三角波

$$u(t)=\frac{8U_m}{\pi^2}\left(\sin\omega t-\frac{1}{9}\sin 3\omega t+\frac{1}{25}\sin 5\omega t+\cdots\right) \quad (33-3-2)$$

由式(33-3-1)和式(33-3-2)可知,要合成方波和三角波,只要使各正弦波的幅度和频率的比值满足傅里叶展开式,然后通过加法器把各正弦波相加即可(图 33-3-1)。其中,负的谐波项只需把相应的正弦波打到反相即可。

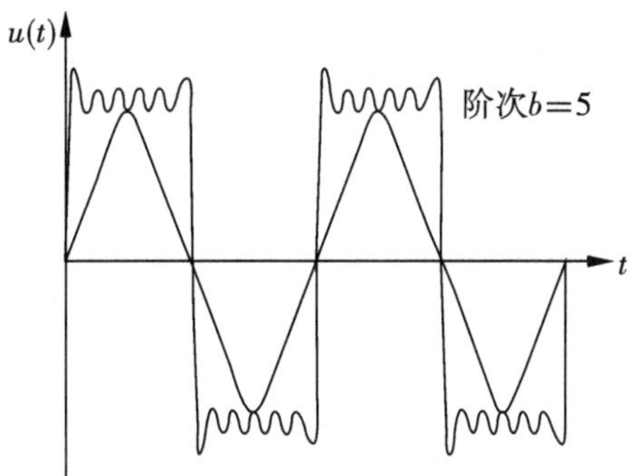

图 33-3-1　方波和三角波的傅里叶合成

[实验内容与步骤]

1. 方波的合成

(1)选择实验仪谐波电源部分,基波的频率固定为 50 Hz,2 ~5 次谐波电源的频率分别固定为 100 Hz、150 Hz、200 Hz、250 Hz,幅度可调。2 ~5 次谐波电源可取反相输出。

(2)调节谐波幅度,把谐波选择开关分别拨到 f_1,f_2,…挡,调节相应的谐波输出电压调节电位器 f_1,f_2,…,使 50 Hz、150 Hz、250 Hz 的正弦信号的输出幅度比满足 $1:\frac{1}{3}:\frac{1}{5}$,100 Hz、200 Hz 的输出调节为零,2 ~5 次谐波电源输出与基波同相位(即相位切换开关打在下面)。

(3)依次将各次谐波的输出接到加法器的输入端进行叠加,观察合成的波形,画出此合成的波形。

2. 三角波的合成

(1)按“方波的合成”中实验步骤(1)(2)调节基波、3 次谐波、5 次谐波电源的输出,使其幅度之比满足 $1:\frac{1}{3^2}:\frac{1}{5^2}$,并且取 3 次谐波反相输出。(注意:相位切换开关打在上面为反相,打在下面为同相。)

(2)依次将各次谐波接到加法器的三个输入端进行叠加,观察合成的波形,并画出此合成的波形。

(3)根据不同波形的傅里叶级数表达式,调节各谐波电源和倒相开关,获取所需信号波形。(选做,实验步骤自拟)

[思考题]

1. 此模块只能进行哪些周期信号的合成? 为什么?

2. 各次谐波输出幅度的改变,对合成信号有何影响?

3. 各次谐波相位的改变,对合成信号有何影响?

[实验报告要求]

将实验观察到的波形画到方格纸上,试与理论波形做比较,分析合成的波形与实际的波形相比会有哪些失真,并试述减小失真的途径。

实验 33-4　*RLC* 串联谐振电路选频特性与信号的分解

[实验目的]

1. 进一步掌握信号分解的方法。

2. 熟悉 *RLC* 串联谐振电路的选频特性。

[实验仪器]

周期信号的分解模块、双踪示波器、函数信号发生器、频率计。

[实验原理]

1. 信号分解的基本电路

如图 33-4-1 所示,选定某一频率非正弦周期信号(如方波信号)加到电路的输入端。而 *RLC* 串联谐振电路的谐振频率由下式决定:

$$\omega_0 = \frac{1}{\sqrt{LC}} \tag{33-4-1}$$

一般而言,改变电感 L 的大小较困难(成本也较高),可通过改变电容 C 的大小来改变谐振频率。$n=1,2,\cdots,7$ 时,将电容选为$\frac{C}{n^2}$,即可得到 n 次谐波的谐振频率为 $n\omega_0$,此时各支路的电阻的输出电压最大,即可绘出该非正弦周期信号分解后的频谱图。

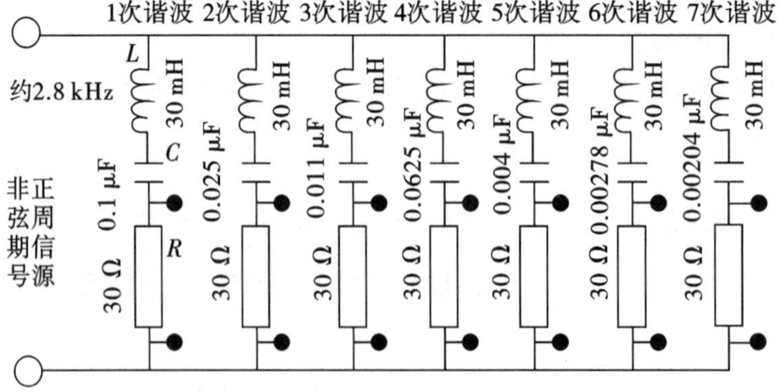

图 33-4-1　*RLC* 串联谐振选频电路

2. 用李萨如图形法来观测各次谐波相位关系的基本电路

如图 33-4-2 所示，串联电路Ⅰ用于选择基频，串联电路Ⅱ用于选择各次谐波，当电路Ⅱ对第 n 次谐波产生谐振时，电阻 R_1 两端的电压为

$$u_{R_1}=I_0R_1\sin(n\omega_0t+\phi_n) \tag{33-4-2}$$

式中，$\phi_n=\arctan(X_n/R_1)$。

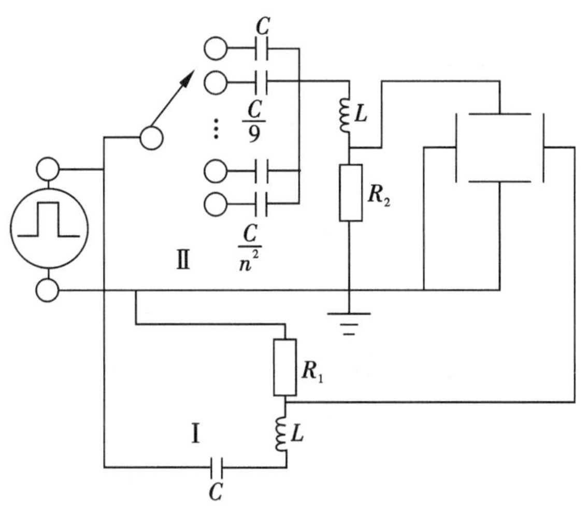

图 33-4-2　李萨如图形法

X_n 为 RLC 串联电路的感抗（$Z_L=\mathrm{j}n\omega_0L$）和容抗$\left(Z_C=\dfrac{1}{\mathrm{j}n\omega_0C}\right)$的代数和。谐振时，$X_n=0$，$I_0=b_n/Z=b_n/R_1$，$Z$ 为串联电路的总阻抗，b_n 为 n 次谐波的电压幅值，此时$Z=R_1$。在实际测量中，函数信号发生器内阻 R_i 和电感的损耗电阻 R_L 不可忽略，应该用 $R=R_1+R_i+R_L$来代替 R_1。特别要指出，由于趋肤效应的影响，R_L 将随频率的上升而增加，即对不同次谐波，$n\omega_0$ 是不同的，在测量基波 ω_0 及各次谐波 $n\omega_0$ 时必须注意这一点。

［实验内容与步骤］

1. 选择函数信号发生器为方波输出（本实验建议为 2. 8 kHz 左右），并将其接至如图 33-4-1所示的周期信号分解的输入端，然后细调函数信号发生器的输出频率，使 RLC 串联选频器工作在谐振状态，即基波输出幅度最大。

2. 用示波器的探头分接至各 RLC 串联选频器的输出端，观测各次谐波的频率和幅值是否与傅里叶级数相符合，即 1、3、5、7 次谐波的频率之比为 1∶3∶5∶7，电压幅值之比为 $1:\dfrac{1}{3}:\dfrac{1}{5}:\dfrac{1}{7}$，2、4、6 次谐波的幅度为 0。

3. 按图 33-4-2 接线，用李萨如图形法测量方波经不同 RLC 串联谐振电路选频后的相位。

4. 将函数信号发生器改为三角波输出，实验步骤同 1 ~ 3，研究三角波经 RLC 串联谐振选频网络的傅里叶级数的分解。

5. 测量不同阶次谐波时电感的损耗电阻。选择谐振电路中频率为 f_0，$3f_0$，$5f_0$，…，

用示波器(或高内阻交流电压表)分别测量如图 33-4-3 所示的电路在不同谐振频率下,函数信号发生器的输出电压 u_{AB} 和 R_1 两端的电压 u_{R_1}(设电容损耗电阻 R_C 可忽略)。由于在谐振时感抗和容抗的代数和为零,故$\frac{u_{AB}}{R_L+R_1}=\frac{u_{R_1}}{R_1}$或 $R_L=\frac{u_{AB}R_1}{u_{R_1}}-R_1$,$R_L$ 即为电感的损耗电阻,测出不同频率时的 u_{AB} 和 u_{R_1},并计算出相应的 R_L。(不同频率的 R_L 是否相同? 为什么?)

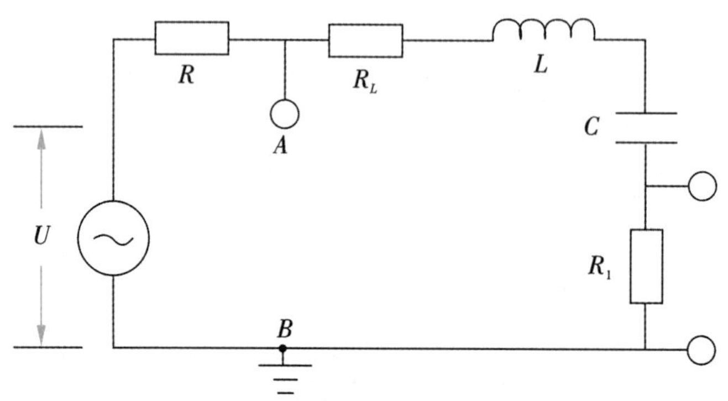

图 33-4-3　电感损耗电阻的测量

6. 高阶次谐波振幅测量值的修正。由于趋肤效应,不同频率时电感的损耗电阻 R_L 是不同的,以 $n=3$ 时的谐波(3 kHz)为例,若方波的 3 kHz 的正弦分量电压为 u,电感的损耗电阻为 R'_{L_3},电阻 R_1 两端的电压为 u'_3,则 $u=\frac{u'_3}{R_1}(R_1+R_i+R'_{L_3})$。设电感的损耗电阻不随频率变化,始终为 R_L,则这时 R_L 两端的电压应是 u_3,即有 $u=\frac{u_3}{R_1}(R_1+R_i+R_{L_3})$。经校正后,3 kHz 的振幅值应为 $u_3=\frac{u'_3(R_1+R_i+R'_{L_3})}{R_1+R_i+R_{L_3}}$。

[思考题]

1. 在 *RLC* 串联谐振电路中,改变电阻 R_1 使电路的 Q 变化,观察 *RLC* 串联谐振电路的选频效应,并说明 Q 的物理意义。

2. 证明在方波的合成过程中,方波的振幅与基频的振幅之比为 $1:\frac{4}{\pi}$(可参考图 33-4-1中不同 b 时的波形振幅)。

[实验报告要求]

分析比较 *RLC* 串联谐振电路和有源带通滤波器的选频特性有何区别。

实验 34　硅光电池特性研究

硅光电池特性研究

光电池是一种光电转换元件,它不需外加电源就能直接把光能转换为电能。光电池的种类很多,常见的有硒、锗、硅、砷化镓、氧化铜、氧化亚铜、硫化铊、硫化镉等,其中最受重视、应用最广的是硅光电池。硅光电池是根据光生伏特效应(简称光伏效应)而制成的光电转换元件。它有一系列的优点,如性能稳定、光谱响应范围宽、转换效率高、线性响应好、使用寿命长、耐高温辐射、光谱灵敏度和人眼灵敏度相近等,所以,它在分析仪器、测量仪器、光电技术、自动控制、计量检测、计算机输入输出、光能利用等很多领域用作探测元件,在现代科学技术中具有十分重要的作用。通过实验对硅光电池的基本特性和简单应用做初步的了解和研究,有利于了解、使用日益广泛的各种光电器件,具有十分重要的意义。

[实验目的]

1. 掌握 PN 结的形成原理及其单向导电性等工作机制。
2. 了解 LED 发光二极管的驱动电流和输出光功率的关系。
3. 掌握硅光电池的工作原理及负载特性。

[实验仪器]

HLD-GD-Ⅱ型硅光电池特性实验仪、函数信号发生器、双踪示波器。

[实验原理]

1. 引言

目前,半导体光电探测器在数码摄像、光通信、太阳能电池等领域得到广泛应用。硅光电池是半导体光电探测器的一个基本单元,深刻理解硅光电池的工作原理和具体使用特性可以进一步领会半导体 PN 结原理、光电效应理论和光伏电池产生机制。HLD-GD-Ⅱ型硅光电池特性实验仪主要由半导体发光二极管恒流驱动单元、硅光电池特性测试单元等组成。利用它可以进行以下实验内容:

(1)硅光电池输出短路时光电流与输入光信号的关系。

(2)硅光电池输出开路时产生光伏电压与输入光信号的关系。

(3)硅光电池的频率响应。

(4)硅光电池输出功率与负载的关系。

2. PN 结的形成及单向导电性

采用反型工艺在一块 N 型(P 型)半导体的局部掺入浓度较大的三价(五价)杂质,使其变为 P 型(N 型)半导体。如果采用特殊工艺措施,使一块硅片的一边为 P 型半导体,另一边为 N 型半导体,则在 P 型半导体和 N 型半导体的交界面附近形成 PN 结。PN 结是构成各种半导体器件的基础,许多半导体器件都含有 PN 结。如图 34-1 所示,

⊖代表得到一个电子的三价杂质(例如硼)离子,带负电;⊕代表失去一个电子的五价杂质(例如磷)离子,带正电。由于P型区(以下简称P区)有大量空穴(浓度大),而N型区(以下简称N区)的空穴极少(浓度小),即P区的空穴浓度远远高于N区,因此,空穴要从浓度大的P区向浓度小的N区扩散,并与N区的电子复合,在交界面附近的空穴扩散到N区,在交界面附近一侧的P区留下一些带负电的三价杂质离子,形成负空间电荷区。同样,N区的自由电子也要向P区扩散,并与P区的空穴复合,在交界面附近一侧的N区留下一些带正电的五价杂质离子,形成正空间电荷区。这些离子是不能移动的,因而在P型半导体和N型半导体交界面两侧形成一层很薄的空间电荷区,也称为耗尽区,这个空间电荷区就是PN结。

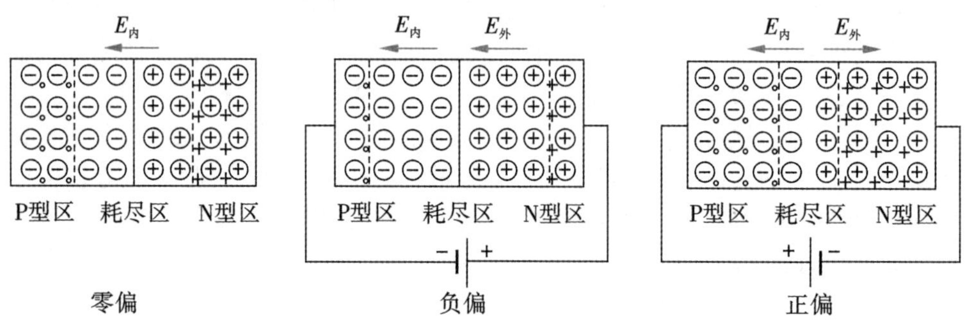

图34-1 半导体PN结在零偏、负偏、正偏下的耗尽区

形成空间电荷区的正、负离子虽然带电,但是它们不能移动,不参与导电。而在这个区域内,载流子极少,所以空间电荷区的电阻率很高。此外,这个区域内多数载流子已扩散到对方并复合掉了,或者说消耗尽了,所以空间电荷区(耗尽区)有时称为耗尽层。

正、负空间电荷在交界面两侧形成一个电场,成为内电场,其方向从带正电的N区指向带负电的P区。一方面,由P区向N区扩散的空穴在空间电荷区将受到内电场的阻力,而由N区向P区扩散的自由电子也将受到内电场的阻力,即内电场对多数载流子(P区的空穴和N区的自由电子)的扩散运动起阻挡作用,所以空间电荷区又称为阻挡层。但另一方面,内电场对少数载流子(P区的自由电子和N区的空穴)则可推动它们越过空间电荷区,进入对方区域。少数载流子在内电场作用下有规则的运动称为漂移运动。

扩散和漂移既是相互联系的,又是相互矛盾的。在开始形成空间电荷区时,多数载流子的扩散运动占优势,但在扩散运动进行过程中,空间电荷区逐渐加宽,内电场逐步加强。于是在一定条件下(例如温度一定),多数载流子的扩散运动逐渐减弱,而少数载流子的漂移运动则逐渐增强。最后,载流子的扩散运动和漂移运动达到动态平衡,P区的空穴(多数载流子)向右扩散的数量与N区的空穴(少数载流子)向左漂移的数量相等;对自由电子也是这样。达到平衡后,空间电荷区的宽度基本上稳定下来,PN结就处于相对稳定的状态。

上面讨论的是PN结在没有外加电压的情况,这时半导体中的扩散和漂移处于动态平衡。下面讨论在 PN 结上加外部电压的情况。

若在 PN 结上加正向电压,即外电源的正极接 P 区,负极接 N 区,也称为正向偏置(简称正偏),此时外加电压在 PN 结中产生的外电场和内电场方向相反,扩散和漂移运动的平衡被破坏。外电场驱使 P 区的空穴进入空间电荷区抵消一部分负空间电荷,同时 N 区的自由电子进入空间电荷区抵消一部分正空间电荷。于是整个空间电荷区变窄,内电场被削弱,多数载流子的扩散运动增强,形成较大的扩散电流(正向电流),PN 结处于导通状态。PN 结导通时呈现的电阻称为正向电阻,其数值很小,一般为几欧到几百欧。在一定范围内,外电场愈强,正向电流(由 P 区流向 N 区的电流)愈大,这时 PN 结呈现的电阻很低。正向电流包括空穴电流和电子电流两部分。空穴和电子虽然带有不同极性的电荷,但由于它们的运动方向相反,因此电流方向一致。外电源不断地向半导体提供电荷,使电流得以维持。

若在 PN 结上加反向电压,即外电源的正极接 N 区,负极接 P 区,也称为反向偏置(简称负偏),此时外加电压在 PN 结中产生的外电场和内电场方向一致,也破坏了扩散和漂移运动的平衡。一方面,外电场驱使空间电荷区两侧的空穴和自由电子移走,使得空间电荷增强,空间电荷区变宽,内电场增强,使多数载流子的扩散运动很难进行。但另一方面,内电场的增强也加强了少数载流子的漂移运动,在外电场的作用下,N 区中的空穴越过 PN 结进入 P 区,P 区中的自由电子越过 PN 结进入 N 区,在电路中形成反向电流(由 N 区流向 P 区的电流)。由于少数载流子数量很少,反向电流不大,即 PN 结呈现的反向电阻很高,可以认为 PN 结基本上不导电,处于截止状态。此时的电阻称为反向电阻,其数值很大,一般为几千欧到十几兆欧。又因为少数载流子是由于价电子获得热能(热激发)挣脱共价键的束缚而产生的,所以温度变化时少数载流子的数量也随之变化。环境温度愈高,少数载流子的数量愈多,所以温度对反向电流的影响较大。

由以上分析可知,PN 结具有单向导电性。在 PN 结上加正向电压时,PN 结电阻很小,正向电流较大,PN 结处于正向导通状态;加反向电压时,PN 结电阻很大,反向电流很小,PN 结处于截止状态。

图 34-1 是半导体 PN 结在零偏、负偏、正偏下的耗尽区,当 P 型和 N 型半导体材料结合时,由于 P 型材料空穴多、电子少,而 N 型材料电子多、空穴少,结果 P 型材料中的空穴向 N 型材料这边扩散,N 型材料中的电子向 P 型材料这边扩散,扩散的结果使得结合区两侧的 P 区出现负电荷,N 区带正电荷,形成一个势垒,由此而产生的内电场将阻止扩散运动的继续进行,当两者达到平衡时,在 PN 结两侧形成一个耗尽区,耗尽区的特点是无自由载流子,呈现高阻抗;当 PN 结负偏时,外加电场与内电场方向一致,耗尽区在外电场作用下变宽,使势垒加强;当 PN 结正偏时,外加电场与内电场方向相反,耗尽区在外电场作用下变窄,势垒削弱,使载流子扩散运动继续形成电流,此即为 PN 结的单向导电性,电流方向是从 P 指向 N。

3. LED 发光二极管的工作原理

当某些半导体材料形成的 PN 结加正向电压时,空穴与电子在 PN 结复合时将产生特定波长的光,发光的波长与半导体材料的能级间隙 E_g 有关。发光波长 λ_p 可由下式确定:

$$\lambda_p = hc/E_g \qquad (34-1)$$

式中：h 为普朗克常数；c 为光速。

在实际的半导体材料中能级间隙 E_g 有一个宽度，因此，发光二极管发出光的波长不是单一的，其发光波长宽度一般为 25～40 nm，随半导体材料的不同而有差别。发光二极管输出光功率 P 与驱动电流 I 的关系由下式确定：

$$P = \eta E_p I/e \qquad (34-2)$$

式中：η 为发光效率；E_p 为光子能量；e 为电子电荷常数。

输出光功率与驱动电流呈线性关系，当电流较大时由于 PN 结不能及时散热，输出光功率可能会趋向饱和。系统采用的发光二极管的驱动和调制电路框图如图 34-2 所示。本实验用一个驱动电流可调的红色超高亮度发光二极管作为实验用光源。信号调制采用光强度调制的方法，发送光强度调节器用于调节流过 LED 的静态驱动电流，从而改变发光二极管的发射光功率。设定的静态驱动电流调节范围为 0～20 mA，对应面板上的光发送强度驱动显示值为 0～2000 单位。正弦调制信号经电容、电阻网络及运放跟随隔离后耦合到放大环节，与发光二极管静态驱动电流叠加后使发光二极管发送随正弦波调制信号变化的光信号，如图 34-3 所示，变化的光信号可用于测定光电池的频率响应特性。

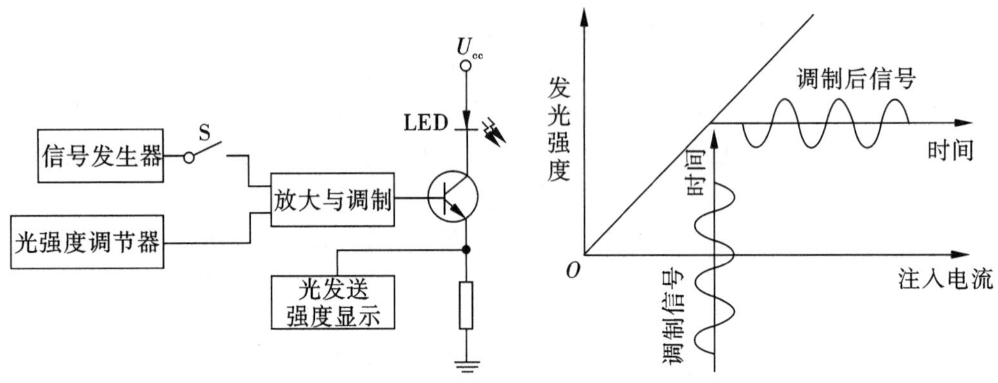

图 34-2　发光二极管的驱动和调制电路框图　　图 34-3　发光二极管的正弦信号调制原理图

4. 硅光电池的工作原理

光电转换器件主要是利用物质的光电效应，即物质在一定频率的照射下释放出光电子的现象。当光照射金属氧化物或半导体材料的表面时，会被这些材料内的电子所吸收，如果光子的能量足够大，吸收光子后的电子可挣脱原子的束缚而逸出材料表面，这种电子称为光电子，这种现象称为光电子发射，又称外光电效应。有些物质受到光照射时，其内部原子释放电子，但电子仍留在物体内部，使物体的导电性增强，这种现象称为内光电效应。

光电二极管是典型的光电效应探测器，具有量子噪声低、响应快、使用方便等优点，被广泛用于激光探测器。外加反向电压与结内电场方向一致，当 PN 结及其附近被光照射时，就会产生载流子（即电子-空穴对）。结区内的电子-空穴对在势垒区电场的作用下,电子被拉向 N 区,空穴被拉向 P 区而形成光电流。同时势垒区一侧一个扩展长度内的光生载流子先向势垒区扩散,然后在势垒区电场的作用下也参与导电。当入射光强度变化时,光生载流子的浓度及通过外回路的光电流也随之发生相应的变化。这种变化在入射光强度很大的动态范围内仍能保持线性关系。

硅光电池是一个大面积的光电二极管,可将入射到它表面的光能转化为电能,因此,可作为光电探测器和光电池,广泛用于太空和野外便携式仪器等。

光电池的基本结构如图 34-4 所示,当半导体 PN 结处于零偏或负偏时,在它们的结合面耗尽区存在一内电场。

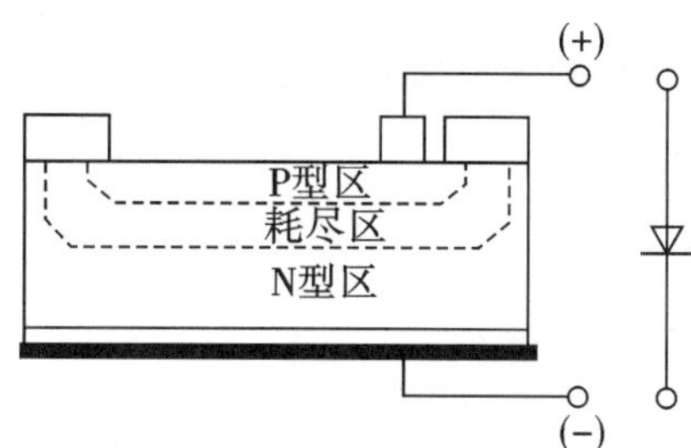

图 34-4　光电池基本结构示意图

当没有光照射时,光电二极管相当于普通的二极管。其伏安特性是

$$I=I_s\left[\exp\left(\frac{eU}{kT}\right)-1\right] \tag{34-3}$$

式中,I 为流过二极管的总电流,I_s为反向饱和电流,e 为电子电荷,k 为玻耳兹曼常数,T 为工作绝对温度,U 为加在二极管两端的电压。

对于外加正向电压,I 随 U 指数增长,称为正向电流;当外加电压反向时,在反向击穿电压之内,反向饱和电流基本上是个常数。

当有光照射时,入射光子将把处于价带中的束缚电子激发到导带,激发出的电子-空穴对在内电场作用下分别飘移到 N 区和 P 区,当在 PN 结两端加负载时就有一光生电流流过负载。流过 PN 结两端的电流可由下式确定

$$I=I_s\left[\exp\left(\frac{eU}{kT}\right)-1\right]-I_P \tag{34-4}$$

式中,I 为流过硅光电池的总电流,I_s为反向饱和电流,U 为 PN 结两端电压,T 为工作绝对温度,I_P为产生的反向光电流。

式(34-4)表示硅光电池的伏安特性。当光电池处于零偏时,$U=0$,流过 PN 结的电流 $I=-I_P$,其中负号表示硅光电池内电流从 N 区流向 P 区;当光电池处于负偏时(在本实验中取 $U=-5$ V),流过 PN 结的电流 $I=-I_s-I_P$,因此,当光电池用作光电转换器时,光电池必须处于零偏或负偏状态。

比较式(34-3)和式(34-4)可知,硅光电池的伏安特性曲线相当于把普通二极管的伏安特性曲线向下平移。

光电池处于零偏或负偏状态时,产生的光电流 I_P与输入光功率 P_i有以下关系

$$I_P = RP_i \qquad (34-5)$$

式中，R 为响应率，R 值随入射光波长的不同而变化。对不同材料制作的光电池，R 值分别在短波长和长波长处存在一截止波长，在长波长处要求入射光子的能量大于材料的能级间隙 E_g，以保证处于价带中的束缚电子得到足够的能量被激发到导带。对于硅光电池，其长波截止波长为 $\lambda_c = 1.1\ \mu m$，在短波长处也由于材料有较大吸收系数使 R 值很小。

图 34-5 是硅光电池光电信号接收端的工作原理框图，光电池把接收到的光信号转变为与之成正比的电流信号，再经 I/U 转换模块把光电流信号转换成与之成正比的电压信号。比较光电池零偏和负偏时的信号，就可以测定光电池的饱和电流 I_s。当发送的光信号被正弦信号调制时，则光电池输出电压信号中将包含正弦信号，据此可通过示波器测定光电池的频率响应特性。

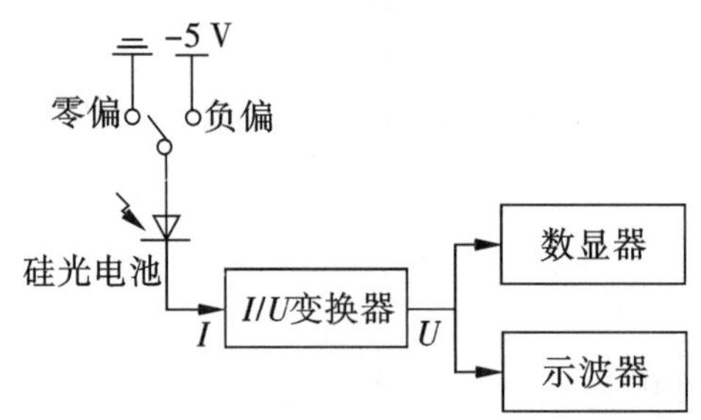

图 34-5　硅光电池光电信号接收端的工作原理框图

5. 硅光电池的负载特性

硅光电池作为电池测定伏安特性如图 34-6 所示。在内电场作用下，入射光子由于内光电效应把处于价带中的束缚电子激发到导带而产生光伏电压，在硅光电池两端加一个负载就会有电流流过，当负载电阻较大时，负载电流较小而电压较大；当负载电阻较小时，负载电流较大而电压较小。实验时可改变负载电阻 R_L 的值来测定硅光电池的伏安特性。图34-7是硅光电池特性实验仪面板图。

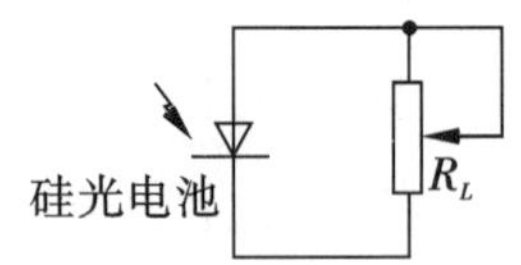

图 34-6　硅光电池伏安特性的测定

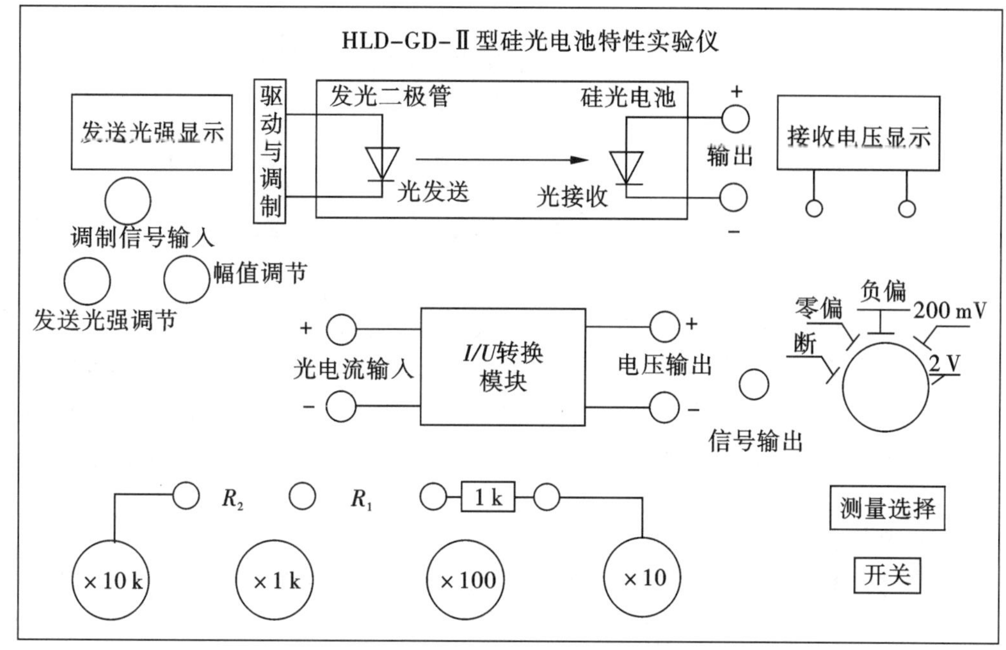

图 34-7　硅光电池特性实验仪面板图

［实验内容与步骤］

硅光电池特性实验仪框图如图 34-8 所示。超高亮度 LED 在可调电流和调制信号驱动下发出的光照射到光电池表面，测量选择开关可分别打到零偏、负偏、200 mV 或 2 V。

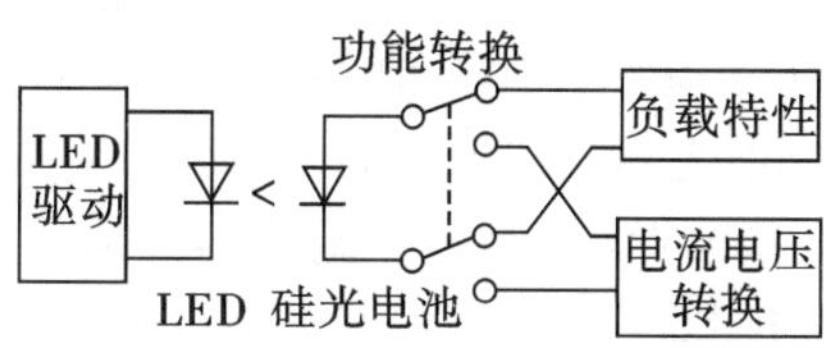

图 34-8　硅光电池特性实验仪框图

1. 硅光电池零偏和负偏时光电流与输入光信号关系特性测定

熟悉仪器面板的各个功能操作，接线如图 34-9 所示。将硅光电池输出端连接到 *I/U* 转换模块的光电流输入端，将 *I/U* 转换模块的电压输出端连接到数显电压表头的测量输入端（注：红代表正极，黑代表负极，正、负极不要接反）。打开仪器电源，调节发光二极管静态驱动电流，其调节范围为 0 ~ 20 mA（相应于发光强度指示 0 ~ 2000）。将测量选择开关分别打到零偏和负偏，测定光电池在零偏和负偏时光电流与输入光信号关系。建议发光强度显示后改变“100”，记录相对应的电压表显示值。记录数据并在同一张方格纸上作图，比较硅光电池在零偏和负偏时的两条曲线关系，求出硅光电池的饱和电流 I_s。

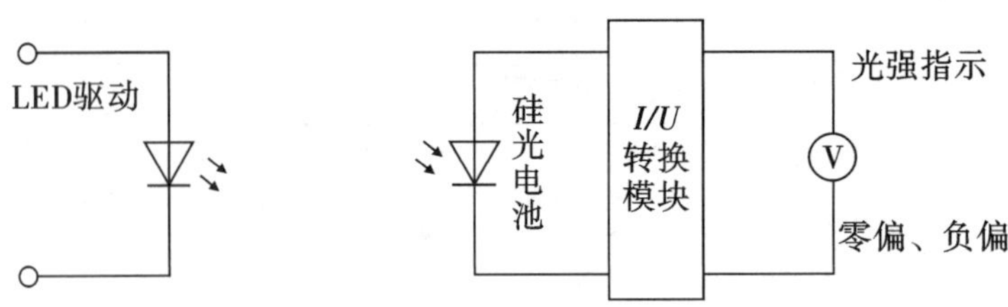

图 34-9　硅光电池零偏和负偏时光电流与输入光信号关系特性测定

2. 硅光电池输出接恒定负载时产生的光伏电压与输入光信号关系测定

将测量选择开关打到“零偏”处，将硅光电池输出端连接数显电压表的测量输入端，同时在硅光电池的输出端并联一个电阻箱（电阻如取 10 kΩ）。调节发光二极管静态驱动电流（发光强度 0～2000 对应电流 0～20 mA），实验测定光电池输出电压随输入光强度变化的关系曲线。建议每增加“100”记录相对应的电压。

3. 硅光电池伏安特性测定

将测量选择开关打到“零偏”处，将硅光电池输出端连接数显电压表的测量输入端，同时在硅光电池的输出端并联一个电阻箱。在硅光电池输入光强度不变时（取发光二极管静态驱动电流为 10 mA，指示值为 1000 时）测量当负载从 0～100 kΩ 的范围内变化时，光电池的输出电压随负载电阻变化的关系曲线。建议电阻（Ω）为 0，10 k，20 k，…，到输出电压显示最大为止，记录相对应的电压表示值。

4. 硅光电池频率响应的测定

将测量选择开关分别打到“零偏”和“负偏”处，将硅光电池的输出接到 *I/U* 转换模块的光电流输入端。令 LED 偏置电流为 10 mA（指示为 1000），把函数信号发生器的输出接到硅光电池特性实验仪的调制信号输入端，硅光电池特性实验仪的信号输出端接示波器的 CH2 信道（或 CH1 信道）。建议把函数信号发生器的电压设定为 5.0 V，波形为正弦波，使 LED 发送调制的光信号。保持输入正弦信号的幅度不变，即函数信号发生器输出电压不变（注意电压波形不失真）。调节函数信号发生器的频率（建议选择 1 Hz、5 Hz、9 Hz、20 Hz、30 Hz、80 Hz、120 Hz、150 Hz、190 Hz 等），用示波器观测并记录对应的电压值。测定硅光电池在零偏和负偏条件下的幅频特性，并测定其截止频率。将测量结果记录在自制的数据表格中。比较硅光电池在零偏和负偏条件下的实验结果，分析原因。用坐标纸画 U–f 曲线，当 $U=0.707U_{max}$ 时，对应的 f 为截止频率。

5. 硅光电池开路电压特性研究

将测量选择开关打到“2 V”挡，硅光电池的输出接入电压表（注：正、负极不要接反），调节发光二极管静态驱动电流，每隔 100 记录一个数据，测量光电池电压开路特性。

［思考题］

1. 光电池在工作时为什么要处于零偏或负偏？
2. 光电池用于线性光电探测器时，对耗尽区的内部电场有何要求？
3. 光电池对入射光的波长有何要求？

4. 当单个光电池外加负载时,其两端产生的光伏电压为何不会超过 0.7 V?

5. 如何获得高电压、大电流输出的光电池?

[实验报告要求]

1. 整理分析实验数据。

2. 绘制实验特性曲线。

3. 归纳实验结果。

实验 35　光纤音频信号传输技术实验

研究光导纤维传递光、信息和图像的学科称为纤维光学。用光导纤维(也称光纤)来传递光能,具有光能损失小、数值孔径大、分辨率高、可弯曲、结构简单、使用方便等优点。

光纤音频信号传输技术实验

自 20 世纪 70 年代初第一条适合通信用的石英光导纤维问世以来,光纤技术已取得惊人的发展,并成为现代科学技术领域中的重要组成部分。因此,了解光纤理论和光纤技术的基本知识十分必要。

通过本实验的学习,在了解光导纤维的基本结构和光在其中传播规律的基础上,要建立起光导纤维的数值孔径、光纤色散、光纤损耗、集光本领等基本概念。

[实验目的]

1. 了解音频信号光纤传输系统的基本结构及各部件的选配原则。

2. 熟悉光纤传输系统中电光/光电转换器件的基本性能。

3. 训练如何在音频光纤传输系统中获得较好的信号传输质量。

[实验仪器]

HLD-GY-Ⅲ型光纤音频信号传输实验仪、函数信号发生器、双踪示波器。

[实验原理]

1. 引言

随着 Internet 网络时代的到来,人们对数据通信的带宽、速度的要求越来越高,光纤通信具有频带宽、高速、不受电磁干扰影响等一系列优点,正在得到不断发展和应用。利用 HLD-GY-Ⅲ型光纤音频信号传输实验仪做音频信号光纤传输实验,可让学生熟悉、了解信号光纤传输的基本原理。同时,学生可以了解光纤传输系统的基本结构及各部件选配原则,初步认识光发送器件 LED 的电光特性及使用方法、光检测器件光电二极管的光电特性及使用方法、基本的信号调制与解调方法,完成光纤通信原理基本实验。

光纤传输系统如图 35-1 所示,一般由三部分组成:光信号发送端、用于传送光信号的光纤、光信号接收端。光信号发送端的功能是将待传输的电信号经电光转换器件转换为光信号。目前,发送端电光转换器件一般采用发光二极管或半导体激光二极管。发光二极管的输出光功率较小,信号调制速率相对低,但价格便宜,其输出光功率与驱动电流在一定范围内基本上呈线性关系,比较适用于短距离、低速、模拟信号的传输;激光二极管输出功率大,信号调制速率高,但价格较高,适用于远距离、高速、数字信号的传输。光纤的功能是将发送端光信号以尽可能小的衰减和失真传送到光信号接收端,目前光纤一般采用在近红外波段 0.84 μm、1.31 μm、1.55 μm 有良好透过率的多模或单模石英光纤。光信号接收端的功能是将光信号经光电转换器件还原为相应的电信号,光电转换器件一般采用半导体光电二极管或雪崩光电二极管。组成光纤传输系统光源的发光波长必须与传输光纤呈现低损耗窗口的波段、光电检测器件的峰值响应波段匹配。本实验发送端电光转换器件采用中心发光波长为 0.84 μm 的高亮度近红外半导体发光二极管,传输光纤采用多模石英光纤,接收端光电转换器件采用峰值响应波长为 0.8 ~0.9 μm 的硅光电二极管。

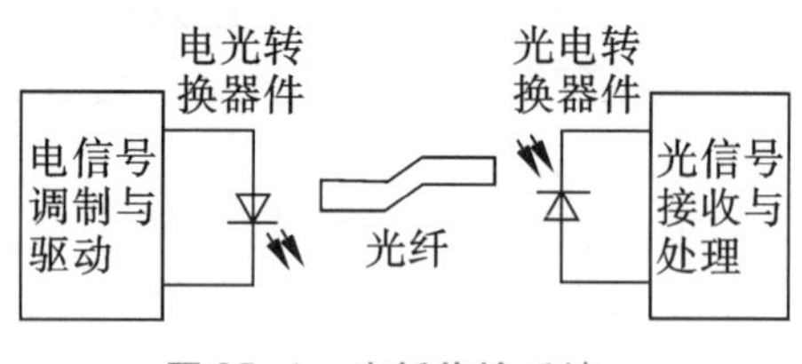

图 35-1 光纤传输系统

2. 光纤结构与光纤传输的工作原理

光纤是传导光波的玻璃纤维(也有塑料光纤),它由纤芯和包层组成。纤芯位于光纤的中心部位,光主要在这一部分里传输。纤芯外面由包层围绕,纤芯折射率比包层折射率约大 1% 。对于不同的应用,有许多不同类型的光纤。根据纤芯折射率的分布,具有代表性的光纤是阶跃折射率型和渐变折射率型两种。

目前用于光通信的光纤一般采用石英光纤,它是在折射率 n_2 较大的纤芯内部,覆上一层折射率 n_1 较小的包层,光在纤芯与包层的界面上发生全发射而被限制在纤芯内传播,如图 35-2 所示。光纤实际上是一种介质波导,光被闭锁在光纤内,只能沿光纤传输,光纤的芯径一般从几微米至几百微米。光纤按照传输光模式可分为多模光纤和单模光纤;按照光纤折射率分布方式,可以分为阶跃折射率型光纤和渐变折射率型光纤。

阶跃折射率型光纤包含两种圆对称的同轴介质,两者都质地均匀,但折射率不同,外层折射率低于内层折射率。阶跃折射率型光纤纤芯与包层间折射率的变化是阶梯状的,如图 35-2 所示。光线的传输是在纤芯与包层的界面上产生全反射,呈锯齿形前进。

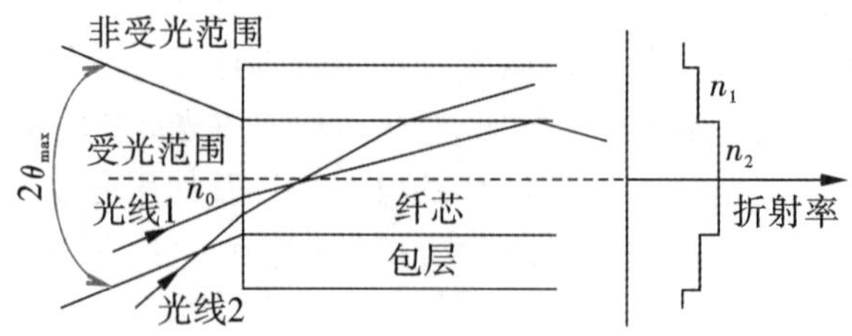

图 35-2 光纤传输的工作原理

渐变折射率型光纤是一种折射率沿光纤横截面渐变的光纤,这样改变折射率的目的是使各种模传播的群速度相近,从而减小模色散,增加通信带宽。渐变折射率型光纤纤芯的折射率从中心轴线开始沿径向逐渐减小。偏离中心轴线的光线沿曲线蛇行前进。上述两种光纤纤芯直径为 50 ~ 100 μm,称为多模光纤。图 35-2 为单模光纤,其纤芯直径为 3 ~ 10 μm。

多模阶跃折射率型光纤由于各模传输的群速度不同而产生模间色散,传输的带宽受到限制。多模渐变折射率型光纤由于其折射率特殊分布,使各模传输的群速度一样而增加信号传输的带宽。单模光纤是只传输单种光模式的光纤,单模光纤可传输信号的带宽最高,目前长距离光通信大都采用单模光纤。

光纤是玻璃细丝,性脆、易断,为提高其抗拉强度,保护表面和使用方便,在包层表面又涂敷一层硅酮树脂一类的材料,称为涂敷层。

石英光纤的主要技术指标有衰减特性、数值孔径和色散等。

(1)数值孔径。数值孔径描述光纤与光源、探测器和其他光学器件耦合时的特性,它的大小反映光纤收集光的能力。数值孔径是光纤传光性质的结构参数之一,是表示光学纤维集光能力的一个参量。如图 35-2 所示的光线 1 以 θ 角入射在光纤端面上,光线经折射后进入光纤,以角 ϕ 入射到纤芯和包层间的光滑界面上。只要我们选择适当的入射角 θ,总可以使角 ϕ 大于临界角 ϕ_m,使光线 1 在界面上发生全反射。全反射光线 1 又以同样的角度 ϕ 在对面界面上发生第二次全反射。如果光导纤维是均匀的圆柱体,入射光线经无数次全反射后从另一端以和入射角 θ 相同的角度射出。

在光纤端面上,当光线入射角小于一定值 θ_a时,折射光线在纤芯和包层界面上的入射角 ϕ 才会大于临界角 ϕ_m,光线才能在光纤内多次全反射而传递到另一端。在光纤端面上,入射角 $\theta'>\theta_a$的那些光线折射后在界面上的入射角小于临界角 ϕ_m,光线将射出界面,如图 35-2 中的光线 2。这个入射角 θ_a称为光学纤维的孔径角,它的数值由光学纤维的数值孔径决定。数值孔径是表示光纤集光能力的一个参量,它越大就表示光线接受的光通量越多。光纤的数值孔径 N 定义为

$$N=n_0\sin\ \theta_a=\sqrt{n_2^2-n_1^2} \tag{35-1}$$

式中:n_0为入射光线所在介质的折射率;n_2 和 n_1 分别为光纤的纤芯和包层的折射率。

由式(35-1)可见,纤芯和包层的折射率相差越大,θ_a越大,光纤的数值孔径就越大,它的值一般为 0.1 ~ 0.6,对应的 θ_a为 9°~ 33°。

如图 35-2 所示,在立体角 $2\theta_{max}$范围内入射到光纤端面的光线 1 在光纤内部界面产生全反射而得以传输,在 $2\theta_{max}$范围外入射到光纤端面的光线 2 则在光纤内部界面不产生全反射,而是透射到包层而马上被衰减掉。因为多模光纤具有较大的数值孔径,单模光纤的数值孔径相对较小,所以一般单模光纤需用 LED 半导体激光器作为其光源。

(2)光纤的损耗。光纤的传输损耗是光纤传输特性的一个重要指标,它直接影响着光纤的传输效率。对于通信应用中的光纤,低的损耗特别重要。对于传感用光纤,效率问题也十分重要,因为有时它会影响测量的灵敏度。

实现光通信的首要问题是如何降低光传输的损耗,光纤的损耗从最初的几千分贝每千米降到 20 dB/km(1970 年),以后又逐渐减低到 0. 47 dB/km(1976 年),以至

0.2 dB/km,使光纤通信在20世纪70年代初即成为现实。

当光从光纤的一端射入而从另一端射出时,光强将减弱,这意味着光在光纤中传播时产生了损耗,光纤在传输中的损耗大小通过下式计算

$$a=(10/L)\lg(P_i/P_o) \tag{35-2}$$

式中:a 为光纤的衰减系数,单位为 dB/km;P_i、P_o分别为光纤的输入和输出光功率;L 为光纤长度,以 km 为单位。

光纤中引起光能量衰减(损耗)的原因有吸收损耗、散射损耗和辐射损耗。

1)吸收损耗:吸收损耗与组成光纤材料的电子受激跃迁和分子共振有关。当电子与光子相互作用时,电子会吸收能量而被激发到较高能级。分子的共振吸收与原子构成分子时共价键的特性有关。当光子的频率与分子的振动频率接近或相等时发生共振,并大量吸收光能量。以上吸收损耗是材料本身所固有的,就是在不含任何杂质的材料中也存在上述现象,所以又被称为本征吸收。

2)散射损耗:光纤中的散射损耗是由于材料密度的微观变化、成分起伏以及在制造光纤过程中遇到不均匀或不连续的情况时,一部分光就会散射到各个方向,而不能传输到终点,从而造成散射损耗。

材料在形成的过程中由于内部密度的不均匀致使材料中出现折射率的差异,从而引起光的散射效应,造成光能的损失。这种不均匀微粒(不均匀程度远小于光波长)对光的散射现象通常称为瑞利散射。由瑞利散射造成的损耗与λ^{-4}成正比,它随着光波长的增加而急剧减小。在小于1 μm的波长范围内,瑞利散射是光纤中主要的损耗因素。

3)辐射损耗:当光纤有一定曲率半径的弯曲时,就会产生辐射损耗。

光纤可能受到两种类型的弯曲:一种是弯曲半径比光纤直径大很多的弯曲,例如当光缆拐弯时就会发生这样的弯曲;另一种是微弯曲,当把光纤组合成光缆时可能使光纤的轴线产生随机性的微弯曲。当曲率半径很大时(轻度弯曲),辐射损耗较小,一般可不予考虑,当曲率半径变小时损耗呈指数增长。

光纤的损耗是各种因素影响的总结果,它可以简单地归结为固有损耗和非固有损耗两类。固有损耗包括由光纤材料的性质和微观结构引起的吸收损耗和散射损耗。它们是光纤中都存在的损耗因素,从原理上讲是不可克服的,因而它们决定了光纤损耗的极限值。非固有损耗是指杂质吸收、结构不完善引起的散射和弯曲辐射损耗等。非固有损耗可以通过光纤制造技术的完善,得以消除或减小,它们对总损耗的影响已不是主要问题。

光纤的损耗主要有材料吸收引起的吸收损耗、纤芯折射率不均匀引起的散射(瑞利散射)损耗、纤芯和包层之间界面不规则引起的散射损耗(称为界面损耗)、光纤弯曲造成的损耗、纤维间对接(永久性的拼接和用连接器连接)的损耗以及输入与输出端的耦合损耗。在0.8~0.9 μm波段内损耗约为2 dB/km,属于低损耗区,这是目前光通信仅用的短波长“窗口”。在1.3 μm的0.5 dB/km和在1.55 μm的0.2 dB/km是光纤的最低损耗,这是近期光通信希望获得的长波长“窗口”。

石英光纤在近红外波段0.84 μm、1.31 μm、1.55 μm有较好的透过率,因此,传输系统光源的发射光波长必须与其吻合,目前长距离光通信系统多采用1.31 μm或1.55 μm

单模光纤。

(3)光纤的色散直接影响可传输信号的带宽。色散主要由三部分组成:折射率色散、模色散、结构色散。折射率色散是由于光纤材料的折射率随不同光波长变化而引起的,采用单波长、窄谱线的半导体激光器可以使折射率色散减至最小。采用单模光纤可以使模色散减至最小。结构色散是由光纤材料的传播常数及光频产生非线性关系所造成的。目前单模光纤的传输信号带宽可达数吉赫。

(4)光纤的几何参数。根据国际电报电话咨询委员会(CCITT)建议,光纤的几何参数包括以下内容:芯径、包层表面直径、纤芯不圆度、包层表面不圆度、包层表面相对于纤芯中心的不同心度。它们分别由下面的公式来定义:

$$\text{纤芯不圆度}=2\frac{d_{\max}-d_{\min}}{d_{\max}+d_{\min}} \tag{35-3}$$

$$\text{包层表面不圆度}=2\frac{D_{\max}-D_{\min}}{D_{\max}+D_{\min}} \tag{35-4}$$

式中,$d_{\max}$、$d_{\min}$分别为芯径的最大值和最小值,$D_{\max}$、$D_{\min}$分别为包层表面直径的最大值和最小值。

$$\text{包层表面相对于纤芯中心的不同心度}=\frac{y}{d} \tag{35-5}$$

式中,y 为纤芯中心和包层表面中心的距离,d 为芯径。

3. 光信号发送端的工作原理

系统采用的发光二极管的驱动和调制电路如图 35-3 所示,信号调制采用光强度调制的方法,发送光强度调节电位器用以调节流过 LED 的静态驱动电流,从而相应改变发光二极管的发射光功率,设定的静态驱动电流调节范围为 0 ~ 20 mA,对应面板光发送强度驱动显示值 0 ~ 2000 单位。

当驱动电流较小时,发光二极管的发射光功率与驱动电流基本上呈线性关系,音频信号经电容、电阻网络及运放跟随隔离后耦合到另一运放的负输入端,与发光二极管的静态驱动电流相叠加,使发光二极管发送随音频信号变化的光信号,如图 35-4 所示,并经光纤耦合器将这一光信号耦合到传输光纤。可传输信号频率的低端可由电容、电阻网络决定,系统低频响应不大于 20 Hz。

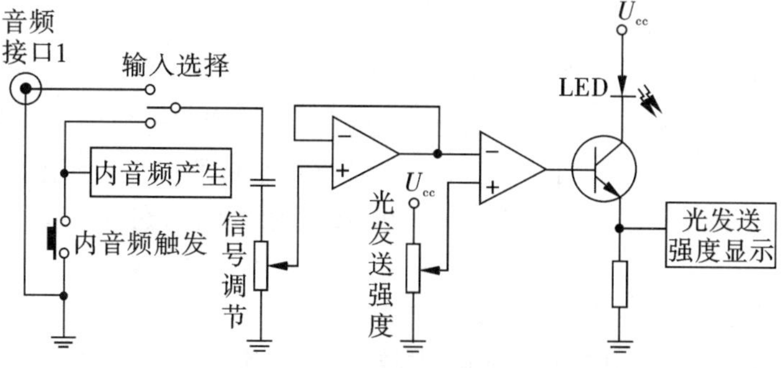

图 35-3　发光二极管的驱动和调制电路

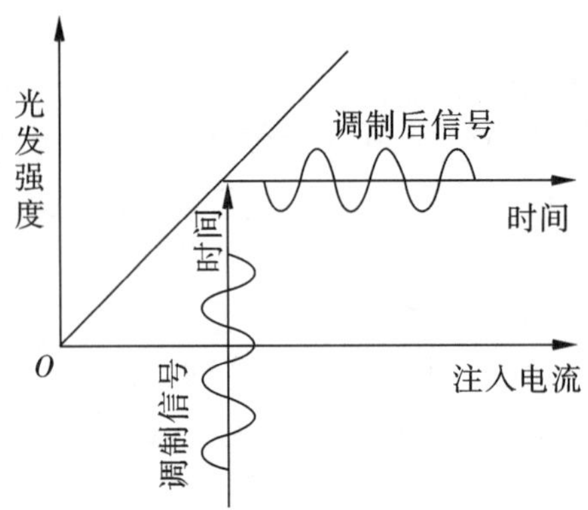

图 35–4　发光二极管的正弦信号调制原理图

4. 光信号接收端的工作原理

光信号接收端的工作原理如图 35–5 所示，传输光纤把从发送端发出的光信号通过光纤耦合器将光信号耦合到光电转换器件光电二极管，光电二极管把光信号转变为与之成正比的电流信号，光电二极管使用时应反偏压，经运放的电流电压转换把光电流信号转换成与之成正比的电压信号，电压信号中包含的音频信号经电容电阻耦合到音频功率放大器驱动喇叭发声。光电二极管的频率响应一般较高，系统的高频响应主要取决于运放等的响应频率。

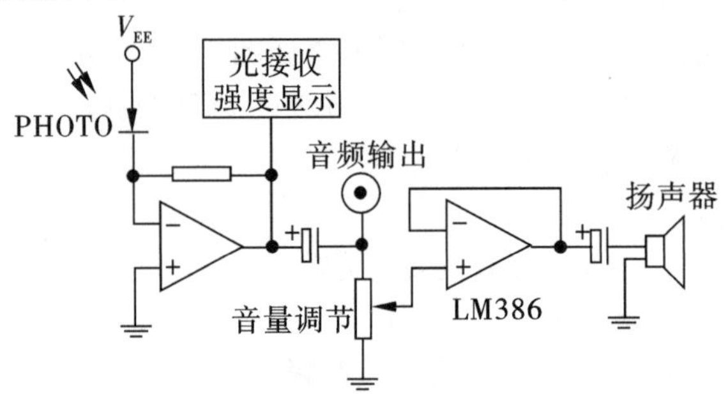

图 35–5　光信号接收端的工作原理图

［实验内容与步骤］

1. 光纤传输系统静态电光/光电传输特性测定

将仪器发光强度调节到最小，再把输入选择开关打到“外”。然后调节面板上的发光强度旋钮，每隔 200 单位（相当于改变发光管驱动电流 2 mA）分别记录发送光驱动强度数据与接收光强度数据。以发送为横坐标、接收为纵坐标，在坐标纸上画出静态传输特性曲线。

2. 光纤传输系统频率的测定

（1）输入选择开关打在“外”，调节“发送光强度”旋钮，使发送显示为“1000”单位，把信号发生器输出电压调到 5 ~ 10 V（以不失真为准，建议取 5.0 V），让信号发生器的输出接光纤音频传输实验仪的“信号输入”。

"示波器接口"与"音频输出"分别接示波器的"X 输入"和"Y 输入",示波器的两端"衰减微调"应关上,分别调节 X、Y 衰减两钮使两波形幅度合适。

(2)保持"信号源"输出电压不变,调节正弦信号频率(Hz)为 1、5、9、100、800、1.5k、2.5k、3.5k、4.5k、5.0k、5.5k、6.0k、6.5k、7.0k、7.5k、8.0k、8.5k、9.0k、9.5k、10.0k 等,测出"输入"与"输出"正弦电压的幅值填入设计的表中,算出对应频率的"输出电压"与"输入电压"的比值。

(3)以电压比值为纵坐标、频率为横坐标(建议 1 kHz 以下单位取大些),画出频响曲线,在曲线中找到截止频率(最大比值乘 0.707)。

3. LED 偏置电流与无失真最大信号调制幅度关系测定

接线不变,调节"信号源"正弦频率为 1 kHz,分别调节 LED 输入偏置,电流为 1 mA(显示 100 单位)、2 mA、3 mA、4 mA、5 mA、6 mA、7 mA 的情况下,调节函数信号发生器的输出电压,使其从零开始增加。同时通过示波器观察波形变化,直到波形出现失真现象时(即正弦波刚刚变形时),记录输入和输出电压的对应幅值,由此确定 LED 在不同偏置电流下光功率的最大调制幅度。

4. 多种波形光纤传输实验(选做)

将输入选择开关打在"外",在音频信号输入接口上分别从函数信号发生器输入方波信号和三角波信号,将双踪示波器的通道 1 和通道 2 分别接到发送端示波器接口和接收端音频信号输出接口,保持输入信号的幅度不变,调节函数信号发生器输出频率,从接收端通过示波器观察输出波形变化情况,记录输入信号频率变化时输出信号幅度的变化,分别测定系统的低频和高频截止频率。

在数字光纤传输系统中往往采用方波来传输数字信号。

5. 音频信号光纤传输实验(选做)

将输入选择开关打在"内",把触发选择开关打在"音乐",通过调节发送光强度电位器改变发送端 LED 的静态偏置电流,收听在接收端发出的语音片音乐声,考察当 LED 的静态偏置电流小于多少时,音频传输信号产生明显失真,分析原因,并同时通过示波器观察分析语音信号波形变化情况。分别取频率为 1 kHz、5 kHz、10 kHz、15 kHz、20 kHz 时对应的波形失真电流,并记录电流值。

6. 接线同"光纤传输系统频率的测定",把函数信号发生器的电压设定为 5.0 V 左右,波形为正弦波,发光强度设为 1000。打开音量调节旋钮。函数信号发生器的频率量程选在 200 Hz 挡,减小频率,找到自己耳朵听不到声音的临界位置,记下该频率。然后把量程选在 20 kHz 挡,逐渐增大频率,记录耳朵听不到声音的临界位置。

[思考题]

1. 本实验中 LED 偏置电流是如何影响信号传输质量的?
2. 本实验中光传输系统哪几个环节引起光信号的衰减?
3. 光传输系统中如何合理选择光源与探测器?
4. 光电二极管在工作时应是正偏压还是负偏压?为什么?
5. 如果纤芯的中心和包层的中心不同心,那么这样的光纤有什么不好?

实验 36　液晶电光效应

液晶电光效应

液晶是介于液体与晶体之间的一种物质状态。一般的液体内部分子排列是无序的,而液晶既具有液体的流动性,其分子又按一定规律有序排列,使它呈现晶体的各向异性。当光通过液晶时,会产生偏振面旋转、双折射等效应。液晶分子是含有极性基团的极性分子,因此每个分子可以看作一个电偶极子。在电场作用下,电偶极子会按电场方向取向,导致分子原有的排列方式发生变化,从而液晶的光学性质也随之发生改变,这种因外电场引起的液晶光学性质的改变称为液晶的电光效应。

1888 年,奥地利植物学家 Reinitzer 在做有机物溶解实验时,在一定的温度范围内观察到液晶。1961 年,美国 RCA 公司的 Heimeier 发现了液晶的一系列电光效应,并制成了显示器件。从 20 世纪 70 年代开始,日本公司将液晶与集成电路技术结合,制成了一系列的液晶显示器件,并至今在这一领域保持领先地位。液晶显示器件由于具有驱动电压低(一般为几伏)、功耗极小、体积小、寿命长、环保无辐射等优点,在当今各种显示器件的竞争中有独领风骚之势。

[实验目的]

1. 在掌握液晶光开关的基本工作原理的基础上,测量液晶光开关的电光特性曲线,并由电光特性曲线得到液晶的阈值电压和关断电压。

2. 测量驱动电压周期变化时液晶光开关的时间响应曲线,并由时间响应曲线得到液晶的上升时间和下降时间。

3. 了解液晶光开关的工作条件,测量由液晶光开关矩阵所构成的液晶显示器在不同视角下的对比度,得出液晶显示器的视角特性和视角范围。

4. 了解液晶光开关构成图像矩阵的方法,学习和掌握这种矩阵所组成的液晶显示器构成文字和图形的显示模式,从而了解一般液晶显示器件的工作原理。

[实验仪器]

液晶电光效应实验仪、数字存储示波器。

本实验所用液晶光开关电光特性综合实验仪,其外部结构如图 36-1 所示。下面简单介绍仪器各部分的功能。

电源:仪器的总电源开关。

发射器:为仪器提供较强的光源。

液晶板:本实验仪器的测量样品。

液晶转盘:承载液晶板一起转动,用于液晶的视角特性实验,上面有角度刻度。

接收器:将透过液晶板的光强信号转换为电压输入到透过率显示窗口。

开关矩阵:此为 16×16 的按键矩阵,用于液晶的显示功能实验。

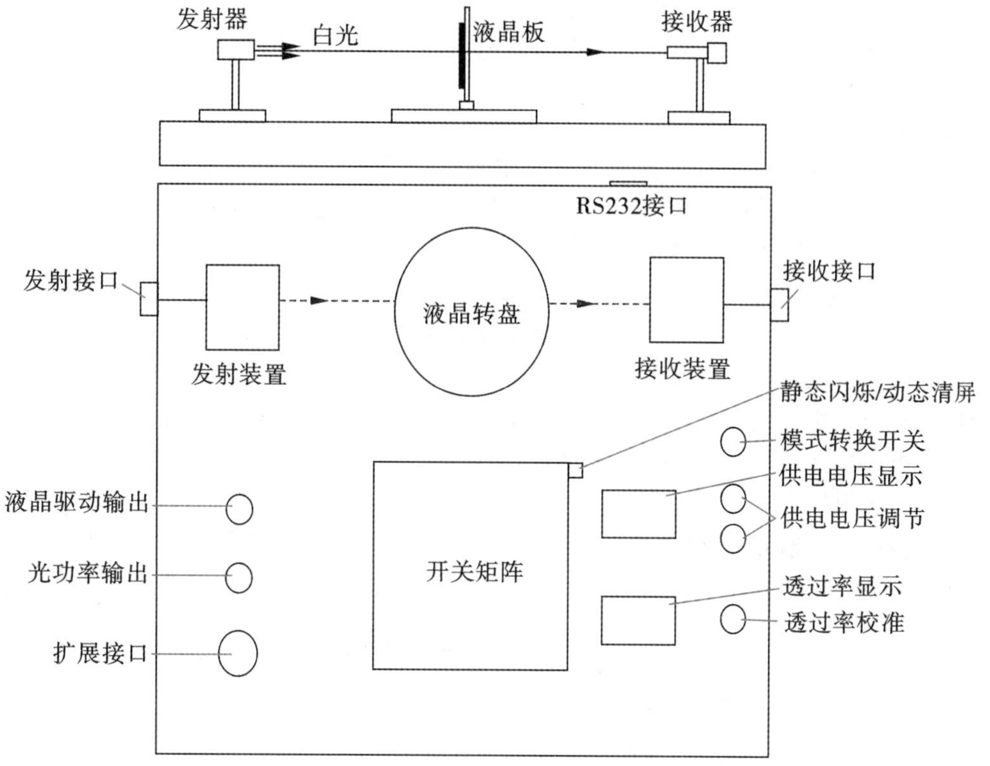

图 36-1　液晶光开关电光特性综合实验仪功能键示意图

模式转换:切换液晶的静态和动态(图像显示)两种工作模式。在静态时,所有的液晶单元所加电压相同,在(动态)图像显示时,每个单元所加的电压由开关矩阵控制。同时,当开关处于静态时打开发射器,当开关处于动态时关闭发射器。

静态闪烁/动态清屏:当仪器工作在静态的时候,此开关可以切换到闪烁和静止两种方式;当仪器工作在动态的时候,此开关可以清除液晶屏幕因按动开关矩阵而产生的斑点。

供电电压显示:显示加在液晶板上的电压,范围在 0.00 ~ 7.60 V。

供电电压调节:改变加在液晶板上的电压,调节范围在 0 ~ 7.6 V。其中单击"+"按键(或"-"按键)可以增大(或减小)0.01 V。一直按住"+"按键(或"-"按键)2 s 以上可以快速增大(或减小)供电电压。

透过率显示:显示光透过液晶板后光强(不校准)或光强的相对百分比(校准后)。

透过率校准:在接收器处于最大接收状态的时候(即供电电压为 0 V 时),如果显示值大于"250",则长按住该键直至将透过率校准为 100%;如果供电电压不为 0 V,或显示值小于"250",则该按键无效,不能校准透过率。

液晶驱动输出:接存储示波器,显示液晶的驱动电压。

光功率输出:接存储示波器,显示液晶的时间响应曲线,可以根据此曲线测量液晶响应时间。

扩展接口:连接 LCDEO 信号适配器的接口,通过信号适配器可以使用普通示波器观测液晶光开关特性的响应时间曲线。

[实验原理]

1. 液晶光开关的工作原理

液晶的种类很多,仅以常用的 TN(扭曲向列)型液晶为例,说明其工作原理。

TN 型光开关的结构如图 36-2 所示。在两块玻璃板之间夹有正性向列相液晶,液晶分子的形状如同火柴一样,为棍状。分子的长度在十几埃(1 Å = 10^{-10} m),直径为 4 ~ 6 Å,液晶层厚度一般为 5 ~ 8 μm。玻璃板的内表面涂有透明电极,电极的表面预先做了定向处理(可用软绒布朝一个方向摩擦,也可在电极表面涂取向剂),这样,液晶分子在透明电极表面就会躺倒在摩擦所形成的微沟槽里(相当于人为设定其初始化排列方向);电极表面的液晶分子按微沟槽方向排列,且上下电极上的微沟槽方向相互垂直。上下电极之间的那些液晶分子因范德瓦耳斯力的作用,趋向于平行电极排列。然而由于上下电极上液晶分子的排列方向相互垂直,所以从俯视方向看,液晶分子的排列从上电极的微沟槽方向排列逐步地、均匀地扭曲到下电极的微沟槽方向排列,整个扭曲了 90°,如图 36-2 左图所示。

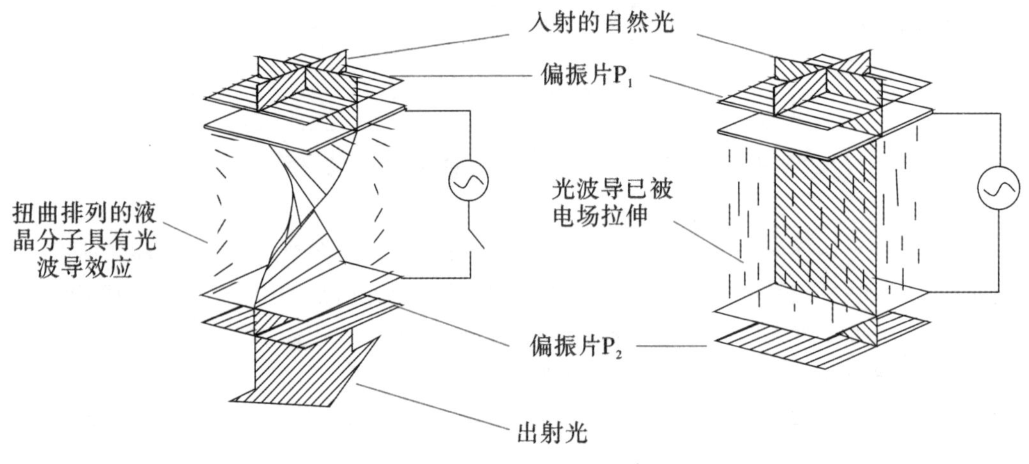

图 36-2　液晶光开关的工作原理

理论和实验都证明,上述均匀扭曲排列起来的结构具有光波导的性质:使偏振光从上电极表面透过扭曲排列起来的液晶传播到下电极表面时,光的偏振方向会旋转 90°。

取两张偏振片贴在玻璃的两面,P_1 的透光轴与上电极的微沟槽方向相同,P_2 的透光轴与下电极的微沟槽方向相同,于是 P_1 和 P_2 的透光轴相互正交,构成常白模式光开关;若 P_1 的透光轴与上电极的微沟槽方向相同,P_2 的透光轴与 P_1 的透光轴平行,则构成常黑模式光开关。本实验以常白模式光开关为例讲述其原理。

在未加驱动电压的情况下,来自光源的自然光经过偏振片 P_1 后变成平行于透光轴的线偏振光,此偏振光经液晶层形成的光波导的偏转作用到达输出面时,其偏振面旋转了 90°。这时光的偏振面与 P_2 的透光轴平行,因而有光通过光开关。

在施加足够大电压情况下（一般为 1 ~2 V），在静电场的作用下，除了紧贴电极的液晶分子被基片“锚定”以外，其他液晶分子趋于平行于电场方向排列。于是原来的扭曲结构被破坏，成了均匀结构，如图 36-2 右图所示。从 P_1 透射出来的偏振光的偏振方向在液晶中传播时不再旋转，保持原来的偏振方向到达下电极。这时光的偏振方向与 P_2 正交，因而光无法通过光开关。

给电极加上介于 0 V 和极大值之间的电压，由于电场不是足够强，则分子的扭曲排列不会完全被破坏，因此对线偏振光依然有一定的扭转作用，扭转作用会随电压变大而减弱，所以透光能力随电压增大而减弱，光开关亮度会随电压变大而变暗。

液晶可分为热致液晶与溶致液晶。热致液晶在一定的温度范围内呈现液晶的光学各向异性，溶致液晶是溶质溶于溶剂中形成的液晶。目前用于显示器件的都是热致液晶，它的特性随温度的改变而有一定变化。

2. 液晶光开关的电光特性

光开关的电光特性指的是液晶光开关的亮度随电压变化的规律，可用 I（透射光强）-U 曲线或者 T-U 曲线表示。在光垂直照射光开关且不加电压时，记透光强度为 I_0，然后加上电压 U，记透射光强为 I，透过率定义为 $T=I/I_0$（相对光强）。

图 36-3 为本实验所用液晶光开关透射率（不加电场时的透射率为 100%）与外加电压的关系示意图。

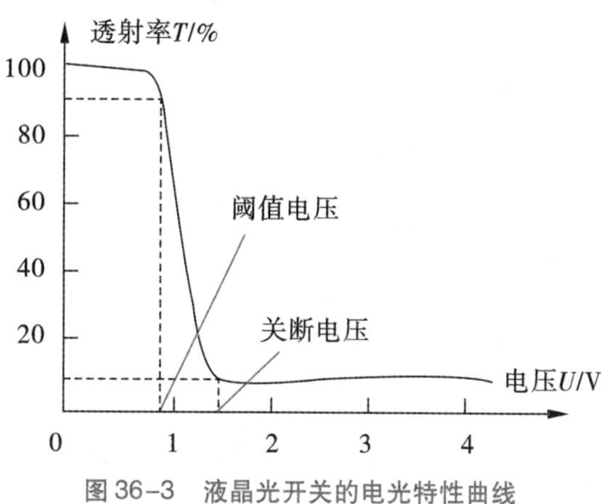

图 36-3 液晶光开关的电光特性曲线

由图 36-3 可见，对于常白模式的液晶，电压较低和较高时，其透射率随外加电压的升高无显著变化；透过率只在一定的电压范围内发生显著变化。

阈值电压（U_1）：透过率为 90% 时的驱动电压。关断电压（U_2）：透过率为 10% 时的驱动电压。由曲线可见：在阈值电压和关断电压之间，透过率（亮度）随电压变化线性关系较好，因此驱动电压就选在两者之间，即 $U_1 \leqslant U \leqslant U_2$。

液晶光开关的电光特性曲线越陡，即阈值电压与关断电压的差值越小，由液晶开关单元构成的显示器件允许的驱动路数就越多。TN 型液晶最多允许 16 路驱动，故常用于数码显示。在电脑、电视等需要高分辨率的显示器件中，常采用 STN（超扭曲向列）型液晶，以改善电光特性曲线的陡度，增加驱动路数。

3. 液晶光开关的时间响应特性

液晶屏就是液晶光开关组成的矩阵，通过光开关的不同亮暗组合来显示不同的图像。显示动态图像时，就需要光开光的亮暗快速变化，即分子倾斜程度从一种状态快速切换成另一种状态，为了表示状态切换的快慢，用两个极端状态（透过率 90% 的最亮状态到透过率 10% 的最暗状态）转换需要的时间长短来表示。并且根据转换方向的不同，区分为上升时间和下降时间。

上升时间 τ_r：透过率由 10% 上升为 90% 所需的时间。

下降时间 τ_d：透过率由 90% 下降为 10% 所需的时间。

在光垂直照射屏幕的情况下，给屏加上如图 36-4（a）所示的方波驱动电压，能使液晶光开关状态发生连续改变，就可以得到液晶的时间响应曲线，如图 36-4（b）所示。

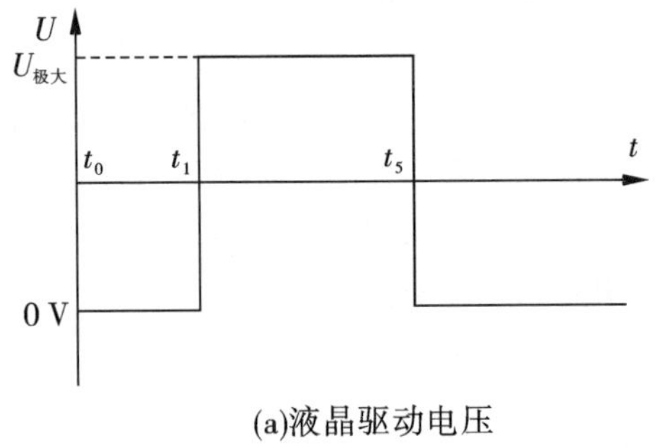

(a)液晶驱动电压

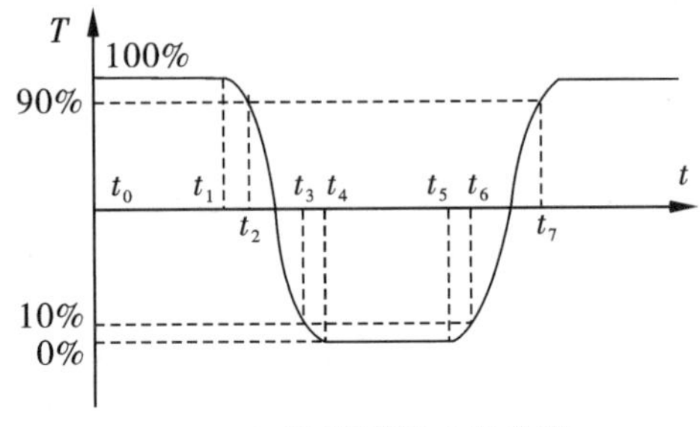

(b)液晶时间响应曲线

图 36-4　液晶驱动电压及液晶时间响应曲线

液晶的响应时间越短，显示动态图像的效果越好，这是液晶显示器的重要指标。早期的液晶显示器在这方面逊色于其他显示器，现在通过结构方面的技术改进，已达到很好的效果。

4. 液晶光开关的视角特性

液晶屏显示的动态图像能否被识别，除了和透射光强度有关外，还和光强度随电压的变化是否明显有关，即要有足够大的明暗对比度，而对比度和视角有关。液晶光开关的视角特性表示视角与对比度的关系。对比度定义为光开关打开和关断时透射光强度之比，对比度大于等于 5 时可以获得满意的图像，对比度小于 2 图像就模糊不清了。

图 36-5 表示了某种液晶视角特性的理论计算结果。图 36-5 中，用与原点的距离表示垂直视角（入射光线方向与液晶屏法线方向的夹角）的大小。

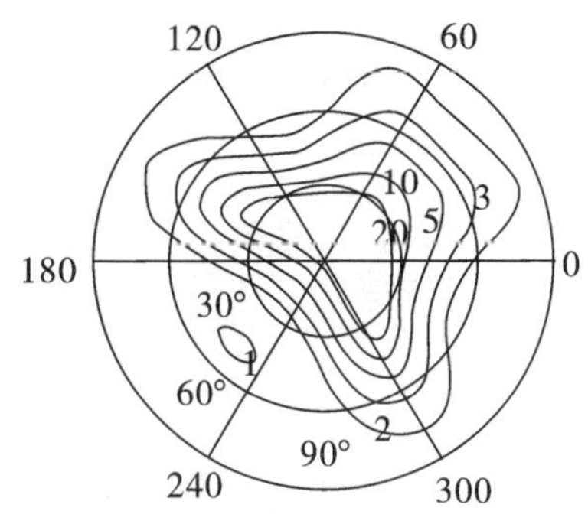

图 36-5　液晶的视角特性

图中三个同心圆分别表示垂直视角为 30°、60°和 90°。90°同心圆外面标注的数字表示水平视角（入射光线在液晶屏上的投影与 0°方向之间的夹角）的大小。图中的闭合曲线为不同对比度时的等对比度曲线。

由图 36-5 可以看出，液晶的对比度与垂直与水平视角都有关，而且具有非对称性。若我们把具有图 36-5 所示视角特性的液晶开关逆时针旋转，以 220°方向向下，并由多个这样的光开关组成液晶显示屏。则该液晶显示屏的左右视角特性对称，在左、右和俯视三个方向，垂直视角接近 60°时对比度为 5，观看效果较好。在仰视方向对比度随着垂直视角的加大迅速降低，观看效果差。

5. 液晶光开关构成图像显示矩阵的方法

除了液晶显示器以外，其他显示器靠自身发光来实现信息显示功能。这些显示器主要有以下几类：阴极射线管（cathode ray tube，CRT）显示，等离子体（plasma display panel，PDP）显示，电致发光显示（electroluminescent display，ELD），发光二极管（light-emitting diode，LED）显示，有机发光二极管（organic light-emitting diode，OLED）显示，真空荧光管显示（vacuum fluorescent display，VFD），场发射显示（field emission display，FED）。这些显示器因为要发光，所以要消耗大量的能量。

液晶显示器通过对外界光线的开关控制来完成信息显示任务，为非主动发光型显示，其最大的优点是能耗极低。正因为如此，液晶显示器在便携式装置（例如电子表、万用表、手机等）的显示方面，具有不可代替的地位。下面我们来看看如何利用液晶光开关来实现图形和图像显示任务。

矩阵显示方式，是把图 36-6（a）所示的横条形状的透明电极做在一块玻璃片上，叫作行驱动电极，简称行电极（常用 X_i 表示），而把竖条形状的电极制在另一块玻璃片上，叫作列驱动电极，简称列电极（常用 Y_i 表示）。把这两块玻璃片面对面组合起来，把液晶灌注在这两片玻璃之间构成液晶盒。为了画面简洁，通常将横条形状和竖条形状的 ITO 电极抽象为横线和竖线，分别代表扫描电极和信号电极，如图 36-6（b）所示。

矩阵型显示器的工作方式为扫描方式。显示原理可依以下的简化说明作一介绍。

欲显示图 36-6（b）的那些有方块的像素，首先在第 A 行加上高电平，其余行加上低电平，同时在列电极的对应电极 c、d 上加上低电平，于是 A 行的那些带有方块的像素就被显示出来了。然后第 B 行加上高电平，其余行加上低电平，同时在列电极的对应电极 b、e 上加上低电平，因而 B 行的那些带有方块的像素被显示出来了。然后是第 C 行、第 D 行……，依此类推，最后显示出一整场的图像。这种工作方式称为扫描方式。

这种分时间扫描每一行的方式是平板显示器的共同的寻址方式，依这种方式，可以让每一个液晶光开关按照其上的电压的幅值让外界光关断或通过,从而显示出任意文字、图形和图像。

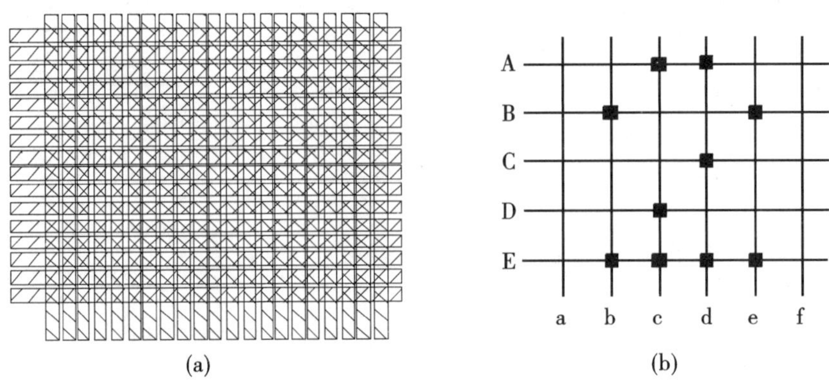

图 36-6　液晶光开关组成的矩阵式图形显示器

[实验内容与步骤]

将液晶板金手指 1(水平方向)插入转盘上的插槽,液晶凸起面必须正对光源发射方向。打开电源开关,点亮光源,使光源预热 10 min 左右。

在正式进行实验前,首先需要检查仪器的初始状态,看发射器光线是否垂直入射到接收器;在静态 0 V 供电电压条件下,透过率显示经校准后是否为"100%"。如果显示正确,则可以开始实验;如果不正确,指导教师可以根据附录 1 的调节方法将仪器调整好再让学生进行实验。

1. 液晶光开关电光特性测量

将模式转换开关置于静态模式,将透过率显示校准为 100%,按表 36-1 的数据改变电压,使得电压值从 0 V 到 3 V 变化,记录相应电压下的透射率数值。重复 3 次并计算相应电压下透射率的平均值,依据实验数据用 Excel 绘制电光特性曲线,从图上找出阈值电压和关断电压。

表 36-1　液晶光开关电光特性测量

电压/V	0	0.1	0.2	…	2.9	3.0
1						
2						
3						
平均值						

2. 液晶响应时间的测量

将模式转换开关置于静态模式,然后将液晶供电电压调到 2.00 V,在液晶静态闪烁状态下,用存储示波器观察此光开关时间响应特性曲线,根据此曲线得到液晶的上升

时间 τ_r 和下降时间 τ_d。具体测量方法见附录 2。

3. 液晶光开关视角特性的测量

(1)水平方向视角特性的测量:

将模式转换开关置于静态模式。确定当前液晶板为金手指 1(水平方向)插入的插槽。在供电电压为 0 V 时,按照表 36-2 所列举的角度调节液晶屏与入射激光的角度,测量各角度透射光强最大值 I_{max}。然后将供电电压设置为 2.00 V,再次调节液晶屏角度,测量各角度透射光强最小值 I_{min},并计算其对比度。以角度为横坐标、对比度为纵坐标,绘制水平方向对比度随视角而变化的曲线。

(2)垂直方向视角特性的测量:

关断总电源后,取下液晶显示屏,将金手指 2(垂直方向)插入转盘插槽。重新通电,将模式转换开关置于静态模式。按照与(1)相同的方法和步骤,可测量垂直方向的视角特性,并记录在表 36-2 中。

表 36-2 液晶光开关视角特性测量

角度(°)		-80	-75	…	-10	-5	0	5	10	…	75	80
水平方向视角特性	I_{max}											
	I_{min}											
	I_{max}/I_{min}											
垂直方向视角特性	I_{max}											
	I_{min}											
	I_{max}/I_{min}											

4. 液晶显示器显示原理

将模式转换开关置于动态(图像显示)模式。液晶供电电压调到 5 V 左右。

此时开关矩阵上的每个按键位置对应一个液晶光开关像素。初始时各像素都处于关闭状态,按一次开关矩阵上的某一按键,可改变相应液晶像素的通断状态,所以可以利用点阵输入关断(或点亮)对应的像素,使暗像素(或亮像素)组合成一个字符或图像。以此体会液晶显示器件组成图像和文字的工作原理。开关矩阵右上角的按键为清屏键,用以清除已输入在显示屏上的图形。

实验完成后,关闭电源开关,取下液晶板妥善保存。

[注意事项]

1. 禁止用光束照射他人眼睛或直视光束本身,以防伤害眼睛!

2. 在进行液晶视角特性实验中,更换液晶板方向时,务必断开仪器电源后,再进行插拔,否则将会损坏液晶板。

3. 液晶板凸起面必须朝向光源发射方向,否则实验记录的数据为错误数据。

4. 在调节透过率 100% 时,如果透过率显示不稳定,则可能是光源预热时间不够,或光路没有对准,需要仔细检查,调节好光路。

5. 在校准透过率 100% 前，必须将液晶供电电压显示调到 0.00 V 且显示大于“250”，否则无法校准透过率为 100%。在实验中，电压为 0.00 V 时，不要长时间按住“透过率校准”按钮，否则透过率显示将进入非工作状态，本组测试的数据为错误数据，需要重新进行本组实验数据记录。

[附录 1]

液晶电光效应实验操作手册

1. 准备工作

(1) 将液晶板插入转盘上的插槽，凸起面正对光源发射方向。打开电源，点亮光源，让光源预热 10～20 min。（若光源未亮，检查模式转换开关，只有当模式转换开关处于静态时，光源才会被点亮）

(2) 检查仪器初始状态：发射器光线必须垂直入射到接收器（当没有安装液晶板时，透过率显示为“999”的情况下，我们就认为光线垂直入射到了接收器上）；在静态、0°、0 V 供电电压条件下，透过率显示大于“250”时，按住透过率校准按键 3 s 以上，透过率可校准为 100%。（若供电电压不为 0 V 或显示小于“250”，则该按键无效，不能校准透过率）若不为此状态，需增加光源预热时间，再重新调整仪器光路，直到达到上述条件为止。

2. 液晶电光特性测量

(1) 将模式转换开关置于静态模式，液晶转盘的转角置于 0°，保持当前转盘状态。在供电电压为 0 V，透过率显示大于“250”时，按住“透过率校准”按键 3 s 以上，将透过率校准为 100%。

(2) 调节“供电电压调节”按键，按照表 36-1 中的数据逐步增大供电电压，记录下每个电压值下对应的透过率值。

(3) 将供电电压重新调回 0 V（此时若透过率不为 100%，则需重新校准）。重复步骤(2)，完成 3 次测量。

3. 液晶的时间响应的测量

(1) 将液晶实验仪上的“光功率输出”与数字示波器的通道 1 用 Q9 线连接起来。

(2) 打开实验仪和示波器。将实验仪“模式转换开关”置于静态模式，液晶盘转角置于 0°，透过率校准为 100%，供电电压调到 2.00 V。

(3) 按动“静态闪烁/动态清屏”按键，使液晶处于静态闪烁状态。

(4) 调节示波器，使通道 1 以直流方式耦合；调节示波器水平方向时间增益/衰减旋钮和垂直方向电压增益/衰减旋钮，直到出现合适的波形为止。（调节时可以从屏幕下方看到对应的电压值和时间值的变化）

(5) 用示波器观察此光开关时间响应特性曲线；由示波器上的曲线可读出不同时刻的透过率值。选定测试项目为上升时间和下降时间，可以直接测出液晶光开关的响应时间。

4. 液晶光开关视角特性的测量

(1) 确认液晶板以水平方向插入插槽。

(2)将模式转换开关置于静态模式,将供电电压置于0 V,按照表36-2所列举的角度调节液晶屏与入射激光的角度,记录下在每一角度时的透射光强 I_{max}。

(3)将液晶转盘保持在0°位置,白光调节供电电压为2 V,红光调节供电电压为1.6 V。在该电压下,再次调节液晶屏角度,记录下在每一角度时的透射光强值 I_{min}。

(4)切断电源,取下液晶显示屏,将液晶板旋转90°,转屏观察0°~50°范围内的光强值是否有非零数字,如果均为零,适当调低电压直到此范围内光强值不再都是零为止。以垂直方向经手指插入插槽。(注:在更换液晶板方向时,一定要切断电源)

(5)打开电源,按照步骤(2)(3)可测得垂直方向时在不同供电电压、不同角度时的透射光强值。

(6)计算对比度,找出对比度大于等于5的角度范围。

5. 液晶显示器显示原理

(1)将模式转换开关置于动态模式,液晶转盘转角逆时针转到80°,供电电压调到5 V左右。

(2)按动矩阵开关面板上的按键,改变相应液晶像素的通断状态,观察由暗像素(或亮像素)组合成的字符或图像,体会液晶显示器件的成像原理。

(3)组成一个字符或图像后,可由"静态闪烁/动态清屏"按键清除显示屏上的图像。

完成实验后,关闭电源,取下液晶板妥善保存。

[附录2]

液晶响应时间测量方法

液晶光开关在电压的驱动下,其明暗变化是非常快的,肉眼是无法定量识别其明暗状态的,所以测量状态转换所需的时间,必须借助于示波器。对于示波器,无论是模拟示波器还是数字示波器,显示的都是电压随时间的变化规律。其他的随时间变化的信号,要借助示波器显示变化规律,必须通过合适的转换器件转换成电压信号才能观察。要使电压随时间变化规律和待观测信号随时间变化规律一致,要求信号转换符合线性关系,即电压 $u(t)=kT(t)+u_0$,$k>0$,u_0 为常量。显示如图36-7所示。

在方波驱动电压作用下,$t_0\sim t_1$ 时间内,电压为零,透射率保持最大 $T_{max}=100\%$,$u_{max}=k+u_0$;$t_1\sim t_4$ 时间内,在极大电压作用下,液晶分子持续转向,透射率连续下降直至最小值,$t_4\sim t_5$ 时间内保持最小值 $T_{min}=0\%$,$u_{min}=u_0$;t_5 之后,去掉极大电压,在分子间力的作用下,分子排列方式又逐渐向无电场作用时的状态转变,透射率逐步增大到最大值。在 $t_1\sim t_4$ 的 t_2 时刻,透过率降为90%,$u_{90\%}=0.9k+u_0$;t_3 时刻降为10%,$u_{10\%}=0.1k+u_0$,则 $\tau_d=t_3-t_2$;类似的,$\tau_r=t_7-t_6$。

根据电压表达式,可以得出

$$u_{90\%}=u_{max}-\frac{1}{10}(u_{max}-u_{min})$$

$$u_{10\%}=u_{min}+\frac{1}{10}(u_{max}-u_{min})$$

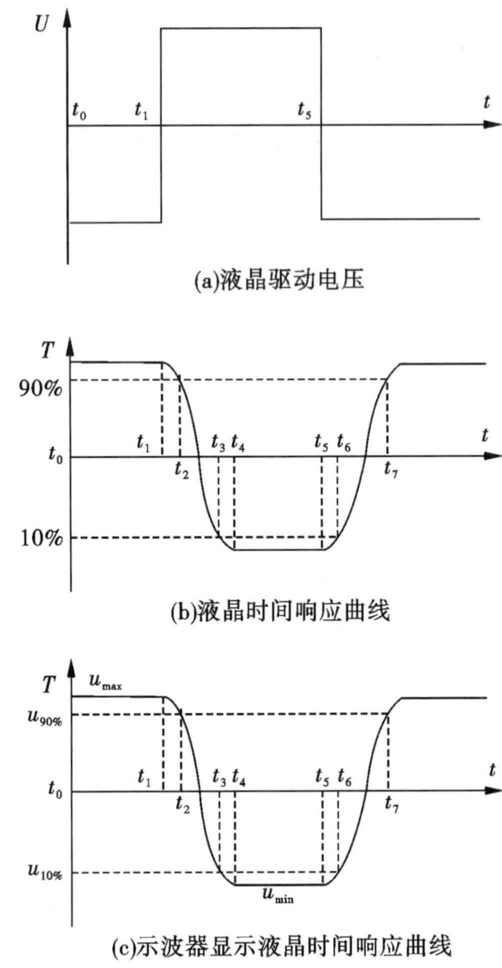

图 36-7 液晶驱动电压及液晶时间响应曲线

在示波器追踪模式下，屏幕范围内的各个数据点的坐标值(t,u)可以用示波器的光标测量，所以只要用光标 A/B 测量出最大电压值 u_{max}和最小电压值 u_{min}，计算出 t_2 时刻的理论电压值 $u_{90\%}$，通过电压找出在曲线上对应的点，该点的横坐标即为 t_2。同理，找出 t_3、t_6、t_7，进而求出下降时间和上升时间。

实验 37 传感器系列实验

传感器是一种以测量为目的,以一定精度把被测量转换为与之有确定关系的、易于处理的电量信号输出的装置,通常由敏感元件、转换元件和一些信号调节电路组合而成。

传感器系列实验

传感器的种类繁多,极为广泛地运用于科研、国防、工业、日常生活等各领域,了解、研究和掌握传感器技术,是时代对广大科技工作者的要求。下面仅介绍几种典型传感器的工作原理,以起抛砖引玉之效。

FBT16-Ⅳ型典型传感元件实验箱上采用的大部分传感器虽然是教学传感器(透明结构便于教学),但其结构与线路是一般应用的基础,希望通过实验帮助广大学生加强对书本知识的理解,并在实验的进行过程中,通过信号的拾取、转换、分析,掌握作为一个科技工作者应具有的基本的操作技能与动手能力。

实验 37-1 金属箔式应变片

[实验目的]

1. 了解金属箔式应变片的应变效应。
2. 了解单臂电桥、半桥、全桥测量电路的工作原理和性能。
3. 测量和比较使用单臂电桥、半桥、全桥测量电路时传感器的灵敏度和非线性误差。

[实验仪器]

应变式传感器实验模板、砝码、数显表、±15 V 电源、±4 V 电源、万用表。

[实验原理]

1. 应变片传感原理

金属丝在外力作用下发生机械形变时,其电阻值会发生变化,这就是金属的电阻应变效应。

金属的电阻表达式为

$$R=\rho\frac{l}{S} \tag{37-1-1}$$

当金属电阻丝受到轴向拉力 F 作用时,将伸长 Δl,横截面积相应减小 ΔS,电阻率因晶格变化等因素的影响而改变 $\Delta\rho$,故引起电阻值变化 ΔR。对式(37-1-1)全微分,并用相对变化量来表示,则有

$$\frac{\Delta R}{R}=\frac{\Delta l}{l}-\frac{\Delta S}{S}+\frac{\Delta\rho}{\rho} \tag{37-1-2}$$

式中的$\frac{\Delta l}{l}$为电阻丝的轴向应变,用 ε 表示,常用单位 $\mu\varepsilon$($1\mu\varepsilon=1\times10^{-6}$ mm/mm)。若径向应变为$\frac{\Delta r}{r}$,电阻丝的纵向伸长和横向收缩的关系用泊松比 μ 表示为$\frac{\Delta r}{r}=-\mu\left(\frac{\Delta l}{l}\right)$,因为$\frac{\Delta S}{S}=2\left(\frac{\Delta r}{r}\right)$,则式(37–1–2)可以写成

$$\frac{\Delta R}{R}=\frac{\Delta l}{l}(1+2\mu)+\frac{\Delta\rho}{\rho}=(1+2\mu+\frac{\Delta\rho/\rho}{\Delta l/l})\frac{\Delta l}{l}=k_0\ \frac{\Delta l}{l} \tag{37–1–3}$$

式(37–1–3)为"应变效应"的表达式,其中 k_0 称为金属电阻的灵敏系数。从式(37–1–3)可见,k_0 受两个因素影响:一个是($1+2\mu$),它是材料的几何尺寸变化引起的;另一个是$\frac{\Delta\rho}{\rho\varepsilon}$,是材料的电阻率 ρ 随应变引起的(称为"压阻效应")。对于金属材料,以前者为主,则 $k_0\approx1+2\mu$;对于半导体,k_0 值主要是由电阻率相对变化所决定。实验也表明,在金属丝拉伸比例极限内,电阻相对变化与轴向应变成比例。通常金属丝的灵敏系数 $k_0\approx2$。

用应变片测量受力时,将应变片粘贴于被测对象表面上。在外力作用下,被测对象表面产生微小机械变形时,应变片的敏感栅也随之变形,其电阻值发生相应变化。通过转换电路转换为相应的电压或电流的变化,根据式(37–1–3),可以得到被测对象的应变值 ε。根据应力与应变的关系:

$$\sigma=E\varepsilon \tag{37–1–4}$$

式中,σ 为测试的应力,E 为材料弹性模量。由式(37–1–3)和式(37–1–4)可得

$$\frac{\Delta R}{R}=k_0\ \frac{\sigma}{E} \tag{37–1–5}$$

可以测得应力值 σ。通过弹性敏感元件,将位移、力、力矩、加速度、压力等物理量转换为应变,因此可以用应变片测量上述各量,从而做成各种应变式传感器。电阻应变片可分为金属丝式应变片、金属箔式应变片、金属薄膜式应变片。

2. 测量电路

如上所述,应变片在外力的作用下,其几何形状要发生变化,其电阻值也要发生变化。应变片将机械应变转换为电阻变化后,为了显示和记录,通常将应变片组成电桥电路,使得由非电量引起的应变片电阻变化转化为电压或电流的变化。用应变片来转换被测部位的受力大小及状态,用电桥原理完成电阻到电压的比例变化。电桥又分为单臂电桥、半桥和全桥。图37–1–1 是单臂电桥测量电路。

把不同受力方向的两只应变片接入电桥作为邻边,电桥输出灵敏度提高,非线性得到改善,这就是半桥测量电路,如图 37–1–2 所示。当应变片阻值和应变量相同时,半桥电路输出电压 $U_{02}=k_0E\varepsilon/2$,其中 E 为电桥供电电压。

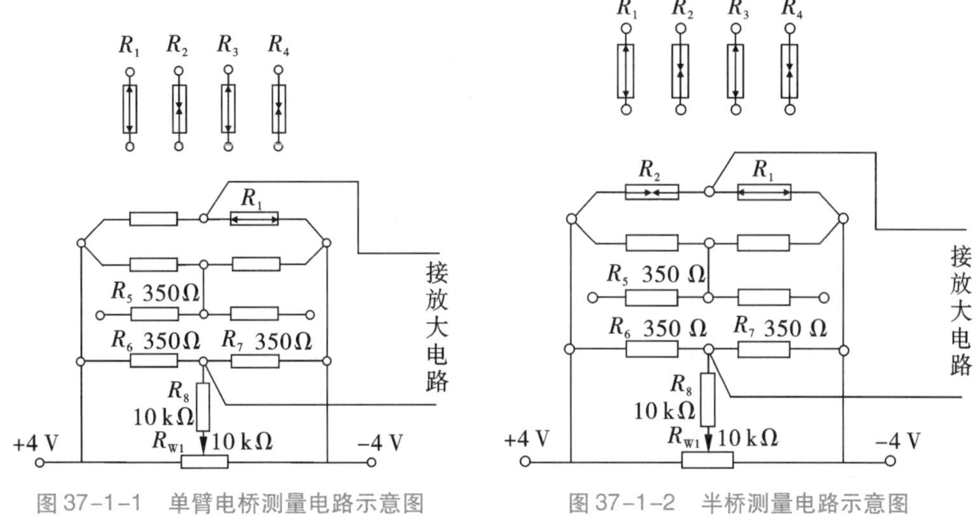

图 37-1-1　单臂电桥测量电路示意图　　图 37-1-2　半桥测量电路示意图

将四个应变片全部接入电桥电路中，且受力性质相同的两个应变片接入电桥对边，这就是全桥测量电路，如图 37-1-3 所示。当应变片初始阻值 $R_1=R_2=R_3=R_4$，其变化值 $\Delta R_1=\Delta R_2=\Delta R_3=\Delta R_4$ 时，全桥电路输出电压 $U_{03}=k_0E\varepsilon$。其输出灵敏度比半桥又提高了一倍，非线性误差和温度误差均得到明显改善。

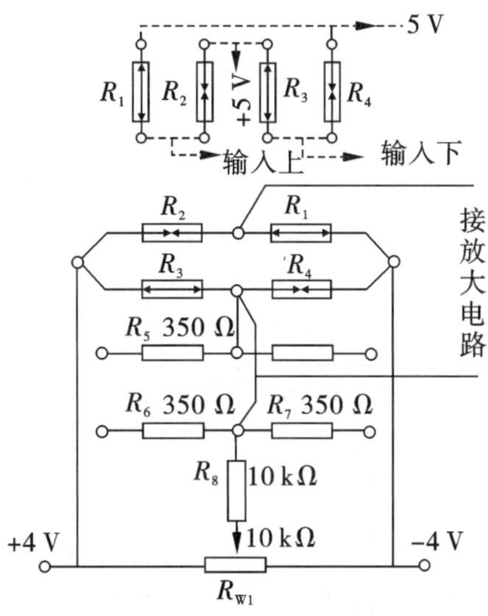

图 37-1-3　全桥测量电路示意图

［实验内容与步骤］

1. 应变片的安装位置如图 37-1-4 所示，应变式传感器受拉时如图 37-1-5 所示，应变式传感器已装到应变传感器模块上。传感器中各应变片已接入模板的左上方的 R_1、R_2、R_3、R_4。可用万用表进行测量，$R_1=R_2=R_3=R_4=350\ \Omega$。

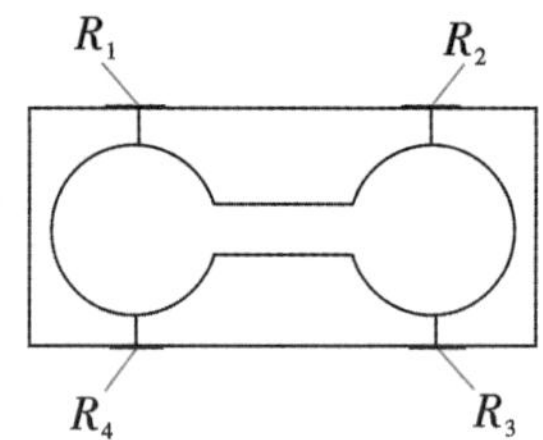

图 37-1-4 应变式传感器安装示意图

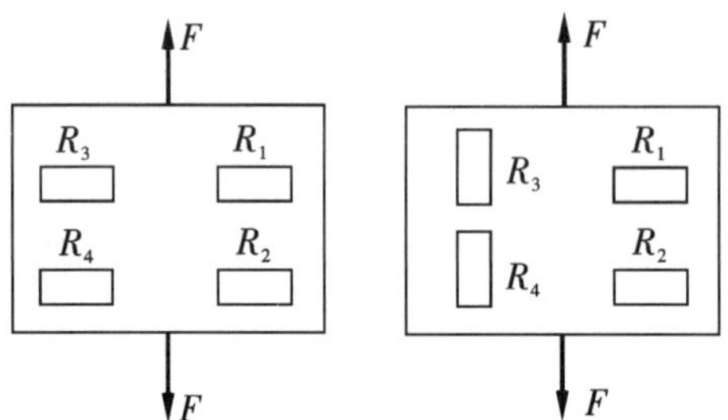

图 37-1-5 应变式传感器受拉时传感器周面展开图

2. 差动放大器模块调零:模块的电源座接至直流恒压电源的+15 V、-15 V,再用导线将差动放大器的输入端同相端、反相端与地短接。用万用表测差动放大器输出端的电压,开启直流恒压电源,调节调零旋钮使万用表显示为零。

3. 单臂电桥实验。

(1)按图 37-1-6 将应变式传感器的其中一个应变片 R_1(即模板左上方的 R_1)接入电桥作为一个桥臂,与 R_5、R_6、R_7 接成直流电桥(R_5、R_6、R_7 为 350 Ω 固定阻值电阻),接好电桥调零电位器 R_{W1},接上桥路电源±4 V。检查接线无误后,打开电源开关。调节 R_{W1},使万用表显示为零。

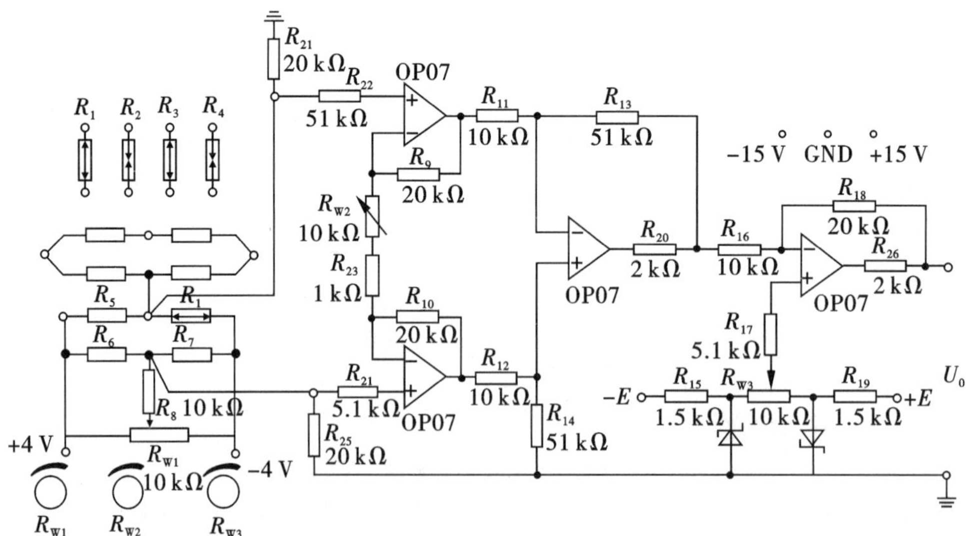

图 37-1-6 应变式传感器单臂电桥实验接线图

(2)在砝码盘中放置一只砝码，读取万用表数值，以后每次增加一个砝码并读取相应的万用表数值，直到 250 g 砝码加完。记下实验结果填入表 37-1-1，关闭电源。

表 37-1-1　单臂电桥输出电压与所加负载质量值

质量/g									
电压/mV									

4. 半桥实验。

(1)电桥部分根据图 37-1-2 接线(其他接线不变)。R_1、R_2 为实验模板左上方的应变片，注意 R_2 应和 R_1 受力状态相反，即将传感器中两片受力相反(一片受拉、一片受压)的电阻应变片作为电桥的相邻边。接入桥路电源±4 V，调节电桥调零电位器 R_{W1} 进行桥路调零。

(2)在砝码盘中依次加入所要求的砝码，数据记在表 37-1-2 中。

表 37-1-2　半桥测量时输出电压与加负载质量值

质量/g									
电压/mV									

5. 全桥实验。

(1)电桥部分根据图 37-1-3 接线(其他接线不变)，合上开关，调 R_{W1} 使直流电压表显示为零。

(2)在砝码盘中依次加入所要求的砝码，数据记在表 37-1-3 中。

表 37-1-3　全桥测量时输出电压与加负载质量值

质量/g									
电压/mV									

6. 分别根据表 37-1-1、表 37-1-2 和表 37-1-3 用 Excel 拟合直线，计算使用单臂电桥、半桥和全桥时传感器系统灵敏度 $S=\Delta U/\Delta W$(ΔU 为输出电压的变化量，ΔW 为质量变化量)和非线性误差 $\delta_f=\Delta m/y_{FS}\times 100\%$，式中 Δm(多次测量时为平均值)为输出值与拟合直线的最大偏差，y_{FS} 为满量程输出平均值，此处为 250 g。

[注意事项]

1. 不要在砝码盘上放置超过 1 kg 的物体，否则容易损坏传感器。

2. 电桥的电压为±4 V，绝不可错接成±15 V，否则可能烧毁应变片。

[思考题]

1. 单臂电桥时,作为桥臂电阻应变片应选用 (　　)

A. 正(受拉)应变片

B. 负(受压)应变片

C. 正、负应变片均可以

2. 半桥测量时两片不同受力状态的电阻应变片接入电桥时,应放在 (　　)

A. 对边　　B. 邻边

3. 桥路(差动电桥)测量时存在非线性误差,是因为 (　　)

A. 电桥测量原理上存在非线性

B. 应变片的应变效应是非线性的

C. 调零值不是真正为零

4. 全桥测量中,当两组对边(R_1、R_3 为对边)的阻值相同时,即 $R_1=R_3$,$R_2=R_4$,而 $R_1 \neq R_2$时,是否可以组成全桥?

5. 某工程技术人员在进行材料拉力测试时,在棒材上贴了两组应变片,如何利用这四片电阻应变片组成电桥?是否需要外加电阻?

[实验报告要求]

1. 记录实验数据,用 Excel 软件绘制出使用单臂电桥、半桥和全桥测量电路时应变式传感器的特性曲线,拟合出曲线的方程,方程的斜率即为灵敏度 S。

2. 比较单臂、半桥、全桥输出时的灵敏度和非线性度,并从理论上加以分析比较,得出相应的结论。

实验 37-2　差动变压器的性能测定

[实验目的]

1. 了解差动变压器的工作原理和特性。

2. 了解三段式差动变压器的结构。

[实验仪器]

差动变压器实验模板、测微头、双踪示波器、差动变压器、音频信号源。

[实验原理]

差动变压器由一只初级线圈和两只次线圈及铁芯组成,根据内外层排列不同,有二段式和三段式,本实验采用三段式结构。当传感器随着被测体移动时,由于初级线圈和次级线圈之间的互感发生变化,促使次级线圈感应电势产生变化。一只次级感应电势增加,另一只感应电势则减少。将两只次级反向串接,即同名端接在一起,就引出差动输出,其输出电势则反映出被测物体的位移量。

[实验内容与步骤]

1. 将差动变压器及测微头安装在差动变压器实验模板上。

2. 将传感器引线插头插入实验模板的插座中,在模块上按图 37-2-1 接线,音频振荡器信号必须从主控箱中的音频振荡器的端子(正相或反相)输出,调节音频振荡器的频率,使输出频率为 4 ~5 kHz(可用主控箱的频率计来监测)。调节输出幅度为峰-峰值 U_{p-p}=2 V(可用示波器监测)。

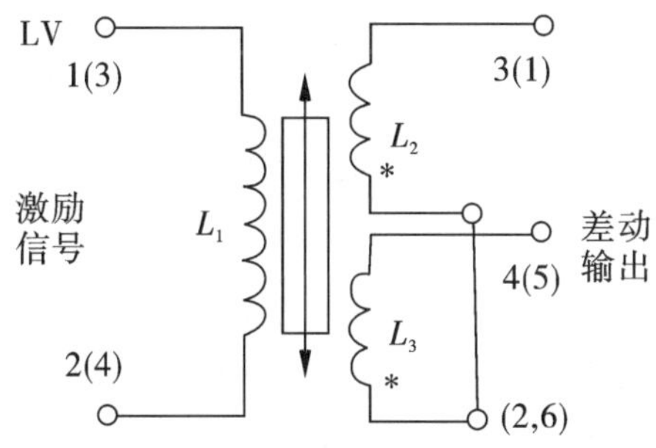

图 37-2-1　双踪示波器与差动变压器连接示意图

3. 旋动测微头,使示波器第二通道显示的波形峰-峰值 U_{p-p}为最小,这时可以左右位移。假设其中一个方向为正位移,另一个方向为负位移。从 U_{p-p}最小开始旋动测微头,每 0. 2 mm 从示波器上读出输出电压 U_{p-p}值,填入表 37-2-1。再从 U_{p-p}最小处反向位移做实验。在实验过程中,注意左右位移时,初级、次级波形的相位关系。

表 37-2-1　差动变压器位移 X 值与输出电压 U 数据表

U/mV										
X/mm										

4. 实验过程中注意差动变压器输出的最小值即为差动变压器的零点残余电压的大小。根据表 37-2-1 画出 U_{p-p}-X 曲线,求出量程为±1 mm、±3 mm 的灵敏度和非线性误差。

[注意事项]

1. 在做实验前,应先用示波器监测差动变压器激励信号的幅度,使 U_{p-p}值为 2 V,不能太大,否则差动变压器发热严重,影响其性能,甚至烧毁线圈。

2. 模块上 L_2、L_3 线圈旁边的“ * ”表示两线圈的同名端。

[思考题]

1. 用差动变压器测量较高频率的振幅,例如 1 kHz 的振动幅值,可以吗? 差动变压器测量频率的上限受什么影响?

2. 试分析差动变压器与一般电源变压器的异同。

[实验报告要求]

1. 根据实验测得的数据,绘制出测微头左移和右移时传感器的特性曲线。

2. 分析产生非线性误差的原因。

实验 37-3　差动变压器零点残余电压的测定及补偿

［实验目的］

了解差动变压零点残余电压的组成及其补偿方法。

［实验仪器］

音频振荡器、测微头、差动变压器、差动变压器实验模板、示波器。

［实验原理］

由于传感器阻抗是一个复数阻抗，有感抗，也有阻抗，为了达到电桥平衡，就要求线圈的电阻 R 相等，两线圈的电感 L 相等。实际上，这种情况是难以精确达到的，就是说不易达到电桥的绝对平衡。在零点有一个最小的输出电压，一般把这个最小的输出电压称为零点残余电压。如果零点残余电压过大，会使灵敏度下降，非线性误差增大，甚至造成放大器末级趋于饱和，导致仪器电路不能正常工作。总的来说，零点残余电位是两电感线圈的等效参数不对称造成的，包括差动变压器两只次级线圈的等效参数不对称，初级线圈的纵向排列的不均匀性，二次级的不均匀、不一致，铁芯 $B-H$ 特性的非线性等。

［实验内容与步骤］

1. 按图 37-3-1 接线，音频信号源从主控箱输出，实验模板上 R_1、C_1、R_{W1}、R_{W2} 为电桥单元中调平衡网络。

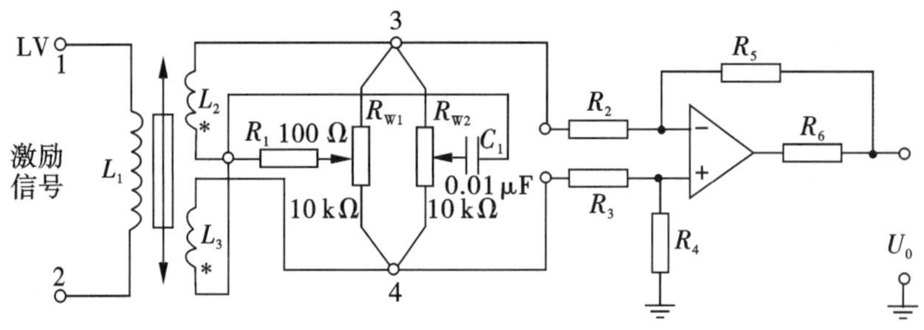

图 37-3-1　零点残余电压补偿电路之一

利用示波器调整音频振荡器输出为 2 V(峰-峰值)。

2. 调整测微头，使差动放大器输出电压最小。

3. 依次调整 R_{W1}、R_{W2}，使输出电压降至最小。

4. 将第二通道的灵敏度提高，观察零点残余电压的波形，注意与激励电压相比较。

5. 从示波器上观察差动变压器的零点残余电压值(峰-峰值)。(注：这时的零点残余电压是经放大后的零点残余电压，实际零点残余电压为 U_{p-p}/K，K 为放大倍数。)

［注意事项］

1. 实验前，应先用示波器监测差动变压器激励信号的幅度，使 U_{p-p} 值为2 V，不能太大，否则差动变压器发热严重，影响其性能，甚至烧毁线圈。

2. 模块上 L_2、L_3 线圈旁边的“ * ”表示两线圈的同名端。

[思考题]

1. 请分析经过补偿后的零点残余电压波形。

2. 本实验也可用图 37-3-2 所示的电路，请分析原理。

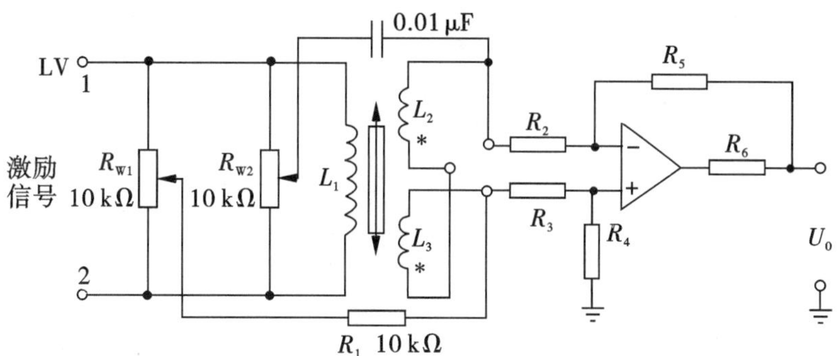

图 37-3-2　零点残余电压补偿电路之二

[实验报告要求]

1. 分析产生零点残余电压的原因对差动变压器的性能有哪些不利影响，用哪些方法可以减小零点残余电压。

2. 归纳总结前两种补偿电路的优缺点。

实验 37-4　激励频率对差动变压器特性的影响

[实验目的]

了解激励频率对差动变压器输出的影响。

[实验仪器]

差动变压器实验模板、测微头、双踪示波器、差动变压器、音频信号源、±15 V 直流电源。

[实验原理]

差动变压器的输出电压的有效值可以近似用关系式

$$U_o=\frac{\omega(M_1-M_2)U_i}{\sqrt{R_P^2+\omega^2L_P^2}}$$

表示，式中，L_P、R_P为初级线圈电感和损耗电阻，U_i、ω 为激励电压和频率，M_1、M_2 为初级与两次级间互感系数。

由关系式可以看出，当初级线圈激励频率太低时，若 $R_P{}^2>\omega^2L_P{}^2$，则输出电压 U_o 受频率变动影响较大，且灵敏度较低。只有当 $\omega^2L_P{}^2\gg R_P^2$时输出电压 U_o 与 ω 无关。当然 ω 过高会使线圈寄生电容增大，对性能稳定不利。

[实验内容与步骤]

1. 将差动变压器装在差动变压器实验模板上。

2. 按图 37-3-1 接线。

3. 选择音频信号输出频率为 1 kHz(从正相或反相)输出(可用主控箱的频率计显示频率),移动铁芯至中间位置(即输出信号最小时的位置),调节 R_{W1}、R_{W2} 使输出变得更小。

4. 用示波器监视第二通道,旋动测微头,向左(或右)旋到离中心位置 2.50 mm 处,有较大的输出。将测试结果记入表 37-4-1。

5. 分别改变激励频率为 1 ~9 kHz,幅值不变,将测试结果记入表 37-4-1 中。

表 37-4-1　不同激励频率时输出电压(峰-峰值)的关系

f/kHz	1	2	3	4	5	6	7	8	9
$U_{o\ p\text{-}p}$/V									

6. 作幅频特性曲线。

[注意事项]

1. 在做实验前,应先用示波器监测差动变压器激励信号的幅度,使 $U_{p\text{-}p}$ 值为 2 V,不能太大,否则差动变压器发热严重,影响其性能,甚至烧毁线圈。

2. 模块上 L_2、L_3 线圈旁边的“ * ”表示两线圈的同名端。

3. 传感器要轻拿轻放,绝不可掉到地上。

[思考题]

1. 提高激励频率有哪些优点? 过高的激励频率又会带来哪些不利因素? 应怎样确定激励频率?

2. 若用差动变压器式传感器测量振动,测量的频率受什么限制?

[实验报告要求]

1. 根据实验所得的数据作传感器的幅频特性曲线。

2. 归纳总结正确选择激励信号的幅度和频率的特点。

实验 37-5　电容式传感器的位移特性实验

[实验目的]

了解电容式传感器的结构特点。

[实验仪器]

电容传感器、电容传感器实验模板、测微头、数显单元、直流稳压源。

[实验原理]

利用平板电容 $C=\varepsilon S/d$ 和其他结构的关系式,通过相应的结构和测量电路可以选择 ε、S、d 三个参数中保持两个参数不变,而只改变其中一个参数,则可以测谷物干燥度(变 ε)、测微小位移(变 d)和测量液位(变 S)等。变面积型电容传感器中,平板结构对极距特别敏感,测量精度受到影响。而圆柱形结构受极板径向变化的影响很小,且理论上具有很好的线性关系(但实际由于边缘效应的影响,会引起极板间的电场分布不均,导致非线性问题仍然存在,且灵敏度下降,但比变极距型好得多),从而成为实际中最常用的结构。其中线位移单组式的电容量 C 在忽略边缘效应时为

$$C=\frac{2\pi\varepsilon l}{\ln\left(\frac{r_2}{r_1}\right)} \tag{37-5-1}$$

式中:l 为外圆筒与内圆柱覆盖部分的长度;r_2、r_1 分别为外圆筒内半径和内圆柱外半径。

当两圆筒相对移动 Δl 时,电容变化量 ΔC 为

$$\Delta C=\frac{2\pi\varepsilon l}{\ln\left(\frac{r_2}{r_1}\right)}-\frac{2\pi\varepsilon(l-\Delta l)}{\ln\left(\frac{r_2}{r_1}\right)}=\frac{2\pi\varepsilon\Delta l}{\ln\left(\frac{r_2}{r_1}\right)}=C_0\ \frac{\Delta l}{l} \tag{37-5-2}$$

于是,可得其静态灵敏度为

$$k_g=\frac{\Delta C}{\Delta l}=\left[\frac{2\pi\varepsilon(l+\Delta l)}{\ln\left(\frac{r_2}{r_1}\right)}-\frac{2\pi\varepsilon(l-\Delta l)}{\ln\left(\frac{r_2}{r_1}\right)}\right]/\Delta l=\frac{4\pi\varepsilon}{\ln\left(\frac{r_2}{r_1}\right)} \tag{37-5-3}$$

可见,灵敏度与$\frac{r_2}{r_1}$有关,r_2 与 r_1 越接近,灵敏度越高。虽然内外极筒原始覆盖长度 l 与灵敏度无关,但 l 不可太小,否则边缘效应将影响到传感器的线性。

本实验为变面积型电容传感器,采用差动式圆柱形结构,因此可以很好地消除极距变化对测量精度的影响,并且可以减小非线性误差和增加传感器的灵敏度。

[实验内容与步骤]

1. 将电容式传感器装于电容传感器实验模板上,将传感器引线插头插入实验模板的插座中。其接线图如图 37-5-1 所示。

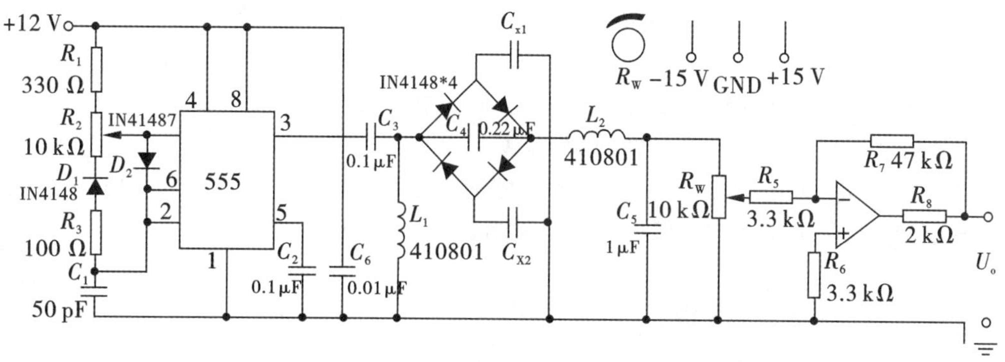

图 37-5-1　电容传感器位移实验接线图

2. 将电容传感器实验模板的输出端 U_o 与数显单元 U_i 相接(插入主控箱 U_i 孔),R_W 调节到中间位置。

3. 接入±15 V 电源,旋动测微头改变电容传感器动极板的位置,每隔 0. 2 mm 记下

位移 X 与输出电压 U 值,填入表 37-5-1。

表 37-5-1　电容传感器位移 X 与输出电压 U 值数据表

X/mm										
U/mV										

4. 根据表 37-5-1 中的数据计算电容传感器的系统灵敏度 S 和非线性误差 δ_f。

[注意事项]

1. 传感器要轻拿轻放,绝不可掉到地上。
2. 做实验时,不要接触传感器,否则将会使线性变差。

[思考题]

1. 什么是传感器的边缘效应?它会对传感器的性能带来哪些不利影响?
2. 电容式传感器和电感式传感器相比,有哪些优缺点?

[实验报告要求]

1. 整理实验数据,根据所得实验数据做出传感器的特性曲线,并利用最小二乘法作拟合直线,计算该传感器的非线性误差。
2. 根据实验结果,分析引起这些非线性的原因,并说明怎样提高传感器的线性度。

实验 37-6　直流激励时霍尔传感器位移特性实验

[实验目的]

了解霍尔传感器的原理与应用。

[实验仪器]

霍尔传感器实验模板、霍尔传感器、±5 V 直流电源、测微头、数显单元。

[实验原理]

金属或半导体薄片置于磁场中,当有电流流过时,在垂直于磁场和电流的方向上将产生电动势,这种物理现象称为霍尔效应,具有这种效应的元件称为霍尔元件。根据霍尔效应,霍尔电势 $U_H=K_HIB$。保持霍尔元件的控制电流恒定,而使霍尔元件在一个均匀梯度的磁场中沿水平方向移动,则输出的霍尔电动势为

$$U_H=kx$$

式中,k 为位移传感器的灵敏度。

这样霍尔元件就可以用于测量位移。霍尔电动势的极性表示了元件的方向。磁场梯度越大,灵敏度越高;磁场梯度越均匀,输出线性度就越好。

[实验内容与步骤]

1. 将霍尔传感器安装在霍尔传感器实验模块上,将传感器引线插头插入实验模板的插座中,实验板的连接线按图 37-6-1 进行。

2. 开启电源,调节测微头使霍尔片大致在磁铁中间位置,再调节 R_{W1} 使数显表指示

为零。

3. 测微头往轴向方向推进，每转动 0. 2 mm 记下一个读数，直到读数近似不变，将读数填入表 37-6-1。

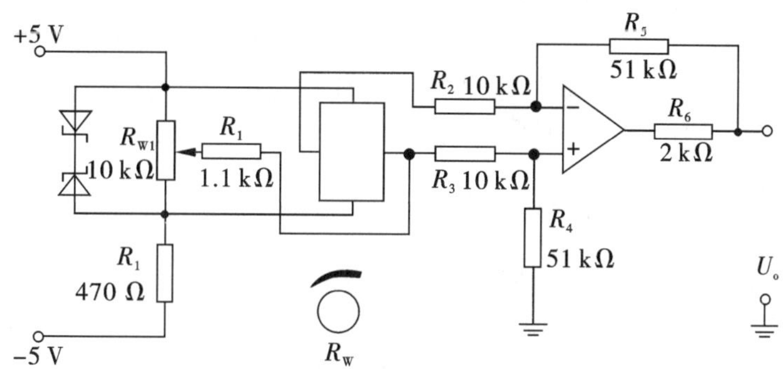

图 37-6-1　直流激励时霍尔传感器位移特性实验接线图

表 37-6-1　霍尔传感器位移特性实验数据记录表

X/mm										
U/mV										

作 U-X 曲线，计算不同线性范围时的灵敏度和非线性误差。

［注意事项］

1. 传感器要轻拿轻放，绝不可掉到地上。

2. 不要将霍尔传感器的激励电压错接成±15 V，否则将可能烧毁霍尔元件。

［思考题］

本实验中霍尔元件位移的线性度实际上反映的是什么量的变化？

［实验报告要求］

1. 整理实验数据，根据所得实验数据作传感器的特性曲线。

2. 归纳总结霍尔元件的误差主要有哪几种，各自产生的原因是什么，应怎样进行补偿。

实验 37-7　集成温度传感器的特性

［实验目的］

了解常用的集成温度传感器基本原理、性能与应用。

［实验仪器］

温度控制器、加热源、温度模块、数显单元、万用表。

［实验原理］

集成温度传感器将温敏晶体管与相应的辅助电路集成在同一芯片上，它能直接给出正比于绝对温度的理想线性输出，一般用于-50～+150 ℃测量。温敏晶体管在管子的集电极电流恒定时，晶体管的基极-发射极电压与温度呈线性关系。为克服温敏晶体管电压 U_b 生产时的离散性，均采用了特殊的差分电路。集成温度传感器有电压型和电流型两种。电流输出型集成温度传感器，在一定温度下，相当于一个恒流源，不易受接触电阻、引线电阻、电压噪声的干扰，具有很好的线性特性。本实验采用的是国产的AD590，它只需要一种电源(+4～+30 V)，即可实现温度到电流的线性变换，然后在终端使用一只取样电阻(本实验中为 R_2)即可实现电流到电压的转换。它使用方便，且电流型比电压型的测量精度更高。

［实验内容与步骤］

1. 将主控箱上总电源关闭，把主控箱中温度检测和控制单元中的恒流加热电源输出与温度模块中的恒流输入连接起来。

2. 将温度模块中的温控 Pt100 与主控箱的 Pt100 输入连接起来。

3. 将温度模块中左上角的 AD590 接到 a、b 上(正端接 a，负端接 b)，再将 b、d 连接起来。

4. 将主控箱的+5 V 电源接入 a 和地之间。

5. 将 d 和地与主控箱的电压表输入端相连(即测量 1 kΩ 电阻两端的电压)。

6. 开启主电源，将温度控制器的 SV 窗口设定为 50 ℃，以后每隔 5 ℃设定一次，即 $\Delta t=5$ ℃，读取数显表数值，将结果填入表 37-7-1。

表 37-7-1　温度和输出电压

T/℃										
U/mV										

7. 根据上表计算 AD590 的非线性误差。

［注意事项］

1. 加热器温度不能加热到 120 ℃以上，否则将可能损坏加热器。

2. 不要将 AD590 的+、-端接反，因为反向电压可能击穿 AD590。

［思考题］

大家知道，在一定的电流模式下，PN 结的正向电压与温度之间具有较好的线性关系，因此就有温敏二极管。若有兴趣可以利用开关二极管或其他温敏二极管在 50 ℃至 100 ℃做实验，然后与集成温度传感器相同区间的温度特性进行比较。从线性看，温度传感器线性优于温敏二极管，请阐明理由。

［实验报告要求］

1. 简单说明 AD590 的基本原理，讨论电流输出型和电压输出型集成温度传感器的优缺点。

2. 总结实验后的收获、体会。

第四章 设计性与创新性实验

实验 38 用浮力法测密度

[实验目的]

1. 学会测量密度小于水的物体的密度。

2. 自拟实验步骤,导出误差,得到测量结果。

[实验仪器]

物理天平(一套)、烧杯、待测金属螺母和尼龙块、温度计。

[实验提示]

1. 螺母与尼龙块的质量直接测出。表格自己设计。

2. 螺母与尼龙块的体积必须用浮力法测量,可用线把两个物体吊起来。尼龙块的密度是小于水的,测量方法自己设计。

3. 推导出计算密度的两个公式,自己导出。

4. 记录天平有关参数,根据两个密度公式分别导出误差传递公式,写出测量结果表示。

5. 实验结束后把水倒掉。

6. 小心不要让金属螺母砸坏烧杯。

注:在标准大气压下水的密度见本书的附表 1-8。

实验 39 组装热敏电阻测温电桥

[实验目的]

1. 了解非平衡电桥的工作原理。

2. 了解热敏电阻的温度特性及其测温原理。

3. 学习非平衡电桥测温仪的设计。

[实验仪器]

热敏电阻、温度计、金属膜电阻4个、可变电阻2个、电池1节、微安表头、插孔接线板和连线、杯子、冰块等。

[实验提示]

1. R_1、R_2 用5 kΩ电阻，R_0 用5 kΩ电阻再串联一个1 kΩ可变电阻，微安表串联一个4.7 kΩ可变电阻。为了提高线性，热敏电阻 R_T 可并联一个3 kΩ或5 kΩ的电阻，电源用一节电池，R_1 和 R_2 连接端接电池正极，R_0 与 R_T 连接端接电源负极。

2. 把 R_T 和温度计同时放入冰水中，调整 $I_g=0$。

3. 把 R_T 和温度计同时放入温度 $t=50$ ℃的水中，调整 I_g 为满刻度。温度量程也可自己确定。

4. 改变水的温度，进行温度定标刻度。

5. 测量若干个温度（改变水温）。

[附录]

热敏电阻 R_T–t 关系

在粮油工业中采用的是负温度系数的热敏电阻，它由两种金属氧化物烧结而成，是一种典型的半导体陶瓷器件。

半导体和导体之间的差别突出地表现在电阻值随温度变化的关系上。金属导体的电阻值随温度的升高而增大，而金属氧化物半导体的电阻却随温度的升高而急剧下降，具有负的温度系数。所以热敏电阻的阻值将随温度的升高而变小，其阻值随温度的变化关系不是线性的，可以用以下经验公式来表示

$$R_T=Ae^{\frac{B}{T}} \tag{39-1}$$

式中，R_T 为热敏电阻在温度 T 时的电阻值，T 为绝对温度，A、B 为决定于热敏电阻材料的结构常数。

目前生产的一些负温度系数的热敏电阻，其电阻与温度的特性与式(39-1)基本相符合，电阻随温度的变化为指数关系，实际中可以用实验的方法来获得这一关系曲线。图39-1和表39-1反映的是MF53-1型热敏电阻与温度的对应关系。

表39-1　热敏电阻与温度的对应关系

温度/℃	−10	−5	0	5	10	15	20	25	30	35	40	45	50
阻值/kΩ	15.00	11.60	8.27	6.50	5.35	4.29	3.50	2.88	2.30	1.85	1.60	1.39	1.17

由图39-1和表39-1可知：热敏电阻在环境温度变化1 ℃时，阻值的变化为几十欧到上百欧，阻值变化大，灵敏度高。因此，测温引线的长短对测温值影响不大，适用于长距离测温。随着温度的升高，电阻值急剧下降，当温度较高时，电阻的变化率已很小，这样测量误差会增大，不宜在高温下使用。

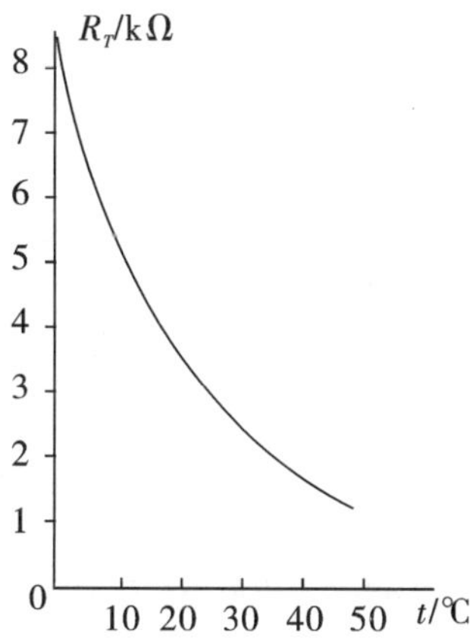

图 39-1　MF53-1 型热敏电阻与温度的对应关系

实验 40　组装 PN 结数字电桥

随着大规模集成电路技术的发展，由单片 A/D 转换器构成的数字测温电路获得了迅速的普及和广泛的应用，这种电路具有整体结构简单、测量精度高、工作稳定、数字显示清晰等优点，可用于测量硅 PN 结传感器检测的温度信号，用数码显示其温度值。

［实验目的］

1. 了解 $3\frac{1}{2}$ 数字测温电路的工作原理。

2. 掌握 $3\frac{1}{2}$ 数字电路测温电路的安装与调试。

3. 进行温度测量，与温度计比较其误差。

［实验仪器］

稳压电源（电压取 5 V）、插孔接线板、硅 PN 结传感器、保温瓶（装开水）、温度计、10 kΩ 电位器 1 个、47 kΩ 电位器 1 个、30 kΩ 电阻 2 个、100 Ω 电阻 1 个、模数转换调试板$\left(\text{带 }3\frac{1}{2}\text{ 数字显示}\right)$1 个。

［实验提示］

1. 实验室提供的上述元件可组成一个电桥，电桥如图 40-1 所示，不要接错线路。

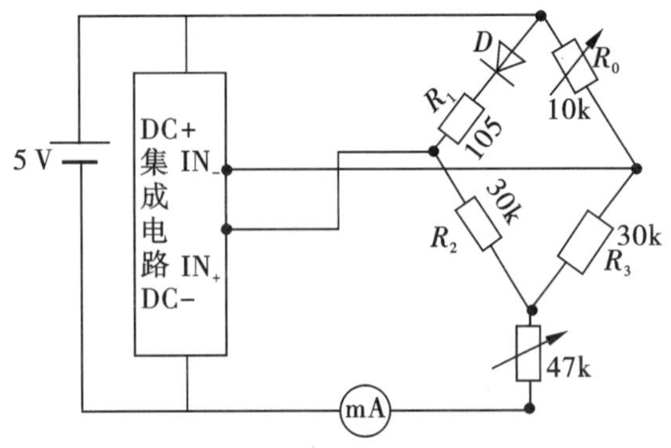

图 40-1　电桥结构示意图

2. 电源电压应设在 5 V,不要过高或过低。

3. 调节 47 kΩ 电位器使电流为 200 mA,可用电流表测量。

4. 放在 0 ℃的冰水中,调节 R_0 使数字显示为“00.0”,再将 D 放在 50 ℃的温水中,调节数模调试板上的 W,使数字显示为“50.0”,重复调节,最后固定 R_0 与 W。

5. 加冰或加温水,用 D 和温度计同时测 5 个以上的温度,以计算出最大偏差 Δt_{max}。

[注意事项]

1. 温度计和保温瓶要轻拿轻放,以免打碎。

2. 温度计和 PN 结应放在同一个位置测温,并停留 1 min 后再进行读数。

[附录]

硅 PN 结温度传感器

硅三极管是由 PN 结构成的(见图 40-2),而 PN 结的正向结压降能够随温度的变化而变化,当导通电流 I_D 恒定时,在一定温度范围内,正向结压降温度增加近似呈线性递减,则有

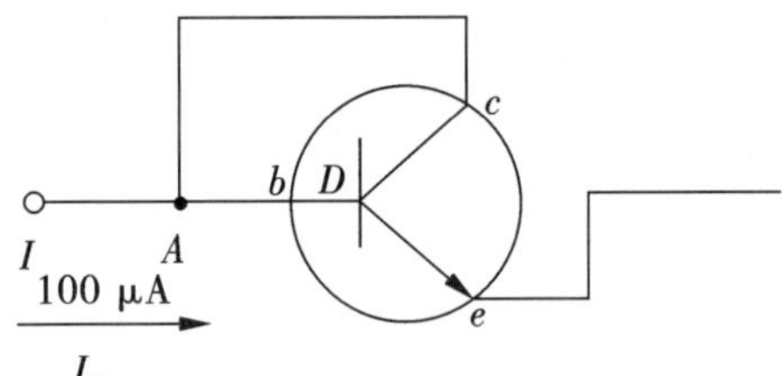

图 40-2　硅三极管 3D06

$$V_D = U_D(I_D) - \frac{dU_D}{dt}(t - t_0) \tag{40-1}$$

式中,U_D 为正向结压降,$U_D(I_D)$ 为与电流 I_D 有关的常量,$(t-t_0)$ 为环境温度的变化量。

如果我们将 U_D 随温度变化的信号加以放大,通过电子检测电路就能转换成对应的温度值。

由于导通电流 I_D 不易恒定，在温度变化 1 ℃以内，其线性就较差。实际应用中，是将一只硅三极管的 b、c 极连接起来，利用 b、e 极的 PN 结感温，其温度特性就大为改观。如图 40-3 所示，图中的温度系数为-2.1 mV/℃左右。尽管测温范围窄一些，但却可获得非常好的线性度(0.3%)，故可以测出零点几摄氏度以内的温度变化，其精度比硅二极管高10倍。其主要原因就是利用了三极管 b、c 极的恒流特性，保持了导通电流的恒定。

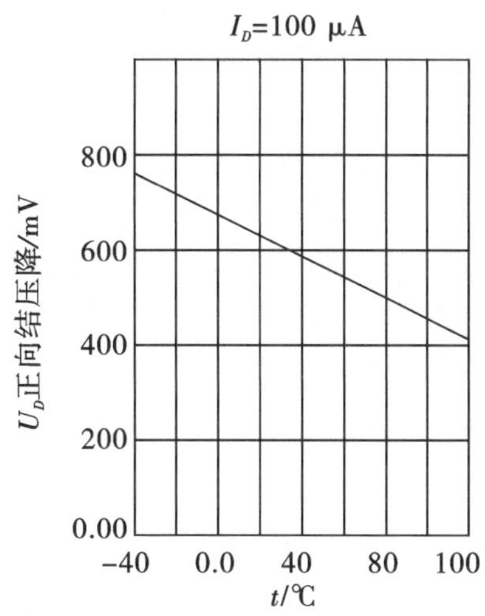

图 40-3　PN 结的正向结压降随温度变化示意图

本实验选用的 2CWM 型 PN 结温度传感器虽然是 2 条引线，但也是由三极管接成(引线连在内部)。它采用特殊的工艺，使其具有较宽的基区和较低的杂质浓度，其线性更佳。

PN 结温度传感器具有灵敏度高、体积小、重量轻、响应快、一致性好等优点，可广泛用于气体、液体及固体的温度测量与控制，利用它的单向导电性还可以实现多点阵排列检测，节省大量传输线。但是在使用时一定要提供恒定的工作电流，否则将增大测量误差。

实验 41　自组电位差计测电池电动势

［实验目的］

1. 加深对补偿测电势的理解。
2. 设计补偿法测电压电路。

3. 组装校准后，进行测量。

[实验仪器]

电阻箱 3 个(至少 2 个六旋钮电阻箱)、检流计限流电阻 1 个、检流计 1 个、标准电池 1 个、稳压电源 1 个、待测电池 1 节。

[实验提示]

1. 稳压源电压应调在 2.5 V 左右，校准时可根据情况调节其大小。

2. 新电池电动势一般大于 1.6 V，旧电池电动势可为 1.4 ~ 1.6 V。按照标准电池电动势的大小，电池电动势的大小应预先计算设置三电阻箱的值，测量过程中应保持 3 个电阻箱总阻值不变。

3. 用 10 kΩ 左右的电阻是为了保护检流计，防止电流过大损坏检流计，当基本补偿(电流很小)时，可把限流电阻去掉，以提高灵敏度，减少测量误差。

4. 分别记录各电阻箱校准和测量时的阻值，并记录电阻箱对应的级别，在不考虑灵敏度引起的误差的情况下，推导误差公式，计算误差，写出电动势的测量结果。

5. 自己查资料编写原理，绘制原理图。

实验 42　劈尖干涉测水中光速与薄膜厚度

[实验目的]

1. 了解劈尖干涉的原理。

2. 测量不同介质中的条纹分布情况。

3. 根据折射率与光速的关系，计算出光速。

[实验仪器]

读数显微镜、组成劈尖的 2 个玻璃片、钠光灯小滴管、待测薄膜 1 片。

[实验提示]

1. 水滴要尽量小，否则整个劈尖都会被水充满，最好让水占的面积不超过一半。

2. 薄膜发皱或放斜，或者玻璃片没有放好，都可能使干涉条纹与玻璃的两个边不平行，要反复压调，直到平行为止。

3. 可测水中几十个条纹的间距和空气中几十个条纹的间距，间距越大相对误差越小，测劈尖总长度。

4. 读数显微镜的误差取最小分度的一半，分别导出光速和厚度的误差公式，写出测量结果。不能用多次测量的平均误差取代误差传递公式。

5. 测量时玻璃片下可加黑纸，条纹会更清晰。水中条纹不太清晰属正常现象。

6. 自己查资料编写原理，绘制原理图。

实验 43　用板式电桥测电阻

［实验目的］

1. 了解板式电桥的测量原理。

2. 要求$\frac{L_1}{L_2}$比值不变，R_0 和 R_x 变换位置测量。

［实验仪器］

电桥、检流计、电源、电阻箱、开关。

［实验内容与步骤］

1. 板式电桥如图 43-1 所示，图中带阴影线部分为金属板接线片，EF 为一根阻值均匀的电阻丝，其上有一滑键 A，按下 A 键电阻丝被分为 L_1、L_2 两部分，并对应两个电阻 R_1、R_2，即 R_1、R_2 与 L_1、L_2 成正比。同时 A 键兼有检流计线路的开关作用，当电桥平衡时，$I_g=0$。（L_1 与 L_2 的比值为多少时测量误差最小？）

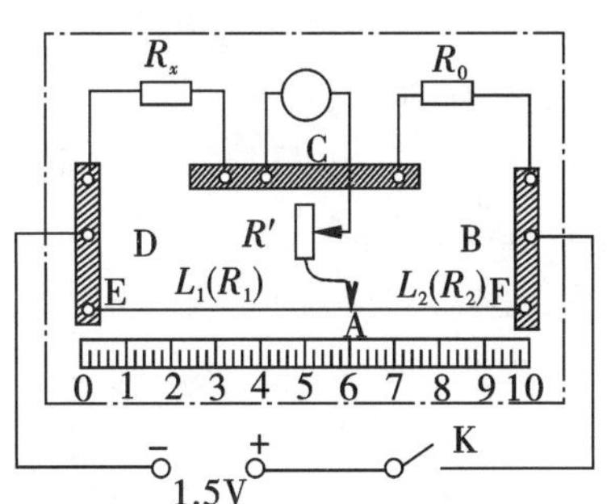

图 43-1　板式电桥示意图

2. 按图 43-1 接线，开启检流计锁，调节检流计零点，R 取最大值（保护检流计）。

3. 根据 A 键的位置估计 R_0 的值，并将 R_0 调至该值后，按下 K 键，再按下 A 键，调节 R_0 使电桥平衡。减小 R 至零，精细调节 R_0 或 A 的位置，直到电桥再次平衡，记下 L_1 和 L_2 及 R_{01}，计算出 R_x 的第一次测量值 R_{x1}。

4. 保持 A 键位置不变，将 R_x、R_0 调换位置，调节 R_0 重新使电桥平衡，记下 R_{02}的值，并计算出 R_{x2}。记录电阻箱对应级别。（R_x 与 R_0 互换位置是为了什么？）

5. 用 $R_x=(R_{x1}\times R_{x2})^{1/2}$计算待测电阻的值，并用 $R_x=(R_{01}\times R_{02})^{1/2}$导出误差传递公式，计算出误差，写出测量结果。（检流计灵敏度引入的误差从略。）

［实验报告要求］

1. 列出表格，记录测量数据。

2. 误差计算公式要清楚，写出测量结果。

实验 44　电子秤设计实验

［实验目的］

电子秤设计实验

1. 了解应变直流全桥的原理。

2. 利用全桥测量原理设计一台电子秤。

［实验仪器］

应变式传感器实验模板、砝码、万用电表、±15 V 电源、±4 V 电源。

［实验内容与步骤］

利用应变全桥测量原理(参考实验 37-1“金属箔式应变片”)，通过对电路调节使电路输出的电压值为质量对应值，电压单位(mV)改为质量单位(g)，即可成为一台原始的电子秤。

1. 按全桥接线不变，输入短接接地后，调差动放大器“调零”旋钮使数量表显示为 0 mV，用 200 mV 挡，将差动放大器调零，电桥接入放大电路，调节电桥平衡电位器(即滑线变阻器)，使数显表显示 0 mV(200 mV 挡)。

2. 将 200 g 砝码全部置于传感器的托盘上(或选一个质量为 200 g 左右的物体放入盘中)，调节差动放大器上增益旋钮(增益即满量程调节)使数显表显示为 200 mV(或显示和物块重相同)。

3. 拿去托盘上的所有砝码，调节滑线变阻器(零位调节)使数显表显示为 0 mV。

4. 重复 2、3 步的标定过程，一直到精确为止，把电压单位 mV 改为质量单位 g，就可以称重，成为一台原始的电子秤。

5. 把砝码依次放在托盘上，并列表记录数据。

［注意事项］

1. 不要在砝码盘上放置超过 1 kg 的物体，否则容易损坏传感器。

2. 电桥的电压为±4 V，绝不可错接成±15 V。

［实验要求］

1. 记录实验数据，绘制传感器的特性曲线。

2. 分析什么因素会导致电子秤的非线性误差增大，怎么消除。若要增加输出灵敏度，应采取哪些措施？

实验 45　重力加速度的测量方法设计

[实验目的及要求]

1. 深入了解重力加速度的概念。

2. 查阅文献深入了解测量重力加速度的多种常规方法，并对各种测量方法进行分析。

3. 结合最新的科技成果提出测量本地重力加速度的新方法，或对已有测量方法进行改进。

4. 运用提出的新方法或改进方法进行实验测量，通过数据分析对新方法或改进方法进行评价。

[实验仪器]

根据提出的新测量方法设计，向实验室或实验教师提交仪器清单。

[实验提示]

常规测量重力加速度的方法主要有弹簧拉伸法（平衡法）、滴水法、单摆法、打点计时器法、气垫导轨法、频闪相机法、双光电门法等。随着智能手机的普及，利用手机自带的传感器也可以进行重力加速度的测量。例如：利用手机物理工坊软件（phyphox）可以对本地重力加速度进行单手机静止测量以及双手机的多普勒法测量。也有人把电动剃须刀作为振源，用驻波法测出重力加速度。

查阅文献资料深入了解重力加速度的多种常规测量方法，开动脑筋提出自己的新方法或者改进方法吧！

实验 46　金属线膨胀系数随温度变化的研究

[实验目的]

1. 掌握金属线膨胀系数的测量方法。

2. 测量不同温度范围内的金属线膨胀系数。

3. 分析金属线膨胀系数随温度变化规律。

[实验仪器]

根据金属线膨胀系数的定义,实验仪器一般包含三个部分:加热装置、测温装置和金属伸长量测量装置。可根据设计方案自行选择你认为最合适的仪器。

[实验提示]

1. 线膨胀系数的定义:$\alpha=\dfrac{\Delta l}{l_0(t_2-t_1)}$。

2. 需要测出金属加热后的伸长量和温度变化量。

3. 金属加热温度的范围尽量大一些,温度变化范围不小于-30 ~ 100 ℃。

4. 分别测量出金属在不同温度区域范围内(如-30 ~ 0 ℃,0 ~ 50 ℃,50 ~ 100 ℃)的线膨胀系数。

实验 47　用示波器测电容的设计与实现

电容是电容器的参数之一,对于解决实验和生活中的实际问题有重要意义。含电容的交流电路中,电压和电流的大小、相位都会发生变化。通过示波器观察和测量电容的交流特性,能够测量电容的大小。

[实验目的]

1. 掌握用示波器测量电容的基本原理。

2. 用示波器测量电容的大小。

[实验仪器]

信号发生器、双踪示波器、万用电表、面包板、电阻、电感、电容、导线。

[实验提示]

1. 测量 RLC 串联电路的谐振频率。

2. 谐振电路中的电流 I 和电压 U 同相位,整个电路呈现纯电阻性,是串联谐振现象。此时电路的总阻抗的模 $|Z|=R$ 达到最小,电流 $I=U/|Z|$ 达到极大值。

3. 根据 LC 谐振回路的谐振频率 $f=\dfrac{1}{2\pi\sqrt{LC}}$,或 $T=2\pi\sqrt{LC}$,可求得电容 $C=\dfrac{1}{4\pi^2 f^2 L}$。

实验 48　电阻的测量方法设计

[实验目的及要求]

1. 深入了解电阻的概念。

2. 查阅文献深入了解测量电阻的多种常规方法，并对各种测量方法进行分析。

3. 结合最新的科技成果提出测量电阻阻值的新方法，或对已有测量方法进行改进。

4. 运用提出的新方法或改进方法测量 1 000 Ω 左右的电阻以及 0.5 Ω 左右的金属导线，通过数据分析对新方法或改进方法进行评价。

[实验仪器]

根据提出的新测量方法设计，向实验室或实验教师提交仪器清单。

[实验提示]

目前，常规测量电阻阻值的方法主要有伏安法、伏伏法、安安法、万用电表法、半偏法、等效替代法、单臂电桥法、双臂电桥法等。查阅文献深入了解各种测量方法的优缺点，不同阻值范围的电阻需要选用不同的测量方法进行测量。

电和磁往往是伴生的，能借助测量磁场来测电阻吗？电可以产生光和热，这能作为又一个突破口吗？

实验 49　分光计测定液体折射率的方法设计

[实验目的]

在分光计实验中已学会三棱镜折射率的测定。通过已有的基础，根据实验室提供的光学仪器，自行设计方案测定液体的折射率。用掠入射法或最小偏向角法测量透明液体的折射率。

[实验仪器]

JJY 型分光计 1 台，三棱镜 1 个，钠灯 1 个，黑玻璃 1 块，水槽 1 个，水。

[实验原理]

1. 分光计的调节

(1) 目测粗调：目测调节望远镜光轴、平行光管光轴、载物台平面，三者大致垂直于分光中心旋转轴。

(2)用自准法调节望远镜,使之能接收平行光。

(3)调节望远镜光轴及载物台面垂直于仪器中心转轴。

2. 用掠入射法测定三棱镜的折射率(图 49-1)

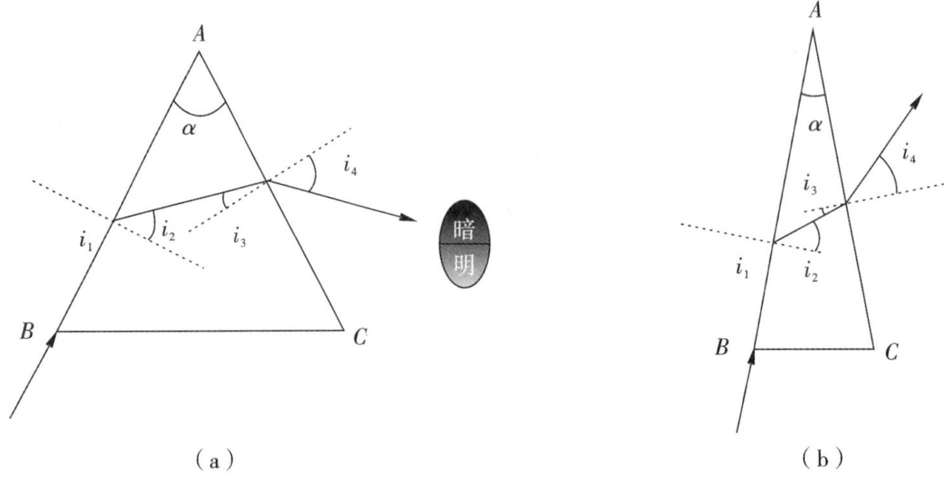

图 49-1　光线掠入射三棱镜示意图

由折射率的定义可知:

$$\sin i_1 = n\sin i_2$$

$$n\sin i_3 = \sin i_4$$

由几何关系可知:

$$n = \frac{1}{\sin \alpha}\sqrt{\sin^2 i_1 \sin^2 \alpha + (\sin i_1 \cos \alpha + \sin i_4)^2}$$

因此,只要测出入射角 i_1、出射角 i_4和三棱镜的顶角 α,即可计算出折射率 n。

3. 测量液体折射率

在完成三棱镜折射率的测定后,可以进一步对液体折射率进行测定。在折射率和顶角都已知的棱镜面上,涂一层待测液体,再用另一个棱镜或毛玻璃片将液体夹住,从扩展光源射出来的光经过液体层进入棱镜再折射,其中一部分光线在通过液体时,传播方向平行于液体与棱镜的交界面(图 49-2),即掠入射于液体的折射率为 n_x,三棱镜的折射率为 n,若有 $n_x<n$,则有如下关系:

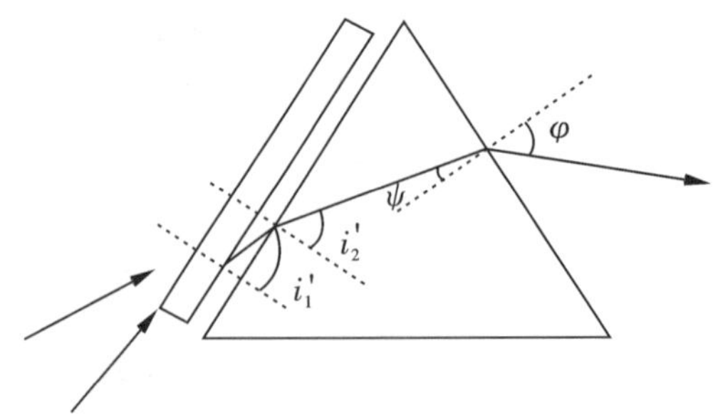

图 49-2　掠入射法测液体折射率示意图

$$n_x \sin 90° = n \sin i_2'$$
$$n \sin 90° = \sin \varphi$$

根据几何关系,化简可得

$$\varphi = i_2' \pm \psi$$
$$n_x = \sin \alpha \sqrt{n^2 - \sin^2 \varphi} \mp \cos \alpha \sin \varphi$$

其中"-"号用于 $i_2'<\alpha$ 的情况,"+"号用于 $i_2'>\alpha$ 的情况。

实验 50　光栅莫尔条纹微位移测量

[实验目的]

了解莫尔条纹的应用及光栅传感器的原理,基于莫尔条纹进行位移的测量。

[实验仪器]

光栅组、移动平台、光栅传感器。

[实验原理]

当两块光栅互相靠近且沿刻线方向保持有一个夹角 θ 时,两块光栅的暗条与亮条重合的地方,使光线透不过去,形成一条暗带,而亮条与亮条重合的地方,部分光线得以通过,形成一条亮带。这种亮带与暗带形成的条纹称为莫尔条纹(图 50-1)。光栅传感器是根据莫尔条纹原理制成的一种脉冲输出数字式传感器,它广泛应用于数控机床等闭环系统的线位移和角位移的自动检测以及精密测量方面,测量精度可达几微米。只要能够转换成位移的物理量(如速度、加速度、振动、变形等)均可测量。

在图 50-2 中,相邻莫尔条纹的间距为 B,主光栅与指示光栅的夹角为 θ,光栅栅距为 W,则

$$B = \frac{W}{2\sin\frac{\theta}{2}} \approx \frac{W}{\theta} \tag{50-1}$$

莫尔条纹的主要特征:

(1)运动方向:指示光栅不动,主光栅栅线与指示光栅栅线之间始终保持夹角 θ。若主光栅沿刻线的垂直方向移动一个栅距 W,莫尔条纹将沿着光栅刻线方向移动一个条纹间距 B。主光栅反向移动时,莫尔条纹也反向移动。

(2)位移放大:W 一定时,两光栅刻线夹角 θ 越小则 B 越大。莫尔条纹的间距 B 相当于把栅距 W 放大了 $\frac{1}{\theta}$ 倍。因此,利用莫尔条纹可以实现高精度的位移测量。

(3)误差平均效应:莫尔条纹是光栅的大量刻线共同形成的,若某个栅距有局部误差,由于平均效应,其影响将大大减弱。

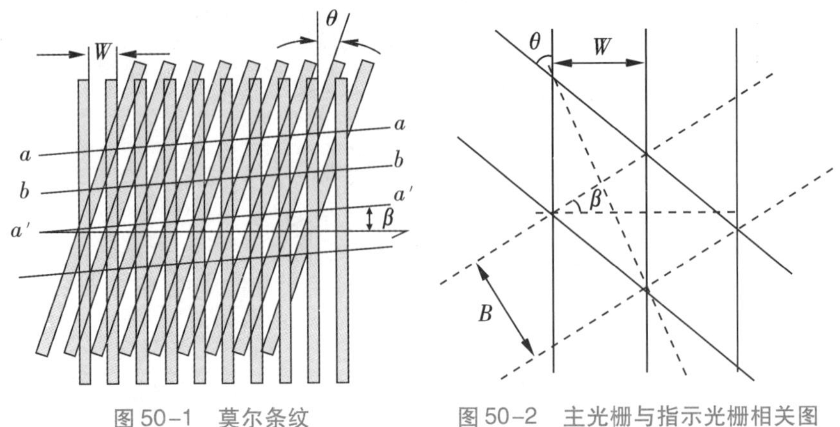

图 50–1　莫尔条纹　　图 50–2　主光栅与指示光栅相关图

［实验内容］

系统主要由位移检测装置和单片机系统组成。主光栅固定，指示光栅随待测物体一起移动，莫尔条纹产生相应的变化，光电转换元件将莫尔条纹的变化转换为正弦电压信号，然后通过整形和辨向电路进入单片机系统。单片机对采集信号处理后送数码管显示对应的移动距离。

位移测量装置主要由主光栅、指示主栅和光电转换电路构成。主光栅和指示光栅用于产生莫尔条纹。当两者发生相对移动时，莫尔条纹也将发生相应的变化，光电转换器件将该变化转换为正弦电压信号，其中一个变化周期代表主光栅和指示光栅相对移动了一个栅距 W。光电器件的输出电压为

$$U = U_0 + U_m \sin\left(2\pi + \frac{2\pi x}{W}\right) \tag{50-2}$$

式中 U_0 为输出信号中的直流分量；U_m 为输出信号中的交流分量幅值；x 为两光栅相对位移。

将上述正弦电压信号转变为方波脉冲信号，光栅每相对移动一个栅距则输出一个方波脉冲，由脉冲数 N 可以得到光栅的相对位移

$$x = NW \tag{50-3}$$

实验 51　望远镜与显微镜的设计

望远镜和显微镜这两项伟大的发明将人类的视觉延伸到宏观世界和微观世界，对人们认识和探索自然界具有重大作用。

［实验目的］

1. 掌握望远镜和显微镜的基本原理。

2. 设计组装望远镜和显微镜。

3. 测量自组装望远镜和显微镜的放大率。

［实验仪器］

光学平台、标尺、物镜、目镜、二维调节架、三维调节架、二维平移底座、三维平移底座、光源、微尺、透镜架、升降调节座、毫米尺、双棱镜架等。

［实验提示］

1. 望远镜组件:光学平台 1 个、标尺 1 个、物镜 1 个、目镜 1 个、二维调节架 2 个、二维平移底座 2 个。

2. 显微镜组件:光学平台 1 个、光源 1 个、微尺 1 个、透镜架 1 个、物镜 1 个、目镜 1 个、二维调节架 2 个、三维调节架 1 个、三维平移底座 2 个、升降调节座 2 个、毫米尺 1 个、双棱镜架 1 个。

［思考题］

1. 将望远镜倒转,即以目镜为物镜,物镜为目镜,可否作为显微镜?会有什么问题?

2. 将一显微镜倒置使用,会有什么现象?

实验 52　智能手机在物理实验测量中的应用研究

智能手机在物理实验测量中的应用研究

［实验目的］

1. 了解手机软件 phyphox 中各个模块的使用方法。

2. 利用手机软件 phyphox 来设计实验方案,完成相关物理量的测量。

［实验仪器］

智能手机一部、手机软件 phyphox、其他辅助设备。

［实验提示］

1. 智能手机给人们带来了极大方便,利用智能手机内的传感器就可以做一些物理实验,不需要复杂的实验仪器,也可以完成复杂的实验,而且方便快捷,不仅提高了学生们学习物理的兴趣,而且也有助于学生对物理实验过程的了解,加深对实验原理的理解与掌握。智能手机的功能不断强大,内置传感器的不断丰富,以及相关的应用程序的不断开发,将手机内置传感器和数据采集软件相结合,这种方式越来越受到人们的关注。

2. phyphox 软件是一款基于智能手机内置传感器的手机软件,内含有加速度传感器、陀螺仪传感器、压强传感器、光传感器、声音传感器、磁场传感器等。可探究的实验有单摆、自由落体、弹簧振子、角加速度、验证向心力、光照强度的变化、光透射率、声速、多普勒效应、弹性碰撞的损失、磁场强度的变化等。

3. 在熟悉 phyphox 软件的基础上，利用智能手机来设计相关的物理实验，完成物理量的测量。

实验 53　电磁炮的设计制作

电磁炮的设计制作

电磁炮是基于法拉第电磁感应定律设计的一种电磁发射器。它主要由高功率脉冲电源、触发开关、加速线圈和发射体四部分组成。与传统大炮将火药燃气压力作用于弹丸不同，电磁炮是利用电磁系统中电磁场的作用力，其作用的时间要长得多，可大大提高弹丸的速度和射程。因而引起了世界各国军事家们的关注。自 20 世纪 80 年代初期以来，电磁炮在未来武器的发展计划中，已成为越来越重要的部分。

电磁炮分为四种，即线圈炮、轨道炮、电热炮和重接炮。考虑实验要求及便携安全等因素，本实验着重设计一个三级线圈型发射器实验装置。

［实验目的］

深入理解电磁感应定律，设计制作一个三级线圈型电磁炮。

［实验原理］

1. 单级感应加速原理

线圈炮早期被称为“同轴发射器”“质量驱动器”或“高斯枪”，其基本原理概括起来就是带电导体或磁性物体在强脉冲磁场中受到电磁力的作用而迅速被推动前进，如图 53-1 所示。

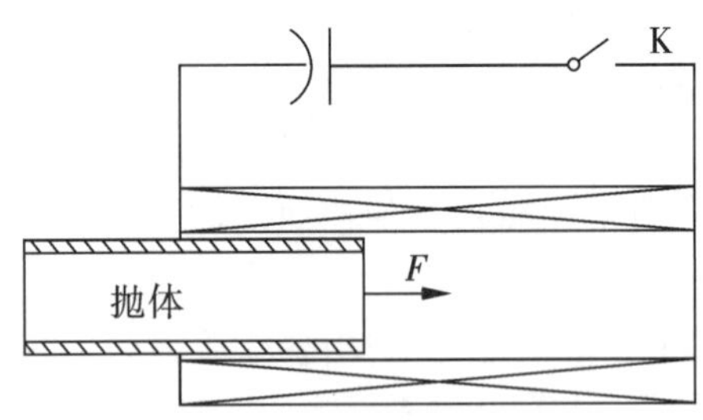

图 53-1　单级线圈加速示意图

线圈炮由炮筒和抛体组成。炮筒是由一系列固定的线圈组成，称之为定子线圈，而抛体是由线圈或磁性材料和发射载荷组成，称之为发射体。在图 53-1 中，定子线圈被激励而产生磁场，若此时抛体是一铁磁性材料，则很容易被此磁场磁化。此时，可以把定子线圈和抛体看成是两电磁铁，如图 53-2 所示。

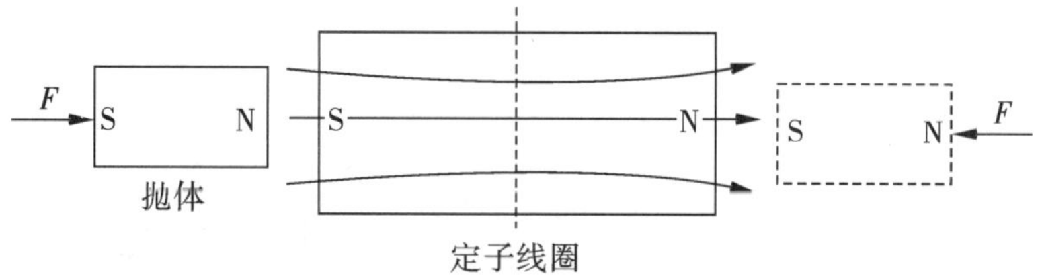

图 53-2　抛体在单个线圈中的受力

当电枢位于定子线圈的左侧时，两者相吸即抛体受到了一个向右的吸力，此力称之为加速力；当抛体通过定子线圈的中心横截面以后，两者相排斥，即抛体受到一个向左的吸力，此力为减速力。若此时切断定子线圈的电流使电枢不受减速力，就可以达到向前加速的目的。

2. 多级感应加速原理

由于受到储能密度强度等各种条件限制，利用单个驱动线圈很难把电枢加速到高速，所以只能通过逐级加速获得较高出口速度，以满足性能要求，多级感应线圈发射器原理结构如图 53-3 所示。

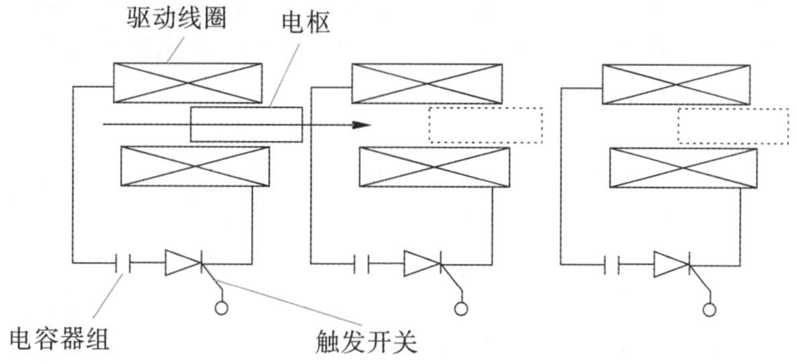

图 53-3　多级感应线圈原理结构

多级加速线圈每一级的工作原理和单级一样，电枢通过第一级驱动加速线圈后，以一定初速度进入第二级驱动线圈。电枢运动到第二级驱动线圈合适位置时，触发储能电容瞬间放电激发一个脉冲磁场，使电枢产生一个感应电流。感应电流与电枢相互作用，从而使电枢受到电磁力作用而继续加速。依此类推下去，各级线圈依次触发放电，直到所有驱动线圈都触发完毕，这样电枢就高速射出去了，当然这里随着速度提高，后级的加速效果会越来越低，最后出口速度受很多原因影响，暂不讨论这个。

多级感应线圈炮每级驱动线圈与电枢都可以简化为 *RLC* 电路，我们按照等效电流环分析模型。假设电枢感应电流均匀分布，则电枢回路可等效为 *RL* 回路，这样我们简化多级电路模型为图 53-4 所示。

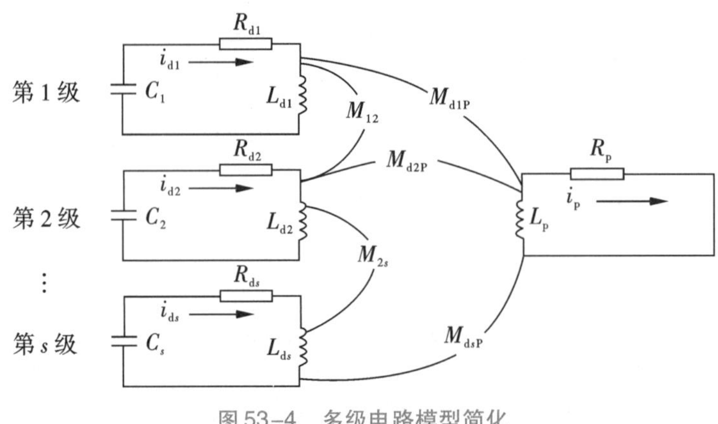

图 53-4　多级电路模型简化

3. 感应线圈加速器电路充放电回路特性

感应线圈炮的工作其实就是对储能电容的充电过程和储能电容对电感线圈的放电过程。感应线圈炮基本结构原理如图 53-5 所示。图中，T_1 为调压器，T_2 为高压变压器，D 为高压整流堆，R 为限流电阻，C 为电容器组，S 为放电开关。

充电回路由变压器、整流硅堆、限流电阻、脉冲电容器等元器件组成。充电回路把电源输入交流电变为直流给电容器充电储能。所以可以把充电回路简化为一个 RC 电路，如图 53-6 所示。

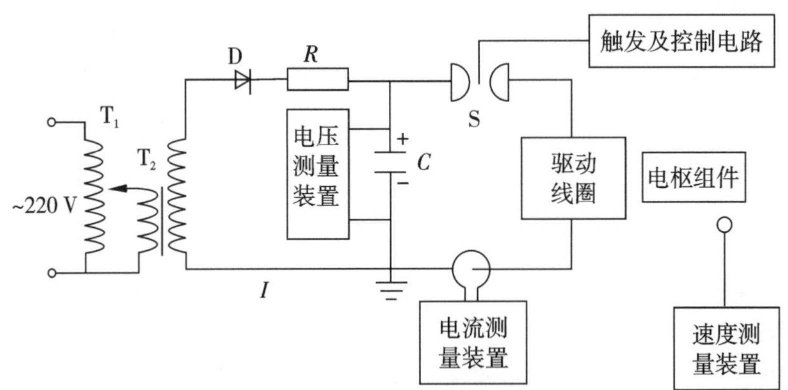

图 53-5　感应线圈炮基本结构

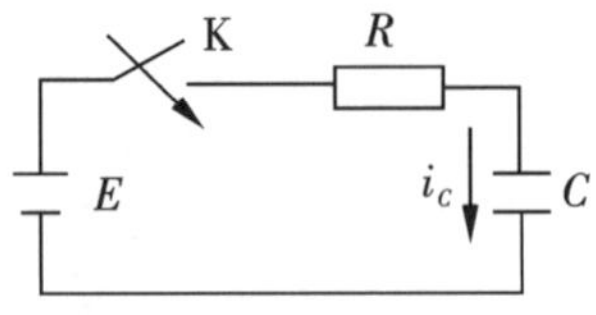

图 53-6　简化 RC 电路

闭合开关 S 时脉冲电容器的电压就随时间不断增加,最后达到电源电压。充电过程中电流逐步减小,最后趋于 0。充电回路方程就可以表示为

$$Ri_C + u_C = E$$

$$i_C = C\frac{\mathrm{d}u_C}{\mathrm{d}t}$$

解微分方程可得

$$u_C = E - Ee^{-\frac{t}{RC}}$$

$$i_C = \frac{E}{R}e^{-\frac{t}{RC}}$$

同样的每一级驱动线圈放电回路可以简化为一个 RLC 回路,如图 53-7 所示。

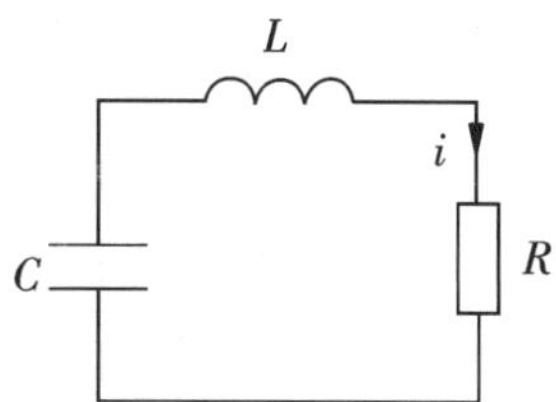

图 53-7　放电回路原理简化

图 53-7 中,C 表示脉冲电容器;L 为放电回路总电感,包括各级线圈间的互感、线路电感、负载电感等;R 为放电回路总电阻,包括线圈、线路、负载的电容等。i 就是 RLC 回路放电电流,放电回路电压可以表示为

$$LC\frac{\mathrm{d}^2u_C}{\mathrm{d}t^2} + RC\frac{\mathrm{d}u_C}{\mathrm{d}t} + u_C = 0$$

解这个二阶微分方程,特征方程:

$$LCp^2 + RCp + 1 = 0$$

可得特征根:

$$p_1 = -\frac{R}{2L} + \sqrt{\frac{R^2}{4L^2} - \frac{1}{LC}},\ p_2 = -\frac{R}{2L} - \sqrt{\frac{R^2}{4L^2} - \frac{1}{LC}}$$

最后计算可得最大电流:

$$I_{\max} = u_C\sqrt{\frac{C}{L}}$$

达到最大电流的时间:

$$t_{\max} = \frac{\pi}{2}\sqrt{LC}$$

可以看出,通过增大电容值 C 或者减小电感 L 可以增大驱动线圈峰值电流,但同时延长了电路到达峰值的时间,所以必须控制其中一个来研究最后的发射效果。

[实验仪器]

1. 微型光电触发开关,3.6 ~ 36 V 供电,作用是发射体触发时使下一级驱动线圈

放电；

2. 驱动线圈，绕在内径 0.61 mm、外径 0.83 mm 的高强度亚克力透明管上；

3. 3S/11.1 V/2 600 mAh 航模锂电池；

4. 高频快速恢复二极管 FR607；

5. 空气开关，可控硅 70TPS12；

6. 400 ~ 450 V 耐压电容器，容量 800 ~ 1 000 μF；

7. 51 Ω　2 W 电阻，作为触发空气开关的负载；

8. 三角触发开关，按动时 12 接通，不然就是 13 接通；

9. 充电开关，船型开关；

10. 升压模块，输出 75 ~ 480 V 可调；

11. 快速恢复整流二极管 FR307。

[思考题]

(1) 初始位置、电容电压、电容容量对出口速度有何影响？

(2) 电枢（弹丸）的材料、形状和结构尺寸对发射效率有何影响？

(3) 线圈长度与厚度比的最佳值为多少？在最佳长厚比附近，长厚比的变化对发射效率的影响如何？

(4) 驱动线圈匝数对发射效率有何影响？

(5) 级间距离在电枢发射过程中有何影响？

实验 54　机械密码锁的设计

机械密码锁的设计

目前的锁具多为机械式普通弹子锁，原理是使用多个不同长度的弹子卡住锁芯与锁壳。当插入与其配套使用的钥匙，各弹子被推至合适的高度，方可转动锁芯开锁。这种弹子锁其钥匙的结构及所对应的锁芯结构都是固定的，一把锁必须配一把钥匙。如果有多把锁，则需佩戴多把钥匙，不仅携带不方便，而且容易丢失。传统锁具使用烦琐，辨别性差。传统锁具结构设计存在容易被技术开启的困扰，而整个结构设计装配复杂，需专业人员用专用工具进行操作才可完成，无法满足现代社会人们 DIY 的个性化需求。可见，常规锁在安全、技术、节材降耗等方面均存在一定缺陷，人们迫切需求一种能够将所有锁的钥匙都统一为一把具有较高防盗性能的锁具。

[实验目的]

尝试设计一种可根据需要自行设置钥匙和锁芯密码的新型机械密码锁。

[实验原理]

该机械密码锁包括锁芯和钥匙两部分。锁芯可以通过活动锁芯后盖和后垫来重新设置密码，主要由锁芯外壳、受力内盘、外轮转盘、内轮转盘、内弹子、外弹子、锁芯后盖和锁芯后垫组成。而钥匙主要由外柄、主轴螺母、固定螺丝、钥匙主轴、钥匙数轮、钥匙卡齿组成。钥匙部分可以通过活动主轴螺母和固定螺丝来重新组合钥匙密码与锁芯匹配，方可转动锁芯开锁。与传统那种近似平面型结构钥匙不同，我们的钥匙是圆柱形的。充分利用圆柱的灵活性，各个数轮都可以设置几种不同规格弹子凹坑对应于锁芯里各个转盘不同的弹子大小以及方向。这样通过几个数轮排列组合就可以大大提高锁具整体的复杂性和可靠性。一把钥匙就可以打开多把锁，大大节省了材料，也更加方便，相对而言，更能满足人们的个性化需求。

钥匙主体部分有四个数轮，每个数轮两侧设置有凸起卡头和内凹卡槽。数轮可以随意组合排列，每一种排列都是一组密码，但只有一组密码可以开锁。密码调好后，四个数轮就限位固定在钥匙主轴上，进一步通过主轴螺母和固定螺丝使钥匙主体部分固定。锁芯也是通过四组转盘组合，然后通过锁芯外槽和转盘后垫固定。每一组转盘由一个内盘和一个外盘组合而成。内盘内侧设有内弹子，两面分别设有凸起卡头和内凹卡头槽以限位固定内盘。外盘内侧也是设有和对应内盘数目一样的外弹子，两边也是设有凸起卡头和卡槽，通过外壳和转盘后垫固定。只有所有内盘同时转动时才可以带动锁芯转动，实现开锁的目的。与传统锁具开锁原理不同的是，其可以随意更换锁芯内的转盘组合及钥匙上的数轮密码，两者密码对应并且转动锁芯时才可以开锁。

[创新机械密码锁结构图]

图 54-1 ~ 图 54-9 为机械密码锁相关图示。

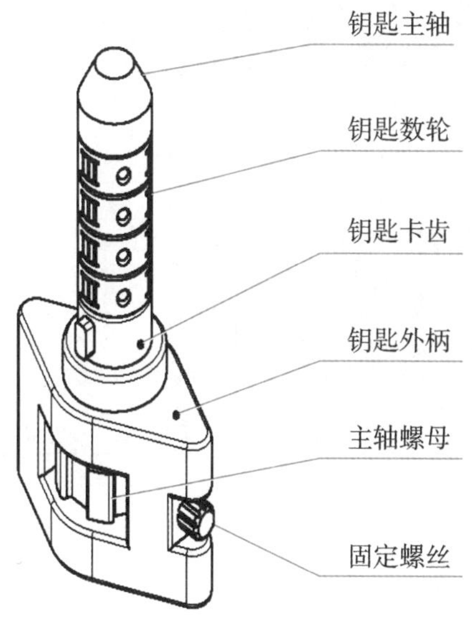

图 54-1　组合钥匙

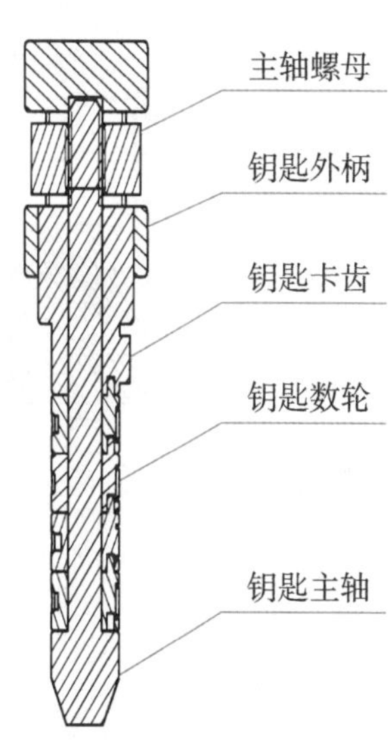

图 54-2　钥匙剖视图

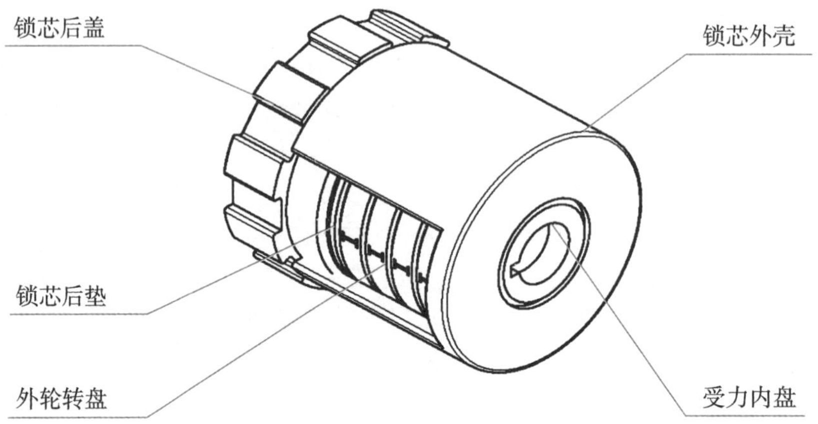

图 54–3　组合密码锁芯

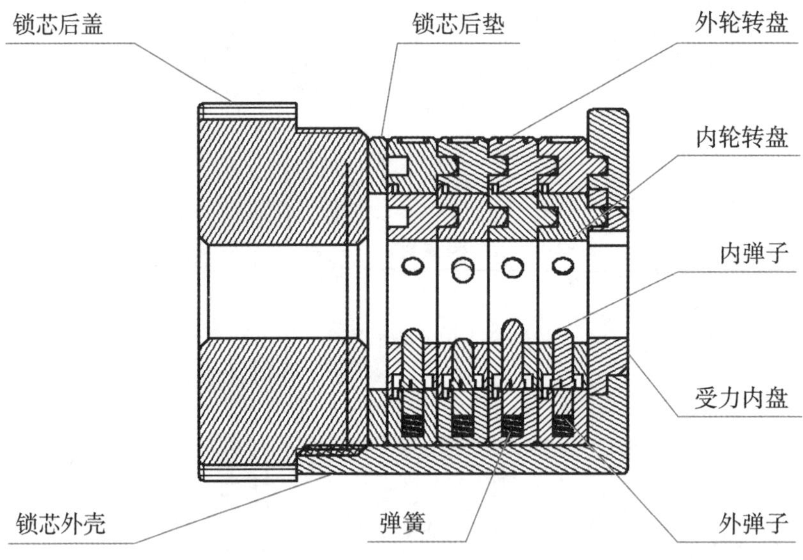

图 54–4　锁芯剖视图

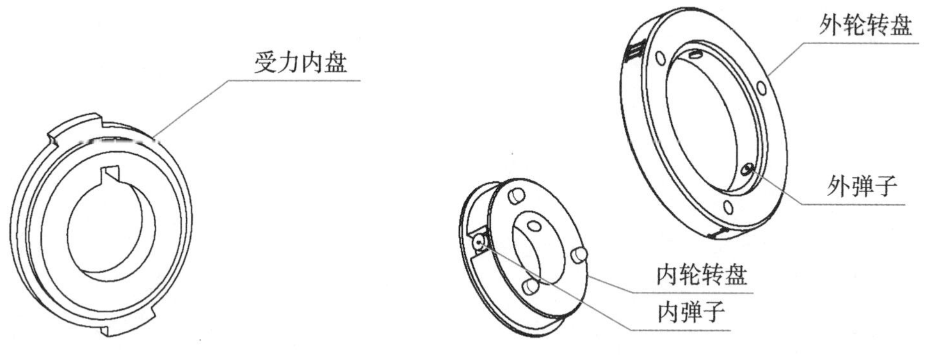

图 54-5　受力内盘　　图 54-6　锁芯内盘和外轮

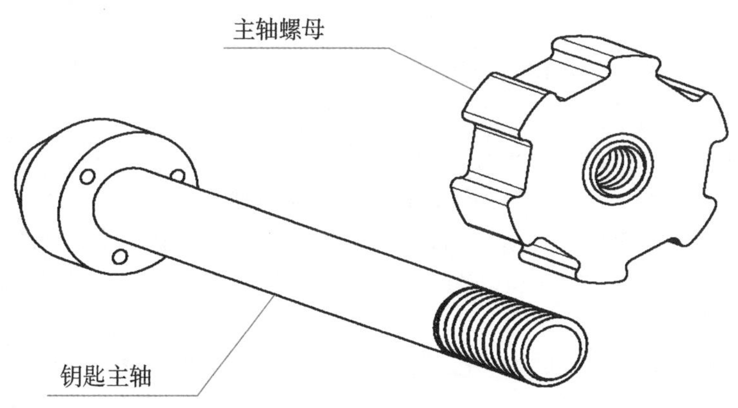

图 54-7　钥匙主轴和主轴螺母

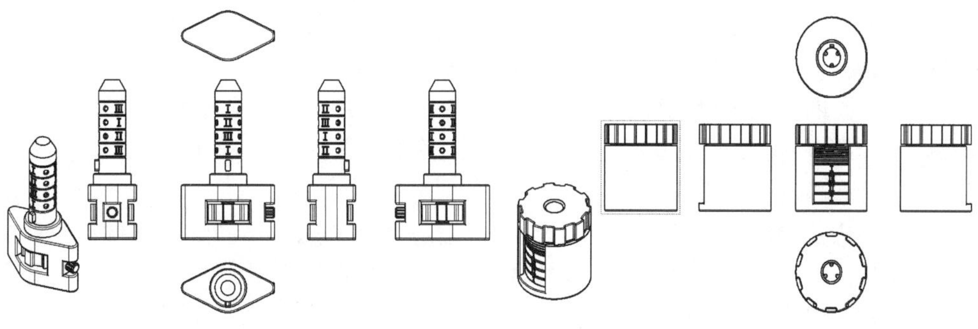

图 54-8　钥匙视图　　图 54-9　锁视图

[思考题]

(1)简述该机械密码锁的原理。

(2)该机械密码锁的技术关键是什么？其优势有哪些？

第五章　仿真实验

大学物理仿真实验简介

在目前的物理实验教学中，由于实验仪器复杂、精密与昂贵，往往不能允许学生自行设计实验参数、反复调整仪器，这对学生剖析仪器性能和结构，理解实验的设计思想和方法是很不利的。大学物理仿真实验可在相当程度上弥补实验教学上这方面的缺陷。

大学物理仿真实验通过计算机把实验设备、教学内容、教师指导和学生的操作有机地融合为一体，通过对实验环境的模拟，加强学生对实验的物理思想和方法、仪器的结构及原理的理解，并加强对仪器功能和使用方法的训练，培养设计思考能力和比较判断能力，可以达到实际实验难以实现的效果，实现培养动手能力、学习实验技能、深化物理知识的目的。

大学物理仿真实验具有下列优点。

1. 通过对实验环境的模拟，使未做过实验的学生通过仿真软件对实验的整体环境、所用仪器的整体结构能建立起直观的认识。仪器的关键部位可拆卸，可解剖进行调整并实时观察仪器的各种指标和内部结构的动作，增强了熟悉仪器功能和使用方法的训练。

2. 在实验中仪器实现了模块化，学生可对提供的仪器进行选择和组合，用不同的方法完成同一实验目标，培养学生的设计思考能力和对不同实验方法的优劣及误差大小的比较、判断能力。

3. 通过深入解剖教学过程，设计上充分体现教学思想的指导，使学生必须在理解的基础上认真思考才能正确操作，克服了实际实验中出现的盲目操作和实验“走过场”现象的缺点，使学生切实受益。

4. 对实验的相关理论进行了演示和讲解，对实验的历史背景和意义、现代应用等方面都做了介绍，使仿真实验成为连接理论教学与实验教学，培养学生理论与实践相结合思维的一种崭新的教学模式。

5. 实验中待测的物理量可以随机产生，以适应同时实验的不同学生和同一学生的不同次操作。对实验误差也进行了模拟，以评价实验质量的优劣。

6. 具有多媒体配音解说和操作指导，易于使用。

目前，我们选用了较为成熟的由中国科学技术大学研制、高等教育出版社出版的《大学物理仿真实验》和大学物理仿真实验 2016 教学软件，主要仿真实验目录如下：

1. 凯特摆测量重力加速度；
2. 法布里-珀罗标准具实验；
3. 杨氏模量的测量；
4. 固体热膨胀系数的测量；

5. 示波器的认识与使用；
6. 居里温度的测量；
7. 空气比热容比测定；
8. 真空实验；
9. 介电常数的测量；
10. 偏振光实验；
11. 高温超导；
12. 扫描隧道显微镜。

大学物理仿真实验的基本操作方法

一、系统的启动

双击“大学物理仿真实验 V2. 0”图标，启动仿真实验系统。进入系统后出现主界面（图 1），单击“上一页”“下一页”按钮可前后翻页。用鼠标单击各实验项目文字按钮（不是图标）即可进入相应的仿真实验平台。结束仿真实验后回到主界面，单击“退出”按钮即可退出本系统。如果某个仿真实验还在运行，则在主界面单击“退出”按钮无效，待关闭所有正在运行的仿真实验后，系统会自动退出。

图 1　仿真实验主界面

二、仿真实验的操作方法

［概述］

仿真实验平台采用窗口式的图形化界面，形象生动，使用方便。

由仿真系统主界面进入仿真实验平台后，首先显示该平台的主窗口——实验室场景（图 2），该窗口大小一般为全屏或 640 像素×480 像素。实验室场景内一般都包括实验台、实验仪器和主菜单。用鼠标在实验室场景内移动，当鼠标指向某件仪器时，鼠标指针处会显示相应的提示信息（仪器名称或如何操作），如图 3 所示。有些仪器位置可以调节,可以按住鼠标左键进行拖动。

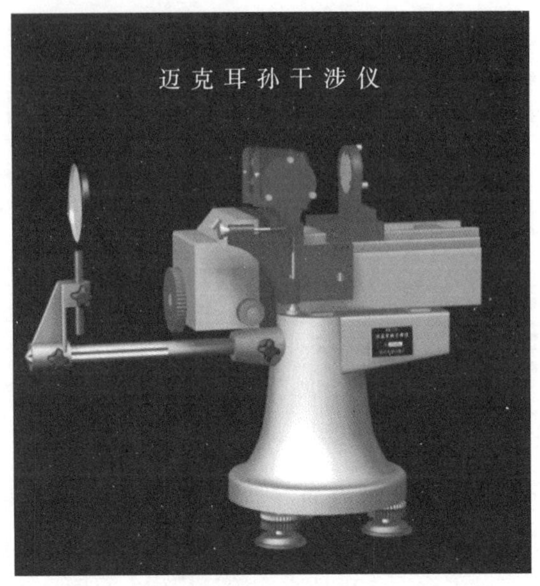

图2　实验室场景(迈克耳孙干涉仪实验)

图3　提示信息

主菜单一般为弹出式,隐藏在主窗口里。在实验室场景上单击右键即可显示(图4)。

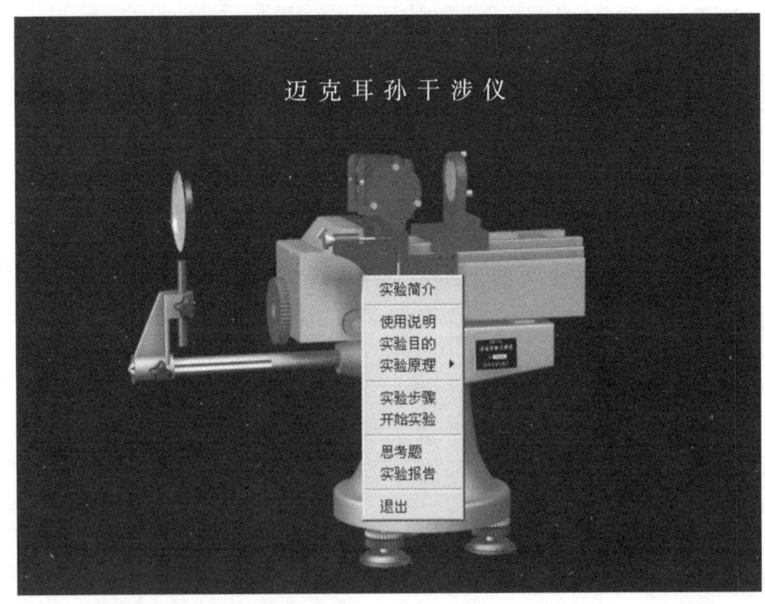

图4　主菜单

[仿真实验操作]

1. 开始实验

有些仿真实验启动后就处于“开始实验”状态,有些需要在主菜单上选择,具体可见实验中的提示说明。

2. 控制仪器调节窗口

调节仪器一般要在仪器调节窗口内进行。

打开窗口:双击主窗口上的仪器或从主菜单上选择,即可进入仪器调节窗口。

移动窗口:用鼠标拖动仪器调节窗口上端的细条。

关闭窗口有以下方法:

(1)右键单击仪器调节窗口上端的细条,在弹出的菜单中选择“返回”或“关闭”。

(2)双击仪器调节窗口上端的细条。

(3)激活仪器调节窗口,按 Alt+F4 键。

3. 选择操作对象

激活对象(仪器图标、按钮、开关、旋钮等)所在窗口,当鼠标指向此对象时,系统会给出下列提示中的至少一种:

(1) 鼠标指针提示。鼠标指针光标由箭头变为其他形状(例如手形)。

(2) 光标跟随提示。鼠标指针光标旁边出现一个黄色的提示框,提示对象名称或如何操作。

(3) 状态条提示。状态条一般位于屏幕下方,提示对象名称或如何操作。

(4) 语音提示。朗读提示框或状态条内的文字说明。

(5) 颜色提示。对象的颜色变为高亮度(或发光),显得突出而醒目。出现上述提示即表明选中该对象,可以用鼠标进行仿真操作。

4. 进行仿真操作

(1) 移动对象。如果选中的对象可以移动,就用鼠标拖动选中的对象。

(2)按钮、开关、旋钮的操作。

按钮:选定按钮,单击鼠标即可(图5)。

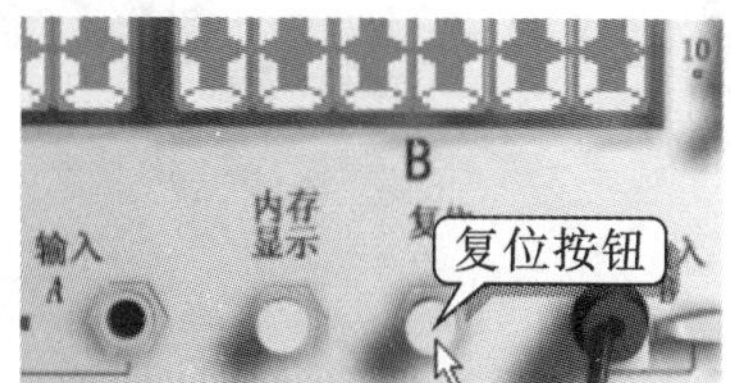

图5 按钮

开关:对于两挡开关,在选定的开关上单击鼠标切换其状态。对于多挡开关,在选定的开关上单击左键或右键切换其状态(图6、图7)。

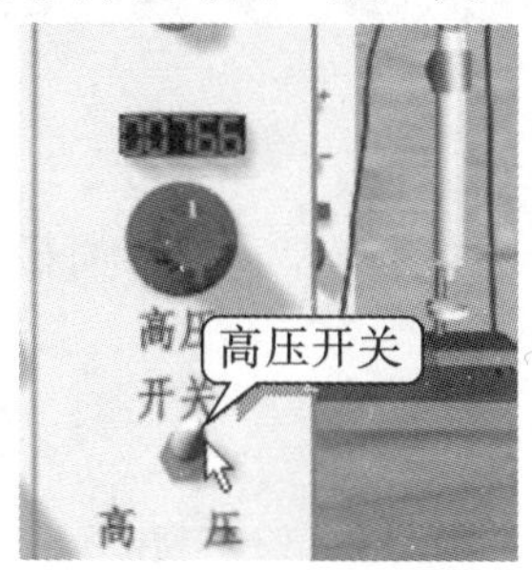

图6 两挡开关

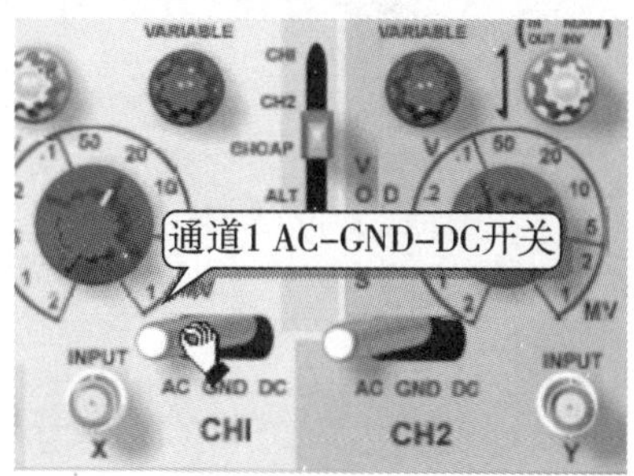

图7 多挡开关

旋钮:选定旋钮,单击鼠标左键,旋钮逆时针旋转;单击右键,旋钮顺时针旋转(图8)。

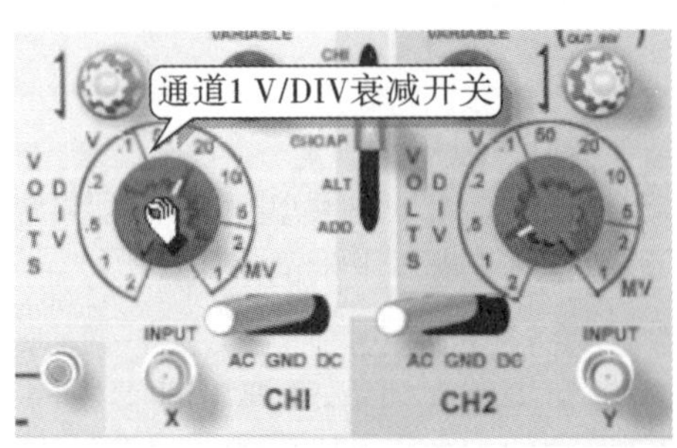

图8 旋钮开关

(3)连接电路。

连接两个接线柱:选定一个接线柱,按住鼠标左键不放拖动,一根直导线即从接线柱引出。将导线末端拖至另一个接线柱释放鼠标,就完成了两个接线柱的连接(图9)。

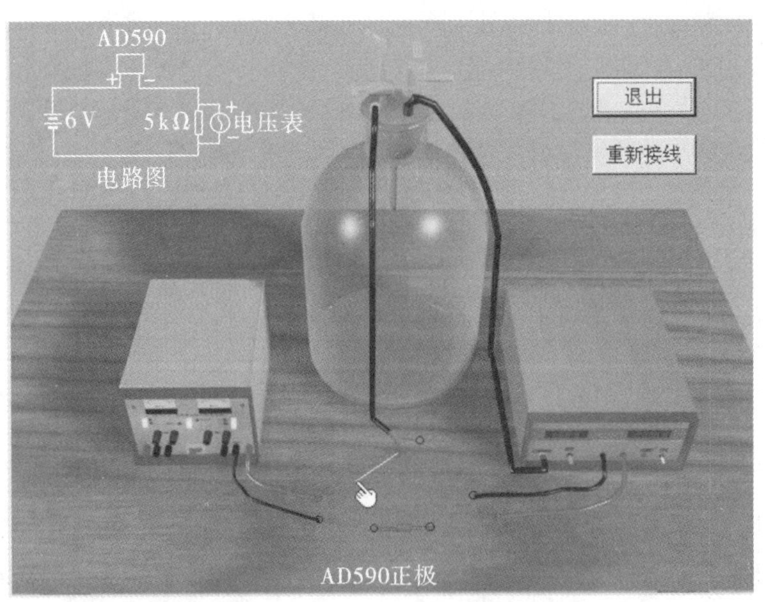

图9 连线

删除两个接线柱的连线:将这两个接线柱重新连接一次。(如果面板上有“拆线”按钮,则应先选择此按钮。)

“大学物理仿真实验2016”的安装和使用

一、软件的安装

输入网址 http://172.18.156.74:8201/FileUpload/labClient/2011518113350_setup.exe,下载安装包 2011518113350_setup。下载完成后进行安装。安装完成后双击“仿真实验大厅”,出现登录界面(图 10)。

图 10　仿真实验大厅登录界面

点网络设置,服务器地址:172.18.156.74,端口 8201。保存设置后重新启动软件。输入用户名:1;密码:123。登录后的界面如下(包含实验简介、原理、在线演示等,见图 11)。

图 11　大学物理仿真实验 2016 登录后的界面

二、软件的使用

“大学物理仿真实验 2016”包含力学、热学、电学、光学、电磁学和近代物理实验，含 41 个实验项目。整个软件通过鼠标左键或者右键进行操作。用鼠标左键点击登录界面左侧相应实验项目。可以观看该实验项目的实验简介、原理、内容、仪器和在线演示等。通过观看在线演示（图 12）视频可以学会该实验的详细操作方法。

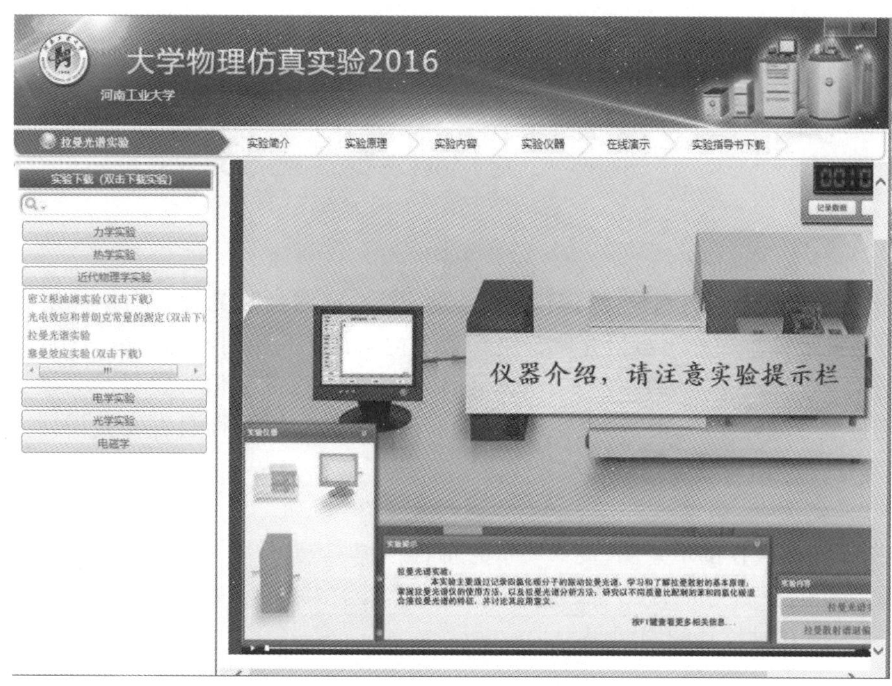

图 12　仿真实验在线演示界面

若对某个实验项目感兴趣,可以鼠标左键双击该实验项目下载安装。安装完成后再用鼠标左键双击该项目名称,会弹出实验主窗口(图 13)。点记录数据,会出现简单的步骤提示和数据表格(图 14)。

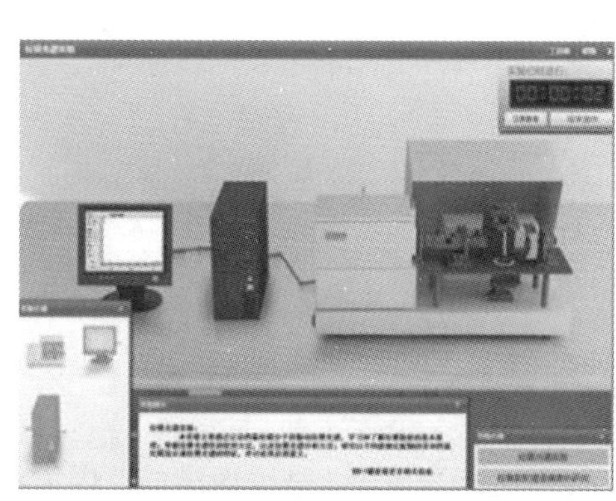

图 13　实验主窗口

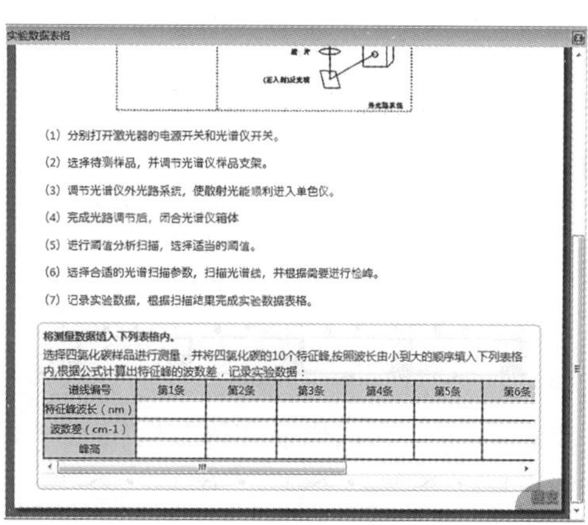

谱线编号	第1条	第2条	第3条	第4条	第5条	第6条
特征峰波长（nm）						
波数差（cm-1）						
峰高						

图 14　记录数据窗口

实验 55　凯特摆测量重力加速度

1818 年凯特提出的倒摆，经雷普索里德改进后，成为当时测量重力加速度 g 最精确的方法。波斯坦大地测量研究所曾用 5 个凯特摆花了 8 年时间（1896—1904），测得当地的重力加速度 $g=(981.274\pm0.003)\ cm/s^2$，许多地区的 g 值都曾以此为根据。凯特摆测量重力加速度的方法不仅在科学史上有着重要的价值，而且在实验设计上亦有值得学习的技巧。

［实验原理］

图 55-1 是复摆的示意图，设一质量为 m 的刚体，其重心 G 到转轴 O 的距离为 h，绕 O 轴的转动惯量为 I。当摆幅很小时，刚体绕 O 轴摆动的周期 T 为

$$T=2\pi\sqrt{\frac{I}{mgh}} \tag{55-1}$$

式中 g 为当地的重力加速度。

设复摆绕通过重心 G 的轴的转动惯量为 I_G，当 G 轴与 O 轴平行时，有

$$I=I_G+mh^2 \tag{55-2}$$

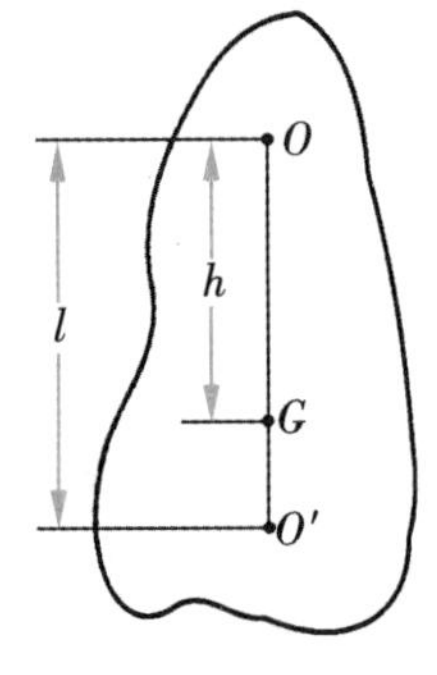

图 55-1　复摆示意图

代入式（55-1）得

$$T=2\pi\sqrt{\frac{I_G+mh^2}{mgh}} \tag{55-3}$$

对比单摆周期的公式 $T=2\pi\sqrt{\frac{l}{g}}$，可得

$$l=\frac{I_G+mh^2}{mh} \tag{55-4}$$

式中，l 称为复摆的等效摆长。

因此，只要测出周期和等效摆长便可求得重力加速度。

复摆的周期我们能测得非常精确，但利用 $l=\frac{I_G+mh^2}{mh}$ 来确定 l 是很困难的。因为重心 G 的位置不易测定，因而重心 G 到悬点 O 的距离 h 也是难以精确测定的。同时由于复摆不可能做成理想的、规则的形状，其密度也难绝对均匀，想精确计算 I_G 也是不可能的。我们利用复摆上两点的共轭性可以精确求得 l。在复摆重心 G 的两旁，总可找到两点 O 和 O'，使得该摆以 O 悬点的摆动周期 T_1 与以 O' 为悬点的摆动周期 T_2 相同，那么可以证明 $|OO'|$ 就是我们要求的等效摆长 l。

图 55-2 是凯特摆摆杆示意图。对凯特摆而言,两刀口间的距离就是该摆的等效摆长 l。在实验中当两刀口位置确定后,通过调节 A、B、C、D 四摆锤的位置可使正、倒悬挂时的摆动周期 T_1 和 T_2 基本相等,即 $T_1 \approx T_2$。由式(55-3)可得

$$T_1 = 2\pi\sqrt{\frac{I_G + mh_1^2}{mgh_1}} \tag{55-5}$$

$$T_2 = 2\pi\sqrt{\frac{I_G + mh_2^2}{mgh_2}} \tag{55-6}$$

式中 T_1 和 h_1 为摆绕 O 轴的摆动周期和 O 轴到重心 G 的距离。当 $T_1 \approx T_2$ 时,$h_1 + h_2 = l$ 即为等效摆长。由式(55-5)和式(55-6)消去 I_G,可得

$$\frac{4\pi^2}{g} = \frac{T_1^2 + T_2^2}{2l} + \frac{T_1^2 - T_2^2}{2(2h_1 - l)} = a + b \tag{55-7}$$

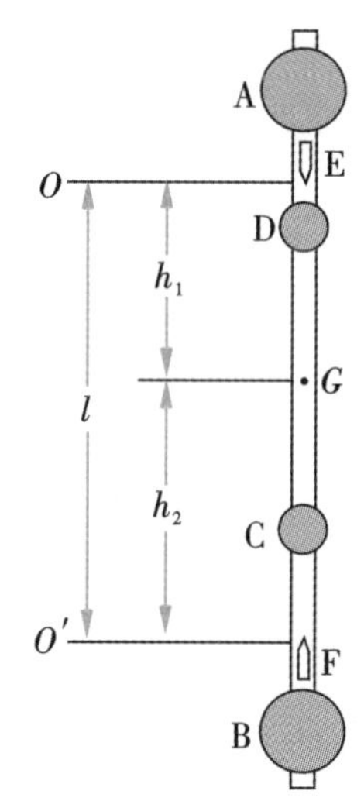

图 55-2 凯特摆摆杆示意图

式中,l、T_1、T_2 都是可以精确测定的量,而 h_1 则不易测准。由此可知,a 项可以精确求得,而 b 项不易精确求得。但当 $T_1 = T_2$ 以及 $|2h_1 - l|$ 的值较大时,b 项的值相对于 a 项是非常小的,这样 b 项的不精确对测量结果产生的影响就微乎其微了。

实验 56 法布里-珀罗标准具实验

法布里-珀罗干涉仪(Fabry-Pérot interferometer)是光谱分辨率极高的多光束干涉仪。由法国物理学家法布里和珀罗于 1897 年发明。

[实验原理]

法布里-珀罗干涉仪的结构如图 56-1 所示。图中 M 和 M′是两块具有很小楔角的平板玻璃,相对两面互相平行,并涂有高反射率涂层,两板间用殷钢环隔离并固定。这种间距固定不变的干涉仪常称作标准具。入射光在相对两面上反复反射和折射后,产生多束相干反射光和透射光,透射光束在透镜 L' 的焦面上叠加,形成等倾圆环状干涉条纹。

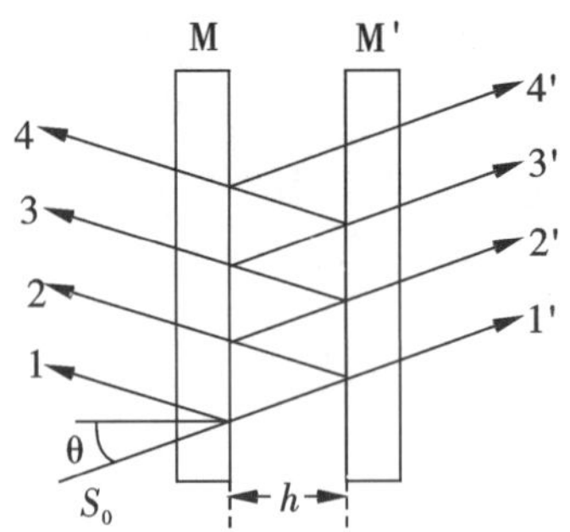

图 56-1　法布里-珀罗干涉仪结构

干涉强度分布公式为

$$I_t=\frac{I_0}{1+\frac{4R}{(1-R)^2}\sin^2\left(\frac{\delta}{2}\right)}$$

式中,I_0为入射光强;R 为反射面的能量反射率;δ 为相邻两相干光间的相位差,与入射光倾角有关。

可见,反射率 R 越高,干涉极大就越锐。法布里-珀罗干涉仪的反射率在 90% 以上。不同波长成分的光形成各自的圆环条纹,由于亮条纹极锐,波长差极小的光谱也能分离,故有极高的光谱分辨率,常用于研究光谱的精细结构和超精细结构。

应当指出,当干涉仪两极板内表面镀金属膜时,由于金属膜对光产生强烈吸收,使得整个干涉图样的强度降低。假设金属膜的吸收率为 A,则根据能量守恒关系有

$$R+T+A=1$$

式中:R 为金属膜内表面反射率;T 为透射率。

当干涉仪两板的膜层相同时,可得

$$\frac{I_t}{I_o}=\left(\frac{1-A}{1-R}\right)^2\Bigg/\left[\frac{(1+4R)\cdot\sin^2\frac{\delta}{2}}{(1-R)^2}\right]$$

实验 57　杨氏模量的测量

材料受力后发生形变。在弹性限度内,材料的胁强与胁变(即相对形变)之比为一常数,叫弹性模量。条形物体(如钢丝)沿纵向的弹性模量叫杨氏模量。测量杨氏模量有拉伸法、梁的弯曲法、振动法、内耗法等等,本实验采用拉伸法测定杨氏模量。要求掌握利用光杠杆测定微小形变的方法,在数据处理中,采用逐差法和作图法得出测量结

果，掌握这两种数据处理的方法。

［实验原理］

任何物体（或材料）在外力作用下都会发生形变。当形变不超过某一限度时，撤走外力则形变随之消失，为一可逆过程，这种形变称为弹性形变，这一极限称为弹性极限。超过弹性极限，就会产生永久形变（小称塑性形变），即撤去外力后形变仍然存在，为不可逆过程。当外力进一步增大到某一点时，会突然发生很大的形变，该点称为屈服点，在达到屈服点后不久，材料可能发生断裂，在断裂点被拉断。

人们在研究材料的弹性性质时，希望有这样一些物理量，它们与试样的尺寸、形状和外加的力无关。于是提出了应力 F/S（即力与力所作用的面积之比）和应变 $\Delta L/L$（即长度或尺寸的变化与原来的长度或尺寸之比）之比的概念。在胡克定律成立的范围内，应力和应变之比是一个常数，即

$$E=\frac{\frac{F}{S}}{\frac{\Delta L}{L}} \tag{57-1}$$

E 被称为材料的杨氏模量，它是表征材料性质的一个物理量，仅与材料的结构、化学成分及其加工制造方法有关。某种材料发生一定应变所需要的力大，该材料的杨氏模量也就大。杨氏模量的大小标志了材料的刚性。

通过式（57-1），在样品截面积 S 上的作用应力为 F，测量引起的相对伸长量 $\Delta L/L$，即可计算出材料的杨氏模量 E。因一般伸长量 ΔL 很小，故常采用光学放大法，将其放大，如用光杠杆测量 ΔL。光杠杆是一个带有可旋转的平面镜的支架，平面镜的镜面与三个足尖决定的平面垂直，其后足即杠杆的支脚与被测物接触，见图 57-1。当杠杆支脚随被测物上升或下降微小距离 ΔL 时，镜面法线转过一个 θ 角，而入射到望远镜的光线转过 2θ 角，如图 57-2 所示。当 θ 很小时，

$$\theta \approx \tan\theta=\frac{\Delta L}{l} \tag{57-2}$$

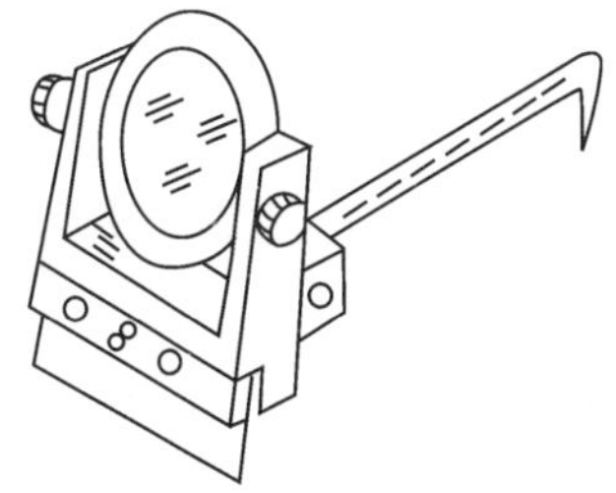

图 57-1　光杠杆结构图

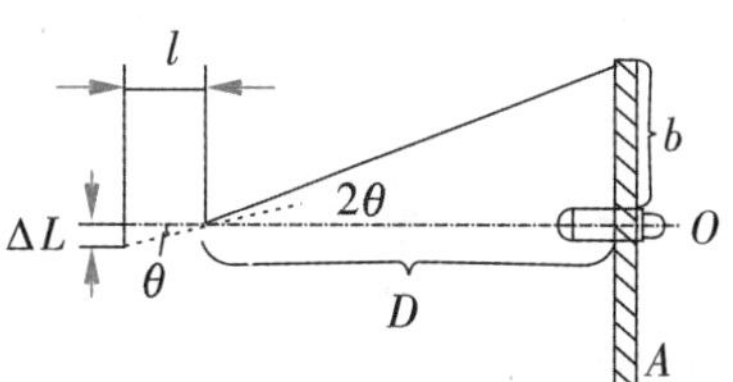

图 57-2　光杠杆原理图

式中，l 为支脚尖到刀口的垂直距离（也叫光杠杆的臂长）。根据光的反射定律，反射角和入射角相等，故当镜面转动 θ 角时，反射光线转动 2θ 角，由图可知

$$\tan 2\theta \approx 2\theta=\frac{b}{D} \tag{57-3}$$

式中 D 为镜面到标尺的距离，b 为从望远镜中观察到的标尺移动的距离。

由式(57-2)和式(57-3)可得

$$\frac{\Delta L}{l}=\frac{b}{2D} \tag{57-4}$$

由此得

$$\Delta L=\frac{bl}{2D} \tag{57-5}$$

合并(57-1)和(57-4)两式得

$$E=\frac{2DLF}{Slb} \tag{57-6}$$

式中，$\frac{2D}{l}$ 叫光杠杆的放大倍数。只要测量出 L、D、l 和 $d\left(S=\frac{1}{4}\pi d^2\right)$ 及一系列的 F 与 b 之后，就可以由式(57-6)确定金属丝的杨氏模量 E。

实验 58　固体热膨胀系数的测量

物质内部的分子都处于不停的运动中，而分子运动强弱的不同，造成绝大多数材料都表现出热胀冷缩的特性。人们在工程结构设计时，例如在房屋、铁路、桥梁、机械和仪器制造、材料的焊接等行业中，一定要考虑到这一因素，如果忽略这一特性，将造成工程结构稳定性差，严重的可造成损毁，使仪表失灵以及在材料焊接中产生缺陷等。热膨胀系数的测定在工程技术中是非常重要的，本实验的目的主要是测定金属棒的线膨胀系数，并学习一种测量微小长度的方法。

［实验原理］

1. 材料的热膨胀系数

各种材料热胀冷缩的强弱是不同的，为了定量区分它们，人们找到了表征这种热胀冷缩特性的物理量——线膨胀系数和体膨胀系数。

线膨胀是材料在受热膨胀时，在一维方向上的伸长。在一定的温度范围内，固体受热后，其长度都会增加，设物体原长为 L，由初温 t_1 加热至末温 t_2，物体伸长了 ΔL，则有

$$\Delta L=\alpha_l L(t_1-t_2) \tag{58-1}$$

$$\alpha_l=\frac{\Delta L}{L(t_1-t_2)} \tag{58-2}$$

上式表明，物体受热后其伸长量与温度的增加量成正比，和原长也成正比。比例系数 α_l 称为固体的线膨胀系数。

体膨胀是材料在受热时体积的增加，即材料在三维方向上的增加。体膨胀系数

定义为在压力不变的条件下，温度升高 1 K 所引起的物体体积的相对变化，用 α_V 表示，即

$$\alpha_V=\frac{1}{V}\frac{\Delta V}{\Delta T} \tag{58-3}$$

一般情况下，固体的体膨胀系数 α_V 为其线膨胀系数的 3 倍，即 $\alpha_V-3\alpha_l$，利用已知的 α_l，我们可测出液体的体膨胀系数 α_V。

2. 线膨胀系数的测量

线膨胀系数是选用材料时的一项重要指标。实验表明，不同材料的线膨胀系数是不同的，塑料的线膨胀系数最大，其次是金属。殷钢、熔凝石英的线膨胀系数很小，由于这一特性，殷钢、石英多被用在精密测量仪器中。表 58－1 给出了几种材料的线膨胀系数。

表 58－1　几种材料的线膨胀系数

材料	钢	铁	铝	玻璃	陶瓷	熔凝石英
α_l/℃$^{-1}$	10^{-5}	10^{-5}	10^{-5}	10^{-6}	10^{-6}	10^{-7}

人们在实验中发现，同一材料在不同的温度区域，其线膨胀系数是不同的，例如某些合金，在金相组织发生变化的温度附近，会出现线膨胀系数的突变。但在温度变化不大的范围内，线膨胀系数仍然是一个常量。因此，线膨胀系数的测量是人们了解材料特性的一种重要手段。在设计任何要经受温度变化的工程结构（如桥梁、铁路等）时，必须采取措施防止热胀冷缩的影响。例如，在长的蒸气管道上，可以插入一些可伸缩的接头或插入一段 U 形管；在桥梁中，可将桥的一端固牢在桥墩上，把另一端放在滚轴上；在铁路上，两根钢轨接头处要留有间隙等。

在式（58－1）中，ΔL 是一个微小的变化量，以金属为例，若原长 $L=300$ mm，温度变化 $t_1-t_2=100$ ℃，金属的线膨胀系数 α_l 约为10^{-5} ℃$^{-1}$，估计 $\Delta L\approx0.30$ mm。这样微小的长度变化，普通米尺、游标卡尺的精度是不够的，可采用千分尺、读数显微镜、光杠杆放大法、光学干涉法等测量。考虑到测量方便和测量精度，我们采用光杠杆法测量。

实验 59　示波器的认识与使用

我们常用的同步示波器是利用示波管内电子束在电场中的偏转，显示随时间变化的电信号的一种观测仪器。它不仅可以定性观察电路（或元件）中传输的周期信号，而且还可以定量测量各种稳态的电学量，如电压、周期、波形的宽度及上升、下降时间等。

自 1931 年美国研制出第一台示波器至今，示波器在各个研究领域都取得了广泛的应用，根据不同信号的应用，示波器发展成为多种类型，如慢扫描示波器、取样示波器、记忆示波器等，它们的显像原理是不同的。已成为科学研究、实验教学、医药卫生、电工电子和仪器仪表等各个研究领域和行业最常用的仪器。

［实验原理］

1. 示波器的基本结构

示波器的结构如图 59–1 所示，由示波管（又称阴极射线管）、放大系统、衰减系统、扫描和同步系统及电源等部分组成。

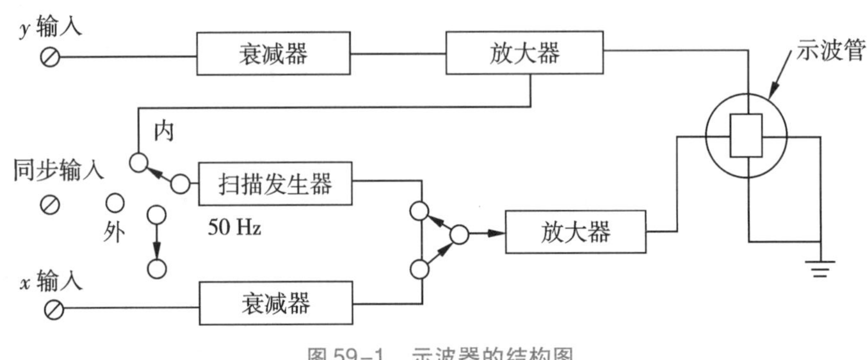

图 59–1　示波器的结构图

示波管是示波器的基本构件，它由电子枪、偏转板和荧光屏三部分组成，被封装在高真空的玻璃管内，结构如图 59–2 所示。电子枪是示波管的核心部分，由阴极、栅极和阳极组成。

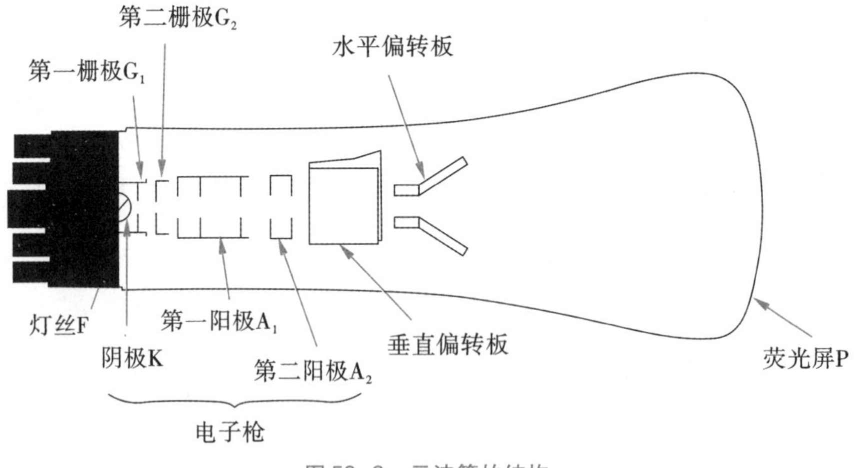

图 59–2　示波管的结构

自阴极发射的电子束，经过第一栅极（G_1）、第二栅极（G_2）、第一阳极（A_1）、第二阳极（A_2）的加速和聚焦后，形成一个细电子束。垂直偏转板（常称作 y 轴）及水平偏转板（常称 x 轴）所形成的二维电场，使电子束发生位移，位移的大小与 x、y 偏转板上所加的电压有关：

$$y = S_y V_y = \frac{V_y}{D_y},\ x = S_x V_x = \frac{V_x}{D_x} \tag{59-1}$$

式中：S_y和D_y为y轴偏转板的偏转灵敏度和偏转因数；S_x和D_x为x轴偏转板的偏转灵敏度和偏转因数。它们均与偏转板的参数有关，是示波器的主要技术指标之一。

2. 示波器显示波形的原理

由式(59-1)可知，y轴或x轴的位移与所加电压有关。如图59-3所示，在x轴偏转板上加一个随时间t按一定比例增加的电压V_x，光点从A点到B点移动。V_x周期性变化(锯齿波)，并且由于发光物质的特性使光迹有一定的保留时间，于是就得到一条"扫描线"，称为时间基线。

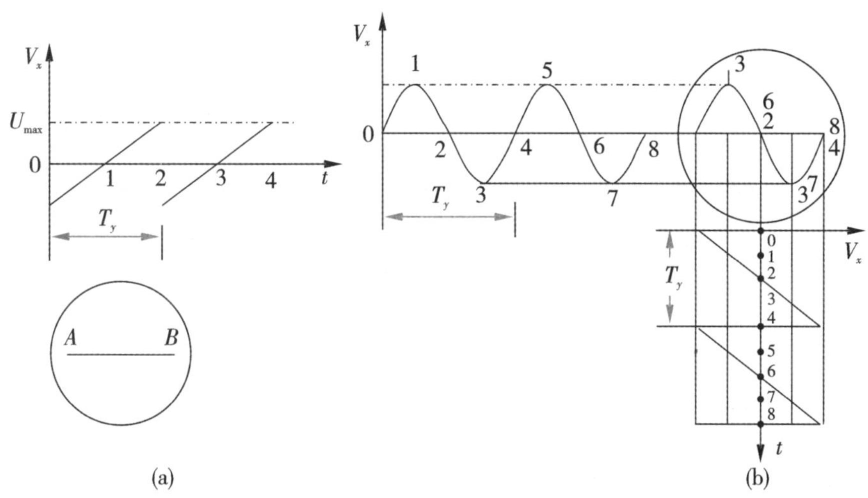

图59-3　波形显示原理

为得到清晰稳定的波形，上述扫描电压的周期T_x(或频率f_x)与被测信号的周期T_y(或f_y)必须满足：

$$T_y = \frac{T_x}{n},\ f_y = nf_x,\ n = 1,2,3,\cdots \tag{59-2}$$

由于扫描电压发生器的扫描频率f_x不会很稳定，因此为保证式(59-2)始终成立，示波器需要设置扫描电压同步电路，即触发电路，如图59-1所示同步输入。

3. 用x轴时基测时间参数

x轴扫描信号的周期实际上是以时基单位(时间/cm)来标示的，一般示波管荧光屏的直径以10 cm居多，则式(59-2)的T_x，由时基乘上10 cm，如时基为0.1 ms/cm，则扫描信号的周期为1 ms。为此在实际测量中，将式(59-2)改成式(59-3)的形式

$$T_y = 时基单位 \times 波形厘米数 \tag{59-3}$$

式中的波形厘米数，可以是信号一个周期的读数(可测待测信号的周期)、正脉冲(或负脉冲)的信号宽度的读数或待测信号波形的其他参数。

4. 用李萨如图形测信号的频率

如果将不同的信号分别输入 y 轴和 x 轴的输入端，当两个信号的频率满足一定关系时，荧光屏上会显示出李萨如图形。两个互相垂直的振动（有相同的自变量）的合成为李萨如图形。

（1）频率相同而振幅和相位不同时，两正交正弦电压的合成图形。设此两正弦电压分别为：

$$x = A\cos \omega t\ ,\ y = B\cos(\omega t + \varphi) \tag{59-4}$$

消去自变量 t，得到椭圆轨迹方程：

$$\frac{x^2}{A^2} + \frac{y^2}{B^2} - \frac{2xy}{AB}\cos \varphi = \sin^2\varphi \tag{59-5}$$

当两个正交电压的相位差 φ 取 $0 \sim 2\pi$ 的不同值时，合成的图形如图 59-4 所示。

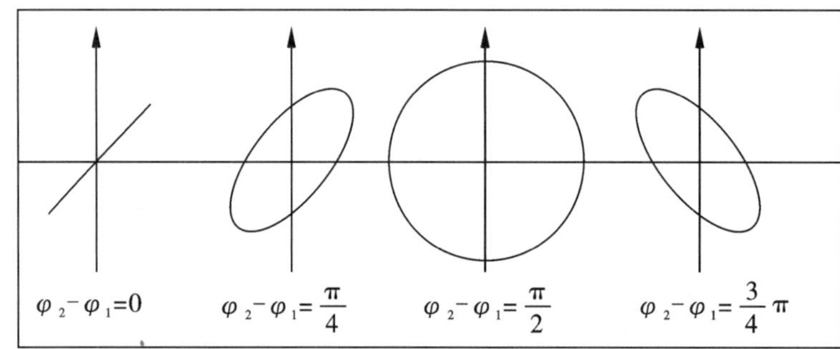

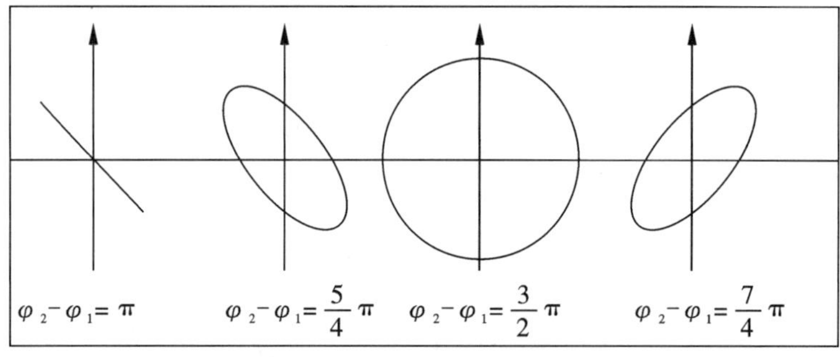

图 59-4　不同 φ 的李萨如图形

（2）两正交正弦电压的相位差一定，频率比为一个有理数时，合成的图形为一条稳定的闭合曲线。图 59-5 是几种频率比时的图形，频率比与图形的切点数之间有下列关系：

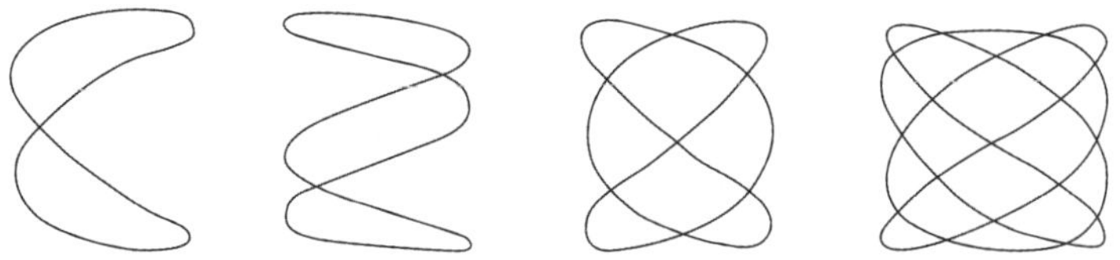

$$\frac{f_y}{f_x}=\frac{1}{2} \quad \frac{f_y}{f_x}=\frac{1}{3} \quad \frac{f_y}{f_x}=\frac{2}{3} \quad \frac{f_y}{f_x}=\frac{3}{4}$$

图 59-5　不同频率比的李萨如图形

$$\frac{f_y}{f_x}=\frac{\text{水平切线上的切点数}}{\text{垂直切线上的切点数}} \tag{59-6}$$

实验 60　居里温度的测量

居里点(Curie temperature)也称居里温度或磁性转变点,是指材料可以在铁磁体和顺磁体之间改变的温度,即铁电体从铁电相转变成顺电相的相变温度,也可以说是发生二级相变的转变温度。低于居里点温度时该物质成为铁磁体,此时和材料有关的磁场很难改变。当温度高于居里点温度时,该物质成为顺磁体,磁体的磁场很容易随周围磁场的改变而改变。

对于所有的磁性材料来说,并不是在任何温度下都具有磁性。一般地,磁性材料具有一个临界温度,在这个温度以上,由于高温下原子的剧烈热运动,原子磁矩的排列是混乱无序的。在此温度以下,原子磁矩排列整齐,产生自发磁化,物体变成铁磁性的。

利用这个特点,人们开发出了很多控制元件。例如,我们使用的电饭锅就利用了磁性材料的居里点的特性。在电饭锅的底部中央装了一块磁铁和一块居里点为 105 ℃的磁性材料。当锅里的水分干了以后,食品的温度将从 100 ℃上升。当温度到达大约 105 ℃时,由于被磁铁吸住的磁性材料的磁性消失,磁铁就对它失去了吸力,这时磁铁和磁性材料之间的弹簧就会把它们分开,同时带动电源开关断开,停止加热。

[实验原理]

在磁场的作用下能被磁化并反过来影响磁场的物质称为磁介质。

设真空中原来磁场的磁感应强度为 B_0,引入磁介质后,磁介质因磁化而产生附加磁场,其磁感应强度为 B',在磁介质中总的磁感应强度是 B_0 和 B'的矢量和,即 $B=B_0+B'$。设 $\mu_\gamma=\frac{B}{B_0}$,称为介质的相对磁导率。根据实验分析,磁介质可分为:

(1)顺磁质,即 $\mu_\gamma>1$,如铝、铬、铀等;

(2)抗磁质,即 $\mu_{\gamma}<1$,如金、银、铜等;

(3)铁磁质,即 $\mu_{\gamma}\gg1$,如铁、钴、镍等。

铁磁性物质的磁性随温度的变化而变化。当温度上升到某一温度时,铁磁性材料就由铁磁性材料转为顺磁状态,即失去铁磁性物质的特性,这个温度称为居里温度,以 T_C 表示,居里温度是铁磁性材料的本征参数之一,它仅与材料的化学成分和晶体结构有关,而与晶粒大小、取向以及应力分布等结构因素无关,因此又称它为结构不灵敏参数。测定铁磁材料的居里温度不论对磁材料、磁性器件的研究和研制,还是对工程技术的应用都具有十分重要的意义。

铁磁质的磁性主要来源于自由电子的自旋磁矩,在铁磁质中,相邻原子间存在着非常强的"交换耦合"作用,这个相互作用促使相邻原子的磁矩平行排列起来,形成一个自发磁化达到饱和状态的区域,这个区域的体积约为$10^{-12}\sim10^{-8}\,m^3$,包含有$10^{17}\sim10^{21}$个原子,称之为磁畴。在没有外磁场作用时,不同磁畴的取向各不相同,如图 60-1 所示,因此,对整个铁磁物质来说,任何宏观区域的平均磁矩为零,铁磁物质不显示磁性。当有外磁场作用时,不同磁畴的取向趋于外磁场的方向,任何宏观区域的平均磁矩不再为零,且随着外磁场的增大而增大。当外磁场增大到一定值时,所有磁畴沿外磁场方向整齐排列,如图 60-2 所示。任何宏观区域的平均磁矩达到最大值,铁磁物质显示出很强的磁性,我们说铁磁物质被磁化了。铁磁物质的磁导率远远大于顺磁物质的磁导率。

铁磁物质被磁化后具有很强的磁性,但这种强磁性是与温度有关的。随着铁磁物质温度的升高,金属点阵热运动的加剧会影响磁畴矩的有序排列。但在未达到一定温度时,热运动不足以破坏磁畴磁矩基本的平行排列,此时任何宏观区域的平均磁矩仍不为零,物质仍具有磁性,只是平均磁矩随温度升高而减小。而当与 kT(k 是玻耳兹曼常数,T 是热力学温度)成正比的热运动能足以破坏磁畴磁矩的整齐排列时,磁畴被瓦解,平均磁矩降为零,铁磁物质的磁性消失而转变为顺磁物质,与磁畴相联系的一系列铁磁性质(如高磁导率、磁滞回线、磁致伸缩等)全部消失,相应的铁磁物的磁导率转化为顺磁物质的磁导率。与铁磁性消失时所对应的温度即为居里温度。

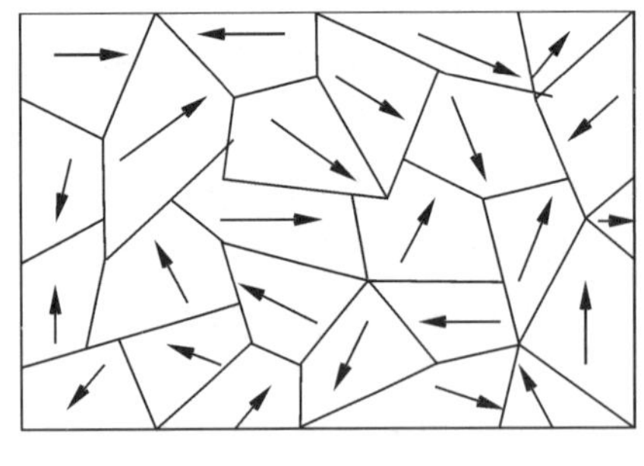

图 60-1　无外磁场作用的磁畴

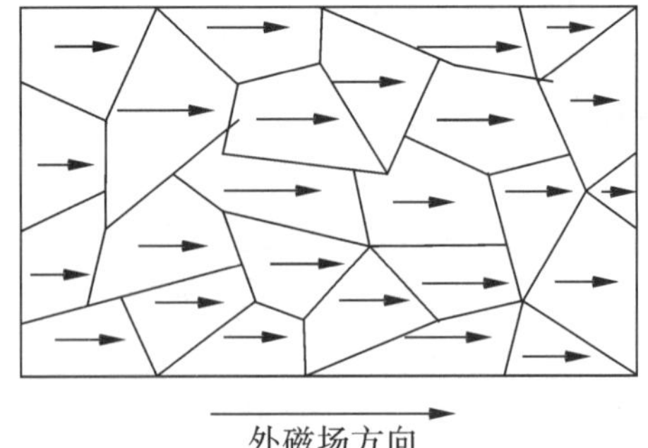

图 60-2　在外磁场作用下的磁畴

实验 61　空气比热容比测定

理想气体的比定压热容 C_p和比定容热容 C_V之比 $\gamma = C_p/C_V$称为气体的比热容比，又称气体的绝热指数，它是一个常用的物理量，在热力学理论及工程技术的应用中起着重要的作用，如热机的效率及声波在气体中的传播特性都与空气的比热容比 γ 有关。

［实验原理］

实验装置与接线图示见图 61-1。

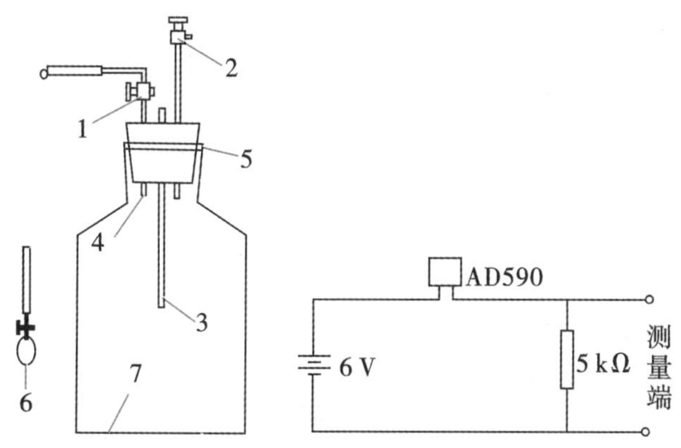

1. 进气活塞；2. 放气活塞；3. AD590 温度传感器；4. 气体压力传感器；5. 703 胶黏剂；6. 充气球；7. 储气瓶。

图 61-1　实验装置

把原处于环境压强 p_0及室温 T_0下的空气状态称为状态 0(p_0，T_0)。

关闭放气阀，打开进气阀，用充气球将原处于环境压强 p_0、室温 T_0状态下的空气经进气阀压入贮气瓶内，这时瓶内空气压强增大、温度升高。气体压强稳定后，达到状态Ⅰ(p_1，T_1)。随后，瓶内气体通过容器壁和外界进行热交换，温度逐步下降，达到稳定状态Ⅱ(p_2，T_2)，这是一个等容放热过程。

迅速打开放气阀，使瓶内空气与外界大气相通，当压强降至 p_0(此时压强的显示为 0.0 mV)时立即关闭放气阀。由于放气时间很短，此过程可近似认为是一个绝热膨胀过程，瓶内空气压强减小、温度降低；气体压强稳定后，瓶内空气达到状态Ⅲ(p_0，T_3)。随后，瓶内空气通过容器壁和外界进行热交换，温度逐步回升至 T_2，达到状态Ⅳ(p_3，T_2)，这是一个等容吸热过程。

整个过程可表示为：

$0(p_0,T_0)$ ① 绝热压缩 →Ⅰ(p_1,T_1)

② 等容放热 →Ⅱ(p_2,T_2)

③ 绝热膨胀 →Ⅲ(p_0,T_3)

④ 等容吸热 →Ⅳ(p_3,T_2)

其中过程①②对测量γ没有直接影响,这两个过程的目的是获取压缩空气,同时可以观察气体在绝热压缩过程及等容放热过程中的状态变化。对测量结果有直接影响的是③④两个过程。

过程③是一个绝热膨胀过程,满足理想气体绝热方程:

$$\frac{T_2^{\gamma}}{p_2^{\gamma-1}}=\frac{T_3^{\gamma}}{p_0^{\gamma-1}} \tag{61-1}$$

过程④是一个等容吸热过程,满足理想气体状态方程:

$$\frac{T_3}{p_0}=\frac{T_2}{p_3} \tag{61-2}$$

将式(61-2)代入式(61-1)可得

$$\left(\frac{p_2}{p_0}\right)^{\gamma-1}=\left(\frac{p_3}{p_0}\right)^{\gamma} \tag{61-3}$$

两边取对数,整理得出

$$\gamma=\frac{\ln p_2-\ln p_0}{\ln p_2-\ln p_3}$$

由于压强的变化相对于大气压变化较小,整理得

$$\gamma=\frac{\Delta p_2}{\Delta p_2-\Delta p_3} \tag{61-4}$$

根据式(61-4),只要测出瓶内气体在绝热膨胀前的压强p_2相对于大气压的变化量Δp_2及放气后经等容吸热回升至T_2时的压强p_3相对于大气压的变化量Δp_3,即可计算出空气的比热容比γ。

实验 62　真空实验

真空是一种不存在任何物质的空间状态,是一种物理现象。在真空中,声音因为没有介质而无法传递,但电磁波的传递却不受真空的影响。事实上,在真空技术里,真空系针对大气而言,一特定空间内部之部分物质被排出,使其压力小于标准大气压,则我们通称此空间为真空或真空状态。真空常用帕斯卡(Pa)或托(Torr)作为压力的单位。目前在自然环境里,只有外太空堪称最接近真空的空间。

在真空实用技术中,真空的获得和测量是两个最重要的方面,在一个真空系统中,真空获得的设备和测量仪器是必不可少的。目前常用的真空获得设备主要有旋片式机械真空泵、油扩散泵、涡轮分子泵、低温泵等。真空测量仪器主要有 U 形真空计、热传导真空计、电离真空计等。随着电子技术和计算机技术的发展,各种真空获得设备向高抽速、高极限真空、无污染方向发展。各种真空测量设备与微型计算机相结合,具有数字显示、数据打印、自动监控和自动切换量程等功能。

低真空的应用主要涉及真空疏松、真空过滤、真空成型、真空装卸、真空干燥及震动浓缩等,在纺织、粮食加工、矿山、铸造、医药等行业有着广泛的应用。

[实验原理]

1. 真空技术的基本概念

(1)真空:低于一个大气压的气体状态。

1643 年,意大利物理学家托里拆利(E. Torricelli)首创著名的大气压实验,获得真空。

自然真空:气压随海拔高度增加而减小,存在于宇宙空间。

人为真空:用真空泵抽掉容器中的气体。

(2)真空量度单位。

1 atm = 760 mmHg = 760 Torr

1 atm = 101 325 Pa

1 Torr = 133.322 4 Pa

(3)真空区域的划分。

目前尚无统一规定,常见的划分为:

粗真空	$10^{5} \sim 10^{3}$ Pa
低真空	$10^{3} \sim 10^{-1}$ Pa
高真空	$10^{-1} \sim 10^{-6}$ Pa
超高真空	$10^{-6} \sim 10^{-10}$ Pa
极高真空	$<10^{-10}$ Pa

2. 真空获得——真空泵

1654 年,德国物理学家葛利克发明了抽气泵,做了著名的马德堡半球试验。

原理:当泵工作后,形成压差,$p_1 > p_2$,实现了抽气,见图 62-1。

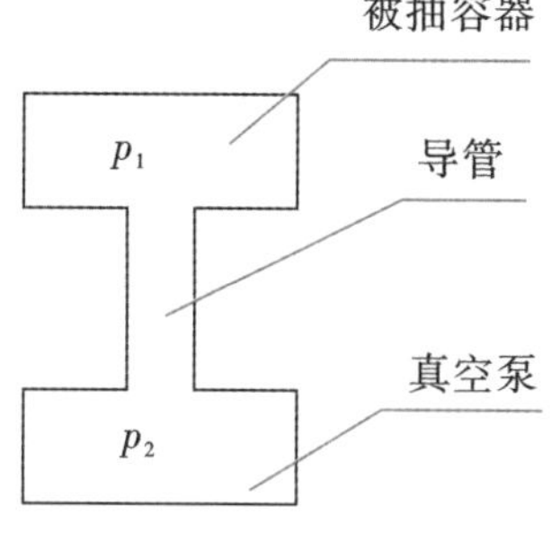

图 62-1 真空泵原理简图

实验 63　介电常数的测量

电介质最基本的物理性质是它的介电性,对介电性的研究不但在电介质材料的应用上具有重要意义,而且也是了解电介质的分子结构和极化机制的重要分析手段之一。所以说介电常数是物理学、材料科学和工程技术等各个领域中反映各种材料特性的重要参数。电介质的极化能力越强,其介电常数就越大。探索高介电常数的电介材料,对电子工业元件的小型化有着重要的意义。测量介电常数的方法有很多,常用的有比较法、替代法、电桥法、谐振法、Q 表法、直流测量法和微波量法等。实验采用比较法利用 DP-5 型介电谱仪测量物质在交变电场中的介电常数。DP-5 型介电谱仪内置带有锁相环(PLL)的宽范围正弦频率合成信号源和由乘法器、同步积分器、移相器等组成的放大测量电路,具有弱信号检测和网络分析的功能。通过对填充介质的平板电容的激励信号的正交分量(实部和虚部)进行比较、分离、测量,从而测量出 ε_r 和损耗角正切 $\tan\delta$。

[实验原理]

如图 63-1 所示,置于平板电极之间的样品,在正弦信号的激励下,等效于电阻与电容的并联网络。其中电阻 R 用于模拟样品在极化过程中由于极化滞后于外场的变化所引起的能量损耗。若极板的面积为 A,间距为 d,则 $R=\dfrac{d}{A\sigma}$,$C=\dfrac{\varepsilon A}{d}$,$\tan\delta=\dfrac{1}{\omega RC}=\dfrac{\sigma}{\omega\varepsilon}$,其中 $\varepsilon=\varepsilon_0\varepsilon_r$,$\varepsilon_0$ 为真空中的介电常数,σ 为与介电极化机制有关的交流电导率。设网络的复阻抗为 Z,其实部为 Z',虚部为 Z'',样品上激励电压为 U_s(基准信号)。

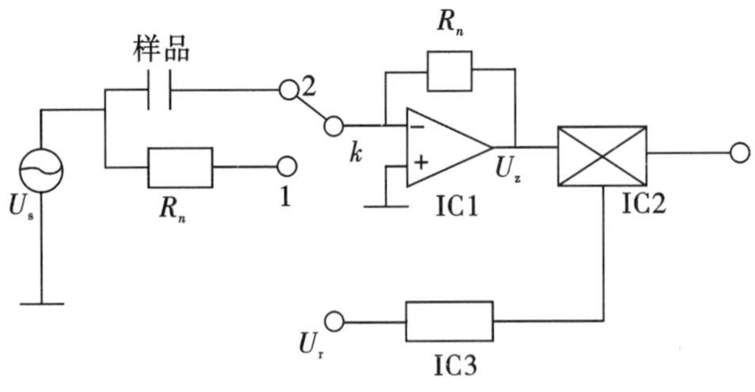

图 63-1　实验原理图

IC1 的作用是将通过样品的电流转化为电压(样品信号)U_z,用 U'_s、U''_s、U'_z、U''_z分别表示其实部和虚部,则有

$$U_z=R_nU_s/Z$$

$$\sigma = K(U'_s U'_z + U''_s U''_z), \quad \omega\varepsilon = K(U'_s U''_z - U''_s U'_z)$$
$$\tan\delta = (U'_s U'_z + U''_s U''_z)/(U'_s U''_z - U''_s U'_z)$$

式中,$K=\dfrac{d}{AR_n(U'_s U'_s + U''_s U''_s)}$。

IC2 的作用是将被测正弦信号与同频率的相关参考方波 U_r 相乘。电压的实部和虚部通过开关型乘法器 IC2 和 π/2 移相器 IC3 实现分离后测量。本系统测量时通过移相微调电路使 U_r 和 U_s 同相,即 U_s 的虚部为 0。公式简化为

$$\sigma = K'U'_z \quad \omega\varepsilon = K'U''_z \quad \tan\delta = \frac{U'_z}{U''_z}$$

式中,$K'=\dfrac{d}{AR_n U'_s}$。

图 63-1 中,K 指向 1 时测量 U'_s,K 指向 2 时测量 U'_z和 U''_z。

实验 64　偏振光实验

光的偏振是指光的振动方向不变,或光矢量末端在垂直于传播方向的平面上的轨迹呈椭圆或圆的现象。光的偏振最早是牛顿在 1704—1706 年间引入光学的;光的偏振这一术语是马吕斯在 1809 年首先提出的,并在实验室发现了光的偏振现象;麦克斯韦在 1865—1873 年间建立了光的电磁理论,从本质上说明了光的偏振现象。按电磁波理论,光是横波,它的振动方向和光的传播方向垂直。实际中最常见的光的偏振态大体为五种,即自然光、线偏振光、部分偏振光、圆偏振光和椭圆偏振光。自然光是各方向的振幅相同的光。对自然光而言,它的振动方向在垂直于光的传播方向的平面内可取所有可能的方向,没有一个方向占有优势。若把所有方向的光振动都分解到相互垂直的两个方向上,则在这两个方向上的振动能量和振幅都相等。线偏振光是在垂直于传播方向的平面内,光矢量只沿一个固定方向振动。起偏器是将非偏振光变成线偏振光的器件,检偏器是用于鉴别光的偏振光状态的器件。

偏振光在科研和生活各个方面得到了广泛的应用。例如利用透振方向与线偏振光振动方向垂直的检偏器会使线偏光消光的特点设计的汽车前灯和前窗玻璃,既可看清自己车灯发出的光,又可消除迎面来车的灯光;利用线偏振光通过旋光物质后偏振光的振动面会发生旋转这个特性制作的旋光计,可以用于测量糖溶液的浓度;在计算器、液晶显示器中所采用的液晶显示技术也利用到了光的偏振。

[实验原理]

光在传播过程中遇到介质发生反射、折射、双折射或通过二向色性物质时,发生偏振现象。

线偏振:光振动局限在垂直于传播方向的平面内。

椭圆偏振光或圆偏振:电矢量随时间做有规律的变动,它的末端在垂直于传播方向的平面上的轨迹呈椭圆或圆形。

人的眼睛不能直接检查偏振光,但可借助检偏器对偏振光进行检视。

1. 马吕斯定律

如图64-1所示,设θ是偏振片P与检偏器的偏振化方向之间的夹角,若投射在检偏器上的线偏振光的振幅为E_0,则透过的振幅为$E_0\cos\theta$。由于光强与振幅的平方成正比,可知透射光强I随θ而变化的关系为

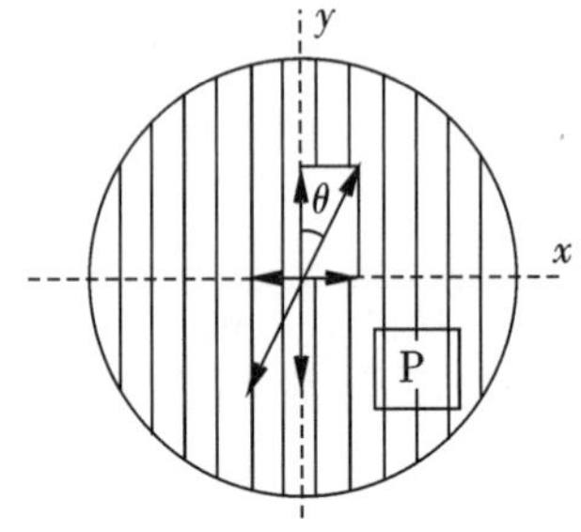

图64-1 马吕斯定律图示

$$I=I_0\cos^2\theta$$

2. 布儒斯特角

如图64-2所示,当光从折射率为n_1的介质(例如空气)入射到折射率为n_2的介质(例如玻璃)交界面,而入射角又满足

$$\theta_B=\tan^{-1}\frac{n_2}{n_1}$$

时,反射光即成完全偏振光,其振动面垂直于入射面。θ_B称为布儒斯特角。若n_1表示的是空气折射率(数值近似等于1),上式可写成

$$\theta_B=\tan^{-1}n_2$$

3. 波片

线偏振光垂直入射一透光面平行于光轴、厚度为d的晶片时(图64-3),分解成寻常光(o光)和不遵从折射定律的非常光(e光)。

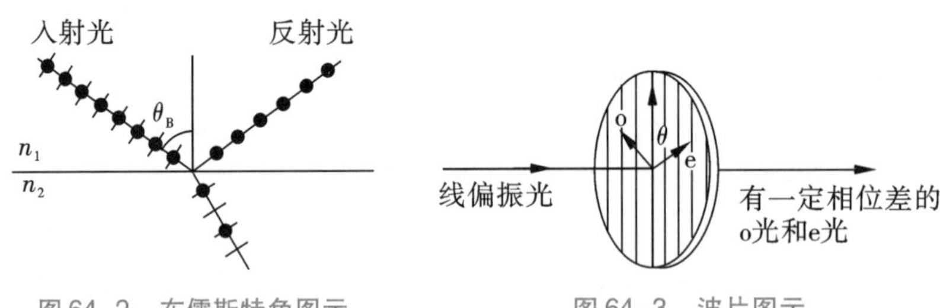

图64-2 布儒斯特角图示

图64-3 波片图示

o光和e光在晶体中这两个相互垂直的振动方向有不同的光速。设入射光振幅为A,振动方向与光轴夹角为θ,入射晶面后o光和e光振幅分别为$A\sin\theta$和$A\cos\theta$,出射后相位差为

$$\varphi=\frac{2\pi}{\lambda_0}(n_o-n_e)d$$

式中 λ_0是光在真空中的波长,n_o和 n_e分别是 o 光和 e 光的折射率。

这种能使相互垂直振动的平面偏振光产生一定相位差的晶片就叫作波片。

4. 椭圆偏振光和圆偏振光

当振幅为 A 的面偏振光入射到石英晶体做成的波片时,若振动方向与波片光轴夹角为 θ,在直角坐标系内,o 光和 e 光的振幅分别为 $A_o=A\sin\theta$ 和 $A_e=A\cos\theta$。从波片出射后的 o 光和 e 光的振动可以用两个互相垂直、同频率、有固定相位差的简谐振动方程表示,二者的合振动方程为椭圆方程,合振动矢量的端点轨迹一般为椭圆(如图 64-4 所示),所以称为椭圆偏振光。其中有个特殊情况,即 $\theta=\pi/4$ 时,o 光和 e 光的振幅相等,合振动矢量的端点轨迹是圆,椭圆偏振光退化为圆偏振光,用检偏器检验,波片的透射光强是不变的。

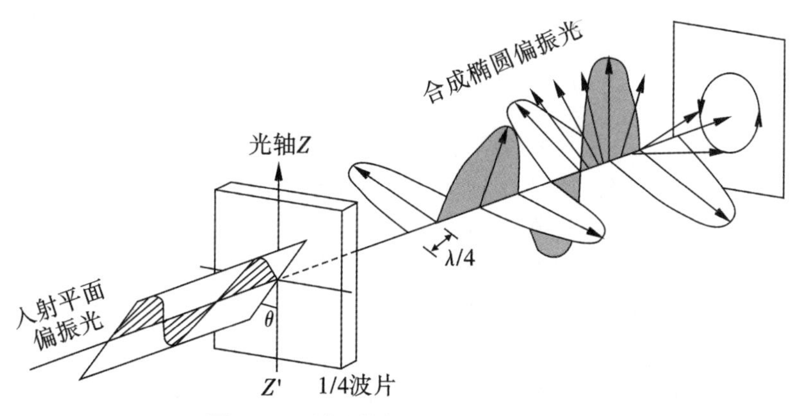

图 64-4　椭圆偏振光与圆偏振光图示

实验 65　高温超导

超导现象的发现与极低温度的探索有着密切的联系,而极低温度的获得是从气体液化技术开始的。热力学的发展使人们对低温的获得和存在绝对温度的思想产生了重大的影响。此时人们注意到纯金属的电阻随温度的降低而减少的现象。1902 年,开尔文认为随着温度的降低,电子将凝结在金属原子上,使金属的电阻变得无限大。随后,昂内斯认为电阻先随温度降低到一个极小值,然后开始加大,并会在绝对零度时变为无穷大。1911 年,卡末林·昂内斯(H. Kamerlingh Onnes,1853—1926)首先在实验中发现了超导现象。

超导材料有着非常现实的应用价值。例如,零电阻效应具有无损耗运输电流的性质,能实现超导化大功率发电机、电动机。在电力领域,利用超导线圈磁体可以将发电机的磁场强度提高到 5 万 ~6 万高斯,并且几乎没有能量损失,这种发电机便是交流超导发电机。超导发电机的单机发电容量比常规发电机提高 5 ~10 倍,达 1 万兆瓦,而体积却减少 1/2,整机重量减轻 1/3,发电效率提高 50%。那么其不必要的能耗将大大降低,这在国防、科研、工业上具有极大的意义。例如,磁悬浮列车的材料就是应用磁场强、体积小、重量轻的超导磁体。磁悬浮列车的原理是运用磁铁“同性相斥,异性相吸”的性质,使磁铁具有抗拒地心引力的能力,即“磁性悬浮”。这种原理运用在铁路运输系统上,使列车完全脱离轨道而悬浮行驶,成为“无轮”列车,时速可达几百公里以上,这就是所谓的“磁悬浮列车”。列车上装有超导磁体,由于悬浮而在线圈上高速前进。这些线圈固定在铁路的底部,由于电磁感应,在线圈里产生电流,地面上线圈产生的磁场极性与列车上的电磁体极性总是保持相同,这样在线圈和电磁体之间就会一直存在排斥力,从而使列车悬浮起来。

[实验原理]

1911 年,卡末林·昂内斯用液氦冷却水银并通以几毫安的电流,在测量其端电压时发现,当温度稍低于液氦的正常沸点时,水银线的电阻突然跌落到零,这就是所谓的零电阻现象或超导电现象。通常把具有这种超导电性的物体,称为超导体;而把超导体电阻突然变为零的温度,称为超导转变温度。如果维持外磁场、电流和应力等在足够低的值,则样品在这一定外部条件下的超导转变温度,称为超导临界温度,用 T_c 表示。在一般的实际测量中,地磁场并没有被屏蔽,样品中通过的电流也并不太小,而且超导转变往往发生在并不很窄的温度范围内,因此通常引入转变温度 $T_{c0\ onset}$、零电阻温度 T_{c0} 和超导转变(中点)温度 T_{cm} 等来描写高温超导体的特性,如图 65-1 所示。通常所说的超导转变温度 T_c 是指 T_{cm}。

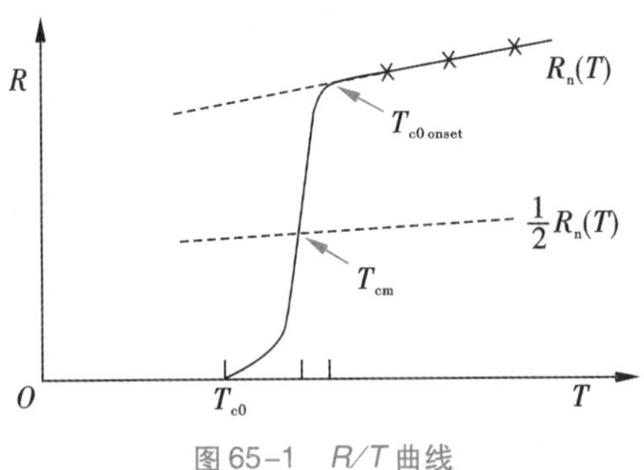

图 65-1　R/T 曲线

由于数字电压表的灵敏度迅速提高,用伏安法直接判定零电阻现象已成为实验中常用的方法。然而,为了确定超导态的电阻确实为零,或者说,为了用实验确定超导态电阻的上限,这种方法的精度不够高。我们知道,当电感 L 一定时,如果 LR 串联回路中的电流衰减得越慢,即回路的时间常数 $\tau=L/R$ 越大,则表明该回路中的电阻 R 越小。

实验发现，一旦在超导回路中建立起了电流，则无须外电源就能持续几年仍观测不到衰减，这就是所谓的持续电流。现代超导重力仪的观测表明，超导态即使有电阻，其电阻率也必定小于 $10^{-28}\ \Omega\cdot m$。这个值远远小于正常金属迄今所能达到的电阻率 $10^{-15}\ \Omega\cdot m$，因此可以认为超导态的电阻率确实为零。

1933 年，迈斯纳（W. F. Meissner）和奥克森尔德（R. Öchsenfeld）把锡和铅样品放在外磁场中冷却到其转变温度以下，测量了样片外部的磁场分布。他们发现，不论是在没有外加磁场还是在有外加磁场的情况下，使样片从正常态转变为超导态，只要 $T<T_c$，在超导体内部的磁感应强度 B_i 总是等于零的，这个效应就是迈斯纳效应，它表明超导体具有完全抗磁性。这是超导体所具有的独立于零电阻现象的另一个最基本的性质。迈斯纳效应可用磁悬浮实验来演示。当我们将永久磁铁慢慢落向超导体时，磁铁会被悬浮在一定高度上而不触及超导体。其原因是：磁感应线无法穿过具有完全抗磁性到超导体，因而磁场受到畸变而产生向上的浮力。

在超导现象发现以后，人们一直在为提高超导临界温度而努力，然而进展却十分缓慢，1973 年所创立的记录［$T_c(Na_3Ge) = 23.2$ K］就保持了 12 年。1986 年 4 月，缪勒（K. A. Muller）和贝德罗兹（J. G. Bednorz）宣布，一种钡镧铜氧化物的超导转变温度可能高于 30 K，从此掀起了波及全世界的关于高温超导电性的研究热潮，在短短的两年时间里就把超导临界温度提高到了 110 K，到 1993 年 8 月已达到了 134 K。

迄今为止，已发现 28 种金属元素（在地球常态下）及许多合金和化合物具有超导电性，还有些元素只在高压下才具有超导电性。表 65-1 中给出了典型的超导材料的临界温度 T_c（零电阻值）。

表 65-1　超导材料的临界温度

超导材料	T_c/K
Hg(α)	4.15
Pb	7.20
Na	9.25
V_3Si	17.1
Na_3Sa	18.1
$Na_3AT_{0.75}Ge_{0.25}$	20.5
Na_3Ga	20.3
Na_3Ge	23.2
$YBaCu_3O_7$	90
$Bi_2Sr_2Ca_2Cu_3O_{10}$	105
$Ti_2Ba_2Ca_2Cu_3O_{10}$	125
$CgBa_2Ca_2Cu_3O_3$	134

温度的升高，磁场和电流的增大，都可以使超导体从超导态转变为正常态，因此常用临界温度 T_c、临界磁场 B_c 和临界电流密度 J_c 等临界参量来表征超导材料的超导性能。自从 1911 年发现超导电性以来，人们就一直设法用超导材料来绕制超导线圈——超导磁体。但令人失望的是，只通过很小的电流超导就失超了，即超导线圈从电阻为零的超导态转变到了电阻相当高的正常态。直到 1961 年，孔兹勒（J. E. Kunzler）等人利用 Na_3Sn 超导材料绕制成了能产生接近 9 T 磁场的超导线圈，这才打开了实际应用的局面。例如，超导磁体两端并接一超导开关，可以使超导磁体工作在持续电流状态，得到极其稳定的磁场，使所需要的核磁共振谱线长时间地稳定在观测屏上。同时，这样做还可以在正常运行时断开供电电路，省去了焦耳热的损耗，减少了液氦和液氮的损耗。

1. 金属电阻随温度的变化

电阻随温度变化的性质，对于各种类型的材料是很不相同的，它反映了物质的内在属性，是研究物质性质的基本方法之一。

在合金中，电阻主要是由杂质散射引起的，因此电子的平均自由程对温度的变化很不敏感，如锰铜的电阻随温度的变化就很小，实验中所用的标准电阻和电加热器就是用锰铜线绕制而成的。今天已经广泛应用的半导体，其基本性质的揭示是和电阻-温度关系的研究分不开的。人们也正是在研究低温下水银电阻的变化规律时，发现了超导电性。另一方面，作为低温物理实验中基本工具的各种电阻温度计，完全是建立在对各种类型材料的电阻-温度关系研究的基础上的。因此，掌握这方面实验研究的基本方法是十分必要的。尽管我们的实验是以液氮作为冷源的，进行测量工作的温区是 77 K 到室温，但这里所采用的实验方法同样适用于以液氦作为冷源的更低温度的情况。

在绝对零度下的纯金属中，理想的完全规则排列的原子（晶格）周期场中的电子处于确定的状态，因此电阻为零。温度升高时，晶格原子的热振动会引起电子运动状态的变化，即电子的运动受到晶格的散射而出现电阻 R_i。理论计算表明，当 $T>\Theta_D/2$ 时，$R_i \propto T$，其中 Θ_D 为德拜温度。实际上，金属中总是含有杂质的，杂质原子对电子的散射会造成附加的电阻。在温度很低时，例如在 4. 2 K 以下，晶格散射对电阻的贡献趋于零，这时的电阻几乎完全由杂质散射所造成，称为剩余电阻 R_r，它近似与温度无关。当金属纯度很高时，总电阻可以近似表达成 $R=R_i(T)+R_r$，在液氮温度以上，$R_i(T) \gg R_r$，因此有 $R \approx R_i(T)$。例如，铜和铂的德拜温度 Θ_D 分别为 310 K 和 225 K，在 63 K 到室温的温度范围内，它们的电阻 $R \approx R_i(T)$ 近似地正比于温度 T。然而，稍许精确地测量就会发现它们偏离线性关系，在较宽的温度范围内铂的电阻-温度关系如图 65-2 所示。

在液氮正常沸点到室温这一温度范围内，铂电阻温度计具有良好的线性电阻温度关系，可表示为 $R(T)=AT+B$ 或 $T(R)=aR+b$，其中 A、B 和 a、b 是不随温度变化的常量。因此，根据我们所给出的铂电阻温度计在液氮正常沸点和冰点的电阻值，可以确定所用的铂电阻温度计的 A、B 或 a、b 的值，并由此可得到铂电阻温度计测温时任一电阻所相应的温度值。

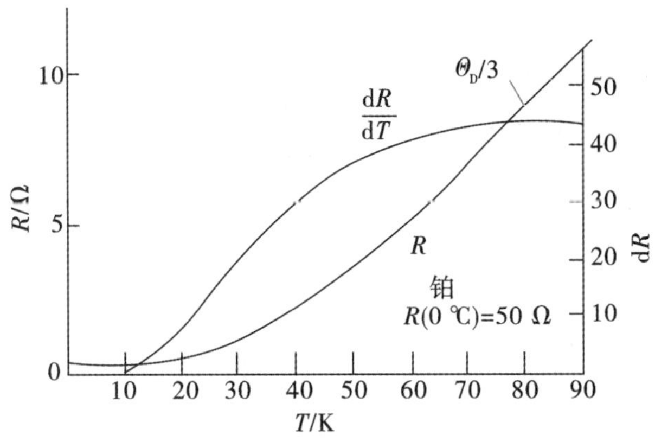

图 65-2　铂的电阻-温度关系

2. 半导体电阻以及 PN 结的正向电压随温度的变化

半导体具有与金属很不相同的电阻温度关系。一般而言,在较大的温度范围内,半导体具有负的电阻温度系数。半导体的导电机制比较复杂,电子(e^-)和空穴(e^+)是致使半导体导电的粒子,常统称为载流子。在纯净的半导体中,由所谓的本征激发产生载流子;而在掺杂的半导体中,则除了本征激发外,还有所谓的杂质激发也能产生载流子,因此具有比较复杂的电阻-温度关系。如图 65-3(a)所示,锗电阻温度计的电阻-温度关系可以分为四个区。在Ⅰ区中,半导体本征激发占优势,它所激发的载流子的数目随着温度的升高而增多,使其电阻随温度的升高而指数下降。当温度降低到Ⅱ区和Ⅲ区时,半导体杂质激发占优势,在Ⅲ区中温度开始升高时,它所激发的载流子的数目也是随着温度的升高而增多的,使其电阻随温度的升高而指数下降;但当温度升高到进入Ⅱ区中时,杂质激发已全部完成,因此当温度继续升高时,由于晶格对载流子散射作用的增强以及载流子热运动的加剧,电阻随温度的升高而增大。最后,在Ⅳ区中温度已经降低到本征激发和杂质激发几乎都不能进行,这时靠载流子在杂质原子之间的跳动而在电场下形成微弱的电流,因此温度越高电阻越低。适当调整掺杂元素和掺杂量,可以改变Ⅲ和Ⅳ这两个区所覆盖的温度范围以及交接处曲线的光滑程度,从而做成所需的低温锗电阻温度计。此外,硅电阻温度计、碳电阻温度计、渗碳玻璃电阻温度计和热敏电阻温度计等也都是常用的低温半导体温度计。显然,在大部分温区中,半导体具有负的电阻温度系数,这是与金属完全不同的。

在恒定电流下,硅和砷化镓二极管 PN 结的正向电压随着温度的降低而升高,如图 65-3(b)所示。由图可见,用一支二极管温度计就能测量很宽范围的温度,且灵敏度很高。由于二极管温度计的发热量较大,常把它用作控温敏感元件。

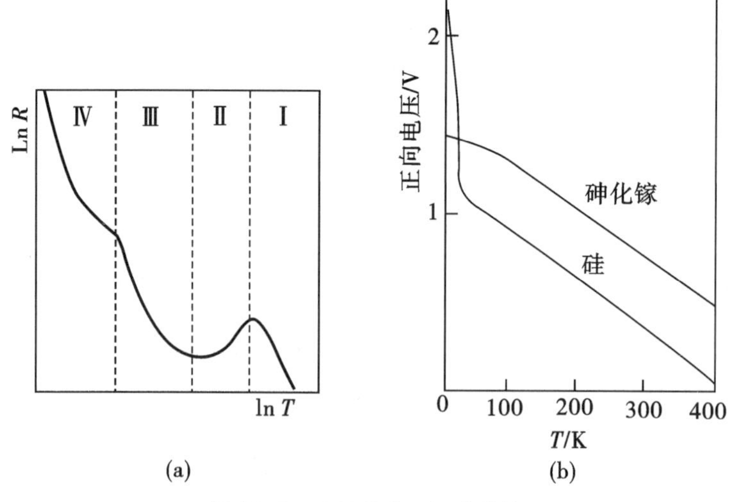

图 65-3　半导体电阻温度曲线

3. 温差电偶温度计

当两种金属所做成的导线联成回路,并使其两个接触点维持在不同的温度时,该闭合回路中就会有温差电动势存在。如果将回路的一个接触点固定在一个已知的温度,例如液氮的正常沸点 77.4 K,则可以由所测量得到的温差电动势确定回路的另一接触点的温度。

应该注意到,硅二极管 PN 结的正向电压 U 和温差电动势 E 随温度 T 的变化都不是线性的,因此在用内插法计算中间温度时,必须采用相应温度范围内的灵敏度值。

实验 66　扫描隧道显微镜

扫描隧道显微镜亦称为“扫描穿隧式显微镜”“隧道扫描显微镜”,是一种利用量子理论中的隧道效应探测物质表面结构的仪器。它是 1981 年由格尔德 · 宾宁(G. Binning)及海因里希 · 罗雷尔(H. Rohrer)发明,两位发明者因此与恩斯特 · 鲁斯卡分享了 1986 年诺贝尔物理学奖。

扫描隧道显微镜(scanning tunneling microscope,STM)作为一种扫描探针显微术工具,扫描隧道显微镜可以让科学家观察和定位单个原子,它具有比它的同类原子力显微镜更高的分辨率。此外,扫描隧道显微镜在低温下(4 K)可以利用探针尖端精确操纵原子,因此它在纳米科技既是重要的测量工具又是加工工具。STM 使人类第一次能够实时地观察单个原子在物质表面的排列状态和与表面电子行为有关的物化性质,在表面科学、材料科学、生命科学等领域的研究中有着重大的意义和广泛的应用前景，被国际科学界公认为20世纪80年代世界十大科技成就之一。

［实验原理］

扫描隧道显微镜的工作原理简单得出乎意料。就如同一根唱针扫过一张唱片，一根探针慢慢地通过要被分析的材料（针尖极为尖锐，仅仅由一个原子组成），一个小小的电荷被放置在探针上，一股电流从探针流出，通过整个材料，到底层表面。当探针通过单个的原子时，流过探针的电流量便有所不同，这些变化被记录下来。电流在流过一个原子的时候有涨有落，如此便极其细致地探出它的轮廓。在许多的流通后，通过绘出电流量的波动，人们可以得到组成一个网格结构的单个原子的美丽图片（图66-1）。

扫描隧道显微镜的工作模式分为恒电流模式和恒高度模式。

恒电流模式：利用一套电子反馈线路控制隧道电流 I，使其保持恒定，再通过计算机系统控制针尖在样品表面扫描，即使针尖沿 x、y 两个方向做二维运动。由于要控制隧道电流 I 不变，针尖与样品表面之间的局域高度也会保持不变，因而针尖就会随着样品表面的高低起伏而做相同的起伏运动，高度的信息也就由此反映出来。这就是说，STM 得到了样品表面的三维立体信息。这种工作方式获取图像信息全面，显微图像质量高，应用广泛。

图66-1　STM 显微图像

恒高度模式：在对样品进行扫描过程中保持针尖的绝对高度不变，于是针尖与样品表面的局域距离将发生变化，隧道电流 I 的大小也随着发生变化，通过计算机记录隧道电流的变化，并转换成图像信号显示出来，即得到了 STM 显微图像。这种工作方式仅适用于样品表面较平坦且组成成分单一（如由同一种原子组成）的情形。

从 STM 的工作原理（图66-2）可以看到：STM 工作的特点是利用针尖扫描样品表面，通过隧道电流获取显微图像，而不需要光源和透镜。这正是其得名"扫描隧道显微镜"的原因。

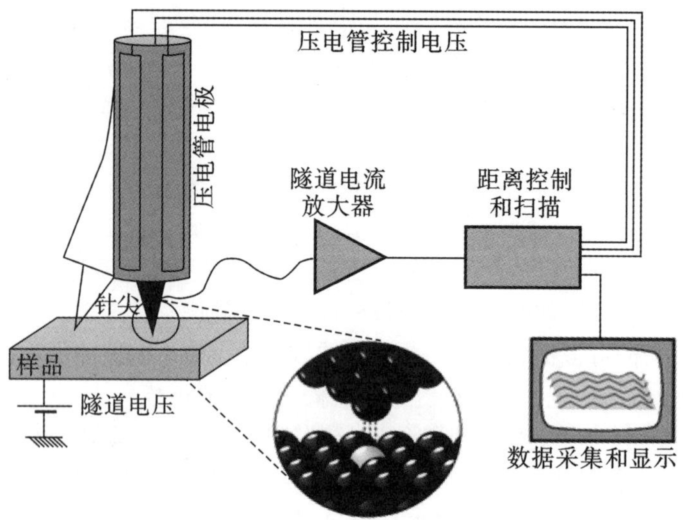

图 66-2　STM 工作原理

附录

附录 1　法定计量单位及常用物理常数

1. 中华人民共和国法定计量单位

我国的法定计量单位（以下简称法定单位）包括：

(1)国际单位制的基本单位（见附表 1–1）；

(2)国际单位制的辅助单位（见附表 1–2）；

(3)可与国际单位制单位并用的我国法定计量单位（见附表 1–3）；

(4)单位词头（见附表 1–4）；

(5)由以上单位构成的组合形式的单位；

(6)国际单位制中具有专门名称的导出单位（见附表 1–5）。

附表 1–1　国际单位制的基本单位

量的名称	单位名称	单位符号
长度	米	m
质量	千克	kg
时间	秒	s
热力学温度	开[尔文]	K
电流	安[培]	A
物质的量	摩[尔]	mol
发光强度	坎[德拉]	cd

附表 1–2　国际单位制的辅助单位

量的名称	单位名称	单位符号
[平面]角	弧度	rad
立体角	球面度	sr

附表 1-3 可与国际单位制单位并用的我国法定计量单位

量的名称	单位名称	单位符号	换算关系和说明
时间	分 [小]时 日,(天)	min h d	1 min=60 s 1 h=60 min=3 600 s 1 d=24 h=86 400 s
[平面]角	[角]秒 [角]分 度	″ ′ °	1″=(π/648 000) rad(π 为圆周率) 1′=60″=(π/10 800) rad 1°=60′=(π/180) rad
旋转速度	转每分	$r \cdot min^{-1}$	$1\ r \cdot min^{-1} = (1/60)\ s^{-1}$
长度	海里	n mile	1 n mile=1 852 m(只用于航行)
速度	节	kn	$1\ kn = 1\ n\ mile \cdot h^{-1} = (1\ 852/3\ 600) m \cdot s^{-1}$(只用于航行)
质量	吨 原子质量单位	t u	$1\ t = 10^3\ kg$ $1\ u \approx 1.660\ 540 \times 10^{-27}\ kg$
体积	升	l,L	$1\ L = 1\ dm^3 = 10^{-3}\ m^3$
能	电子伏	eV	$1\ eV \approx 1.602\ 176\ 634 \times 10^{-19} J$
级差	分贝	dB	
线密度	特[克斯]	tex	$1\ tex = 10^{-6}\ kg \cdot m^{-1}$
面积	公顷	hm^2	$1\ hm^2 = 10^4\ m^2$

附表 1-4 国际单位制词头

因数	词头名称		符号
	中文	英文	
10^{24}	尧[它]	yotta	Y
10^{21}	泽[它]	zetta	Z
10^{18}	艾[可萨]	exa	E
10^{15}	拍[它]	peta	P
10^{12}	太[拉]	tera	T
10^{9}	吉[咖]	giga	G
10^{6}	兆	mega	M
10^{3}	千	kilo	k
10^{2}	百	hecto	h
10^{1}	十	deca	da

续附表 1-4

因数	词头名称		符号
	中文	英文	
10^{-1}	分	deci	d
10^{-2}	厘	centi	c
10^{-3}	毫	milli	m
10^{-6}	微	micro	μ
10^{-9}	纳[诺]	nano	n
10^{-12}	皮[可]	pico	p
10^{-15}	飞[母托]	femto	f
10^{-18}	阿[托]	atto	a
10^{-21}	仄[普托]	zepto	z
10^{-24}	幺[科托]	yocto	y

附表 1-5　国际单位制中具有专门名称的导出单位

量的名称	单位名称	单位符号	用 SI 基本单位的表示式	其他表示式
频率	赫[兹]	Hz	s^{-1}	—
力	牛[顿]	N	$m \cdot kg \cdot s^{-2}$	—
压力,压强,应力	帕[斯卡]	Pa	$m^{-1} \cdot kg \cdot s^{-2}$	$N \cdot m^{-2}$
能[量],功,热量	焦[耳]	J	$m^2 \cdot kg \cdot s^{-2}$	$N \cdot m$
功率,辐[射能]通量	瓦[特]	W	$m^2 \cdot kg \cdot s^{-3}$	$J \cdot s^{-1}$
电荷[量]	库[仑]	C	$s \cdot A$	—
电压,电动势电位,(电势)	伏[特]	V	$m^2 \cdot kg \cdot s^{-3} \cdot A^{-1}$	$W \cdot A^{-1}$
电容	法[拉]	F	$m^{-2} \cdot kg^{-1} \cdot s^4 \cdot A^2$	$C \cdot V^{-1}$
电阻	欧[姆]	Ω	$m^2 \cdot kg \cdot s^{-3} \cdot A^{-2}$	$V \cdot A^{-1}$
电导	西[门子]	S	$m^{-2} \cdot kg^{-1} \cdot s^3 \cdot A^2$	$A \cdot V^{-1}$
磁通[量]	韦[伯]	Wb	$m^2 \cdot kg \cdot s^{-2} \cdot A^{-1}$	$V \cdot s$
磁通[量]密度,磁感应强度	特[斯拉]	T	$kg \cdot s^{-2} \cdot A^{-1}$	$Wb \cdot m^{-2}$
电感	亨[利]	H	$m^2 \cdot kg \cdot s^{-2} \cdot A^{-2}$	$Wb \cdot A^{-1}$
摄氏温度	摄氏度	℃	K	—
光通量	流[明]	lm	$cd \cdot sr$	—
[光]照度	勒[克斯]	lx	$m^{-2} \cdot cd \cdot sr$	$lm \cdot m^{-2}$
[放射性]活度	贝可[勒尔]	Bq	s^{-1}	—
吸收剂量	戈[瑞]	Gy	$m^2 \cdot s^{-2}$	$J \cdot kg^{-1}$
剂量当量	希[沃特]	Sv	$m^2 \cdot s^{-2}$	$J \cdot kg^{-1}$

2. 一些常用的物理常数(附表 1-6 至附表 1-21)

附表 1-6　基本的和重要的物理常数表*

名称	符号	数值和单位
真空中的光速	c	$2.997\ 924\ 58\times10^{8}$ m · s^{-1}
元电荷	e	$1.602\ 176\ 634\times10^{-19}$ C
电子质量	m_e	$9.109\ 383\ 701\ 5(28)\times10^{-31}$ kg
中子质量	m_n	$1.674\ 927\ 498\ 04(95)\times10^{-27}$ kg
质子质量	m_p	$1.672\ 621\ 923\ 69(51)\times10^{-27}$ kg
原子质量单位	u	$1.660\ 539\ 066\ 60(50)\times10^{-27}$ kg
普朗克常数	h	$6.626\ 070\ 15\times10^{-34}$ J · s
阿伏伽德罗常数	N_A	$6.022\ 140\ 76\times10^{23}$ mol^{-1}
摩尔气体常数	R	$8.314\ 462\ 618$ J · mol^{-1} · K^{-1}
玻耳兹曼常数	k	$1.380\ 649\times10^{-23}$ J · K^{-1}
万有引力常数	G	$6.674\ 30(15)\times10^{-11}$ m^{3} · kg^{-1} · s^{-1}
法拉第常数	F	$9.648\ 533\ 212\times10^{4}$ C · mol^{-1}
里德堡常数	R_∞	$1.097\ 373\ 156\ 816\ 0(21)\times10^{7}$ m^{-1}
洛喜密德常数	n_0	$2.686\ 780\ 111\times10^{25}$ m^{-3}
电子荷质比	e/m_e	$1.758\ 820\ 010\ 76(53)\times10^{11}$ C · kg^{-1}
电子经典半径	r_e	$2.817\ 940\ 326\ 2(13)\times10^{-15}$ m
电子静止能量	m_ec^2	$0.510\ 998\ 950\ 00(15)$ MeV
质子静止能量	m_pc^2	$938.272\ 088\ 16(29)$ MeV
电子的康普顿波长	λ_C	$2.426\ 310\ 238\ 67(73)\times10^{-12}$ m
玻尔磁子	μ_B	$9.274\ 010\ 078\ 3(28)\times10^{-24}$ J · T^{-1}
玻尔半径	a_0	$5.291\ 772\ 109\ 03(80)\times10^{-11}$ m
标准大气压	p_0	$1.013\ 25\times10^{5}$ Pa
标准大气压下理想气体的摩尔体积	V_m	$22.413\ 969\ 54\times10^{-3}$ m^{3} · mol^{-1}
真空电容率	ε_0	$8.854\ 187\ 812\ 8(13)\times10^{-12}$ F · m^{-1}
真空磁导率	μ_0	$1.256\ 637\ 062\ 12(19)\times10^{-6}$ N · A^{-2}
冰点绝对温度	T_0	273.15 K
标准状态下声音在空气中的速度	c_0	331.45 m · s^{-1}
标准状态下干燥空气的密度	$\rho_{空气}$	1.293 kg · m^{-3}
标准状态下水银的密度	$\rho_{水银}$	$1.359\ 504\times10^{4}$ kg · m^{-3}
钠光谱中黄线的波长	λ_D	589.3 nm
在 15℃,101 325 Pa 时镉光谱中红线的波长	λ_{Cd}	$643.846\ 96$ nm

* 表中基本物理常数为国际数据委员会(CODATA)2018 年国际推荐值。

附表 1-7　空气的相对湿度与干湿球温度计温差的关系

表中所列为相对湿度(%)

干球温度计读数/℃	干湿球温度计温差/℃										
	0	1	2	3	4	5	6	7	8	9	10
0	100	81	63	45	28	11	—	—	—	—	—
2	100	84	68	51	35	20	—	—	—	—	—
4	100	85	70	56	42	28	14	—	—	—	—
6	100	86	83	60	47	35	23	10	—	—	—
8	100	87	75	63	51	40	28	18	7	—	—
10	100	88	76	65	54	44	34	24	14	4	—
12	100	89	78	68	57	48	38	29	20	11	—
14	100	90	79	70	60	51	42	33	25	17	9
16	100	90	81	71	62	54	45	37	30	22	15
18	100	91	82	73	64	56	48	41	34	26	20
20	100	91	83	74	66	59	51	44	37	30	24
22	100	92	83	76	68	61	54	47	40	34	28
24	100	92	84	77	69	62	56	49	43	37	31
26	100	92	85	78	71	64	58	50	45	40	34
28	100	93	85	78	72	65	59	53	48	42	37
30	100	93	86	79	73	67	61	55	50	44	39
⋮						⋮					

附表 1-8　在标准大气压下不同温度的水的密度*

温度 t/℃	密度 ρ/(kg·m^{-3})	温度 t/℃	密度 ρ/(kg·m^{-3})	温度 t/℃	密度 ρ/(kg·m^{-3})
0	999.849 5	17	998.777 8	34	994.372 4
1	999.901 7	18	998.598 4	35	994.032 6
2	999.942 9	19	998.407 9	36	993.684 7
3	999.977 2	20	998.206 7	37	993.329 0
4	999.974 9	21	997.995 0	38	992.965 4
5	999.966 8	22	997.773 0	39	992.594 1
6	999.943 1	23	997.540 8	40	992.215 2
7	999.904 5	24	997.298 8	41	991.83

续附表 1-8

温度 t/℃	密度 ρ/（$kg \cdot m^{-3}$）	温度 t/℃	密度 ρ/（$kg \cdot m^{-3}$）	温度 t/℃	密度 ρ/（$kg \cdot m^{-3}$）
8	999.851 3	25	997.047 0	42	991.44
9	999.783 9	26	996.785 7	50	988.04
10	999.702 7	27	996.515 1	60	983.20
11	999.608 1	28	996.235 3	70	977.76
12	999.500 5	29	995.946 5	80	971.79
13	999.380 1	30	995.648 8	90	965.31
14	999.247 4	31	995.342 4	100	958.37
15	999.120 6	32	995.027 5	—	—
16	998.945 9	33	994.704 1	—	—

* 表中所列0～40 ℃数据选自 *Handbook of Chemistry and Physics* 96rd，41～100 ℃选自美国国家标准与技术研究院2022年的线上计算程序。0 ℃实际对应0.1 ℃的值，100 ℃对应99.97 ℃的值。

附表 1-9　在 20 ℃时常用固体和液体的密度

物质	密度 ρ/（$\times 10^3$ $kg \cdot m^{-3}$）	物质	密度 ρ/（$\times 10^3$ $kg \cdot m^{-3}$）
铝	2.70	水晶玻璃	2.90～3.00
铜	8.96	窗玻璃	2.40～2.70
铁	7.87	甲醇	0.79
银	10.50	乙醇	0.789
金	19.30	乙醚	0.71
钨	19.30	汽油	0.66～0.75
铂	21.45	松节油	0.87
铅	11.34	变压器油	0.84～0.89
锡	7.30	甘油	1.26
水银	13.55	蓖麻油	0.96～0.97
钢材	7.85	石英	2.50～2.80

附表 1–10　在海平面上不同纬度处的重力加速度*

纬度 ϕ/(°)	g/($m\cdot s^{-2}$)	纬度 ϕ/(°)	g/($m\cdot s^{-2}$)
0	9.780 327	50	9.810 704
5	9.780 719	55	9.815 075
10	9.781 884	60	9.819 179
15	9.783 787	65	9.822 891
20	9.786 370	70	9.826 096
25	9.789 556	75	9.828 698
30	9.793 249	80	9.830 616
35	9.797 338	85	9.831 791
40	9.801 699	90	9.832 186
45	9.806 200	—	—

* 表中所列的数据根据 *Geodetic reference system* 1980 中的公式 $g=9.780\ 327(1+0.005\ 302\ 4\sin^2\phi-0.000\ 005\ 8\sin^2 2\phi)$算出，其中 ϕ 为纬度。

附表 1–11　在 20 ℃时某些金属的杨氏模量*

金属	杨氏模量	
	E/GPa	E/($N\cdot m^{-2}$)
铝	70.00～71.00	$(7.000\sim7.100)\times10^{10}$
钨	415.0	4.150×10^{11}
铁	190.0～210.0	$(1.900\sim2.100)\times10^{11}$
铜	105.0～130.0	$(1.050\sim1.300)\times10^{11}$
金	79.00	7.900×10^{10}
银	70.00～82.00	$(7.000\sim8.200)\times10^{10}$
锌	800.0	8.000×10^{10}
镍	205.0	2.050×10^{11}
铬	240.0～250.0	$(2.400\sim2.500)\times10^{11}$
合金钢	210.0～220.0	$(2.100\sim2.200)\times10^{11}$
碳钢	200.0～210.0	$(2.000\sim2.100)\times10^{11}$
康铜	163.0	1.630×10^{11}

* 杨氏模量的值跟材料的结构、化学成分及其加工制造方法有关，因此，在某些情况下，E 的值可能跟表中所列的平均值不同。

附表 1–12　在 20 ℃时与空气接触的液体表面张力系数

液体	$\sigma/(\times10^{-3}\ N\cdot m^{-1})$	液体	$\sigma/(\times10^{-3}\ N\cdot m^{-1})$
航空汽油（在 10 ℃时）	21	甘油	63
石油	30	水银	513
煤油	24	甲醇	22.6
松节油	28.8	甲醇（在 0 ℃时）	24.5
水	72.74	乙醇	22.0
肥皂溶液	40	乙醇（在 60 ℃时）	18.4
弗利昂–12	9.0	乙醇（在 0 ℃时）	24.1
蓖麻油	36.4	—	—

附表 1–13　在不同温度下与空气接触的水的表面张力系数*

温度/℃	$\sigma/(\times10^{-3}\ N\cdot m^{-1})$	温度/℃	$\sigma/(\times10^{-3}\ N\cdot m^{-1})$	温度/℃	$\sigma/(\times10^{-3}\ N\cdot m^{-1})$
0	75.64	16	73.34	30	71.19
5	74.94	17	73.19	40	69.59
6	74.80	18	73.04	50	67.93
8	74.51	19	72.89	60	66.24
10	74.23	20	72.74	70	64.47
12	73.93	22	72.43	90	60.82
13	73.78	23	72.28	100	58.92
14	73.63	24	72.13	—	—
15	73.49	25	71.98	—	—

* 表中所列数据选自水和蒸汽性质国际协会公布的 IAPWS R1–76（2014）文件。

附表 1–14　不同温度时水的黏度 η*

温度/℃	$\eta/(\times10^{-6}\ Pa\cdot s)$	温度/℃	$\eta/(\times10^{-6}\ Pa\cdot s)$
0	1 785.5	60	466.0
10	1 305.9	70	403.6
20	1 001.6	80	354.0
30	797.2	90	314.2
40	652.7	100	281.7
50	546.5	—	—

* 表中所列数据选自美国国家标准与技术研究院 2022 年的线上计算程序，0 ℃实际对应 0.1 ℃的值，100 ℃对应的是 99.97 ℃的值。

附表 1–15　液体的黏度

液体	温度/℃	η/(×10^{-6} Pa·s)	液体	温度/℃	η/(×10^{-6} Pa·s)
汽油	0	1 788	甘油	−20	1.34×10^{8}
	18	530		0	1.21×10^{8}
乙醇	−20	2 780		20	1.499×10^{11}
	0	1 780		100	12945
	20	1 190	蜂蜜	20	6.50×10^{6}
甲醇	0	817		80	1.00×10^{5}
	20	584	鱼肝油	20	45 600
乙醚	0	296		80	4 600
	20	243	水银	−20	1 855
变压器油	20	19 800		0	1 685
蓖麻油	10	2.42×10^{6}		20	1 554
葵花子油	20	50 000		100	1 224

附表 1–16　固体的线膨胀率 α

物质	温度或温度范围/℃	α/(×10^{-6}℃$^{-1}$)	物质	温度或温度范围/℃	α/(×10^{-6}℃$^{-1}$)
铝	0～100	23.8	锌	0～100	32
铜	0～100	17.1	铂	0～100	9.1
铁	0～100	12.2	钨	0～100	4.5
金	0～100	14.3	石英玻璃	20～200	0.5
银	0～100	19.6	窗玻璃	20～200	9.5
钢(0.05%碳)	0～100	12.0	花岗石	20	6～9
康铜	0～100	15.2	瓷器	20～700	3.4～4.1
铅	0～100	29.2	—	—	—

附表 1-17　固体的比热容

物质	温度/℃	比热容	
		c/[kcal/(kg·K)]	c/[kJ/(kg·K)]
铝	20	0.214	0.895
黄铜	20	0.091 7	0.380
铜	20	0.092	0.385
铂	20	0.032	0.134
生铁	0 ~ 100	0.13	0.54
铁	20	0.115	0.481
铅	20	0.030 6	0.130
镍	20	0.115	0.481
银	20	0.056	0.234
钢	20	0.107	0.447
锌	20	0.093	0.389
玻璃	—	0.14 ~ 0.22	0.585 ~ 0.920
冰	-40 ~ 0	0.43	1.797

附表 1-18　液体的比热容

液体	温度/℃	比热容	
		c/[kcal/(kg·K)]	c/[kJ/(kg·K)]
乙醇	0	0.55	2.30
	20	0.59	2.47
甲醇	0	0.58	2.43
	20	0.59	2.47
乙醚	20	0.56	2.34
水	0	1.009	4.220
	20	0.999	4.182
弗利昂-12	20	0.20	0.84
变压器油	0 ~ 100	0.45	1.88
汽油	10	0.34	1.42
	50	0.50	2.09
水银	0	0.035 0	0.1465
	20	0.033 2	0.139 0
甘油	18	0.58	—

附表 1-19　某些金属或合金的电阻率及其温度系数*

金属或合金	电阻率/(μΩ·m)	温度系数/℃$^{-1}$	金属或合金	电阻率/(μΩ·m)	温度系数/℃$^{-1}$
铝	0.028	42×10^{-4}	锌	0.059	42×10^{-4}
铜	0.017 2	43×10^{-4}	锡	0.12	44×10^{-4}
银	0.016	40×10^{-4}	水银	0.958	10×10^{-4}
金	0.024	40×10^{-4}	武德合金	0.52	37×10^{-4}
铁	0.098	60×10^{-4}	钢(0.10% ~0.15%碳)	0.10 ~ 0.14	6×10^{-3}
铅	0.205	37×10^{-4}	康铜	0.47 ~ 0.51	$(-0.04\sim0.01)\times10^{-3}$
铂	0.105	39×10^{-4}	铜锰镍合金	0.34 ~ 1.00	$(-0.03\sim0.02)\times10^{-3}$
钨	0.055	48×10^{-4}	镍铬合金	0.98 ~ 1.10	$(0.03\sim0.40)\times10^{-3}$

* 电阻率与金属中的杂质有关,因此表中列出的只是 20 ℃时电阻率的平均值。

附表 1-20　几种常用热电偶的塞贝克系数值

①铂铑 10-铂*

温度/℃	塞贝克系数/(μV·℃$^{-1}$)	温度/℃	塞贝克系数/(μV·℃$^{-1}$)	温度/℃	塞贝克系数/(μV·℃$^{-1}$)	温度/℃	塞贝克系数/(μV·℃$^{-1}$)
100	7.39	500	9.90	900	11.20	1 200	12.03
200	8.46	600	10.21	961.78	11.42	1 300	12.13
300	9.13	630.63	10.30	1 000	11.54	1 400	12.13
400	9.57	700	10.53	1 084.62	11.80	1 500	12.04
419.527	9.64	800	10.87	1 100	11.84	1 600	11.85

* 表中数据选自国家标准《铂铑 10-铂热电偶丝、铂铑 13-铂热电偶丝、铂铑 30-铂铑 6 热电偶丝》GB/T 1598—2010。

②镍铬-镍硅(镍铬-镍铝亦可用)*

温度/℃	塞贝克系数/(μV·℃⁻¹)		
	镍铬-镍硅	镍铬-铂	镍硅-铂
0	39.45	25.83	13.62
100	41.37	29.48	11.89
200	39.96	32.73	7.23
300	41.45	34.18	7.29
400	42.24	34.44	7.80
500	42.63	34.21	8.42
600	42.51	33.60	8.91
700	41.90	32.75	9.15
800	41.00	31.94	9.06
900	40.00	31.33	8.67
1000	38.98	30.67	8.31
1100	37.85	29.75	8.10
1200	36.49	29.97	7.52
1300	34.93	28.29	6.64

* 表中数据选自国家标准《镍铬-镍硅热电偶丝》GB/T 2614—2010。

③铜-铜镍(康铜)*

温度/℃	塞贝克系数/(μV·℃⁻¹)		
	铜-铜镍	铜-铂	铂-铜镍
-196	16.30	-4.26	20.56
-79	30.77	2.32	28.45
0	38.75	5.88	32.83
100	46.78	9.39	37.39
200	53.15	11.89	41.26
300	58.09	14.31	43.78
400	61.80	16.31	45.49

* 表中数据选自国家标准《铜-铜镍(康铜)热电偶丝》GB/T 2903—2015。

附表 1-21　不同温度时干燥空气中的声速*　　　　(单位:m·s^{-1})

温度/℃	0	1	2	3	4	5	6	7	8	9
60	366.05	366.60	367.14	367.69	368.24	368.78	369.33	369.87	370.42	370.96
50	360.51	361.07	361.62	362.18	362.74	363.29	363.84	364.39	364.95	365.50
40	354.89	355.46	356.02	356.58	357.15	357.17	358.27	358.83	359.39	359.95
30	349.18	349.75	350.33	350.90	351.47	352.04	352.62	353.19	353.75	354.32
20	343.37	343.95	344.54	345.12	345.70	346.29	346.87	347.44	348.02	348.60
10	337.46	338.06	338.65	339.25	339.91	340.43	341.02	341.61	342.20	342.78
0	331.45	332.06	332.66	333.27	333.87	334.47	335.07	335.67	336.27	336.87
-10	325.33	324.71	324.09	323.47	322.84	322.22	321.60	320.97	320.34	319.72
-20	319.09	318.45	317.82	317.19	316.55	315.92	315.28	314.64	314.00	313.36
-30	312.72	312.08	311.43	310.78	310.14	309.49	308.84	308.19	307.53	306.88
-40	306.22	305.56	304.91	304.25	303.58	302.92	302.26	301.59	300.92	300.25
-50	299.58	298.91	298.24	297.56	296.89	296.21	295.53	294.85	294.16	293.48
-60	292.79	292.11	291.42	290.73	290.03	289.34	288.64	287.95	287.25	286.55
-70	286.84	285.14	284.43	283.73	283.02	282.30	281.59	280.88	280.16	279.44
-80	278.72	278.00	277.27	276.55	275.82	275.09	274.36	273.62	272.89	272.15
-90	271.41	270.67	269.92	269.18	268.43	267.68	266.93	266.17	265.42	264.63

* 表中所列数据由声速公式 $v=331.45\sqrt{1+\frac{t}{273.15}}$ 计算给出,t 为温度。

附录 2　常用仪器的仪器误差

仪器误差是指在正确使用仪器的条件下，仪器的示值与被测量的实际值之间可能产生的最大误差。仪器误差可以从有关的标准或仪器说明书中查找。游标卡尺、千分尺等一般分度仪表常用“示值误差”来表示仪器误差，而电工仪表常用“基本误差的允许极限”来表示仪器误差。以下收集部分仪器的误差资料，供实验者使用时查阅。

1. 钢卷尺

符合行业标准《钢卷尺》QB/T 2443—2011 规定的钢卷尺，自零点端起到任意线纹的示值误差应符合下列规定：

Ⅰ级　$\Delta=\pm(0.1+0.1L)$ mm

Ⅱ级　$\Delta=\pm(0.3+0.2L)$ mm

注：式中 Δ 表示允许示值误差，L 为四舍五入后的整数米（被测长度小于 1 m 时为 1）。

2. 游标卡尺

符合国家标准《游标、带表和数显深度卡尺》GB/T 21388—2008 规定的游标卡尺，示值误差见附表 2-1。

附表 2-1　游标卡尺的示值误差　（单位：mm）

测量长度	游标分度值		
	0.02	0.05	0.10
	示值误差		
0～150	0.03	0.05	0.10
>150～200	0.03	0.05	
>200～300	0.04	0.06	
>300～500	0.05	0.07	
>500～1000	0.07	0.10	0.15
深量 20	0.03	0.05	0.10

3. 外径千分尺（螺旋测微计）

符合国家标准《外径千分尺》GB/T 1216—2018 规定的外径千分尺，示值误差见附表 2-2。

附表 2-2　外径千分尺的示值误差　（单位：mm）

测量范围	示值误差
0～15，0～25	±0.004
25～50，50～75，75～100	±0.005
100～125，125～150	±0.006
150～175，175～200	±0.007
200～225，225～250	±0.008
250～275，275～300	±0.009
300～325，325～350	±0.010

4. 天平的最大允许误差

实验室使用的电子天平属于Ⅱ级天平。根据国家标准《电子天平》GB/T 26497—2011 中的规定，Ⅱ级天平的最大允许误差与载荷 m 有关。设 e 为检定分度值，则天平的最大允许误差可按附表 2-3 考虑。

附表 2-3　天平的最大允许误差

载荷 m	最大允许误差
$0\leqslant m\leqslant 5\times10^3 e$	$\pm0.5e$
$5\times10^3 e<m\leqslant 2\times10^4 e$	$\pm1.0e$
$2\times10^4 e<m\leqslant 1\times10^5 e$	$\pm1.5e$

5. 电流表、电压表

符合国家标准《直接作用模拟指示电测量仪表及其附件》GB/T 7676—2017 规定的电流(压)表，其基本误差允许极限的计算公式为

$$\Delta X=\pm C\% \cdot X_N$$

式中：C 为用百分数表示的等级指数；X_N 为基准值，此值可能是测量范围的上限、量程或者其他明确规定的量值。

电流表和电压表按附表 2-4 所列等级指数表示的准确度等级进行分级。

附表 2-4　电流表和电压表的等级指数

标　　准	等级指数/%
GB/T 776—1976	0.1，0.2，0.5，1，1.5，2.5，5
GB/T 7676—2017	0.05，0.1，0.2，0.3，0.5，1，1.5，2，2.5，3，5

6. 直流电桥

符合国家标准《测量电阻用直流电桥》GB/T 3930—2008 规定的直流电桥，其基本误差允许极限的计算公式为

$$\Delta R=\pm\frac{C}{100}\left(\frac{R_N}{10}+R\right)$$

式中，C 为用百分数表示的等级指数，R_N 为基准值（该量程内最大的 10 的整数幂），R 为标度盘示值。

例 QJ49a 型直流电阻电桥的基本误差允许极限计算公式如附表 2-5 所示。

附表 2-5 QJ49a 型直流电桥的基本误差允许极限计算公式

量程倍率	有效量程/Ω	基准值/Ω	等级指数/%	基本误差的允许极限/Ω
$\times10^{-3}$	1～11.110	10	0.1	$\Delta R=\pm\frac{0.1}{100}\left(\frac{10}{10}+R\right)$
$\times10^{-2}$	10～111.110	10^2	0.1	$\Delta R=\pm\frac{0.1}{100}\left(\frac{10^2}{10}+R\right)$
$\times10^{-1}$	100～1 111.110	10^3	0.05	$\Delta R=\pm\frac{0.05}{100}\left(\frac{10^3}{10}+R\right)$
$\times1$	1 000～11 111.0	10^4	0.05	$\Delta R=\pm\frac{0.05}{100}\left(\frac{10^4}{10}+R\right)$
$\times10$	10 000～111 110	10^5	0.05	$\Delta R=\pm\frac{0.05}{100}\left(\frac{10^5}{10}+R\right)$
$\times10^2$	100 000～1 111 100	10^6	0.1	$\Delta R=\pm\frac{0.1}{100}\left(\frac{10^6}{10}+R\right)$

7. 直流电位差计

符合国家标准《直流电位差计》GB/T 3927—2008 规定的电位差计，其基本误差允许极限的计算公式为

$$\Delta U=\pm\frac{C}{100}\left(\frac{U_N}{10}+U\right)$$

式中，C 为用百分数表示的等级指数，U_N 为基准值（该量程内最大的 10 的整数幂，单位为 V），U 为标度盘示值（V）。

例 UJ33a 型直流电位差计，其基本误差极限公式如附表 2-6 所示。

附表 2-6　UJ33a 型直流电位差计基本误差极限公式

量程倍率	有效量程/mV	等级指数/%	基准值/V	基本误差的允许极限/μV
×5	0～1 055.5	0.05	1	$\Delta U=\pm\frac{0.05}{100}\times\left(\frac{1}{10}+U\right)=\pm(0.05\%U+50)$
×1	0～211.0	0.05	0.1	$\Delta U=\pm\frac{0.05}{100}\times\left(\frac{0.1}{10}+U\right)=\pm(0.05\%U+5)$
×0.1	0～21.10	0.05	0.01	$\Delta U=\pm\frac{0.05}{100}\times\left(\frac{0.01}{10}+U\right)=\pm(0.05\%U+0.5)$

注:上表中等式中最右边 U 的单位换算为 μV 进行计算。

8. 直流电阻箱

符合行业标准《实验室直流电阻器》JB/T 8225—1999 规定的电阻箱,其基本误差允许极限的计算公式为

$$\Delta R=\pm\sum C_i\%R_i$$

式中,C_i 为第 i 档用百分数表示的等级指数,R_i 为第 i 档的示值。

例　按行业标准 JB/T 8225—1999 生产的 ZX21 型电阻箱规格如附表 2-7 所示。

附表 2-7　按行业标准 JB/T 8225—1999 生产的 ZX21 型电阻箱规格表

步进值/Ω		×0.1	×1	×10	×100	×1000	×10000
等级指数	%	5	0.5	0.2	0.1	0.1	0.1
	$\times10^{-6}$	50000	5000	2000	1000	1000	1000
	科学记数法	5×10^{-4}	5×10^{-3}	2×10^{-3}	1×10^{-3}	1×10^{-3}	1×10^{-3}

若电阻箱各旋钮取值为 87654.3 Ω,则其示值的基本误差允许极限为

$$\begin{aligned}\Delta R&=\pm(80000\times0.1\%+7000\times0.1\%+600\times0.1\%+50\times0.2\%+4\times0.5\%+0.3\times5\%)\\&=\pm80+7+0.6+0.1+0.02+0.015\\&=\pm87.735\\&\approx\pm90\\&=\pm9\times10(\Omega)\end{aligned}$$

注:若仪器说明书或仪器铭牌上有具体计算误差公式,可不用以上介绍的计算公式。